Duoxueke Shiye xia de Nongye Wenhua
Yichan yu Xiangcun Zhenxing

化育自然 岁稔年丰
多学科视野下的农业文化遗产与乡村振兴

田阡 苑利 ◎主编

知识产权出版社
全国百佳图书出版单位

图书在版编目（CIP）数据

多学科视野下的农业文化遗产与乡村振兴/田阡，苑利主编. —北京：知识产权出版社，2018.8
ISBN 978-7-5130-5593-2

Ⅰ.①多… Ⅱ.①田… ②苑… Ⅲ.①农业—文化遗产—保护—研究—中国②民俗学—研究—中国 Ⅳ.①S②K892

中国版本图书馆 CIP 数据核字（2018）第 110925 号

内容提要

2017 年度研究生农业文化遗产与民俗论坛以"农业文化遗产学与民俗学视域下的乡土中国"为主题，四十多位专家学者从民俗学、历史学、人类学等领域的研究出发，围绕中国农业文化遗产基本理论问题、传统农耕社会风俗、中国古代农耕文明等相关议题展开深入研讨交流，有效助推农业文化遗产保护与活化传承研究。

责任编辑：石红华　　　　　　　　　责任校对：潘凤越
封面设计：郑　重　　　　　　　　　责任印制：孙婷婷

多学科视野下的农业文化遗产与乡村振兴

田　阡　苑　利 ◎ 主编

出版发行：知识产权出版社有限责任公司	网　址：http://www.ipph.cn
社　址：北京市海淀区气象路 50 号院	邮　编：100081
责编电话：010-82000860 转 8130	责编邮箱：shihonghua@sina.com
发行电话：010-82000860 转 8101/8102	发行传真：010-82000893/82005070/82000270
印　刷：北京建宏印刷有限公司	经　销：各大网上书店、新华书店及相关专业书店
开　本：787mm×1092mm 1/16	印　张：30
版　次：2018 年 8 月第 1 版	印　次：2018 年 8 月第 1 次印刷
字　数：500 千字	定　价：128.00 元
ISBN 978-7-5130-5593-2	

出版权专有　侵权必究

如有印装质量问题，本社负责调换。

第六届原生态民族文化高峰论坛与会学者合影

第六届原生态民族文化高峰论坛会场

中国工程院、国际欧亚科学院　李文华院士
《李文华院士对召开第六届原生态民族文化高峰论坛的贺信》
进行农业文化遗产的跨学科综合研究和经验交流，深入挖掘农业文化遗产中的科学内涵，保护农村生态环境与农业生物多样性，发展其多功能价值，必将为推动农村生态文明建设、实现国民经济协调持续发展和美丽中国建设作出应有的贡献！

中国农业博物馆　曹幸穗研究员
《农业遗产业需要科技的武装》
传统农业不是落后农业，传统技术是漫长历史积淀下来的智慧精华，传统品种需要不断提纯复壮，才能保持优良的种性，保持千年遗传的品质，只有与社会经济环境协同进化，农业文化遗产才会有强大的生命力，才能在文明长河中绵延不绝。农业文化遗产的保护，要针对活态性的特点，做到协同进化和与时俱进，在保护实践中要树立这样的理念：农业文化遗产保护也需要科技知识，需要科技武装。

中国科学院地理科学与资源研究所　闵庆文研究员
《农业文化遗产保护进展与展望》
农业文化遗产已经成为"农业国际合作的一项特色工作"，其保护研究与实践处于国际领先地位，成为农业部的一项重要工作和促进农村生态文明建设、美丽乡村建设、农业发展方式转变、多功能农业发展和农业可持续发展的一个重要抓手。农业文化遗产保护与发展的经济、生态与社会效益凸显，农民文化自觉性与保护积极性显著增强，科学研究不断深入，有效支撑了农业文化遗产保护工作，推动了学科发展与人才培养，初步形成了一支多学科、综合性的研究队伍。

南京农业大学　王思明教授
《农业文化遗产：保护什么与如何保护？》
当传统农业仍然以一种主流生产方式普遍存在时，它是一种"正在进行时"，不会被作为一种"文化遗产"受到关注。只是在经济转型或传统农业逐渐为现代农业取代之时，它的流失与价值才逐渐为人们重视，继而有了"农业文化遗产"的概念。归根结底，文化保护与传承只有生活在这个文化系统中的成员真正从内心认同、珍视这一文化价值和传统，这种文化的保护与传承才可能真正实现它保护的本意且可持久地传承下去。

中国农业博物馆　徐旺生研究员
《农业文化遗产——古代社会高度脆弱人地关系下的生存智慧》
联合国粮农组织于2005年开始启动了全球重要农业文化遗产的评选工作，带动了人们对传统农业的认识，发掘农业文化遗产的价值已经深入人心。配合联合国粮农组织的农业文化遗产项目，农业部农产品加工局启动了国家级农业文化遗产的申报工作，这些都让人们传承历史时期的优良传统。在FAO框架下，中国的学者具有非常大的兴趣，更多地着眼于现实的困境，提出解决方案。

华东师范大学　田兆元教授
《农书图像与农业文化遗产传承问题》
整理农业遗产的谱系，包括文字的系统集成、行为（影视）系统集成、景观的系统集成，建构新的农书图像世界，改变农书文献与农业大国不适应的局面，区域空间的合作与交流都很重要。同时需要传承，回到生活，让衣食住行生态化，生产生活诗意化，时空过程景观化。认同性建构农业社会与民俗生活的高大上及日常生活的华彩乐章。

云南民族大学　刘荣教授
《农业文化遗产需要保护与开发"双推进"》
农业是国民经济和社会发展的基础。农业文化遗产植根于悠久的文化传统和长期的实践经验，传承了故有的系统、协调、循环、再生的思想，因地制宜地发展了许多宝贵的模式和好的经验，蕴含着丰富的天人合一的生态哲学思想，与现代社会倡导的可持续发展理念一脉相承。现代农业的发展，不仅要重视新技术的开发、应用和推广，也要重视对农业文化遗产的挖掘和提高。

凯里学院　张雪梅教授
黔东南民风古朴，民族建筑保存较好，非物质文化遗产业非常丰富，有国家非物质文化遗产54项，凯里学院作为黔东南地区唯一高等学府，在丰富研究资源和研究对象的背景之下，与各个高校共同发起这个论坛，先后在贵州凯里学院、四川民族学院、怀化学院、河池学院、西南大学举办，在共同的研究领域中探讨如何把原生态文化充分发掘利用，探讨出一条保护和利用共进的道路，让我们的研究成果惠及社会。

西南大学　田阡教授
我们讨论农耕社会的智慧，对于以后构建一个更大的学术平台，推动这一行业的发展，以及农业智慧的衍生都意义重大。这个智慧有两个层面，其一是领头人如何管理好自己的团队，把这个智慧的概念真正展现出来，在乡土社会中贯穿起来。其二是农业方面学科，我们要做到多学科的融合，牢记一个科学家的使命和担当，希望能构建一个农业文化遗产的概念，建立团队联系机制，这些至关重要。

论坛会场主持人：莫力博士

论坛会场评议人：李斌教授（左），主持人：包艳杰博士（右）

论坛会场评议人：孙金荣教授

论坛会场

（左起）斯钦巴图教授、田阡教授、田兆元教授、徐旺生研究员合影

徐旺生研究员、田阡教授合影

(左起)胡牧博士、向轼博士、王剑博士、王志清博士合影

(左起)孙金荣教授、田阡教授、曹幸穗研究员、王思明教授、莫力博士、吴平教授等合影

2017年度研究生农业文化遗产与民俗论坛与会学者合影

2017年度研究生农业文化遗产与民俗学论坛开幕式主席台：（左起）田阡、胡燕、刘晔原、倪根金、苑利、邹芙都、曾雄生、黄涛、刘泽林

中国艺术研究院 苑利研究员
《农业文化遗产保护三题》
既然我们要保护农业文化遗产，我们就应该知道什么是农业文化遗产，这是农业文化遗产保护的逻辑起点。如果这里出现了问题，接下来我们将一错到底。农业文化遗产保护是中国农业部门的一项重要工作。要想保护好农业遗产，首先要观念对头，只有这样，保护工作才不会重蹈"大保护大破坏"的老路。

中国传媒大学 刘晔原教授
《中国民间文化的地域性——民间社会的生产与生活》
乡村文化是传统的生存文化，是中华文化的基础。民间文化是基层民众意识的体现，中国民间文化和上层文化是贯通的，具有多样性与丰富性，是生活的调剂，是有声的教育，是信仰的载体。民间文化的地域性应考虑到生存环境和人文环境，人文现象的主因由生态环境决定，次因是人际传承，无分地域优劣，只关注生存难易；无分民族差异，只了解生存方式，应重视整体的文化普及和提高。

中国科学院 曾雄生研究员
《生死相依：从农业历史看土葬习俗》
中国的农业结构有明显的缺陷：第一，耕地不足；第二，劳力的不足；第三，畜力不足；第四，肥力不足；第五，营养不良。这些不足互为因果，形成恶性循环。但这种缺陷因为有土葬的存在而得到一定程度的弥补。土葬激发了中国人的爱乡爱土的民族认同感。一座坟堆在墓主后人心中的分量，远远要大于那些土地上的收成。而这也有助于激发人们对于土地的热爱，进而珍惜其祖先长眠的每寸土地。没有土葬，乡愁将无处安放。

华南农业大学　倪根金教授
《农业文化遗产视域下的海南黎苗族山兰稻研究》
山兰稻作为海南黎族特有的一种山地旱稻，是黎苗族人在长期生产实践中保留下来的宝贵财富。山兰稻作为稻作中抗旱、优质育种的原始亲本材料,有很高的利用价值。需要加强抢救和整理工作，进行立法和制度建设，以海南建设国际旅游岛为契机，将山兰稻农业文化遗产的保护纳入旅游大省建设的范畴，同时推进"申遗"工作，构建山兰稻农业文化遗产更高层次的保护平台，整合多方社会力量，形成山兰稻农业文化遗产的长效保护机制。

温州大学　黄涛教授
《生态民俗学视野下浙江省青田县稻田养鱼农业文化遗产的传承与保护》
从生态民俗学的视角来考察以龙现村为代表的青田县稻鱼共生系统，将这一农业文化遗产置于社区生活背景中、置于人与生态环境的关系中来考察，分析村民适应生态环境、利用自然资源的农耕文化、传统智慧，以及这一系统在现代社会的传承变迁情况，应该是一个新颖而符合实际的富于解释力的研究方法。对稻鱼共生农业遗产的保护不仅要重视对这种特色生产方式的保护，也必须重视对与之相关的民俗文化的保护，更要重视对这种耕作技艺传承人的保护。

南京农业大学　胡燕教授
《瓦尔登湖》是美国作家亨利·戴维·梭罗独居瓦尔登湖畔的记录，描绘了他两年多时间里的所见、所闻和所思。梭罗用两年时间走进森林，做人与自然的思考。他选择7月4日（美国独立日）走进森林，用这种方式走进自然，在知行合一上提供了非常好的标榜，赋予其独特的意义。所以说独立思考并赋予我们的研究以个性的研究意义非常重要。作为学者，我们不是为了研究而研究，应像梭罗一样思考人与自然的关系，以及对当下的意义。同时，从不同的研究视角，跨界研究自己的观点，在符合学科研究框架的基础上进行拓展、创新。

西南大学　田阡教授

2012年农业部下发了《农业部关于开展中国重要农业文化遗产发掘工作的通知》，标志着中国重要农业文化遗产发掘工作正式启动。这项工作有力带动了遗产地农民就业增收，传承了悠久的农耕文明，增强了国民对民族文化的认同感和自豪感。保护农业文化遗产的传统生产系统及其相关的生产方式、生物多样性、知识体系、文化多样性以及农业景观，需要制定长期保护与发展规划，采用动态保护、适应性管理与可持续利用路径，从而达到保护农业文化遗产的目的，并在此基础上提高遗产地人民的生活水平。

分论坛主持人：田阡（右），评议人：胡燕（左）

分论坛主持人：付来友（右），评议人：苑利（左）

分论坛主持人：何月华（右），评议人：苑利（左）

分论坛现场主持人：王剑（右一），评议人：倪根金（右二）

西南大学研究生创新计划项目基金出版资助

特别感谢

重庆市文化委资助项目《武陵山区多流域文化遗产调查与生态文明建设研究》；2015年度西南大学研究生教育质量提升项目《应用人类学》；2015年度重庆市研究生教育优质课程项目《应用人类学》；西南大学硕士学位授权点学科专业主文献资源库建设项目对于学术研究和论坛的支持！

鸣　谢

西南大学研究生院
中国农业历史学会
西南大学校地合作处
西南大学统筹城乡发展研究院
西南大学新农村发展研究院
西南大学中国乡村建设学院
重庆国学院
大足区畜牧渔业发展中心
万州区果树站
石柱县特产办
长江师范学院武陵山片区绿色发展协同创新中心

代 序

李文华院士对召开
第六届原生态民族文化高峰论坛的贺信[*]

尊敬的各位专家、领导：

大家好！

得知"第六届原生态民族文化高峰论坛"今天在重庆成功召开，我非常高兴，并祝本次高峰论坛圆满成功！

本次高峰论坛以"农业文化遗产：乡土社会中的农耕智慧"为主题，由西南大学、凯里学院主办，通过对农业文化遗产的原生态环境和农耕智慧及其多功能价值、农业文化遗产的传承与保护等议题开展多学科的交叉学术研讨与交流，深入研究农业文化遗产的活态传承、动态保护和适应性管理。在当期生态文明建设的背景下，具有重要的科学意义和现实意义。

自联合国粮农组织于2002年提出全球重要农业文化遗产保护的工作以来，已有16个国家的37个传统农业系统被列入遗产名录。我国于2012年开始了中国重要农业文化遗产的挖掘和保护工作，截至目前，农业部已批准了3批共62国家级的农业文化遗产，其中11个被列入全球重要农业文化遗产。可以说，农业文化是中华文明立足传承之根基，农业文化遗产的保护和传承具有十分重要的意义。这表现在以下四个方面：

---

[*] 李文华，1932年生，著名林学家、生态学家。中国工程院院士、国际欧亚科学院院士。现任中国科学院地理科学与资源研究所研究员，中国人民大学名誉校董、教授，人与生物圈中国国家委员会副主席，农业部全球/中国重要农业文化遗产专家委员会主任委员，《自然资源学报》《农业环境科学学报》和 Journal of Resources and Ecology 主编等。曾任联合国人与生物圈计划（MAB）国际协调理事会主席、世界自然保护联盟（IUCN）理事、国际山地综合开发中心（ICIMOD）副主席、国际科联（ICSU）环境顾问委员会委员、联合国粮农组织（FAO）南亚十国小流域综合治理首席专家、全球重要农业文化遗产指导委员会主席、中国科学院自然资源综合考察委员会常务副主任、中国人民大学环境学院院长等职务。

挖掘和整理农业文化遗产是传承弘扬中华文化的重要内容。党的十八大提出，要"建设优秀传统文化传承体系，弘扬中华优秀传统文化"。习近平总书记在中央农村工作会议上指出，"农耕文化是我国农业的宝贵财富，是中华文化的重要组成部分，不仅不能丢，而且要不断发扬光大"。挖掘整理农业遗产，能够带动全社会对民族文化的关注和认知，促进中华文化的传承和弘扬。

保护和传承农业文化遗产是推动我国农业可持续发展的基本要求。农业文化遗产具有悠久的历史渊源、深厚的文化积淀、独特的农业产品、丰富的生物资源、完善的技术体系、较高的美学价值，对其保护和传承是推动传统文化与现代技术结合、探寻农业可持续发展道路的重要手段。

利用和发展农业文化遗产是促进贫困地区农民就业增收的有效途径。农业文化遗产既是重要的农业生产系统，又是重要的文化和景观资源。在保护的基础上，与生态农业、有机农业、休闲农业发展结合，既能促进农业的多功能化，又能带动当地农民的就业增收，推动经济社会可持续发展。

宣传和推广农业文化遗产是增强我国农业软实力的重要途径。我国是最早响应全球重要农业文化遗产的国家之一，在推动全球农业遗产工作中增加了中国的话语权和主动权，扩大了国际影响，扩大了中华传统文化的影响力，联合国粮农组织也在不同场合多次对我国的工作以及我国科学家提出表彰。

与此同时，在经济快速发展、城镇化加快推进和现代技术应用的过程中，我们也应清晰地认识到农业文化遗产的保护还面临着多重挑战。

首先，对农业文化遗产的精髓挖掘不够。没有系统地发掘农业文化遗产的历史、文化、经济、生态和社会价值，传统理念与现代技术的创新结合不够。保护与可持续利用机制有待健全。虽然各地探索了一些农业文化遗产保护与传承的途径，但仍存在重眼前、轻长远，重生产、轻生态的做法，对遗产地农民的利益保障不够。其次，国际竞争日趋激烈。近年来，一些国家如日本等国逐渐认识到农业文化遗产保护与发展在保障本国食品安全、影响全球食品贸易等方面的前景，纷纷与我国在粮农组织内争夺农业文化遗产的话语权和领导权。

今年，中央"一号文件"明确提出，要"开展农业文化遗产的普查和保护工作"。可见，进行农业文化遗产的跨学科综合研究和经验交流，深入挖掘农业文化遗产中的科学内涵，保护农村生态环境与农业生物多样性，发展其多功能价值，必将为推动农村生态文明建设，实现国民经济协调持续发展和美丽中国建设作出应有的贡献！

代 序

今天召开的第六届原生态民族文化高峰论坛,来自不同学科的专家学者以及地方领导同志会聚一堂,就农业文化遗产保护和可持续发展进行交流和讨论。希望大家能牢牢把握目前农业文化遗产工作的良好机遇,注意发现有关科学问题,将我国农业文化遗产及其保护研究与实践提高到一个新的水平!

谢谢大家!

李文华

2016/12/9

目 录

特 稿

农业文化遗产：乡土社会中的农耕智慧
——第六届原生态民族文化高峰论坛综述 ………… 吴 平 田 阡（3）

中华农耕文明的生态哲学

生态民俗学视野下浙江省青田县龙现村稻田养鱼农业文化遗产的传承
与保护 ………………………………………… 黄 涛 杨雯雯（17）
从"稻鸭鱼共生"结构看侗族的生态智慧 ………………… 胡 牧（33）
农业文化遗产在旅游影响下的传统生态文化保护
——以元阳哈尼梯田为例 ………………… 秦 莹 韩晓芬（41）
农耕文明背景下的侗族水资源观和生态意识 ……… 刘宗碧 唐晓梅（47）
云南省双江县四个主要民族野生食用植物资源调查
研究 ……………… 马 楠 闵庆文 袁 正 李文华 杨庆春（60）
泰兴银杏调查研究 ………………………………………… 张 越（79）

中华农耕文明的科学技术

云南省楚雄州禄丰县杨梅山苗寨游耕农业生产方式
初探 ……………………………… 周 红 陈 贝 杜发春（91）
安仁元宵米塑制作技艺
——以何陆生的制作技艺为例 ……………………… 李忠超（100）
简论从江侗乡重要农业文化遗产
——稻鱼鸭共生系统 …………………………………… 傅安辉（110）
关于保护中国传统榨油技艺的若干思考
——以陕西关中地区为例 ……………………………… 尹锋超（115）
敖汉旗旱作农业生产系统研究 ………………………………… 朱 佳（125）

红河哈尼稻作梯田系统农业景观赋存状况
调研 ································· 李 红 秦 莹 韩晓芬（137）
哈尼梯田地区农户粮食作物种植结构及驱动力
分析 ············ 杨 伦 刘某承 闵庆文 田 密 张永勋（144）

中华农耕文明的信仰崇拜

灵星祭祀兴衰考 ····································· 张 恒（165）
中国古代土地神信仰的主体意识 ····················· 姚桂芝（176）
试论藏传佛教对藏区社会发展的影响
——以迪庆藏族自治州德钦县羊拉乡为个案的
　研究 ···································· 鲁茸拉木 孙秀清（185）
嘉那嘛呢的宗教内涵与文化功能试论 ················· 索南卓玛（196）
地方性民俗资源开发中"官""民"关系问题分析
——以川陕界临地区烟霞山覃大仙信仰为例 ············· 李 莉（205）

中华农耕文明的民俗风情

二十四节气民俗的误读与认知 ······················· 张逸鑫（217）
城乡过渡社区中的地域丧葬民俗研究
——基于对江苏南通施姓葬礼的调查 ··················· 施雅慧（228）
侨资回流与浙南青田县龙现村居住民俗变迁 ··········· 胡正裕（237）
林业文化遗产中的饮椒柏酒民俗 ····················· 任燕青（247）
满族服饰图案植物纹样的传承与发展 ········· 魏淼鸿 曾 慧（255）
满族旗鞋的形制与文化内涵研究 ············· 安依雯 曾 慧（265）
东北地区农业生产谚语的民俗文化价值探析 ··········· 孙佳丰（275）
河南民谣的分类及其传承
——以长垣县为例 ···································· 周园朝（286）
汉益沅地区丧俗美术研究 ···························· 李 程（297）

中华农耕文明的传承保护

京津冀协同发展背景下的宣化城市传统葡萄园文化遗产
地保护 ···································· 常 然 杨鹏威（313）
基于中国国民性视角下非物质文化遗产的保护与开发探究 ······ 王成尧（323）

民国农业文化遗产调查与保护研究 ················ 高国金（328）
从八千年粟黍到当今农业产业化的传承与发展
　——以中国旱作农业文明起源地内蒙古敖汉旗
　　为例 ·························· 斯钦巴图　乌日嘎（337）
关于非遗文创问题的几点讨论 ··················· 梁　颖（345）
论农耕文化的传承 ····················· 张　莹　龙文军（351）
浅谈非遗众筹 ····························· 侯林英（359）
乡村振兴战略与乌江流域民族地区农业文化遗产保护利用
研究 ································· 王　剑（366）

中华农耕文明的乡村振兴

济宁城南运河沿岸五个村落民间传说产生的社会文化背景 ······ 谭　淡（385）
文化元素丰富美丽乡村内涵
　——以浙江省平湖市鱼圻塘村为例 ············· 王佳星（396）
农业文化遗产与民族地区精准扶贫研究
　——以"重庆石柱黄连传统生产系统"为例 ········· 刘　坤（402）
傣味饮食城市化过程中的双向文化适应与保护 ········ 周昌华（411）
农事与乡情：河北涉县旱作梯田系统的驴文化 ········ 李禾尧（421）
论清代湘西农业的开发 ······················ 陈　明（434）

新闻报道

农业文化遗产：乡土社会中的农耕智慧
　——第六届原生态民族文化高峰论坛在西南大学召开 ············ （447）
2017年度研究生农业文化遗产与民俗论坛在我校举行 ············ （449）

后记：一项永续的事业 ···························· （451）

特　稿

农业文化遗产：乡土社会中的农耕智慧
——第六届原生态民族文化高峰论坛综述[1]

吴 平 田 阡

摘 要：在第六届原生态民族文化高峰论坛上，与会专家学者围绕"农业文化遗产：乡土社会中的农耕智慧"主题，通过对农业文化遗产的传承与保护、农业文化遗产的原生态环境和农耕智慧及其多功能价值等议题开展多学科的交叉学术研讨与交流，深入研究农业文化遗产的活态传承、动态保护和适应性管理。反映了专家学者们的最新思考与研究，为农业文化遗产的保护和可持续发展提供了重要的理论依据及宝贵的建议。

关键词：农业文化遗产；乡土社会；农耕智慧；原生态民族文化

我国农耕文化历史源远流长，在漫长的历史长河中形成了丰富多彩的农业文化遗产，凝聚着乡土社会中人与环境和谐共生的智慧，因而成为一种珍贵而特殊的文化遗产被世人关注。但随着经济全球化和现代化农业进程的加快，农业文化遗产的生存与保护受到了前所未有的冲击。因此，如何创造一个有利于农业文化遗产健康而可持续发展的文化生态环境，探索适合特定农业文化遗产活态传承的可行性路径，成为一个新的学术命题与时代命题。在这样的背景下，由西南大学、凯里学院主办，中国人类学研究会经济人类学专业委员会、西南大学城乡统筹发展与规划研究中心承办的"第六届原生态民族文化高峰论坛——农业文化遗产：乡土社会中的农耕智慧"，于2016年12月8—10日在重庆西南大学举行，意在借此学术共同体意识，深入探讨农业文化遗产的传承、保护与利用。来自北京、上海、江苏、云南、重庆、贵州、山东、内蒙古、宁夏等高校60多位专家学者代表莅临。论坛通过主题演讲、专题报告和讨论等形式，围绕"农业文化遗产：乡土社会中的农耕智慧"这一主题展开了认真而

---

[1] 原载于《原生态民族文化学刊》，2016年第4期。

热烈的讨论，充分展示了农业文化遗产中的农耕智慧以及研究实践中的新成果。

会议开幕式由西南大学城乡统筹发展与规划研究中心主任田阡教授主持，云南民族大学党委副书记刘荣教授致辞，中国工程院院士、地理资源所李文华研究员为本次会议发了贺信。论坛分为主题讲演、专题报告和讨论，分别由云南农业大学刘荣教授、周口师范学院包艳杰博士、云南农业大学莫力博士主持，中国农业博物馆全国政协委员曹幸穗研究员、云南民族大学刘荣教授、凯里学院李斌教授评议，凯里学院张雪梅副院长作会议总结。根据本次会议演讲和报告的情况，按主题可以分为农业文化遗产保护传承与利用、农业文化遗产农耕智慧与价值、农业文化遗产的中国实践与展望，现分述如下。

一、农业文化遗产的保护传承与利用

农业文化遗产要延续和发展下去，前提是要做到保护得力，保护好现有的农业文化遗产才能有效保证其传承和开发利用。

中国工程院院士、中国科学院地理科学与资源研究所李文华研究员为本次论坛发来贺信，他阐述了农业文化遗产保护和传承的重要意义，认为农业文化是中华文明立足传承之根基，表现在：挖掘和整理农业文化遗产是传承弘扬中华文化的重要内容；利用和发展农业文化遗产是促进贫困地区农民就业增收的有效途径；宣传和推广农业文化遗产是增强我国农业软实力的重要途径。与此同时，在经济快速发展、城镇化加快推进和现代技术应用的过程中，要清晰地认识到农业文化遗产的保护还面临着多重挑战。一是对农业文化遗产的精髓挖掘不够，没有系统地发掘农业文化遗产的历史、文化、经济、生态和社会价值，传统理念与现代技术的创新结合不够。二是保护与可持续利用机制有待健全，仍存在重眼前、轻长远，重生产、轻生态的做法，对遗产地农民的利益保障不够。三是国际竞争日趋激烈，一些国家如日本等国逐渐认识到农业文化遗产保护与发展在保障本国食物安全、影响全球食品贸易等方面的前景，纷纷与我国在粮农组织内争夺农业文化遗产的话语权和领导权。因此，要进行农业文化遗产的跨学科综合研究和经验交流，深入挖掘农业文化遗产中的科学内涵，保护农村生态环境与农业生物多样性，发展其多功能价值，必将为推动农村生态文明建设，实现国民经济协调持续发展和美丽中国建设作出应有的贡献。要牢牢把握目前农业文化遗产工作的良好机遇，注意发现有关科学问题，将我国农业文化遗产及其保护研究与实践提高到一个新的水平。

在主题演讲中，中国科学院地理科学与资源研究所闵庆文研究员以"农业文化遗产保护进展与展望"为题，认为目前我国的农业文化遗产已经成为农业国际合作的一项特色工作；农业文化遗产保护研究与实践处于国际领先地位；农业文化遗产发掘与保护成为农业部的一项重要工作和促进农村生态文明建设、美丽乡村建设、农业发展方式转变、多功能农业发展和农业可持续发展的一个重要抓手；农业文化遗产保护与发展的经济、生态与社会效益凸显，农民文化自觉性与保护积极性显著增强；科学研究不断深入，有效支撑了农业文化遗产保护工作，推动了学科发展与人才培养，初步形成了一支多学科、综合性的研究队伍；全社会对于农业文化遗产价值和保护重要性的认识不断提高，多方参与机制初步形成。并对FAO的全球重要农业文化遗产（GIAHS）、中国重要农业文化遗产（China-NIAHS）申请认定进行较为详细的梳理分析和展望。同时，在对FAO近期研究问题、中国的研究工作中，提出需要多方参与开展多学科综合性研究，并展望未来的研究：加强多学科综合研究、遗产系统的基础性研究、监测与评估理论与方法研究、合作研究等。

南京农业大学中华农业文明研究院院长王思明教授以题为"农业文化遗产：保护什么与如何保护"的主题演讲，分析了什么是农业文化遗产及我们要保护什么等问题，认为完整的农业文化遗产是农业主体、农业对象、农业技术、农业制度、农业环境"五位一体"的复合系统。农业文化遗产是人类栽培植物、驯养动物等生产活动中，经长期历史积淀传承的物质、非物质及物质与非物质融合的综合体系，它包括农事活动的产前、产中、产后各个环节及农事活动依托的自然和社会环境及农民生活的方方面面。分为10个大类：农业动植物品种（agricultural species）、农业文化遗址（agricultural excavation sites）、农业技术方法（agricultural techniques）、农业工具与器械（agricultural tools & implements）、农业古籍文献（agricultural books & documents）、农业工程（agricultural engineering）、农业聚落（agricultural settlements）、农业景观（agricultural landscape）、农业特产（agricultural specialties）、农业制度与民俗（agricultural institution & folk culture）。农业文化遗产的广布性、复合性、交叉性、分散性以及弱质性特点，决定了农业文化遗产保护必须是一个系统工程，需要来自政府、农民、市场、学术、政策导向（公益文化价值）、保护主体（积极性的调动）、保护动力（经济持续性）、保护支撑体系（法律、学术、资金等支持）方方面面共同努力。并指出农业文化遗产保护过程中应当注意把握传统农业与现代农业、遗产保护与农民利益、生产功能与文化功能、保护主体与多方协调、理论研究与实践推进、政策导向与制度建设、保护主体与社会大众的关系。

华东师范大学田兆元教授以题为"农书图像与农业文化遗产传承问题"的主题演讲，通过丰富的图文阐述和分析了图画、农书、图册三种农业图像文献存在的形式，认为图像世界记录了丰富的传统农事行为，是文化传承创新的基础。理解语言形式、行为伦理、物质景观三种形态的农业文化遗产，是传承农业文化遗产的前提，三形态的理论，是民俗结构的理论，也是整个文化遗产的形态理论。对于农业图像景观的传承，需要整理农业遗产的谱系，包括文字的系统集成、行为（影视）系统集成、景观的系统集成。建构新的农书图像世界。改变农书文献与农业大国不适应的局面。加强区域空间的合作与交流，促进不同区域的谱系交流。对农业文化遗产的传承强调回到生活去，衣食住行生态化，生产生活诗意化，时空过程景观化。在认同性建构上，强调农业社会与民俗生活的高大上及日常生活的华彩乐章。

云南民族大学刘荣教授作了题为"农业文化遗产需要保护与开发'双推进'"的主题讲演，分析了在农业文化遗产的保护与开发中认识的不足、盲目性、粗放性和研究人员的缺乏。同时指出以保护为主与开发为辅、整合放大效应、可持续开发、计划性与阶段性相结合的原则，提出了坚持以政府职能理顺管理体制、坚持以市场导向发掘农业文化遗产、坚持以创新理念驱动产业发展、坚持以"人才战略"破解发展难题、坚持以品牌塑造形成竞争优势保护与开发对策。回顾了我国农业遗产研究的历史发展，并提出农业文化遗产保护是一项系统工程，需要综合各方力量，从政策、法律、物质、资金到学术、科普和大众，全面深入地开展工作。

山东农业大学高国金博士作了题为"民国农业文化遗产调查与保护研究"主题演讲，指出民国时期农业文化遗产是中国农业历史文化遗产中的重要组成部分。随着近现代化农业科技普遍传入并应用，中国农业历史出现新特点。阐述了民国时期农业文化遗产分类与利用，各地相关农业遗产调查与现状，民国时期农业教育遗产继承与谱系，以及当前急需开展的民国时期老专家声像档案保存工程等内容。藉此重新定义民国时期农业文化遗产概念，提出农业文化遗产保护继承与开发路径。

南京农业大学伽红凯博士作了题为"中国传统村落保护的矛盾与模式探析"的主题演讲。通过厘清农耕文明特色的传统村落保护与城镇化、农业现代化、新农村建设和农户福利提升之间的矛盾，分析在矛盾冲突下其得以留存的原因，以反映传统村落的发展现状及其保护的重要性；基于经济学视角，借鉴"公地悲剧"的破解思路，提出10种传统村落保护模式，即罚款与补贴模式、名录保护模式、文保模式、农民退出模式、农民自主开发模式、社区主导开发模式、公司主导开发模式、综合开发模式、博物馆模式以及保护区模式，为中国传统村落的可持续利用提供路径选择。

云南农业大学韩晓芬、秦莹、刘红提交的论文《农业文化遗产以在旅游影响下的传统生态文化保护——以元阳哈尼梯田为例》，认为云南红河州哈尼族地区元阳梯田是具有代表性的一种梯田，具有悠久的历史。分析了元阳梯田所包含的农耕传统生态文化和民俗传统生态文化，旅游对元阳梯田传统生态文化的积极影响和消极影响，继而提出对元阳梯田物质文化和精神文化的保护策略。

二、农业文化遗产的农耕智慧及价值

农业文化遗产渗透了几千年来人与自然和谐共处的知识和技术，是自然与文化的结晶，对人类未来的生存和发展具有重要影响。从事农业历史研究的中国农业博物馆徐旺生研究员以题为"农业文化遗产——传统社会高度脆弱人地关系下的生存智慧"的主题讲演，分析中国自秦汉开始，由于儒家力推不计成本传宗接代，中国成为了一个高度密集的人口社会，在中国农业发展过程中的人地关系的紧张趋势和环境历史演变恶化的趋势难以逆转的双重压力下，农业的可持续发展问题面临严重挑战，依赖于自然环境的农业在人口不断增长的背景下，必须寻找生存智慧，于是产生了和谐模式下的生存智慧。如率先产生二十四节气、精耕细作技术产生并不断强化、土地的有效利用、提升复种指数、水利工程、生态农业模式。但自20世纪80年代开始，农村放弃和谐模式，运用征服模式，促成了化肥、农药与除草济的广泛使用，使耕地质量下降，环境污染，生态系统退化，水和土地污染。而FAO农业文化遗产平台出现，重拾传统，带动了人们对传统农业的认识，发掘农业文化遗产的价值已经深入人心，期待农业文化遗产从边缘走向中央。

凯里学院刘宗碧教授以题为"农耕文明背景下的侗族水资源观和生态保护意识"的主题演讲，阐述了侗族都选定在依山傍水的地方建立村寨，以耕作田地为生，种植水稻为主，是稻作民族。侗族的稻作农业以及稻田养鱼、人工营林都与"水"有关，形成了水崇拜并延伸为龙崇拜、鱼崇拜等，同时也形成了相应习俗。因此，侗族历来就十分重视水资源的保护、管理和使用，形成了相应的生产、生活的行为规范，它们与人们的宗教文化、禁忌习俗、日常规范等联系在一起，构成侗族农耕文明背景下的水资源观和生态文化体系，其所包含的生态知识、技术和价值观，对于今天侗族社区生态文明实践仍有重要意义。

凯里学院傅安辉教授以题为"简论从江侗乡重要农业文化遗产——稻鱼鸭共生系统"的主题演讲，阐述了贵州省从江县侗乡稻鱼鸭共生系统作为重要农业文化遗产，其效益作用十分明显，能够有效控制病虫草害，增加土壤肥力，减少甲烷排放力，发挥隐形水库的作用，保护生物多样性。同时稻鱼鸭共生系统具有食物网趋于完善、人为控制三者相克、促成三者共生绿色环保的生态奥秘。

南京农业大学王哲博士研究生作了题为"农业文化遗产视野下传统发酵技术的保护与发展——以东北传统制酱工艺为例"的主题演讲。认为在东北地区所沿用的传统制酱工艺，是将大豆利用传统发酵技术酿制而成的咸味调味品，是带有区域特色农业文化遗产。从加工方法上看，所利用的发酵技术属于传统食品加工科学的范畴，可以看作现代生物技术在古代的原型，从营养学的角度看，经发酵工艺制成的传统食品，提供了人体所必需的营养成分，同时传统工艺崇尚自然，因此在东北地区利用传统工艺制成的酱，完全依靠微生物自身发酵制作完成，其间没有任何添加剂的使用，是一种绿色健康的食品。在对东北地区传统制酱工艺价值的研究中发现，传承的价值主要是对传统食品科学和技术、区域民俗文化、区域饮食文化的传承，应用价值表现在作为区域农业特产和促进旅游开发方面。同其他传统工艺一样，在"现代化"的洪流中，传统制酱工艺也面临着被"淹没"的危险，在文中从传统与现代的关系、文化、经济利益及大众的认同度四个方面，对其发展和保护提出了建议。

内蒙古赤峰卫生学校斯钦巴图博士题为"中国旱作农业文明起源地之一：内蒙古敖汉旗"的主题演讲，介绍了内蒙古赤峰市敖汉旗自然地理与历史沿革，称完整的史前考古学文化年代序列在全国独树一帜，以敖汉旗境内遗址命名的史前考古学文化有小河西文化、兴隆洼文化、赵宝沟文化、红山文化、小河沿文化，具有深厚的文化底蕴。许多考古文化的遗址地，均发现了与旱作农业相关的生产工具，见证了敖汉旗的农业起源和农业发展历程，其为传承了八千年农耕文明。敖汉旗召开了三次世界小米大会，技术依托支撑产业发展，传承与发展相结合，走出产业化的路子，为民致富。

云南农业大学李成云教授题为"云南哈尼梯田水稻抗病性及其对病害防控策略的启示"的主题演讲中，阐述了云南哈尼梯2010年联合国粮农组织正式列入全球重要农业文化遗产,2013年列入联合国教科文组织世界遗产名录。提出哈尼梯田品种的多样性、哈尼梯田水稻遗传多样性保持、哈尼梯田持久性的文化背景。并提出了哈尼梯田控制病虫害的方法:一是保护神林(水源,天敌栖息地);二是收获后翻田(稻桩入田,除病残体);三是移栽前糊田埂(防止漏水,杂草入肥);四是水肥一体化管理和共享(冲肥);五是人工除草(水稻返青后,拔草踩入泥中);六是稻鱼稻鸭共作(除草,除虫,提高微生物多样性);七是冬季养浮萍,养田,收获后翻田。

云南农业大学周红博士作了题为"云南省楚雄州禄丰县杨梅山苗寨游耕农业生产方式初探"的主题演讲,概述了苗族是世界上最早的农业民族之一,但由于恶劣的自然环境制约了苗族社会经济、政治、文化发展的速度,同时由于迁徙时居无定所,苗族实行的是刀耕火种的粗放的游耕耕作方式。游耕农业生产方式带来了居住的不稳定性,苗族经常举家搬迁,其居住方式称之为游居。苗族在游居的时候其生产活动给自然生态环境带来了一定程度的改变,但是其生态环境并没有严重破坏。在狩猎、农业方面的经验是苗族生产生活智慧的结晶,它体现和反映了农业的思想理念、生产技术、耕作制度以及苗族文明的内涵,孕育了苗族天人合一的思想,追求着人与自然和谐、人与社会和谐、人与人和谐的思想。时至今日,苗族游耕文化中的许多理念,在生活和农业生产中仍具有现实意义。

中国农业科学技术出版社穆玉红编辑作了题为"应时、取宜、守则、和谐:以中国传统农耕文化为基础的食农教育实践探索"的主题演讲,阐述了农耕文化是中国传统文化的重要组成部分,是中国文化的根基,它贯穿中国传统文化发展的始终。时至今日,农耕文化中的许多哲理、理念、思想和对自然规律的认知(如夏历、二十四节气)在今日仍具有一定的现实意义和应用价值,值得当代人传承和发扬。农耕文化在普通农民的日常生活中、在现代农业的发展中仍起着潜移默化的作用。

重庆文理学院胡牧博士的《从"稻鸭鱼共生"结构看侗族的生态智慧》一文,阐述了作为稻作文化的侗族在适应环境过程中形成的丰富生态智慧———"稻鸭鱼共生",具有特色鲜明的地方性知识,成为一种宝贵的农业文化遗产。并强调立足田野调查和文献研究,研究"稻鸭鱼共生"结构的科学性及其意义,从整体揭示侗族的生态智慧以及这种农业文化遗产的功能和意义,尤其是指出"稻鸭鱼共生"结构对侗族节日等民俗文化的意义。

重庆文理学院非物质文化遗产研究中心向轼博士的《三峡库区应对干旱

的传统知识——基于重庆忠县猫耳山片区梯田的田野调查》一文，阐述了重庆猫耳山片区梯田地处川东伏旱中心区，夏季持续炎热、连晴少雨，有"十年九旱"的说法。当地维护山顶森林生态、修筑水井水塘、反复翻犁梯田、播撒腐烂秸秆草叶等做法有效地应对了地区干旱并提高了梯田保水增肥的能力。分别论证了乡土知识对环境和气候灾变的应对，研究区域及研究方法概述，忠县干旱历史、特点和影响，干旱背景下猫耳山片区梯田曾经良好的农业生态环境，猫耳山片区梯田应对干旱的传统知识。

山东农业大学文法学院孙金荣教授的《〈齐民要术〉天地人和合思想及其文化意义》一文，认为天地人和合思想是中国传统文化的精髓，在上古的宗教天命观中已孕育着天地人和合思想。贾思勰《齐民要术》继承传统天地人和合思想，并在农业生产的理论与实践中总结、运用、推广、发展。其中，顺天应时、因地制宜，合理种植与养殖等思想，是中国文化史、农业史的宝贵思想文化资源。对后世的农业科技思想、农业生产的理论与实践产生了积极影响，对现代农业生态文明发展有着重要意义。

宁夏大学西北退化生态系统恢复与重建教育部重点实验室何彤慧教授、柴永青副研究员的《宁夏农村应对气候变化的生计智慧》一文，分析了宁夏历史时期农村应对气候变化的几种生计智慧。一是种撞田——以不变应万变的智慧；二是抢墒——顺天而为的智慧；三是小农经济——求人不如求己的智慧；四是多业并举——多边形求稳智慧；五是以秋补夏——灾后自救的智慧；六是防虫减灾的应急智慧。认为挖掘这些经验智慧，有利于基层农村采取一些应对气候变化的措施，主动保障生计的稳定和持续，也是对政府水利建设、生态移民、产业结构调整、冬麦北移等应对气候变化措施的拾遗补缺。与此同时，这些经验智慧也是地方传统文化，在全球化和现代化的冲击下也正在渐行渐远，记录下它们，无疑也是一种文化传承。

凯里学院王雨容教授的《古代农田灌溉工具考辨》一文，阐述了古代灌溉工具可分两大类，即引水工具和提水工具。提水工具又分为三个小类：利用水流推动类，利用杠杆原理类，利用外力作用类。每一种灌溉工具都是因地制宜，体现了古代劳动人民的智慧。

价值研究是农业文化遗产研究的重要组成部分，它在认知层面为全面深入地分析和理解农业文化遗产提供方法，在实践层面为农业文化遗产的保护、开发利用及有效管理提供重要的依据。中国农业科学技术出版社朱绯编辑作了题为"传播视野下的农业文化遗产价值研究"的主题演讲，阐述了农业文化遗产的经济价值、社会价值、文化价值、环境价值、历史价值和审美价值。从传播学视角，以受众为主要对象，分析农业文化遗产传播要素、传播现状、传播途径与内容，促进优化农业文化遗产的传播活动，进而对大众形成导向性影响，提升大众对农业文化遗产的关注度，进一步促进农业文化遗产的发掘与开发。重庆旅游职业学院范才成教授作了题为"生态文明建设背景下农业文化遗产的旅游价值研究——以湖北恩施玉露茶文化系统为例"的主题演讲，以湖北恩施玉露茶文化系统为研究对象，从生态文明建设的角度，研究农业文化遗产的旅游价值，认为地方政府在旅游基础设施投资上集中财力，生态保护中引导社会大农业综合治理，引导村民进行民宿旅游，引进民营资本做大旅游体量，把农业文化遗产保护和生态旅游进行茶旅融合，以维护农业文化遗产生态系统的综合改善。

三、农业文化遗产的中国实践探索与展望

在专题报告中，"世界农业文化遗产（GIAHS）保护进展与展望"为题的报告，认为目前我国的农业文化遗产已经成为农业国际合作的一项特色工作；农业文化遗产保护研究与实践处于国际领先地位；农业文化遗产发掘与保护成为农业部的一项重要工作和促进农村生态文明建设、美丽乡村建设、农业发展方式转变、多功能农业发展和农业可持续发展的一个重要抓手；农业文化遗产保护与发展的经济、生态与社会效益凸显，农民文化自觉性与保护积极性显著增强；科学研究不断深入，有效支撑了农业文化遗产保护工作，推动了学科发展与人才培养，初步形成了一支多学科、综合性的研究队伍；全社会对于农业文化遗产价值和保护重要性的认识不断提高，多方参与机制初步形成。强调了如何申报农业文化遗产、中国农业文化遗产申报问题及申报成功的后续问题。梳理2004—2016年联合国粮农组织（FAO）的世界农业文化遗产（GIAH）认定是从提出概念、试点遴选、保护试点、牵头申请和执行GEF项目，最后进入业务化、规范化管理等阶段的历史脉络。2004—2015年中国的GIAHS/NIAHS申请与认定工作申报评选情况：中国共有62项中国农业文化遗产（China-NIAHS），其中11项世界农业文化遗产（GIAHS），分布在25个省（市、自治区）。并分别从以下几个方面对中国农业文化遗产（China-NIAHS）的中国实践探索与展望进行了阐述。

1. China-NIAHS申报的程序。首先通过县级（或以上）人民政府递交申报材料到省级农业行政主管部门，经过审核上报农业部农产品加工局（休闲

农业处）进行初审确定初选名单后交专家委员会专家评审，提出建议名单，再交农业部农产品加工局（休闲农业处）确定候选名单进行公示提交 China-NIAHS。

2. China-NIAHS 申报材料。包括主要领导签名的政府承诺函，以科学性为基础的申报文本，可操作和可检查的保护与发展规划，得到有关部门批准的管理办法、宣传片以及相关证明材料。

3. China-NIAHS 申报中的问题。体现在对"重要农业文化遗产"概念与内涵理解不够，认为农业文化遗产是一项技术、物种或名特产品、民俗、景观，申报主体是政府，要正确处理政府、企业与农民关系。

4. GIAHS/China-NIAHS 认定展望。认为申报数量将会越来越多，文本要求越来越高，评选越来越严格，申报周期越来越长，将会从地区分配上进行适当平衡，将会从类型分配上进行适当平衡，对已认定的项目进行评估，并发布"警告"。

5. FAO 确定的近期研究问题。GIAHS 对于 FAO 战略目标（SO）的贡献，GIAHS 对于可持续发展目标（SDG）的贡献，国家水平上 GIAHS 动态保护规划与实施，GIAHS 与现代农业发展模式的比较，GIAHS 与世界文化遗产及其他国际计划的关系，GIAHS 网络化建设与系统化管理，GIAHS 监测评估体系的建立，GIAHS 动态保护成功经验与典型模式总结。

6. 中国的研究工作。围绕农业文化遗产的概念、内涵、特点、类型、起源、演变与影响因素，系统特征与组成要素，要素耦合机制，稳定性及维持机制，多功能性与价值评估，保护的现实意义，总体策略与基本原则，法律定位与制度建设，政策激励机制，产业促进机制，多学科综合性研究，基于文献统计的研究。

7. 未来研究展望。一是加强多学科综合研究，打造一个不同专业人员学术共同体。围绕农业文化遗产系统的不同组成要素展开研究，全面解析农业文化遗产的社会、经济与生态可持续性机理，推动农业文化遗产学科建设和农业文化遗产保护理论的发展。二是加强遗产系统的基础性研究，如遗产地农业生态可持续机制、社会—经济—自然复合生态系统的稳定机制、遗产的历史起源考证、景观与文化特征、运用科学实验和实地调查法的定量等方面的研究，为农业文化遗产系统科学性的解读提供支撑。三是加强监测与评估理论与方法研究，尽快构建并不断完善农业文化遗产的监测与评估方法及评估体系，开展申报成功后的变化及其驱动因素和对农田环境、社会和经济的影响等方面的研究，支撑农业文化遗产保护的业务化管理。四是加强合作研究，不断创新协作机制，通过项目合作、会议交流、联合培养等途径带动更多的科研单位，尤其是位于遗产地附近的科研单位参与到农业文化遗产研究当中，打造区域性农业文化遗产研究中心，以建立稳固而强大的农业文化遗产研究团队，使各个遗产地都得到全面而系统的研究。五是加强面向保护实践的研究，重视农业文化遗产资源的产业化发展研究。推动农业文化遗产地居民保护遗产的积极性，进而达到农业文化遗产保护的目的。

在专题报告中，全国政协委员、中国农业博物馆曹幸穗研究员，以农业史学家经验和丰富的农业文化遗产实地考察经验，探讨中国农业遗产的科技问题。以"农业遗产也需要科技武装"为题，认为农耕文明的智慧是一个包含广泛的论题，是保护利用农业资源、协调利益、维持社会和谐、耕作饲养和加工储藏、防灾减灾、生产生活和经营管理的智慧，是农业遗产中的技术智慧。指出中国农业文化遗产保护中的问题存在品种混杂退化、田间肥水管理失当、传统农产品加工方法失传等问题，需要技术与时俱进，克服"苦、累、重、险、难"的传统作业，需要加强农业遗产如农作物的提纯复壮、植物农药研发、有机肥料积制等的应用科技研究。传统农业不是落后农业，传统技术是漫长历史积淀下来的智慧精华。传统品种需要不断提纯复壮，才能保持优良的种性，保持千年遗传的品质。只有与社会经济环境协同进化，农业文化遗产才会有强大的生命力，才能在文明长河中绵延不绝。农业文化遗产的保护，要针对活态性的特点，做到协同进化和与时俱进。在保护实践中要树立这样的理念：农业文化遗产保护也需要科技知识，需要科技武装。

在交流讨论中，王思明教授认为：中国的农业文化遗产需要有不同学科的人来关注，农业文化遗产是一个复合性、交叉性的问题，需要调动社会各方力量来关注这个问题。目前国内学术共同体太少，因此，要建立相关的联盟，如联席会等学术共同体来推动。如果对学术共同体有所帮助的话，《中国农史》有固定栏目，有学术会议平台，中国农业史学会轮流举办会议。

论坛承办方西南大学历史文化学院田阡教授就中国农业文化遗产的探索与实践谈了自己思路和想法，一是如何去做，二是做什么。基于这样的思考，从学科的属性角度，对如何彰显学科方法优势、如何多学科共享协同这些问题，提出了以流域为主脉络的区域研究理念，并在突出区域整体性视角下，构建流域与农业文化遗产的具体化的成果思路。农业文化遗产如何在村落中呈现，在社会中呈现，在文化中呈现，特别是针对具有大山区、大库区、大都市、大农村的文化和功能多样性的重庆，如何构建以区域视角下农业研究范式到农业文化遗产的关注，如何推助行业主管部门的认识以及如何开发农耕智慧衍生品等，进而挖掘、研究、保护和利用好重庆的农业文化遗产进行了积极的思考与实践。同时对于如何搭建农业文化遗产学术交流平台，认为十分有必要建立一个相关学术共同体，将多学科的人会聚起来，做到跨学科的融合，共同探讨、保护、传承和开发利用农业文化遗产。未来要围绕农业文化遗产在西南大学建设区域性的阵地，建立多学科团队，并吸纳更多的中青年人参与，举办农业文化遗产学科负责人的联席会议、青年论坛（20人论坛）等。真正把"流域"这个概念的内涵流淌出来，把农业智慧的概念展现出来，在乡土和都市社会中贯穿起来。

综合上述专家学者各自所关心的问题，可以看出，农业文化遗产是乡土社会中的农耕智慧，蕴藏着巨大的价值，但是不可否认，农业遗产在今天正面临着相当大困境。因此，尽管农业文化遗产的认识与保护是当今社会需要给予重点关注的问题，特别需要公众关注农业文化遗产的保护和科学利用，但是，更加迫切的是要在实践层面上开展实实在在的行动。

通过对此次会议的报告整理，发现以下几个方面值得关注。

一是农业文化遗产保护需要建立多方参与机制。应当建立一个新的高度统筹协调框架，国家和省市县农业部门在项目的领导与协调、科研部门在提供项目的科技支撑、地方政府在项目的具体实施、地方高校在智力支撑等方面发挥重要作用。

二是农业文化遗产需要打造多学科学术共同体。以区域性研究为中心，建立以资源与生态、农业历史、社会学、伦理学、民族学、法学、民俗学、管理学、经济学、遗产教育和美学等学科联盟的学术共同体，开展农业文化遗产的合作研究与对比研究，农业文化遗产所具有的复合性、适应性和可持续性都是未来需要深入研究的课题。

三是农业文化遗产申报的问题。重视农业文化遗产的申报，了解申报的程序、材料、存在的问题及申报成功的后续问题，为农业文化遗产的保护、传承和开发利用提供保障。

作者简介：

吴平，女，苗族，贵州天柱人，凯里学院原生态民族文化学刊编辑部教授，贵州原生态民族文化研究中心研究员，研究方向为非物质文化遗产。

田阡，男，湖北荆州人，西南大学历史文化学院教授，博士生导师，研究方向为族群与区域文化、流域人类学、文化遗产保护。

中华农耕文明的生态哲学

生态民俗学视野下浙江省青田县龙现村稻田养鱼农业文化遗产的传承与保护

黄　涛　杨雯雯

摘　要：作为全球重要农业文化遗产首批项目之一，浙江青田县龙现村稻鱼共生系统是传统生态农业的典范样本。它得以形成并在较长的历史时期发展传承下来，主要在于该地独特、优越、适宜的生态环境与其他人文条件的结合。从生态民俗学的视角来考察以龙现村为代表的青田县稻鱼共生系统，将这一农业文化遗产置于社区生活背景中、置于人与生态环境的关系中来考察，分析村民适应生态环境、利用自然资源的农耕文化、传统智慧，以及这一系统在现代社会的传承变迁情况，应该是一个新颖而符合实际的富于解释力的研究方法。作为农业文化遗产，青田县稻鱼共生系统是一种以特色生产方式为中心的生活文化整体，与这种生产方式密切相关的民俗文化是其重要组成部分。对稻鱼共生农业遗产的保护不仅要重视对这种特色生产方式的保护，也必须重视对与之相关的民俗文化的保护，更要重视对这种耕作技艺传承人的保护。

关键词：稻鱼共生系统；农业文化遗产；生态农业；生态民俗学；保护

浙江省青田县龙现村以"中国田鱼村"❶闻名。2005年，该村的"稻鱼共生系统"被联合国粮食及农业组织（FAO）列为全球重要农业文化遗产（Globally Important Agricultural Heritage Systems, GIAHS），是全球首批五个项目之一。联合国粮农组织对全球重要农业文化遗产的定义是："农村与其所处环境长期协同进化和动态适应下所形成的独特的土地利用系统和农业景观，这种系统与景观具有丰富的生物多样性，而且可以满足当地社会经济与文化发展的需要，有利于促进区域可持续发展。"❷龙现村的稻鱼共生系统就是这样一

---

❶ 1999年，社会学家费孝通为该村亲笔题写了这一称号，题字被置于该村村口。

❷ Parvia Koohafkan. Conservation and adaptive management of globally important agricultural heritage systems（GIAHS）[J]. 资源科学，2009，31（6）：4-9.

种典范的农业文化遗产,它是一种充分利用山泉和稻田资源为鱼提供生长环境、利用鱼的活动改良土壤并给稻田驱虫除害、达到稻鱼互惠共生的复合生态农业模式。国内农业文化遗产研究领军人物、中国科学院研究员闵庆文对它作了界定:"稻鱼共生生态系统,即稻田养鱼,是一种典型的生态农业生产方式,系统内水稻和鱼类共生,通过内部自然生态协调机制,实现系统功能的完善。系统既可使水稻丰产,又能充分利用田中的水、有害生物、虫类来养殖鱼类,综合利用水田中水稻的一切废弃能源来发展生产,提高生产效益,在不用或少用高效低毒农药的前提下,以生物防治虫害为基础,养殖出优质鱼类。"❶

龙现村位于青田县城西南部方山乡境内,背依奇云山,与温州的瑞安市和瓯海区交界,是一个"真龙曾显现,田鱼当家禽,耕牛不用绳,四季无蚊子"的环境优美且古风犹存的山村。全村由街路头、龙现两个自然村组成,以吴姓和杨姓为大宗,吴姓占大多数。1992年,全村有268户人家,约1100人。到2002年时,还有267户。❷ 现在,村里全部人口大约1500多人,其中有700多人侨居世界28个国家和地区,常住村里的绝大多数都是老人和儿童。该村还获得省级生态建设示范点、省级优质高效水产养殖示范基地、市级新农村示范点、市级旅游示范点、市首批小康村、市级文明村等荣誉称号。由于村中儿童大都是在国外出生,入了父母侨居国的国籍,这些孩子往往具有不同的国籍,所以该村又有"联合国村"的雅号。村民戏称,孩子们打起架来就是不同国家的人打架,是"国际争端"。

本文以在该村多次进行田野调查的资料,从生态民俗学视角,展示该村稻田养鱼的耕作方式与生态环境和民俗文化的密切关系,并阐述保护农业遗产中的民俗文化的重要性与策略。

一、"稻鱼共生系统"的生态文化价值

传统民俗中有很多内容涉及人与自然生态的密切、和谐的关系,特别是在民间信仰习俗中,有不少自然崇拜和行为禁忌是以遵行信仰的方式促使民众保护自然资源和生态环境的。这使民俗学与生态学有一种天然的紧密联系。在中外民俗学者列出的民俗学研究对象中,常有一些项目与生态问题很接近。比如20世纪初期英国民俗学家查·索·博尔尼(又译为"班尼")

---

❶ 闵庆文. 全球重要农业文化遗产——一种新的世界遗产类型 [J]. 资源科学, 2006, 28 (4): 207.

❷ 《方山乡志》编纂委员会. 方山乡志 [M]. 北京: 方志出版社, 2004: 38.

在其《民俗学手册》中列出"信仰与行为"类民俗的十个项目的前三个是："1. 大地和天空；2. 植物界；3. 动物界（兽类、鸟类、爬虫、鱼类、昆虫）"。2003年联合国教科文组织公布的《保护非物质文化遗产公约》列出的非物质文化遗产所包括的五个方面的第四个方面是"有关自然界和宇宙的知识和实践"。

虽然民俗学史上积累了很多与生态民俗相关的资料和研究成果，但是该学科很少有意识地、专门性地进行生态民俗的研究。日本民俗学界有对生态民俗学、环境民俗学的倡导。野本宽一的《提倡生态民俗学》认为生态民俗学的研究对象和研究方法是"把人重新置于大自然的生态系统之中，在自然环境之中对民俗事项进行重新把握"，把民俗现象放回到人与自然的关系问题的出发点上，生态民俗学是环境民俗学的主要内容和发展趋势。[1] 鸟越皓之的《试论环境民俗学》认为环境民俗学有三个研究领域：人类"利用"自然环境、人类与环境"共生"、以环境为媒介的"人类相互的关系"。[2] 乌丙安1985年提出经济民俗包括"自然生态民俗"[3]，1994年提出生态民俗包括"有关动物生态利用的民俗""有关动物生态传承的民俗""有关植物生态利用的民俗""有关植物生态传承的民俗""关于自然周期形成的生态民俗""关于人类在食物链中居统治地位的生态民俗"等类型，[4] 2001年著文提倡构建中国生态民俗学。[5] 江帆的《生态民俗学》是国内该研究领域的第一步概论性专著，认为："生态民俗学是在现代生态观念的启迪下，从生态学的视角，运用现代生态学的某些理论与原则，对民俗文化进行审视与研究；从民俗学的视角，考察生态环境对人类文化的制约与影响，在人类行为与活动的深广背景上探索人类与生态环境的双向性关系的科学。生态民俗学既研究生态环境在民俗文化发展中的作用，也研究民俗文化对生态环境的反作用。"[6] 从生态民俗学的视角来考察以龙现村为代表的青田县稻鱼共生系统，将这一农业文化遗产置于社区生活背景中、置于人与生态环境的关系中来考察，分析村民适应生态环境、利用自然资源的农耕文化、传统智慧，以及这一系统在现代社会的传承变迁情况，应该

---

[1] 转引自钟琴. 试论日本环境民俗学研究带来的思考［J］. 大舞台，2012（12）：239-240.
[2] 转引自钟琴. 试论日本环境民俗学研究带来的思考［J］. 大舞台，2012（12）：239-240.
[3] 乌丙安. 中国民俗学［M］. 沈阳：辽宁大学出版社，1985.
[4] 乌丙安. 生态民俗链和北方民间信仰［J］. 民俗研究，1994（1）：25-30.
[5] 乌丙安. 论生态民俗链——中国生态民俗学的构想［J］. 江苏社会科学，2001（5）：104-107.
[6] 江帆. 生态民俗学［M］. 哈尔滨：黑龙江人民出版社，2003：17.

是一个新颖而符合实际的富于解释力的研究方法。

青田县稻田养鱼习俗能够形成和发展,并且传承至今,主要由于该地独特、优越、适宜的生态环境与其他人文条件相结合,共同孕育滋养了这一传统的生态农耕方式。

龙现村四面环山,水源充足且水质优良,给稻田养鱼提供了得天独厚的条件,而人多地少使得人们迫切寻求资源利用最大化的生产方式,于是稻田养鱼应运而生。据历史资料,青田县稻田养鱼习俗由来已久,自唐睿宗景云二年(711年)设县以来就有养殖,至今已有1200多年。历史上喜欢"饭稻羹鱼"生活方式的古越人因为战乱,一部分人迁移到江、浙、皖一带的深山,称为"山越",延续了"饭稻羹鱼"的生活方式。青田原为山越的分布地,"稻田养鱼"正是基于环境对这一传统生活方式的适应性调整与继承。❶ 游修龄回顾了吴越一带"饭稻羹鱼"的历史,认为稻田养鱼是对此习俗的应变和创新,在山区种植水稻可获保证,但是由于溪水里鱼少不能满足需要,因而想到在稻田里养鱼的办法,经过长时间的实践,终于挑选出适合稻田里饲养的"田鱼"。❷ 这一说法有一定的合理性。《青田县志》记载:县内"九山半水半分田","梯山为田,粮食作物以水稻、小麦、番薯为主。"❸ 龙现村地处丘陵山区,由于地理条件的限制,凭借单一的农业种植,无法满足人们生活的需要,包括经济收入与人体营养的需求。作为越人的后裔,人们若是要延续饭稻羹鱼的生活传统,不得不想其他的办法。由此,农民利用当地的自然条件和地理环境,形成稻田养鱼这一耕作方式是很自然的。人们在水稻灌溉的时候无意中引入鱼苗得到启发,开始有意识地在稻田里养鱼。最初是一种粗放型的养殖方式,人们在稻田中放入抓来的鱼苗,任其自生自灭,后来在长期的试养过程中积累经验,挑选出适合养殖的品种"田鱼",并逐步发展成现在独特的稻田养鱼生产经验。

龙现村地理位置比较偏远,小农经济占据主导地位,农民的生产主要是满足自身的需要。种稻养鱼可以实现资源全方位循环,田鱼具有肥田、除草、施

---

❶ 方丽,章家恩,蒋艳萍.全球重要农业文化遗产——青田县稻鱼共生系统保护与可持续发展之思考[J].生态农业科学,2007(2):389.

❷ 游修龄.稻田养鱼:传统农业可持续发展的典型之一;闵庆文,钟秋毫.农业文化遗产保护的多方参与机制:"稻鱼共生系统"全球重要农业文化遗产保护多方参与机制研讨会文集[M].北京:中国环境科学出版社,2006:37-40.

❸ 陈慕榕.青田县志[M].杭州:浙江人民出版社,1990:9.

肥的作用，养鱼的水田比普通水田产量高5%～15%。水稻可以满足人们吃饭的基本需要，田鱼可以补充蛋白质，增加收入。有农谚说："稻田养鱼不为钱，放点鱼苗换油盐。"稻田养鱼成为一种生活方式被当地人认同，并一代代传承下来。而且，龙现村民风淳朴，偷鱼的事情基本没有，这在客观上为稻田养鱼的延续提供了一定的条件。村民吴××说："这个鱼基本上家家养，一般没人偷，谁也不会特地偷别人一条鱼然后自己吃掉，这样没意思。你要是偷了就是贼，说出去也不好听，你出去了，人家说你是龙现的贼……"最后，龙现村共700多人，其中有600多人侨居国外，村子里青壮年劳动力缺失，剩下的多为老人和小孩。少数家庭经济条件较差的居民还需要依靠稻田养鱼获得的收入来贴补家用，延续着稻田养鱼的传统生产功能。但是对大多数居民来说，外汇成为他们收入的主要来源。稻田养鱼对劳动力要求不高，老人们将稻田养鱼当做感情寄托，将父辈的生活传统继承下来。清光绪年间《青田县志》有明确记载："田鱼，有红、黑、驳数色，土人于稻田及圲池养之。"❶ 清末民初的青田人徐容丛咏诗曰："一升麦子掉鱼苗，红黑数来共百条。早稻花时鱼正长，烹鲜最好辣番椒。"❷

稻田养鱼这一传统生产方式，符合著名生态学家马世骏提出的"整体、协调、循环、再生"的原理，是传统生态农业文化的精华。稻田给田鱼提供了空间、水分和养料，鱼起到了消灭杂草、虫子、增肥等作用。龙现村的稻田养鱼对当地的环境保护也起到了一定的作用。首先，传统的稻田养鱼因为要考虑鱼儿的生存环境，要求给田地使用传统农家肥料，主要是猪、牛等的粪便、草木灰等，减少了现代化肥对稻田和水的污染。用特制的农具和油来除虫，也达到了喂鱼和环保的双重效果。田鱼的粪便给田泥提供养分，同时，田鱼在泥底钻土，起到松土的作用，能够提高土壤的肥力，提高产量。其次，稻田养鱼要求加高田埂，预防暴雨冲击田地，有利于保护稻田环境，减少水土流失。

稻鱼共生系统是劳动人民在长期的实践过程中，根据当地的自然生态条件创造出来的传统生产系统和农业景观，为农民世代传承并不断发展，保持了生

---

❶ 陈慕榕. 青田县志 [M]. 杭州：浙江人民出版社，1990：227.
❷ 《方山乡志》编纂委员会. 方山乡志 [M]. 北京：方志出版社，2004：161.

物多样性，适应了当地的自然条件，产生了具有独创性的管理实践与技术的结合，❶ 深刻地反映了"天、地、人、稼"和谐统一的思想观念。稻田养鱼这种一田多用的经营模式，实现了资源环境的循环利用，蕴含了人与自然一体的世界观和宇宙观，以及"天人合一"的传统思想，是农民与生态环境互动传统的结晶。

从经济方面看，稻鱼共生系统首先有助于农民实现稻鱼双收，能有效地提高稻田的产量，给农民均衡膳食结构的同时，还能增加收入；其次，龙现村利用稻田养鱼农业景观和当地的古民居、民俗文化、华侨文化吸引游客，带动村落经济。其田鱼和土菜大受游客欢迎，甚至有村民利用华侨关系将田鱼和田鱼干售到国外。田鱼干是使用新鲜田鱼通过浸渍、蒸煮、烘烤等工艺制成，色泽金黄，味道鲜美。一般4斤新鲜的田鱼才能烘烤出1斤的鱼干，因此田鱼干的价格也比较高。新鲜田鱼大概30元一斤，田鱼干价格根据田鱼个头大小，为每斤80元到160元不等，个头越大越贵。田鱼市场的打开，给一些有经济头脑的村民带来了发财的机会，而那些无力竞争、收入微薄的老人也可以凭此养活自己，给子女减轻负担。以村民蒋 XE 为例，蒋老太太今年63岁，有5个儿子，其中4个在西班牙，1个在青田县，平时家中就只有她和老伴两个人。孩子在国外打拼，几乎十来年才回来一次，老人平时在家里种田养鱼，并制作田鱼干卖给游客。老太太的田鱼干是村里公认最好的，却只卖80元一斤，这主要是因为老太太年纪大不会说普通话，所以很多生意被别人抢走。不过老太太并未因此感到失落，她制作田鱼干，一方面是家里人少吃不了那么多鱼，另一方面是可以自己养活自己，减轻儿女的负担。

稻鱼共生系统不仅是一种生产方式，还具有丰富的文化内涵。农业文化遗产不仅包括其本身的文化，还包括了它衍生出的各种文化，如"田鱼文化""水文化"等，从不同侧面折射出农业文化遗产的内涵。❷ 田鱼在龙现村的礼俗活动中起到了重要作用。在中国传统文化中，鱼具有美好吉祥的意蕴，比如，"年年有余""吉庆有余""鲤鱼跳龙门"等，至今都是人们节日活动及礼俗活动中重要的一道菜品。龙现村人用田鱼做成各种食物，如红烧田鱼、田鱼

---

❶ 闵庆文. 全球重要农业文化遗产——一种新的世界遗产类型；闵庆文，钟秋毫. 农业文化遗产保护的多方参与机制："稻鱼共生系统"全球重要农业文化遗产保护多方参与机制研讨会文集 [M]. 北京：中国环境科学出版社，2006：29-35.

❷ 孙业红，闵庆文，成升魁. "稻鱼共生系统"全球重要农业文化遗产价值研究 [J]. 中国生态农业学报，2008 (4)：991-994.

干、田鱼干炒粉干等。近年来村民饮食更为多样化，人们平时不常吃田鱼了，但以田鱼为主的传统菜式并没有被舍弃，这些菜仍是过节和待客宴席中不可缺少的。

农业文化遗产具有价值突出、原真性和不可再生性等世界文化遗产的一般特点以外，还具有自身的独特性。它不仅是一种生产方式，还是一种文化形态，充分体现了系统要素之间、人与自然之间和谐相处的可持续发展理念。❶我们应当充分认识到农业文化遗产的多重价值，处理好文化保护与社区发展的关系。

二、稻田养鱼的传统技艺及其传承现状

稻田养鱼的耕作流程包括更换田地、鱼田翻土、引入山泉、培育鱼苗、放养田鱼、收稻收鱼等。其中，培育鱼苗是稻田养鱼的核心技术。对此，我们访谈了该村擅长此技术的村民吴先生。

鱼种来源。龙现村现在会自己育苗的农民已经不多了，而且因为育苗麻烦，很多人都是在青田附近的乡镇购买，比如章旦乡。买来的鱼苗，大概1元钱100条。吴碎明村长上任后，提议大家自己育苗，这样才能使得"农业文化遗产保护基地"与"中国田鱼村"的名号名符其实，这一建议得到村民的认同。2012年开始，在村子里开辟了一块专门育苗的地方，请擅长育苗的农民带头，培育龙现村自己的鱼苗。育苗首先要获得鱼籽。获得鱼籽的办法是在母鱼的繁殖期，放些松树枝搭在水面上，这样母鱼生产后鱼籽就会粘在松树枝上，松树枝要很快捞起放入桶里，不能一直泡在水中，水分过多会造成鱼籽不能成活。鱼籽变成鱼苗一般要三天时间，粘有鱼籽的松树枝要先在箩筐中放上两天半，盖点稻草，每隔四五个小时检查一次鱼籽是否湿润，如果没有水分了就像浇花一样浇点水即可。时间差不多后，拿几颗鱼籽放到有一点水的小碗，看差不多出苗的时候放到小鱼塘，过一天就可以了。

放鱼前的准备工作。稻田养鱼要求田要每年水旱轮流，也就是去年的旱田今年养鱼，今年养鱼的田明年就不养鱼，而是种植其他农产品。这样做是因为，过于潮湿的土壤会降低"水花"成活率。所谓水花，指经过5天左右刚孵化出来的形如针尖的鱼苗；而饲养15~25天，鱼苗1寸以上，则称为"夏

---

❶ 游修龄.稻田养鱼：传统农业可持续发展的典型之一 [A].闵庆文，钟秋毫.农业文化遗产保护的多方参与机制："稻鱼共生系统"全球重要农业文化遗产保护多方参与机制研讨会文集 [C].北京：中国环境科学出版社，2006：37-40.

花"。旱田用来养鱼要提前翻土，保证土壤的肥力，然后引入山泉，水深不超过30公分，过深的话秧苗不易成活，鱼接触阳光少，也会长得慢。此外，水流的进出口用竹篾、枝条编成拦鱼栅，防止逃鱼。

鱼苗放养。清明至夏至是鱼苗放入水田的季节。鱼苗放养一般是在早晨，中午水温高，鱼苗会不适应。鱼苗放入后，三五天喂一次食即可。鱼食，一般是用谷子、小麦、剩饭菜等。有的村民还上山采些樟树枝、松树枝浸泡在田里，这样可以防止田鱼生寄生虫。

种稻除虫。龙现村从前是种植双季稻，现在种植单季稻。单季稻是五月种，八月中旬前基本收割完。栽水稻时，水稻秧苗不是直接插入田里，而是先集中种在小的秧田里。因为秧苗面积小，容易放还能节省肥料。等秧苗长大一点将之取出插秧，然后大概二十天检查一下秧苗有没有出虫。如果有虫的话，当地人会使用油（菜籽油、茶油、桐油等）来除虫。首先把油滴在水面上，然后拿丁字形的木耙将水和油一起推向水稻，禾叶上的虫子就被油粘在水面上，这样虫子成为田鱼的食物，达到一举两得的效果。有的农民还利用昆虫的趋光性来诱捕虫子，他们在灯架中挂一盏油灯，灯下有托盘，托盘里有油。昆虫接近灯就会被烫死落入托盘的油中，成为鱼的食物。❶ 现在，有些养鱼大户也使用农药驱虫了，不过农药用的比较少。稻田里的水深对农药起到了稀释的作用，而且山泉是活水，田鱼生活在水底，一亩地就在秧苗上打一点农药，鱼基本上是不接受农药的。

这套农业技术是劳动人民在长期的历史实践活动中，利用当地的自然生态创造发展而来，并一直传承至今日。

由于受到现代农业技术的冲击，部分农民已经渐渐脱离传统模式，与现代化接轨。传统的稻田养鱼模式虽然传承下来，但是仍面临许多问题，具体说来有以下几个方面。

首先，传统技术传承人缺失。龙现村几乎家家有华侨，华侨的外汇成为他们收入的主要来源，稻田养鱼的增加收入功能不断弱化。龙现的侨乡历史始于清朝末年，吴乾奎是龙现村第一批出国20多人中的一个，可以算是当地的出国第一人。那时出国条件艰难，途中也十分危险，有很多人为此丧命。但是，因为能改善家里的生活，出国的人数只增不减。解放前，谁家要是有华侨，那

---

❶ 蒋艳萍，章家恩，方丽. 浙江省青田县稻鱼共生农业系统及其问题探讨［J］. 农业考古，2007（3）：277-279.

是很光荣的事情。1987年前后形成了"番邦热"，也就是出国热潮，村子里有条件的青壮年都出国了，没条件的想尽办法也要出国。目前，龙现村几乎家家有华侨。龙现村的居民大多靠外汇为生，外汇占其生活来源的八成以上，只有少数人依靠农业和外出务工养活家庭。人们生产田鱼多是用于自己消费，或者送人，或者成为一种休闲方式。有的鱼养的时间长，主人对它们有了感情，既舍不得杀，也舍不得卖，养鱼俨然已经成为他们的感情寄托。目前，龙现村现有农田400亩左右，水塘140多个。据村民讲，大多数人家都愿意养鱼的，只是旱田有些没人种。有的年纪大的也愿意养养鱼，种不了的地就送人，一般送给亲戚朋友，或者给村里有能力的人种。

在现代化的冲击下，劳动力机会成本不断增加，龙现村掌握稻田养鱼核心技术的农民已经不多了，尤其是培育鱼苗这一核心技术，可以说就只有几个人掌握，老祖宗传承下来的农业技术正在渐渐脱离他们的生活。因农民出去打工比留在村子里种稻养鱼能挣更多的钱，这就使得一部分人放弃了这种传统生产方式。稻田养鱼面积逐渐减少，甚至出现只种稻不养鱼或者只养鱼不种稻的局面。

另外，在当地乐于出国的风习的影响下，家里的年轻人都愿意选择出国，而家长也都希望孩子能出国，他们觉得谁家没有华侨是没面子的事情。现在村子里大多数是老人和小孩，目前就只有一些老年人还保留着种田养鱼的传统。青壮年出国造成劳动力缺失，使得稻田养鱼这种传统农业技术面临失传的危险。

其次，市场化的冲击。从事传统农业的农民为了获得更多的利益，改变了原有的生产技术，使得传统技术受到一定的冲击。自被评为"全球重要农业文化遗产"以来，龙现村出了名，有许多人为了品尝田鱼的美味和观看稻鱼共生这一农业景观来到这里。据村民讲，因为水好，所以这里的田鱼鱼鳞很软，可以直接食用，如果把田鱼放到别的地方养就不行，鱼鳞就变硬了。而且左边山上的水没有右边的好，从两边取等容器的水，右边的要比左边的重5%，具体怎么好也说不清楚，反正据说联合国的人过来考察的时候也说这个地方水好。龙现田鱼的这一特色，受到了游客们的喜爱，田鱼干也颇受欢迎。田鱼干是稻鱼共生系统这一农业文化遗产所要保护的重要对象之一。田鱼干本是用于自我消费，主要给小孩子当零食吃和送给家里在国外的亲戚朋友，村子里来了游客以后，有些家庭条件不太好的，就制作田鱼干对外出售，借此增加一些收入。

龙现村利用文化遗产这一金字招牌发展旅游，村里有经济头脑的村民，开了"鱼家乐"和"农家乐"，且收益颇丰。田鱼和田鱼干对外销量增多，田鱼的市场需求扩大要求他们想办法提高产量。为此，青田技术推广机构派了技术员给农民培训，对稻田养鱼技术进行了改良。比如，栽培杂交稻，利用石灰给水塘消毒，用水泥浇铸田埂，并使用复合化肥、杀虫剂、除草剂等化学物品。这些技术的推广应用，虽然获得了水稻和田鱼产量的提高，适应了市场的需求，但是却明显违背了生态农业的原则，不仅使得水稻和田鱼的质量受到影响，还一定程度上破坏了生态环境。更重要的是，传统的稻田养鱼技术不仅是一种生产方式，还是一种生活方式，可以说是龙现村的标志性文化。为了增加收益，而用现代农业手段，这会瓦解传统生产方式，进而威胁到稻田养鱼的整体文化。比如说，以前杀虫的工具现在都闲置不用了，这些农具也是稻田养鱼传统技术的重要组成部分。

另外，据龙现村的村民反映现在的鱼不好养的原因之一是白鹭的破坏。龙现村附近常有白鹭出没吃鱼，3两左右的鱼很容易被吃掉，鱼大点儿的吃不掉就弄死，让农民们损失惨重。他们给上面领导反映了好几次了，却没有回应。村民们自己也想办法，但是白鹭并不好对付。因为白鹭是保护动物，很多人不敢去打，想用枪打的苦于枪支受到管制，买不到。有些农民拿农药和米一起炒好，放在稻田周围想诱引毒杀白鹭，可白鹭并不上当，所以他们也实在是没有办法，只能望而兴叹。

传统农业生产方式与人们的生活息息相关，是村落文化的重要组成部分。如今，传统农业和现代技术接轨，过于强调农业的经济价值，忽视农业的文化价值，对传统稻田养鱼系统产生了冲击，可能会使之与地方文化渐渐脱离。田鱼曾经是作为文化符号的田鱼，而现在更多的是作为商品的田鱼，田鱼的商品属性凌驾于文化属性之上，一定程度上弱化了稻田养鱼所蕴含的文化意蕴。比如，龙现村曾经有舞鱼灯的习俗，曾有很长一段时间停止。原本鱼灯是男子舞的，女子不让参加，但因为村中缺乏青壮年男子，所以组织了女子舞灯队，多用于筹资或有领导或者电视台的人过来进行表演，平时偶尔表演给游客看。鱼灯作为一种民间风俗，代表了一个群体有关年节的文化记忆。如今，去情境化的鱼灯舞俨然只是用于满足游客心理而进行的民俗展演。

三、保护好稻田养鱼传统技艺的传承人与相关民俗文化

作为农业文化遗产，青田县稻鱼共生系统是一种以特色生产方式为中心的

生活文化整体，与这种生产方式密切相关的民俗文化是其重要组成部分。自古以来，龙现村的生活习俗与村落传统受到稻田养鱼的深刻影响，该村的生产习俗、民间信仰、民间艺术、饮食方式等都与这种生产方式有不可分割的关系。近年来，随着传统的稻鱼共生文化受到现代化和商业化的侵蚀，与之浑然一体的民俗文化也在发生急剧变迁。特别是村中绝大多数中青年都选择了侨居异国的生活道路，村中平时主要居住人口为老人和小孩，有"空巢化"侨乡的村落生活特点，更使稻田养鱼的耕作技艺遭遇传承危机。对稻鱼共生农业遗产的保护不仅要重视对这种特色生产方式的保护，也必须重视对与之相关的民俗文化的保护，更要重视对这种耕作技艺传承人的保护。

（一）确立与保护传承人

稻鱼共生系统的核心是稻田养鱼技术。目前这种传统技艺的传承面临困境，其中一个主要问题就是传承人问题。

由于龙现村大多数青壮年出国，村里的居民靠外汇便可生活得很惬意，稻田养鱼的物质生产功能弱化，使得很多人不愿意从事传统农业。还有一部分人，从收益出发，开始使用现代农业技术。目前，从事传统稻田养鱼的只有少数中年人和老人。

拿培育鱼苗来说，育苗是一项精细活，时间、温度等都要把握得恰到好处，大多数人并不会自己育苗，而是选择去别的村购买现成的鱼苗。少数会育苗的农民也因为嫌麻烦而选择购买。剩下来的几个因为担心买来的鱼苗成活率不高，所以坚持自己育苗。长此以往，龙现村育苗的技术会逐步衰落，直至消亡。稻田养鱼作为一种物质生产民俗正走向衰落，需要通过确立传承人来将这一文化不断传承下去。传承人的确立应该通过认真调查筛选的方式产生，并根据传承人认定标准认定传承人。传承人一旦认定，就应该用系统的措施去保护他们，增加他们的积极性。

从龙现村的实际情况来看，目前村子里只有几个人会育苗这项技术。据村子里的人讲，要谈育苗的技术，"鱼家乐"的老板吴丽贞的哥哥今年60多岁，可以算是村里最好的。其他几名四五十岁会育苗的，技术都差不多。因为稻田养鱼的逐步衰落，传统的群体传承已不再可能，要保护稻田养鱼的核心技术，可以从这些人中挑选最合适的人作为传承人，或许传承人可通过师傅带徒弟的社会传承方式将该遗产传承下去。

龙现村的儿童均是华侨的后代，他们被父母暂时放到国内交给老人养一段时间，等长大后再接到国外。这样看来，龙现村常住人口不断减少，人口结构也呈老年化趋势。即使有家庭条件不好出不了国的年轻人，有的也不愿意从事农业。一方面他们缺乏对传统农业的兴趣，另一方面受经济影响，他们可能更倾向于出去打工。虽然村子里现在注重稻田养鱼，稻田养鱼也确实给一部分人带来了一定收益，但是还是存在实际传承对象人数有限的问题。只有将这一问题解决好，才能从根本上实现稻田养鱼的可持续化发展。

（二）对相关民俗文化的保护

稻田养鱼的生产方式及其基础上衍生的多样民俗文化，都是"稻鱼共生系统"农业文化遗产的重要组成部分，具体包括了饮食文化、民间文学、民间文艺及民间信仰等。

1. 饮食文化

龙现村有水就有鱼，田鱼可以现杀、现烧、现吃，烹饪田鱼的方法有红烧、糖醋、清炖等，烹后的田鱼味道鲜美、肉质细腻、鱼鳞柔软可食。实际上，村民并不常吃鱼，他们只是喜欢养鱼，对鱼的味道已经有些厌倦。人们只是在过年过节或重要场合都会备上田鱼做的菜肴，这已经成为一种习惯。因为经济的宽裕，他们对食物有了更多的选择，虽然这个小村落地处偏远，但是每天都会有青田来的货车给他们带来各样食物。现今的龙现人流行"穷人吃肉，富人吃菜和海鲜"，田鱼在他们的观念中已经成了过时的补品。旅游给田鱼产业带来了新的契机，村里并不稀罕的田鱼成了游客的抢手货。无论是新鲜的田鱼还是制成的田鱼干都成了炙手可热的商品。

田鱼干的制作对龙现村的居民来说是手到擒来，其制作方法比较简单，主要分三步。首先要将新鲜的田鱼洗净（不去鳞），从脊背剖开，去内脏做成雌雄片，然后用盐和酒等佐料腌制；然后将腌好的鱼顺着大铁锅的锅壁层层叠放，层间用少许稻草隔开，防止粘连，放适量水，炆火蒸煮，水干即可；最后用碳烤，木炭盆放到谷箩中，箩口放大眼竹筛，将煮好的鱼放在筛子上暗火烘焙，快干的时候，将谷糠放入炭盆，继续熏烤二十分钟左右即可。龙现村的大多数人养鱼就是为了烤田鱼干，田鱼干在当地的人际交往礼仪中占据了重要地位。龙现村的居民大多靠外汇生活，他们习惯把田鱼干当做回礼给华侨回家的时候带走，借此表达自己的感谢，另外，田鱼干作为家乡特产对华侨来说有家乡的味道，可以寄托缓解思乡之情。

2. 民间文学

有关稻田养鱼的民间传说和诗词丰富了民间文学的内容。龙现村有许多传说，如龙现村村名的来历、鲤鱼滩的传说、耕牛不用绳的故事等等。这些民间传说、民间故事反映了当地人各方面的生活及与之有关的思想、感情等。关于村民的来历，据村民吴 LY 讲述：相传明洪武年间，村庄左上方坑口有一深潭，有一名村女经常到该潭汲水洗衣，一日见池中五颜六色的石子甚是喜爱，就取了一枚含在嘴中，谁知不小心将石子吞入肚中，10 个月后，孕育出二龙，一条上天，一条入地，二龙时常怀念故乡和母亲，经常在此现身，村民视之为吉兆，故名为"龙现"。稻田养鱼的故事，则是人们诠释稻鱼共生的起源的：

> 很早以前，有个叫田农的青年农民到城里卖柴，路上从一个老头手里救下一条奄奄一息的鲤鱼。他把鲤鱼带回家养在水缸里，给她疗伤，鲤鱼伤愈后，他正准备将她放生，那鱼却变成一个美貌姑娘，要与他成亲。结婚那天，四邻乡亲正在吃喜酒，突然电闪雷鸣，半空中东海法龙气势汹汹地宣布：小鲤鱼是东海龙王的外孙女，位列仙班，不能与人通婚，必须马上回宫。小龙女坚决不肯回去，法龙忍无可忍，便依法将她剥去龙皮，废掉法力，变成小鲤鱼，抛在田农的水稻田里。从此，小鲤鱼与田农朝夕相见。可是，这年夏天，几个月不下雨，泉水也枯竭了，鲤鱼面临着死亡的威胁。田农为救鲤鱼，白天跑到几十里外挑水，夜里在稻田里打井找水源。这样无日无夜地不知干了多少天，田农终于支撑不住，倒在自己挖深的井底，再也爬不起来。然而，就在这时，奇迹出现了：在田农倒下的地方，突然喷出泉水，原来这水是田农的灵魂所化。鲤鱼为了感谢他的救命之恩，此后便永远生活在稻田里。从那时起，水稻田里有了田鱼，有了稻鱼共生。[1]

3. 民间文艺

青田鱼灯舞是 2008 年列入第二批国家级非物质文化遗产名录的项目。关于鱼灯的起源，这里的传说认为与刘基有关。据说，元朝末年，各地义军风起云涌，刘基暗地里招募义兵，并以鱼灯舞的形式操练兵阵。鱼灯便以当地的田鱼作为原型，刘基经过改编，增加了灯的种类和数量，并把军事阵图融入其中，形成了这种集民间舞蹈、民间音乐与民间手工艺制作为一体的具有军事操习特点的艺术形式。鱼灯舞一般是在正月里举办，逐村甚至出乡游舞演唱，欢度新春。舞灯队一般有 11 盏、13 盏或 15 盏灯，两只红珠灯带头，4~6 条龙头红鲤鱼灯紧跟，其他鱼灯依次随从，河豚灯和虾灯断后。舞灯人员大多武士

---

[1] 该故事是对吴 ZP 先生讲述的内容加以整理而得。

打扮，以跑、跳、跃的步法组成"进门阵""春鱼戏水""秋鱼泛白"等多种舞蹈形式，表现了淡水鱼的生活习性和特点。[1] 鱼灯舞在一段时间内曾停止，近年来又重新恢复。但是，因为缺少年轻男子，便组了一支女子舞灯队。现在的鱼灯也几乎没有人会制作了，村子里只有一名八十多岁的老人会做鱼灯，没有任何传人，也没有人想学，鱼灯制作技术也面临失传的危险。鱼灯舞作为一种当地的民间文艺，与稻田养鱼的生产习俗息息相关，应当对鱼灯舞及鱼灯制作工艺进行保护。

4. 民间信仰

稻田养鱼是稻、鱼、水缺一不可，水是基础要素，起到举足轻重的作用，没有水就没有稻也没有鱼，更不会有稻鱼共生的出现。龙现村人的水神信仰恰恰体现了这一点。

龙现村的村口也就是当地人说的宫外，又叫坑口宫，是传说中神龙现身的地方，在村落风水中有着举足轻重的位置。在坑口宫的左右两旁各建有一庙，一座是护国庙，供奉的是"平水王"，另一座庙供奉的神灵不明，据杨老奶奶说该庙的主神是元天大帝。从神灵的神职功能来看，平水王与元天大帝都是水神。这两座庙被当地人称为风水庙，认为从阴阳五行来看，这样建庙可以防止村内火灾。村里的吴老师说，将庙建于村口左右分立，还起到护村作用，可以防止妖魔鬼怪进入村内。另外，在左边的山上有座龙母娘娘庙，龙母仙娘这个神灵的职能主要是降雨赐福。关于她的神迹，在鲤鱼滩的传说中便有提及。

奇云山龙宫的龙母仙娘，被视为解难救苦的神人化身，凡遇旱情严重时，人们就去祈雨，据说时有奏效。有一年夏天，久晴无雨，溪水断流，稻田龟裂，禾苗枯萎，眼看秋粮绝收，农民们只得寄希望于龙宫的龙母仙娘。首事们经多日筹备，择定吉日，邀请师公，备办三牲福礼，组织上百名青壮年，不戴笠帽不带伞，敲锣打鼓，直奔龙宫向龙母仙娘祈雨。烈日当空，闷热无风。龙宫前草地上摆开祈雨阵势，师公舞了一遍又一遍，锣鼓敲了一通又一通，龙角吹了一次又一次，硬是不来一朵云彩。师公急了，就从龙井跳下去，来到龙母居所，见龙母正悠闲拍着苎丝，近旁的面盂里浸着数束苎麻，师公直前求告：凡间田稻都枯萎了，请仙娘赐雨以救苍生。仙娘乃用右手小指指甲挑了一指甲

---

[1] 陈慕榕. 青田县志 [Z]. 杭州：浙江人民出版社，1990：605.

眼的水洒在地上。师公说，凡间种植的东西都晒死了，你还这么小气！伸手把面盂覆了过来，龙母大惊，马上嘱咐师公：在回家的路上千万不可敲锣打鼓，要不声不响地回去。师公出了龙井，向众人述说龙母拍麻，自己倒翻面盂之事，顿时欢声雷动，敲锣打鼓，摇旗呐喊，师公也忘了龙母仙娘的叮嘱，欢欢喜喜下岭回家。刚到龙潭湖岭，突然乌云滚滚，电闪雷鸣，顷刻大雨倾盆，将祈雨的人们淋得如落汤鸡。接着山洪来了，汇集到低洼处，以排山倒海之势阻断人们回家的路。师公被洪水冲倒，在水上漂浮着，他自知触犯了神灵，只得苦苦哀告：我不听仙娘的话，求仙娘赐我一穴好地。说来奇怪，迅猛奔腾的洪水慢下来了，转呀转，把师公转到一处河滩地上。大雨使旱情缓解，枯萎的作物复苏，人们都绽开笑脸，而师公却永远留在那片河滩地。不知过了多少年多少代，师公的后人发达了，难免有人羡慕。有人妒忌说："你们子孙这么好，祖宗还在河滩地上任雨水冲刷，让牛羊践踏呢！"于是子孙决定把师公移葬于高阜处。起骨之日在师公掩埋处挖出两条还没开眼的金色鲤鱼，此后人们便把这片河滩叫做鲤鱼滩。❶

据《吴氏宗谱》首卷乾隆二十八年的《龙谷重建祠堂记》记载："乾隆丁巳五日，暴雨滂沱，山石崩裂，庐舍场垣尽被冲压……"由此可见，龙现村在历史上曾遭水患。水患对于庄稼来说，可以说危害巨大，这种天灾有时候甚至造成家破人亡。面对自然的神力，人们无力应对，求助于神灵也是很自然的事。该村水神庙在历史上曾经香火颇盛。如今，龙现村的水神信仰不断淡化。这与外来宗教的冲击有一定关系，目前村里有大半的人信基督。

世界文化遗产的保护不是对某一要素的保护或者某些要素的保护，而是要将稻田养鱼这一生产方式与其赖以生存的各方面因素综合起来保护。应促使社区在保护中占据主导地位，充分发挥当地人的积极性，实现居民、自然环境、市场和政府的相互协作，同时吸纳科研人员的参与。另外一个重要问题是要考虑好保护与发展的关系。龙现村在发展旅游上有极大的优势，在当地政府支持和协作下，旅游给当地人带来了发展机遇。但是问题也随之而来，比如人们开始重视稻田养鱼的经济价值而忽视其生态价值，采用不环保的方式种稻养鱼等。我们应当充分认识稻田养鱼的多重价值，并在此基础上实现可持续的保护和发展。

---

❶《方山乡志》编纂委员会.方山乡志［Z］.北京：方志出版社，2004：171.

作者简介：

黄涛，男，1964年生于河北景县。曾在中国人民大学任教20余年，2008年引进到温州大学。现为温州大学人文学院教授，民俗学社会学研究所所长，浙江省非物质文化遗产研究基地主任，温州市瓯江特聘教授，河北大学外聘博导。1999年在北京师范大学民俗学专业获博士学位，师从钟敬文教授。主要研究领域为语言民俗、传统节日、民间文学、非物质文化遗产保护。国际亚细亚民俗学会中国分会副会长，中国民俗学会常务理事、副秘书长，中国民间文艺家协会节日文化研究中心副主任，浙江省民俗文化促进会副会长。曾获中国文联"山花奖"学术著作奖一等奖，中国文联文艺评论奖一等奖，两次获浙江省哲学社会科学优秀科研成果奖。

杨雯雯，温州大学人文学院研究生。

从"稻鸭鱼共生"结构看侗族的生态智慧

胡 牧

摘 要：侗族是一个稻作文化的少数民族，水稻在他们生活中扮演了重要角色。侗族在适应环境过程中形成了丰富的生态智慧。侗族在稻田里养鸭养鱼就是生态智慧的一种体现，形成特色鲜明的地方性知识，成为一种宝贵的农业文化遗产。立足田野调查和文献研究，研究"稻鸭鱼共生"结构的科学性及其意义，从整体揭示侗族的生态智慧，并从整体揭示这种农业文化遗产的功能和意义，尤其是指出"稻鸭鱼共生"结构对侗族节日等民俗文化的意义。

关键词：侗族；稻鸭鱼共生；生态智慧；农业文化遗产

罗康智和罗康隆两位教授在其合著的《传统文化中的生计策略：以侗族为例案》（2009 年）一书中提出"稻鸭鱼共生"结构的概念，这一概念的内涵包含着侗族的生态智慧。今天，侗族"稻鸭鱼共生"结构包含的农业知识和生态思想等已成为宝贵的农业文化遗产（Agri - cultural Heritage System）。"稻鸭鱼共生"结构的维持并非容易之事，它很有讲究，包含着"地方性知识"（Local knowledge）和农业生产智慧。杨筑慧编著的《中国侗族》就呈现了侗族的这种生态智慧，这本书里包含了这样一个地方性农业知识，即这种农业生产结构的放养技术"主要是解决好稻和鱼的种、养的时间与比例问题，同时也要视稻田的肥力、水源状况而定。"[1](P78)它是建立在科学养殖基础之上，凝聚着侗族在长期农耕生活和生产中对生产规律的自觉把握和经验总结。同时，它还内含着生态真、生态善、生态美、生态益、生态宜的综合价值，值得我们好好研究。

一、研究背景

侗族有着侗族"饭稻羹鱼""火耕水耨"的农业传统。侗族地区素有"八山一水一分田"之称。他们居住在依山傍水之处。他们开垦农田，引水灌溉，种植稻谷，生活上一直比较富足。据史料记载："楚越之地，地广人稀，饭稻羹鱼，或火耕而水耨，果隋蠃蛤，不待贾而足，地势饶食，无饥馑之患，以故呰窳偷生，无积聚而多贫。是故江淮以南，无冻饿之人，亦无千金之家。"（《史记卷一百二十九·货殖列传第六十九》）这得益于侗族的农业文化遗产，得益于侗族与生俱来的生态智慧（Ecosophy），使得他们的食物一直有保障，过着相对无忧无虑的生活。之所以如此，主要得益于侗族优越的自然环境和独特的农耕技术。世界上的农业文化遗产有很多，一个地区农业发达了，这个地区人们的生活便有了一个坚实保障。从南方民族生活的衣食无忧中，我们可以看到侗族的生态智慧。我们理解侗族的生态智慧，可以从多方面去理解，侗族"稻鸭鱼共生"的农耕文明就是我们对之进行理解的一个视角。有学者认为"各民族的生态智慧与技能，就其实质而言，是相关民族对自身与所处生态系统之间制衡互动过程进行认知，并将这些认知成果积累下的结果。"[2](P99)所以，生态智慧也来源于人在实践中的认知和理性。这样的生态智慧会让某种生态文化传统一直延续下去。侗族"饭稻羹鱼""火耕水耨"的农业传统在今天延续下来，演变成"稻鸭鱼共生"的农耕技术，值得我们珍视和研究。

二、"稻鸭鱼共生"结构产生的良好效益

人与大自然统一而不可分，是一个统一的有机整体，水稻田也呈现为一个生态整体，这一生态整体包含了许多的动植物，它们彼此相生相克，发挥了较好的生态效益。"一方面，稻田中的杂草、害虫为鸭提供了食物；另一方面，鸭啄食这些水稻的克星又为其营造了更好的生长环境。"[3](PP35-36)这种农业循环模式，体现了侗族的生态智慧，彰显了侗族追求共生的思维方式和价值理念。侗族的农业生态智慧强化了侗族的生态意识。侗族在农业劳作中培育的生态智慧是侗族生态智慧❶的一种，它衍生了生态意识。反过来说，生态意识也是一种内生性的生态智慧。生态智慧与生态意识可以互文，两者很难分清彼此。

"稻鸭鱼共生"结构使得稻田生态系统的搭配和效益产生了最佳的效果。陈幸良与邓敏文在其合著的《中国侗族生态文化研究》（2014年）一书中对侗族稻鱼鸭并养的生态模式进行了科学研究。他们指出了侗族稻鱼鸭并养的生态模式的

---

❶ 侗族的生态智慧不仅仅体现在农业耕作上。笔者在一系列研究侗族河歌的论文中试图通过侗族"歌养心"的歌论以及侗族以歌交友、以歌择偶，追求诗意生存的审美理想来确证侗族的生态智慧。

好处在于"如稻田里的鱼可以把稻苗根部的害虫吃掉,稻田里的鸭子可以吃掉稻苗中部和上部的害虫。鱼和鸭子还可以吃掉稻田里的杂草,可以疏松稻苗根部的土壤,可以搅拌稻田里的水使之循环从而达到上下水温调节的作用等。此外,这种耕作技术不但可以大大提高土地的利用率,还可以实现自然资源的综合利用和生态平衡的目的。如鸭子的粪便变成鱼的饲料,鱼的粪便变成糯稻的肥料等。这些经验和技术,是现代生态农业所提倡的最佳模式。"[4](P114)生态系统为个体间保持相互制约和平衡关系提供了环境。通过侗族农业文化遗产的这一生态系统,我们看到了它的自足性和循环性,看到了它的中和性。

同时,"稻鸭鱼共生"结构产生出的农产品非常生态,属于生态农产品,它们免受了农药之害。这同样体现了这个系统生态真的价值,同时也体现出这个系统生态善的价值和特征。"稻鸭鱼共生"结构决定了稻田内不得施加农药(有可能适量施加有机肥料),否则鱼不能存活,不用农药就保证了稻田水的质量和生态性,所以也便于鸭子在其中觅食。实践证明,这种稻田共生系统产生的经济效益要大于单纯在水田里种植水稻的经济效益。稻田共生系统产出的农产品也具有可观的生态效益,出自这样稻田的农产品对人体健康不会造成破坏,这就体现出生态善的价值。

此外,"稻鸭鱼共生"结构的农产品深深影响了侗族的生活,培育了侗族人的良好素质。稻米、糯米、鱼和鸭都是营养非常丰富的生态食物,对人的健康十分有益。这些食物成为侗族人餐桌上经常摆放的食物,因此,侗族人不仅身心健康,同时还比较聪慧。有学者指出:"具体的生态环境不但塑造了人类体质形态上的差异,同时它塑造人类文化上的差异。那些为具体的生态环境所塑造出来的具体的文化同时又在强化着这个具体的生态环境所塑造出来的体质特征,而不是相反。"[5](P41)侗族在长期生活中创造了侗歌、风雨桥、鼓楼等艺术,充分展示了他们的智慧美,他们追求诗意生存、和谐生存的审美理想使他们形成了柔和谦让的民族性格和良好品性。这些食物塑造了侗族良好的体质、良好的智能和性格。反过来说,侗族的生态智慧如何形成,如果从食物这一物质的层面来说,"稻鸭鱼共生"结构的农产品功不可没。

三、"稻鸭鱼共生"结构包含的生态智慧及其对侗族节庆活动的影响

(一)"稻鸭鱼共生"结构包含的生态智慧

侗族的生态智慧不仅体现在他们创造的民族艺术上,还体现在他们创造的

"稻鸭鱼共生"结构上。如果说文化这个话题存在着范围的交叉的话，我们可以说侗族的生态智慧集中体现在水文化上面，侗族的水文化不仅体现在稻田耕作上，还体现在侗族河歌这样的民族艺术上。在文学家看来，水是富有灵性的东西，水也会赋予人某种灵性。侗族对水的利用体现了生态智慧，比如侗族利用都柳江放排。走进侗乡，我们会看到很多的稻田，稻田里蓄满了水，许多鸭子在稻田中嬉戏，稻田也因为有了水而变得生机勃勃。侗寨周围都有许多水田，水田不远处要么有山泉，要么有河流，总之水源充足。为了涵养水源，侗族还重视植树造林和保护林木。这也是他们的生态智慧。电影《童年的稻田》就显现了侗族与稻田天生的联系，侗族到处可见的稻田是一种生态景观，包含着生态美的价值，生态美也需要生态景观来体现。侗族在农业劳作中把水稻田利用好了，保证了他们的生活来源。在侗族饮食中，大米、糯米、鱼、鸭、糯米酒等是他们餐桌上常见的食物。糯稻是侗族的主食，除此之外侗族喜爱吃鱼吃鸡鸭等。他们在生活劳动实践中逐渐发现了水稻田的功用，很早就在水稻田里养鱼和鸭子。这种"稻鸭鱼共生"农业生产系统成为全球重要的农业文化遗产，值得我们好好研究。

从侗族"稻鱼鸭并养"的生态模式可以见出生态真善美益宜诸价值的统一和凝聚。这充分体现了侗族的生态智慧，侗族的生态智慧以"稻鸭鱼共生"结构为依托，统合了侗族的理性思维和诗性思维。

"稻鸭鱼共生"结构实现着生态真善美益宜诸价值的凝聚，也包含着这多维的价值向性。"稻鸭鱼共生"结构包含着一种生态关系（Ecological relationship）。这也是一种系统关系、一种动态平衡的关系。"生态关系是生命体在生态活动中构成的总体价值关系。它包括指向真的认知关系、指向善的伦理关系、指向益的实践关系、指向宜的日常生存关系、指向美的审美关系等。"[6](P359)生态真，是生态规律的呈现，它合对象的规律和目的。生态真是对象产生生态善、生态美、生态益、生态宜的基础和前提，生态真也是人们生成生态智慧的对象和基础。生态智慧产生于人对生态真的追求发现过程之中。在稻田生态系统里，一切生命体都契合内在目的性，都具有内在价值，在稻田系统里，不同生命体还存在良性互动关系，都包含着真善美益宜的综合价值。

从性质上说，"稻鸭鱼共生"结构呈现的是一个充满生机的农业系统，属于一种生态农业。在这样的系统里，鱼、鸭排出的粪便是水稻生长的很好原料，整个生态系统实现了合目的性和合规律性的统一。有学者研究指出"稻、鱼相生共长，一方面，稻田不仅为鱼的存活提供了水生环境，而且田中的杂草、水稻扬花时飘落的禾花为鱼的生长提供了食物;另一方面,鱼吃掉杂草、在田中游动松动了土壤,更有利于水稻的生长。"[7](P35)这体现了这份农业遗产包含的科学真,体现了农业生态规律,这一生态真被侗族所认知,丰富了侗族的生态智慧。

(二) 对侗族节庆活动的影响

1. 提供食物

"稻鸭鱼共生"结构反映了侗族对农业知识的熟悉和掌握,表明了侗族对农业生态规律的把握,形成一个农业生产的共生结构,从为侗族日常生活提供了丰富的食物来源。侗族是一个喜爱吃鱼的民族,稻田养鱼为他们的生活提供了保障,侗族是一个诗意生存的民族,他们的诗意生存主要通过一些民俗节日和民俗活动来实现,他们在这些节日中要宴饮和唱歌。稻田饲养的鸭子和鱼不仅满足了侗族的日常饮食,而且还为侗族节日餐桌增添了美食,而且这些食物还是现代人喜爱的生态食品。

作为物质基础,稻米、糯米、鸭子、鱼的种植和养殖作为一种"直接生活的生产和再生产"[8](PP15-16),为侗族开展文艺活动提供了基础和保障。每次村寨之间"为也"交往,侗族人的餐桌上总是少不了糯米饭、大米饭、鱼和鸡鸭等美食,这些食物也成为侗族节日文化的一部分,使侗族的节日具有民族特色。"稻鸭鱼共生"结构向外呈现出侗乡的一种典型景观。因此,无论是作为物质生产来源,还是作为日常生活中的一种典型景观,这种农业生态系统、这种农业文化遗产都是在侗族人的生活中必不可少的。

2. 突出糯稻特色

侗族是一个种植糯稻、水稻的民族,糯稻在他们的日常生活中扮演了重要角色。糯稻不仅满足了侗族的日常饮食需要,而且多余的糯稻被留下来晒干后放到腊月用来打成糍粑,放在过节的时候制作出可口的食品。比如,在贵州省黎平县龙额镇每年的"春社节"上,你就能品尝到侗族用糯米制作的可口清香的社粑,这种黄色的社粑可以被人们用绳子或其他比较锋利的东西弄成条状❶。糯米饭不仅是侗族日常的主食,也是过节时招待客人的食物,侗族还有手抓糯米饭来吃的习惯,很有地方特色。他们还擅长把糯米酿成香甜的糯米

---

❶ 笔者田野调查得知,黎平县龙额镇一带侗族过社节的时候不用剪刀、刀等器具,这是为了纪念他们的社神木阿,木阿也是当地的厨神。当地人说木阿大约是清朝时的人,是因直言被皇帝下令用刀杀死的。如果社节这天人们用了刀具的话,人们怕木阿害怕不愿意"出来"过节。

酒，用来招待客人，并在宴饮时唱敬酒歌，宾主同欢。当"为也"的客人们前来村寨做客时，进村寨的时候主客双方唱拦路歌，一唱一答，唱了拦路歌之后主人要给客人喝酒，喝过酒之后方才放客人们进寨。

3. 显现生态观念

人的行为和任何非物质文化遗产都包含着一定的生态观念。任何农业文化遗产都包含了人们对农业生态价值的自觉体认和自觉践行，人们在满足自身生存和发展过程中培育了生态智慧。就像古人所说的"不违农时，谷不可胜食也；数罟不入洿池，鱼鳖不可胜食也；斧斤以时入山林，材木不可胜用也。谷与鱼鳖不可胜食，材木不可胜用，是使民养生丧死无憾也"（《孟子·梁惠王上》），这句话包含着生态的生态规律和农业生产的规律，这实际上强调了农业生产的特殊性，就是对时间的要求特别严格，对大自然的开发利用要适度，要注意可持续性和循环性。人们农业耕种必须做到"不违农时"，要充分考虑到系统内部各要素之间相生相克的生态关系。伐木必须做到"以时入山林"。侗族有这样的生态思想和生态智慧，除了农业耕种对时机的准确把握以外，侗族的生态智慧主要反映在他们平等对待自然万物的意识中。侗族学者张泽忠教授指出："人们赖以生存的这个世界是由'自我'与'他者'构成的，'自我'与'他者'的相互依存，你、我间的自我显露与心灵敞开，无疑是一种'无蔽'或'去蔽'式生存方式的展示。"[9](P1)这本身属于生态伦理学的理解范围。生态伦理学属于一种生态文化。侗族除了这种万物平等的意识之外，就在于他们认识到系统的功能大于系统内单个要素的功能，这是难能可贵的。

4. 孕育民俗文化

侗族在长期"稻鸭鱼共生"的农业实践中，形成了一种独具特色的农耕文化，这样的农耕文化培育了具有地方特色的民俗文化活动。比如，在黎平县龙额镇每年的"春社"节庆上，就有"捞社"这一民俗活动成为当地人的狂欢节，人们尽情欢乐。在"春社节"，当地侗族群众举行的"捞社"活动就是众多穿着侗族服装的男男女女下到比较宽大的水田捞鱼，节日当天，女性穿着侗族服饰下水塘，男性光着上身，"捞社"期间，人们一边用竹制器具捞鱼，一边在水田中追逐嬉戏打闹，水田四周围观群众甚众。谁捞到最大的一条鱼或者说谁捞到的鱼大，谁就是冠军，就意味着这一年里谁就会鸿运当头、吉祥如意。本来，鱼在中国民俗文化的象征符号中就具有积极的象征意义，比如"年年有鱼"与"年年有余"就在谐音中寄托了人们的美好愿望，自然产生出生态益和生态宜的价值。鱼、糯米等食物，出自"稻鸭鱼共生"结构系统，它们不仅出现在人们餐桌上，更深度渗透进、融入民俗活动之中。它们不仅作为一种食物而存在，还作为一种"礼"的形式而存在，也作为一种象征符号而存在。

四、结语

侗族"稻鸭鱼共生"结构凝聚着农业生产知识与经验，从物质层面体现着侗族的生态智慧，侗族对水稻田的生产效率有着最优化的思考，反映着侗族在长期的农业劳作中对农业生产规律的自觉把握，能够在不破坏生态环境的前提下最大效率地利用水田。我们通过侗族"稻鸭鱼共生"结构这一视角，可以进一步研究侗族的生态智慧，这是一种系统思维，包含着侗族对"整体"的生态认知，包含着稻田生态的内在系统性以及包含着侗族对系统内各要素相生相克规律的自觉体认。

"稻鸭鱼共生"结构产生的综合效益促使我们去思考大自然生态资源循环利用的普遍性规律，提醒我们资源利用不是涸泽而渔的方式，而是注重系统共生，着重研究系统内部各个要素的有机统一和相互作用。侗族"稻鸭鱼共生"结构固然有满足物质生活需要的一面，当时更多的是人们把万物当做平等的个体来看待，注重系统的整体联系、内在联系，侗族的这种农业文化遗产体现了侗族文化生态文明的特征和高度，它为生态文明的建设提供了一个视角和支撑。我们今天发展生态农业，建设生态文明，不应忘记了侗族等少数民族创造的农耕文明中包含的生态智慧和贡献。

参考文献：

[1] 杨筑慧. 中国侗族 [M]. 银川：宁夏人民出版社，2012.

[2] 杨庭硕等. 生态人类学导论 [M]. 北京：民族出版社，2007.

[3] 申扶民，滕志朋，刘长荣. 广西西江流域生态文化研究 [M]. 北京：中国社会科学出版社，2015.

[4] 陈幸良，邓敏文. 中国侗族生态文化研究 [M]. 北京：中国林业出版社，2014.

[5] 田阡，杨红巧. 文化多样性与文化遗产保护的历史演化及其反思 [J]. 民族艺术，2011（1）.

[6] 袁鼎生，超循环：生态方法论 [M]. 北京：科学出版社，2010.

[7] 申扶民，滕志朋，刘长荣，广西西江流域生态文化研究 [M]. 北京：中国社会科学出版社，2015.

[8] 弗·恩格斯. 家庭、私有制和国家的起源（1884年第一版序言）（就路易斯·

亨·摩尔根的研究成果而作）［A］．中共中央马克思恩格斯列宁斯大林著作编译局编译．马克思恩格斯文集（第四卷）［M］．北京：人民出版社，2009．

［9］张泽忠．心灵的开启与去蔽：例说侗族的处境意识与以邻为善观（代序）［A］．见吴浩，张泽忠，黄钟警主编．侗学研究新视野［M］．南宁：广西民族出版社，2008．

作者简介：

胡牧，男，重庆文理学院文化与传媒学院副教授，西南大学中国史博士后流动站在站博士后，研究方向为民族文艺学。

通讯地址：

重庆市永川区红河大道319号重庆文理学院A区文化与传媒学院（胡牧收），邮编：402160

基金项目：

本文属2015年度国家社会科学基金项目"生态美学视野下的侗族河歌研究"（批准号：15XMZ092）阶段性成果。

农业文化遗产在旅游影响下的传统生态文化保护

——以元阳哈尼梯田为例

秦 莹 韩晓芬

中国是农业大国，相应的拥有各式各样的田地。"梯田"一词最早出现在南宋诗人范成大《骖鸾录》中，其中对现今江西宜春（袁州）的仰山梯田进行了描述："出庙三十里至仰山，缘山腹乔松之蹬甚危，岭阪上皆禾田，层层而上至顶，名梯田。"❶ 少数民族居民与居住的地理环境经过长期的适应和改造，与当地的地理环境形成了一种互相融洽的关系，这种关系是通过当地居民的民俗文化所反映出来。在云南红河州哈尼族地区元阳梯田便是其中具有代表性的一种，具有悠久的历史。灌溉与耕种是梯田惯用的两大主要功能，这样的田地与当地的地理环境相契合，也为元阳当地的水稻种植业以及生产提供了重要的物质基础，当地独特的农耕方式在时间的推移下形成的农耕文化无形之中影响了本地人的思想观念。

一、生态文化以及梯田旅游概况

1. 生态文化

"生态文化"一词在学术界有着不同的理论定义。如余谋昌在《生态文化论》一书中认为："生态文化是以生态价值为指导的社会意识形态、人类精神和社会制度，如生态哲学、生态经济学、生态文艺学、生态美学等。从广义理解，生态文化是人类新的生存方式，即人与自然和谐发展的生存方式。"❷ "张保伟、孙兆刚从根本上讲生态文化所追求的是一种自由自觉的生存方式，一种

---

❶ 马倩. 层登横削高为梯，举手扪之足始跻——话说我国的梯田 [J]. 文史杂志，2001（2）：12-15.

❷ 余谋昌. 生态文化论 [M]. 石家庄：河北教育出版社，2001.

在有限度的索求的同时，不断构筑其内在意义世界的生存方式。"[1]"郭家骥认为，生态文化是一个民族对于生活其中的自然环境的适应性体系，包括民族文化体系中与自然环境发生互动关系的内容，如宇宙观、生产方式、生活方式、宗教信仰、风俗习惯等。"[2] 以上学者的观点都认为生态文化是一种不同于普遍意义上的文化，生态文化更突出的是人类与自然之间和谐相处而产生的生产生活的方式、制定的一系列的制度与措施以及技术手段。从尊重自然、爱护自然、维护生态的平衡的角度出发分析物质技术手段、社会结构、规约和制度以及人与自然的思想和价值观念。

2. 梯田旅游

农业景观具有生产性、自发性、地域性、季节性、审美性、文化性六大特点。陈咏淑，翟辅东指出，"梯田因其景色壮观、多变，较一般观光性旅游资源有较高的重游率，并有着独特的民俗文化，是一种非遍在性旅游资源，认为梯田旅游是现代旅游中一个新兴的旅游产品。"[3] 覃峭认为，"梯田旅游是一种以乡村梯田景观及其文化为旅游主要吸引物的资源吸引型旅游。"[4] 高玉玲等从梯田旅游资源特点，指出"梯田旅游通过将农耕资源拓展为旅游资源，具有一种文化性强、自然趣味浓并能同时满足人们精神和物质享受的现代农业与旅游休闲方式。"[5] 元阳梯田属于农业景观中一种并成为中国仅有、世界罕见的农业文化旅游景观胜地。

二、元阳梯田包含的传统生态文化

元阳哈尼族梯田不仅仅作为景观旅游业被推崇，还是传统生态文化的保护区。元阳传统农业生态包含了哈尼族地区的梯田农耕传统生态文化以及民俗传统生态文化。

1. 元阳梯田农耕传统生态文化

元阳哈尼族的农耕方式主要为梯田农耕，哈尼族长期以来与当地自然环境的和谐相处创造了哈尼族梯田文化，哈尼族居民根据哀牢山的地理环境、农耕条件以及农田的灌溉、管理等方面创造并不断完善了完整的梯田耕种方式以及

---

[1] 张保伟，孙兆刚. 理论与改革 [J]. 2007 (6)：98 - 100.
[2] 郭家骥. 云南少数民族的生态文化与可持续发展 [J]. 云南社会科学，2001 (4)：52 - 56.
[3] 陈咏淑，翟辅东. 我国梯田旅游开发研究 [J]. 2007 (11)：60 - 63.
[4] 覃峭. 梯田旅游可持续发展的实证研究 [J]. 当代经济，2007 (5)：88 - 89.
[5] 高玉玲，黄绍文. 刍议体验经济下的哈尼梯田旅游 [J]. 红河学院学报，2009，7 (4)：6 - 10.

管理制度，这蕴含着哈尼族独特的传统生态文化。

首先，元阳哈尼梯田的开垦。哈尼族开垦梯田会选择气温和湿度相对较高、便于种植水稻的缓坡的位置，通常在初春时期。选好位置便在周边寻找灌溉水源，开渠道引水源。开垦梯田需要自下而上、顺着山体的形势走。每开垦一层梯田都必须夯实土垒，土垒的高度为6厘米左右。在夯实好梯田的这一段时间需要无时无刻地修补梯田，以防止新梯田坍塌。后期，哈尼族居民通常一年会修补一次。其次，元阳梯田的水利管理。哈尼族居民利用元阳山高水高的自然地理优势，在山坡上为每一层梯田挖出水渠，引水入田。水源从上而下灌溉，最上面的一层田灌溉满之后直接流入比第一层梯田低一层的梯田，依次而下直到流入江河。最后，元阳梯田的施肥方式。农业生产过程中最重要的一步就是施肥，哈尼族有着与其他民族不同的自己独有的施肥观念。施肥的方式主要有两类，第一类是人工施肥，到了移栽秧苗的时候，犁翻地后便会撒上自家牲畜粪便，并在撒种时再施一次农家肥。第二类是自然施肥，哈尼族人们称它为"冲肥"，当每年哈尼居民收割完水稻，直接将田埂上的杂草直接翻到田中，将杂草和土一起犁，杂草腐烂后直接变成有机肥滋养田地。"哈尼族把平时野放山林的各种畜粪积存在村边宅旁的肥塘中，经年月累积，沤得乌黑发臭，成为高效农家肥。每到栽插季节，也就是在栽秧前10日左右，便开放流经村寨的沟渠水冲洗肥池入田中。"❶ 这种冲肥的方式是哈尼族独特的施肥方式，巧妙地借用了自然的力量，减轻了居民的劳作，展现了哈尼族的农耕智慧。

2. 元阳梯田民俗传统生态文化

民俗是民族传统文化的重要组成部分，也是一个民族精神和民族心理的主要特征。不同的民族相对应有着不同的民俗文化，这展现了民族与民族之间的不同以及民族认同。"民俗是具有普遍模式的生活文化和文化生活，民俗具有两种存在状态，即民俗文化和民俗生活。"❷ 通过对民俗的研究，能够了解到哈尼族的宗教祭祀文化以及节日习俗文化，并了解梯田对民俗传统生态文化的影响。

首先，哈尼族的节日。通常传统的节日是人们经过长期的生产生活不断实践形成的，反映了人们对于自然界与人之间的感知和理解。元阳哈尼族的节日

---

❶ 黄绍文. 哈尼族梯田农耕机制与半个世纪的变迁［A］. 见李期博编. 哈尼族梯田文化论集［C］. 昆明：云南民族出版社，2001：122.

❷ 高丙中. 民俗文化与民俗生活［M］. 北京：中国科学出版社，1994：11—13.

无不与梯田紧密地联系着,梯田是联系着人与自然的主要推动力量。"十月年"是哈尼族最盛大的农耕节日。十月年节日意味着风调雨顺、丰收的美好寓意。节日中以举行长街宴和寨神祭祀为重点,都与稻作生产紧密联系。"'苦扎扎'节是由哈尼族村寨驱除邪神、保佑人丁平安、六畜兴旺的祭祀活动发展来的。哈尼族信奉万物有灵,认为神灵是世界的主宰者。所以哈尼族人在尊重自然、神灵的许可范围内行事。"❶ 这些约束行为在一定意义上起到了保护当地生态环境的重要作用。其次,哈尼族的民居建筑和布局。哈尼族一般会选择在半山地带、向阳的地带建盖房屋,在村寨的上方必须有茂密的森林,并称为"神林"。神林在一定的条件下调节着村寨的水源以及气候,为村寨居民和牲畜提供充足的水源。而在村寨的下方一定是层层的梯田。中间为村寨,上面为神林,下面为梯田,这是一种平衡的生态布局,是哈尼族居民千百年来适应自然的最佳布局。最后,哈尼族的服饰和饮食。哈尼族喜黑,无论男女服饰均以黑色为主,这与哈尼族在高山上耕作的自然环境息息相关,黑色不仅吸热、保暖,还有耐脏、耐磨的优势,是哈尼族上乘之选。这也是哈尼族有着隐蔽山居的心理意识所驱使的。根据哈尼族的地理环境以及耕作物的特点,哈尼族喜食米饭,并以米饭为主食。哈尼在农闲时一般为一日两餐,上下午各一餐。而在农忙时一日三餐,在中午的那一餐通常会带竹筒饭。在婚丧嫁娶时,糯米饭也是不可缺少的。哈尼族的农耕影响着哈尼族生活中的方方面面。

三、旅游对元阳梯田传统生态文化的影响

元阳梯田的旅游业与当地的传统生态基本上是和谐的、相一致的。经实地调查以及文献的分析,当地哈尼族居民对于旅游业的发展均持支持的态度,但是相应地也出现了一些消极的影响。

1. 旅游对元阳梯田传统生态文化的积极影响

首先,能够吸引游客的主宰物一定缺失不了当地的传统习俗与原始建筑。因此,有些传统的失去了自发性传承价值的文化也会因为旅游业的发展而相应保护和传承下来。雅法尔·雅法里认为:"许多宗教和考古建筑之所以能从被毁坏的环境中拯救出来,更多的是由于旅游的发展,而不是由于它们在当地民众看来所具有的价值。"❷ 在当地,元阳旅游业还没有兴起时,这里的传统建

---

❶ 何丕坤,何俊,吴训锋.乡土知识的实践与发掘[M].昆明:云南民族出版社,2004:166.
❷ 黄廷慧,田穗文.阳朔旅游跨文化研究[M].苏州:苏州大学出版社,2006:105.

筑"蘑菇房"被当作一种落后、贫穷的符号。而现在，旅游开发，蘑菇房被当作元阳梯田景观旅游的一项重要物质性观赏文化。如果元阳梯田没有被旅游开发，这些原始的蘑菇房将会被砖瓦房所代替。而现在，蘑菇房也作为哈尼族重要的民族象征符号保存着。其次，梯田农业生产人力、物力的耗费大，对于当地人的生计很难达到基本要求，大多数的年轻人便会选择外出打工，最终导致元阳梯田有很多被荒废。而旅游业的开发以及政府的重视，给当地人带来了经济效益，同时也推动了元阳梯田的传统文化保护。旅游业实效性地促进了当地的经济发展，使当地居民摆脱了贫穷的困境。旅游也促进了哈尼族的传统文化适应新的社会文化，在生存中发展，在发展中进步。最后，旅游的发展能够培养当地居民对于传统文化的保护意识，哈尼族梯田的传统生态文化，如节日、信仰、习俗、服饰都具有独特的文化魅力，成为旅游开发的重点。尤其是经过长时间的遗忘已经失传或面临失传的民间艺术，例如元阳哈尼田歌。由于旅游者对这些文化的欣赏，当地人自发地开始对这些文化进行保护与传承。

2. 旅游对元阳梯田传统生态文化的消极影响

旅游业的不断开发，使得任何人为保护都会产生一些消极的影响。当旅游开发商开始促使当地居民对传统生态文化进行保护的时候，相应地产生了旅游破坏生态环境、旅游改变原始居民味道的问题。例如将民俗舞蹈搬上舞台，这种舞台化就是一种消极的表现。罗贝尔·郎卡尔研究表明："旅游能促使传统的或民间的舞蹈变成粗俗的肚皮舞，并使其丧失神圣性和象征性。它还使礼拜的场所非神圣化，使宗教仪式变质，使圣物受到亵渎。"[1]哈尼族的民间民俗、仪式文化是在哈尼族长期的生产生活实践中产生的，这不仅仅体现了哈尼族对自然的崇拜、感悟和理解，也体现了哈尼族人的思维与智慧。这是哈尼族居民在相应的环境、时间、地点经过长时间的积累而产生的。而随着旅游业的发展，游客们将哈尼族的一些传统习俗当成了纯粹的表演，虽然在一定程度上迎合了旅游消费者的需求，但对哈尼族的传统生态民族文化的原生性起到了一定的冲击作用。久而久之，可能导致传统生态文化的神圣性的削减，转变为舞台性的表演，导致破坏了可持续性的旅游发展。

四、元阳梯田生态文化保护的策略

元阳哈尼族居民在当地长期的生产生活实践当中，将自然地理环境充分地

---

[1] Oppermann. M. KChon. Tourism in Developing Countries [M]. London: International Thompsons Business Press, 1997.

应用，创造了梯田农业景观，同时创造出了与稻作相适应的传统生态文化。对于元阳梯田的传统生态保护，不仅要保护元阳梯田传统生态文化的客体，也要保护元阳梯田的本身，主要表现在：梯田的物质文化、制度文化以及梯田的精神文化。首先，对于元阳梯田的物质文化保护。元阳哈尼梯田是人类农耕文明的典型，与其他遗址类的建筑群有很大的区别。哈尼梯田是流动性的，也是鲜活的，应保护哈尼梯田的生产方式以及元阳居民的农耕方式。而旅游业对于哈尼梯田的物质文化存在一定的冲击，旅游者大都属于游客，对于保护自然环境的意识不够强烈，因此，需要对游客进行管理以及合理的引导，使旅游者能够关注以及尊重当地的生态文化。其次，对于元阳梯田的精神文化保护。元阳哈尼梯田有丰富的精神文化，不仅包括婚丧嫁娶，还包括衣食住行、节日庆典、宗教仪式等各种各样的民俗活动，深入到人们的思维方式、人生价值等无意识形态，这些都是从梯田中衍生出来的。因为梯田的精神文化是一种独特的资源，是元阳生态文化中的一部分，对于旅游者有极大的吸引力，可以通过媒介的传播，让更多的人了解梯田文化，更好地保护元阳梯田的传统农业生态文化。

作者简介：

韩晓芬（1992—），女，山西大同人，硕士研究生，主要从事少数民族科学技术史研究。

秦莹（1968—），女，湖南株洲人，教授、博士，主要从事民族学与科学技术史研究。

农耕文明背景下的侗族水资源观和生态意识

刘宗碧　唐晓梅

摘　要：侗族都选在依傍水的地方居住、建立村寨，以耕作田地为生，种植水稻为主，是稻作民族。侗族的稻作农业以及稻田养鱼、人工营林都与"水"有关，形成了水崇拜并延伸为龙崇拜、鱼崇拜等，同时也形成了相应习俗。因此，侗族历来就十分重视水资源的保护、管理和使用，形成了相应的生产、生活的行为规范，它们与人们的宗教文化、禁忌习俗、日常规范等联系在一起，构成侗族农耕文明背景下的水资源观和生态文化体系，其所包含的生态知识、技术和价值观，对于今天侗族社区生态文明实践仍有重要意义。

关键词：农耕文明；侗族；水资源观；生态意识

水是自然资源的基本要素，也是生态形成的基础。世界上没有哪个民族不重视水资源，甚至争夺水资源是产生战争的根源之一。历史上，侗族祖先的居住都选定在有水的山谷平地之间或依傍水的地方建立村寨，以耕作田地为生，种植水稻为主，侗族是稻作民族。同时，侗族又有稻田养鱼习俗，这不仅是一种特色的生产方式，还关键在于稻田的"鱼"是侗族肉食的主要来源，成为侗族的主要食物之一。侗族的稻作农业、稻田养鱼以及人工营林都与"水"有关。因此，侗族历来就十分重视水资源的保护、管理和使用，只不过侗族对水资源的保护、管理和使用要通过相应的水体作为生产、生活的要素的行为规范得以体现，并与人们的宗教文化、禁忌习俗、日常规范等联系在一起，形成侗族的水资源观和文化体系。由于侗族重视水资源的保护、管理和利用，其中就包含了相应的生态知识、技术和文化价值观，对于今天侗族社区实践生态文明仍有重要意义。

目前，关于侗族生态文化研究有了一些成果，其中涉及水资源的方面主要是传统农业生计运用方面的人类学考察，而上升到水资源观的文化研究较少。本文主要基于侗族社区调查，对农耕文明背景下侗族水资源观及其蕴含的生态意识进行梳理,以揭示侗族水资源观的生态文化价值。

一、侗族的生计物产与水资源的关系

侗族源于秦汉时期的"骆越"。魏晋以后,这些部落被泛称为"僚",侗族即"僚"的一部分,明清才称为"洞"或"峒",中华人民共和国成立后始称"侗"。[1]其在唐宋时期形成,具有悠久的历史,主要分布在湘黔桂毗邻地带,即现今贵州省的黎平、从江、榕江、天柱、锦屏、剑河、镇远,湖南省的新晃、靖县、通道和广西壮族自治区的三江、龙胜等县。所居住的区域属亚热带低地河谷地带,海拔在500~1600米之间,年降水量在1200毫米左右,年均气温在16℃~18℃之间,无霜期较长,冬无严寒,夏无酷暑,自然环境良好,十分适合于农业和林业生产。[2]40

侗族源于我国南方百越民族,而百越民族是我国最早发明种植水稻的民族,侗族很早就掌握了水稻种植,在文化发育上属于稻作民族,主要从事农业兼营林木,同时善用稻田养鱼,林业以盛产杉木著称。

稻作是侗族的主要农业内容。据侗族分布的湖南省靖州县新石器遗址发现有炭化稻,证明了在4000~5000年前的先民就已经种植水稻了。"侗族在形成单一民族前,其先民的经济生活已从以采集、渔猎为主的生活方式手段转向以种植水稻为主(也兼采集和狩猎)的原始农业生产阶段发展。较早使用牛和犁耕,掌握了根据地势高低筑坝蓄水和开沟引水等灌溉技术。千百年来,侗族人民不断兴修水利,扩大耕地面积。"[2]227据《晃州厅志》记载,明洪武年间,仅晃州就开凿了5口大堰塘;[3]《黎平府志》记载:清康熙年间天柱县修筑了大小堰塘36座,其中3座可灌田千亩以上。[4]如今,天柱县的天柱、兰田、高酿坝子,榕江县的车江坝子,黎平县的中朝坝子,锦屏县的敦寨坝子和通道县的临口坝子等稻田面积均在万亩以上,被誉为侗家粮仓。人们还在山谷溪流两旁开辟出许多良田,形成绕岭梯田。耕种技术也逐步提高,至清代中叶已普遍进行中耕除草,车水施肥;发明了适应水田耕作的农业劳动工具,如踏犁、挖锄、犁、耙等,还学会筑坝引水、堰塘等传统农田水利设施,发明了桔槔、筒车等提水工具,对旱田进行浇灌;学会了选种、育秧等稻作技术。"侗族人们喜食糯米,培育了适应各种自然环境的优良糯稻品种。如适应烂泥田的牛毛糯,适应冷水田的冷水糯,适应干旱田的竹岔糯,具有一定抗鸟兽害能力的野猪糯,约计40多个糯稻品种。侗族人民也很早开始种植粳稻,从粳稻的名称和收割粳稻的工具名称来推断,粳稻是从汉区引进的。榕江章鲁等地把糯稻称

农耕文明背景下的侗族水资源观和生态意识

为侗米,把粳稻称为汉米。"[5]现今侗族粳稻的种植量已大大地超过糯稻。侗族的稻作生产,形成了对水资源的重大依赖,水资源是侗族生产的基本条件。

伴随稻谷种植,稻田养鱼也就成为侗族延伸的一种基本生产方式。侗族早期就兴起了养殖业,饲养家畜家禽,主要有牛、猪、狗。侗族的远古祖先——百越族系的先民是最早饲养水牛、猪、狗的族群之一。但是,牛是侗族田间劳动的畜力,狗主要用以护家和狩猎,不是肉食的主要来源。养猪和鸡、鸭、鹅等家禽是侗族获取肉食的主要来源,但限于技术而生产能力有限。实际上,由于稻田条件和放养的方便,鱼成为侗族肉食的主要来源。捕鱼是侗族早期经济生活之一。侗族居住在溪河间,捕捉野生鱼是侗族改善饮食的重要内容。侗族捕捉河鱼的方法多种多样,如置鱼簗(liang),即用竹栅插在河流中拦捕河鱼等,这些古老的捕鱼方法沿袭至今。水田养鱼才是侗族水产肉食的主要来源,水田养鱼是侗族的养殖传统,侗族普遍利用水田养鱼。侗族完全人工养殖的鱼类主要是鲤鱼和鲫鱼,还有少量少数的草鱼。为了养鱼,每家都有一块常年泡水田或泡冬田,除在此养鱼外,还放养母鱼,繁殖鱼苗。一般插秧七天至返青前夕施放鱼苗,每半月放一次猪牛粪,保持一定水深。农历九月秋收时开始收鱼,每亩能收鱼25公斤以上。稻田养鱼使侗族对水资源形成更大的依赖。

另外,侗族地区气候温暖,雨量充沛,晨昏多雾,很适宜杉木生长,侗族房屋全用杉木建成,其他也依赖林木,林业是侗族的传统产业之一。侗族人民很早就掌握了人工培植杉木的技能,又形成了植杉造林的传统。境内沿河流两岸杉林郁郁葱葱,绵亘不断。到了明清时期侗族地区木材开始大量外销。乾隆年间,江淮一带木材商已进入今锦屏县采购木材,至嘉庆、道光年间,已是"商贾络绎于道,编巨筏之大江,转运于江淮"[6]。据清光绪《黎平府志》记载,当时仅由茅坪、王寨、挂治(均属今锦屏县)每年输出的杉木价值白银200万~300万两,林业成为侗族的主要经济来源。[4]基于杉木商业的刺激,侗族地区林木边砍伐边种植,不断扩大杉林面积,积蓄量有增无减,成为全国著名的杉木产区之一。杉木种植也依赖于湿润气候,同时也改善水土保持,并与稻田相互作用,形成良性发展。因此,杉木种植也与水资源息息相关。

侗族的主要产业都依赖于水,因此,对水资源是十分重视的,为水崇拜构建了现实基础。事实上,对水资源依赖的生产方式,在文化上形成了相应的特征,并延伸为水崇拜的宗教文化以及禁忌等。侗族对农业预期有一句口头禅叫"有水无粪三分收,有粪无水连根丢"。侗族居住选址,有一种"称土"习俗,就是对选址居地的土地进行称重,一般选在土质重的地方居住。所谓土质

49

"重"，其中指标之一就是水分高。侗族对水的崇拜体现在大年初一，每家每户必须清早去挑新年水，挑新年水时要对水井烧香化纸，进行井祭。以上这些习俗充分反映了侗族人民对水的看重和意义的把握。在水崇拜基础上形成的宗教文化以及禁忌主要有龙崇拜、鱼崇拜以及禁忌和习俗等。

二、侗族基于水资源重视的龙崇拜及其文化习俗

侗族崇拜龙，天边出现彩虹，称作"龙喝水"，此时，任何人也不能去挑水，也不能用手指虹。《起源之歌》中讲道，开天辟地之后，有四个龟婆来孵蛋，孵出松恩（男性）和松桑（女性）。他们不仅是人类的祖先，也是动物的祖先。松恩和松桑结合，生了12个子女，他们是虎、熊、蛇、龙、雷婆、猫、狗、鸭、猪、鹅和章良、章妹，其中只有章良和章妹是人类。龙与人具有同根同源的关系。贵州锦屏一些侗族有每年一月敬龙神活动。"活动之前，全寨各家各户集资准备祭献物品。捐献最多的3户被指定为社主和副社，由社主和副社组织主持敬龙活动。开社期间，立幡杆于寨边各道路，示意外人不得进入。届时，由社主带领寨人向龙神下跪祈祷，求其保护乡民，人畜平安，五谷丰登。寨内7天不能断香火，一天3次上供品。用茶油和蜡点燃的香火有几百盏，供品为米圆子、肉等。祭祀活动的最后3天，全寨斋戒，不得私下吃荤，只能用茶油炒豆腐蔬菜之类进食。最后由社主带玩龙队到各家，祝福全寨老小平安吉利。"[7]

侗族龙神崇拜因受中原传统文化影响形成，龙神崇拜即龙王崇拜，常将龙神称为龙王。"龙王实为道教神祇之一，源于古代龙神崇拜和海神信仰，被认为具有掌管海洋中的生灵，在人间司风管雨，因此在水旱灾多的地区常被崇拜。龙王是多元的，大龙王有四位，掌管四方之海，称四海龙王。小的龙王可以存在于一切水域中。文献记载中，如佛经常有龙王'兴云布雨'之说。唐宋以来，帝王多次下诏祠龙，封龙为王；道教也有四海有龙王致雨之说，四海是指东、南、西、北四海，但四海龙王的名字却有不同的说法。《封神榜》中称有东海龙王名为敖光，南海龙王名为敖明，西海龙王名为敖顺，北海龙王名为敖吉。文学作品中的海龙王以及民间文学艺术中龙王都人格化了，它们有为民造福的，也有与民为害的，善恶各异、性格似人。"[8]

民间龙王形象多是龙头人身。龙王被认为与降水相关，遇到大旱或大涝的年景，百姓就认为是龙王发威惩罚众生，所以龙王在众神之中是一个严厉而有几分凶恶的神。中国东部的广大地区由于多受旱涝灾，民间为祈求风调雨顺，

建有龙王庙来供拜龙王。庙内多设坐像,通常只立有一位龙王。

以上讲的是中原汉族典籍中关于龙王的神话和故事。侗族地区也流传汉族这些故事并深受影响,如上述的把彩虹出现称作"龙喝水"便是例证,认为龙王有促使风调雨顺的职能等。但是,侗族水崇拜而演绎为龙神崇拜的主要方面还是与承续道家的风水文化相关。

侗族迷信风水之说,凡新建寨子、祖先埋坟、新房建造讲龙脉走向,都要选风水好的地方。侗族人们认为,建房有好的屋基,立坟有好的墓地,必然会使该户今后人丁兴旺、发财发家。不然,不好的屋基或墓地会使人灾害不断,甚至家破人亡。好的屋基和墓地在于,它们是风水宝地,有地脉龙神保佑。关于侗族的一般风水理念,风水宝地就是依山傍水之地,即后有山前有水的开阔地带,"后山"为靠山,前溪河之水为"滚滚财源"之水。这里,侗族的依山傍水而居是最得中国风水之法的。中国风水的核心在于"聚气",即有否"生气",风水学的目的就在于找到有"生气"的吉祥地点而居。三国管辂在《管氏地理指蒙》中提出:"万物之生,皆乘天地之气善(善即生气),祥气感于天,为庆云,为甘露;降于地为醴泉,为金玉;腾于山成奇形,为怪穴;感于人民钟英雄,钟豪杰。"[9]16 这里讲明了风水"生气"的由来和功能。那么,"腾于山成奇形"后,具体的"生气"在哪里?按唐代杨筠松《地理正宗》的说法就是:"土者,气之体。欲知气,可观形,土有形,即有气。"[9]17 而晋代郭璞的《葬书》也说:"气乎,行乎地中,其行也,因势而起(指山脉)。"[9]36《管氏地理指蒙》则强调:"土愈高,其气愈厚!"[9]17 基于"生气"行于山中和因势而起的解释,于是形成了"龙脉"理论,即蕴藏"生气"的山脉叫"龙脉"。"龙脉"不仅指山,而且也指河流,因而分为"山龙"和"水龙",这在历史上又引出不同的风水学派。

侗族的风水理论以观"山龙"为主,不过也以此关涉于水。因为,经典风水理论认为,高为山,低为水,以山水的高低来指"气"的运行"动向",确定最高处和最低处来观察"生气"之所在而已。当然。"气运"低到"水面"而止。故《葬书》有言:"气,乘风则散,界水即止。"[9]56 这样,"生气"就是山脉(龙脉)经"太祖山""少祖山""父母山"下来集聚在"临水"的"星穴"之处,即所谓"结气止息"的"龙穴",选屋基或坟地的吉地都应在这个地方。因此,《葬书》又言:"风水之法,得水为止。"[9]36 水是气聚的止息状态,即气化为水并居而不走了。这样,因"生气"形成的"龙崇拜"就引申到"水崇拜"了,龙神存于水也以此关联,通常是未有山先看水,有山无水休寻地。侗族依山傍水的居住选址,严格遵以上的风水理论为法度。"依山"就是接住"生气","傍水"则是安在"生气"聚结止息之处,即所谓的"星穴"位置,这就是侗族以"依山傍水"居住讲究"环山抱水"的原因所在。当然,在科学的环境学来看,"依山傍水"是云贵高原山地地貌地区最宜居的地方,所谓风水学不过是一种居址环境选择的一种传统文化罢了。

侗族的风水理论和实践,不是严格的科学生态理论应用,但是它对山林、河水的重视和保护形成了生态价值,并主要通过龙脉的保护和龙神的禁忌实现出来。龙脉的保护和龙神的禁忌是两面一体的东西,所谓龙脉是"生气"发生和存在的外在形态,而龙神则是"生气"宗教化予以神格的称呼。侗族严格保护龙脉和崇拜龙神并形成一些禁忌习俗,要求人人遵守。

侗族一般把村寨的后山或后山的延长部分看成是村里的龙脉或龙脉组成部分,龙脉就是龙神的化身,不得冒犯,并且需要保护,不能当做房基、坟山或开垦进行农耕。而且认为,山土就是龙脉的肌肉,植树就是给龙脉穿衣打伞,以此披上鳞甲,形成禁土,实现封山育林、龙脉的保护。[10] 侗族村寨的特点之一,就是村寨后山都是风水林连片,古树参天,而且是作为村寨集体山林保存着的,任何年代都不会划分给谁,村内谁也不会去争要这块土地。后山龙脉属于禁忌开发之地,谁进行了开发,那就是触犯龙神,败坏风水,龙脉所在村寨将受到灾难。北部侗族的天柱县石洞镇冲敏村乌龟寨流传着一个故事:民国三十多年,外村有人在乌龟寨的后山龙脉上山偷偷挖穴作为坟地埋了死人,埋后不久,乌龟寨以及冲敏村附近的村寨发生了狗不叫、鸡不鸣、井水干的现象,一直持续了几个月,当地村寨只有到河里去取水用。后来村里研究,认为是有人盗用龙脉做了坟山引起的。于是组织几个寨的人进山搜寻,终于找到了埋坟处并把棺材挖出地面,弄清是谁做了坏事,请他来做招龙巫术即接龙脉才罢休(接龙脉即用碗当做龙骨一个接着一个把挖断的地方接上,当然要举办宗教仪轨来安置)。做了招龙以后,乌龟寨以及冲敏村附近的村寨狗也叫、鸡也鸣、井水也来了,人们恢复了正常生活。这是一个奇怪的现象,但当地人们相信这与龙脉破坏和保护有关。无独有偶,这样的事情在贵州省天柱县高酿镇勒洞村的石保寨也发生过。2015年4月5日,笔者采访了经历这一事件的石保村77岁的村民杨先华。据他介绍,1958—1962年勒洞村实施开荒造田和兴修水利,在石保村上方的万合村,在该石保村后山山脊(龙脉)的地名叫阿隆处的地方开渠引水灌溉,掘开深12米、宽1米的几百米水渠,结果挖断了石保村的龙脉,没过多久,石保村就出现了狗不叫、鸡不鸣、井水干的现象,井水干涸后石保村连续四年都是到附近村寨的地棉村或宜佑村挑水用。由于严重影响该村生产生活,到了1962年,依据当地侗族的习惯,认为就是万合村挖渠弄断了石保村的龙脉造成的,需要招龙接龙。于是石保村自己村民请优洞巫师伍宏开来做招龙接龙仪轨。事先去锦屏县小江乡西江街租用龙头(春节舞龙的龙头,给租金3.3元),在招龙接龙仪轨上,根据巫师安排人们抬着龙头从七八里的优洞村招龙(引龙魂)到阿隆(挖断处),并接龙。当时接龙买了24个大青花碗,以口对口、底对底的方式,按下面两排、上面一排的三排形式进行接骨,把接骨的碗埋在水渠最深处,同时把原挖的水渠全部埋好。奇怪的是,接好后石保村逐步恢复到原来的情况,即狗也叫、鸡也鸣、井水也来了。这个事的许多当事人现在都还在,千真万确,用现有的理论还无解。

而龙脉崇拜的附属物就是村寨溪水流出的村口修建"风雨桥",也称"花桥"。"风雨桥"是汉族的称谓,来源于20世纪50年代中国科学院院长郭沫若先生在广西壮族自治区三江县的程阳侗寨程阳桥的"风雨桥"题词。其实,侗族"风雨桥"的自称都是"回龙桥",湖南省通道县芋头村的"风雨桥"的桥名就是"回龙桥",贵州省剑河县小广前村的"风雨桥"桥名也是"回龙桥",黎平县地扪村则称"双龙桥"。侗族"风雨桥"之所以称为"回龙桥",在于它是风水的附属物。因村寨溪口"漏气"不利于风水,需要挡风而建桥,目的在于弥补自然不足达到"使生气不散"。而"龙"不过是"生气"的外在形态和称呼,建立"使生气不散"的桥,就是使将流出的"生气"返回留住,形成了"人工的龙",故以称"回龙桥"。贵州省从江县往洞乡的侗族色里村,村前只有一桥2米的小溪,但建起的"风雨桥"长却有32米,为什么呢?这里,不在于溪水大小,而在于发挥它是"回龙桥"的风水功能。侗族村寨的"风雨桥"本质上首先是侗族风水文化的一部分,然后才有其他文化功能和表达。

总之,村寨的龙脉是禁地,不容许开发或破坏。历来,侗族村寨大部分依山傍水而居,村寨的后山都是一片古树参天的原始森林,成为侗族村寨美景的重要构成。龙脉起于山止于水。侗族生产生活方式严重依赖于水,对水产生了崇拜。侗族的水崇拜,不仅延伸为龙崇拜,赋予调节风雨的职能,更是与风水文化结合,形成相应的文化习俗,产生着生态文明的意义。

三、侗族基于水资源重视的鱼崇拜及其文化习俗

侗族"以鱼为贵"。在祭萨敬神时必用鱼当祭品,老人过世必须用腌鱼祭

祀亡灵，招待贵客需有鱼，重大节庆摆合拢宴要有鱼，等等。侗族崇拜鱼，联宗或认亲时，先问对方是否知道三鱼共头，若答得上，便认为是同族人。"鱼"在侗民族地区的鼓楼、花桥、寨门、戏台上的绘画都有鱼的图腾，在侗锦、刺乡、石刻、木雕等都有鱼的图案。如石刻上、建筑物上有"三只鱼共一个头"的图案，意为侗族人民团结齐心的表现。因此，侗族是崇拜鱼的民族。

"鱼"在侗族人们的生活中有着很高贵的重要地位，其中以"腌鱼"为重。在侗族地区不论红白事都离不开鱼，而"腌鱼"又是侗族人民最喜好，且又能保存几十年、上百年的美味佳肴。如果你到侗家做客，主人将"腌鱼"摆在桌上，那你可算是珍贵的客人了。如在建筑方面，建造鼓楼、花桥（风雨桥或回龙桥）、戏台、寨门、房屋等民族传统各类建筑，开工时和竖楼房都必须有三条腌鱼为祭祀供品，每逢婚丧嫁娶等大事，请客送礼都离不开鱼。特别是侗族地区的丧葬文化，人去世后，第一餐整个家族的人都必须吃"腌鱼"下饭，这一餐什么菜都不吃，以此表示主人和整个家族以及亲朋好友的遭遇不幸，同时也表示对死者的悲伤和思念。侗族的丧葬仪式一般都在鼓楼举行，祭祀死者的供桌上必须有一条腌了几十年的"腌鱼"摆设。日常食鱼，侗族有许多独特的、原始的制作方法，有色香俱全的"生鱼片"、健胃助食的"酸腌鱼"、酸甜醒目的"红虾酱"、清凉润肺的"太阳鱼"（冻鱼）、百草调味的"烧烤鱼"，做法各异，吃法不同，味道绝佳。

侗族的祖先居住在有水的山谷平地或依傍水的地方，以耕作田地为生，种植水稻为主。稻田养鱼是侗族的一大特色，即侗族传统以来都以稻田养鱼为主，鱼种选的是"鲤鱼"。在于鲤鱼是侗族肉食食品的主要来源，而鲤鱼能放养并肉质和营养都很丰富，成为侗族生活的资源依赖。在日常生活中少不了鱼，要把鱼放在最重要的位置，而且在吃鱼、腌鱼时一般都不随意乱刮乱动鱼的全身，以保持它的完美。

侗族有"腌鱼"制作、保存的传统技术。稻田养鱼收获一般在收割结束后，即农历9—10月。鱼收回家后用鱼篓将收来的鱼放在清水中几个昼夜，等鱼把肚子的泥等物排完后再剖杀，鱼剖杀好后（除去内脏，可吃的部分收做"鱼浆"菜），将剖好的鱼每只撒上盐，一层层地存放于桶中。存放两个昼夜后，再将蒸熟的糯米拌散在每一层鱼上，并加生姜、花椒、少量茶油、辣椒等。腌桶一般都是杉木板制成的圆桶，把鱼放入腌桶盖好后再用重石块压上进行密封。三个月后就可以开来食用。侗族的腌鱼，腌桶密封得好的可以保存一两年，而一般从腌桶里取出腌鱼也保鲜五天左右。

因鱼与侗族生活息息相关，养鱼、护鱼构成侗族人们日常的生活行为并生长出许多习俗出来。而养鱼、护鱼的一个基本关联就是水资源保护。其实，侗族鱼崇拜与水资源保护是关联同构的。

侗族生产生活中，通过水资源的关联，使鱼、稻田与森林三者的生产关系密切，三者的生产形成一种依赖和互补的关系。这种关系就是，生活需要鱼，养鱼需要稻田，而稻田依赖于森林的水土保持。有人认为，侗族乐于保护森林和"人工育林"[11]，这仅仅是追求木材资源和财富，这只是其中一个方面，更在于森林保护和形成的优质水土，涵养稻田和保证稻田养鱼功能的持续发展。侗族的水稻种植、稻田养鱼和人工营林，都是侗族生产的重要内容，它们之间具有重要的生态支持和平衡关系，过去人们已经注意到了"稻鱼鸭共作"（即稻田养鱼又养鸭）的生态经济关系和意义，并对之进行了深入阐述，2011年入选联合国粮农组织全球重点农业文化遗产保护试点。[12]但其实，它们应该是水稻种植、稻田养鱼和人工营林的一种生态型复式生产方式。以水作为循环链来看，侗族通过人工育林来保持大面积的森林，森林是保持水土的最基本方式，才使侗乡山泉、溪水密布，水稻灌溉成为可能，稻田有水种植，养鱼就变成现实。它们是复式关联的生产结构，而且以水作为资源链条，因而就构造了一种良好的生态经济行为。侗族村寨长期保持良好的生态环境，无不与这种生产方式密切联系着。目前，这种传统生产方式保持得比较完好的侗族村寨还有许多，其中贵州省黎平县双江镇的黄岗村最为典型。

侗族的"稻鱼鸭共作"和人工育林，都把水资源提到了十分重要的地位，虽然侗族崇拜的是鱼，但对鱼的崇拜蕴含了对水的重视，也促进了人们的生产生活形成利于生态环境形成和保护的方向发展，这是侗族鱼崇拜中蕴含保护环境的积极意义，应该得到阐发、认识及积极利用。

四、侗族传统水资源观的生态价值

侗族水资源观的内涵，通过龙神崇拜、鱼崇拜的延伸，蕴含于风水习俗、宗教禁忌和特定的生产方式之中，形成了利于生态保护、优化的价值取向。

1. 侗族水资源观融于风水习俗形成特殊的生态价值观

居住选址追求依山傍水的风水宝地，这种价值观包含了生态维度的负载，产生了生态维护的实践效应。

侗族水资源观具有多维度的表达形式，其中融于风水习俗是重要方面并蕴含了生态价值观,它通过居住选址追求依山傍水、龙神禁忌等理念体现出来。侗族崇尚风水文化,阴宅、阳宅选址都要看风水的。中华人民共和国成立后的初期一段时间里,因"立四新,破四旧"活动,一度风水也被批判为迷信。实际上,它是一门择居的环境学问,是人们如何适应自然环境并选择好的自然环境的地方作为居住的一门地理实践技艺,虽然在传统形式上包含了神秘和不科学的成分,但也包含了科学的成分,其中包括追求生态的价值思想。实际上,居所的依山傍水理念,它就是生态价值理念的表达。风水作为一种择居的环境学,虽然其理论形态采取了神秘解释方式,但在内容上不过是环境的生态要素及其组合的优化选择罢了。从现代的环境科学来看,风水理论的择居不过是依据居地的环境要素,即山脉、河流等来考察其阳光(日照)、空气、风速、水质、土壤、地磁、温度、湿度以及人工建筑等构成的生产生活环境及其宜居状况。侗族崇尚依山傍水的村落选址,它就是风水理论中就上述要素综合考察形成的居住环境优越判断的一个模式化的总结和概念。侗族依山傍水的居住模式,它在阳光(日照)、空气、风速、水质、土壤、地磁、温度、湿度等要素具有合理组合的状态,是云贵高原山地地形择居中最理想的场所,反映了良好的生态构成。因此,侗族水资源观融于风水理论的展开包含了特殊的生态价值观内容,只是基于文化因子的交叉、互渗,不容易辨析和直观把握罢了。

总之,侗族风水文化关涉水资源的利用、保护,并以此蕴含着生态保护的价值理念,构成了一种良好的生态文化负载和行为操守以及意义。

2. 侗族水资源观融于宗教内生相应禁忌形成了特殊的生态价值规范

侗族基于敬龙神保护风水的文化实践,具有抑制生态破坏的作用,同时侗族宗教生活依赖于鱼,必须养鱼,因而注重水资源的保护和利用等。

侗族龙脉文化源于风水理论与实践,形成了龙神崇拜。但龙神崇拜又与农业相关,结合龙王表述规定为实现风调雨顺的保护神。因而,基于多元文化的融合,龙神崇拜具有多样功能的宗教职能。实际上,侗族龙神崇拜关涉龙王实现"风调雨顺"保障农业的文化功能,它蕴含了水崇拜的情结,在一定意义上它又是水崇拜的某种延伸,即崇拜的中介环节扩充,也就是说,它是水资源观内生宗教禁忌的一种现象。

关于侗族水资源观内生宗教禁忌的积极意义,其中之一就是形成了特殊的生态价值规范。就其关联的"龙脉禁忌"来说,首先,"龙脉"作为土地资源,本身就是村寨依山傍水格局中先天的自然环境物件,是村寨建立生态生产生活的基本要素;另外,它作为村寨自然资源,在被利用的过程中又成为需要人们不断保护的对象，通过禁忌而使其能够持续存留和发挥作用。

依山傍水中的"依山"，在具体形态上就是每个村寨的后山龙脉，以龙神崇拜进行禁忌，不准开垦，不准埋坟，甚是不准砍柴，不准挖药，不准放牧，禁止一切人为活动，让其以原始形态存在，形成了森林保护、水土保持的作用。其次，侗族依山傍水是前有水后有山的一种二元结构要素论，在风水学上追求有山必有水，如果有山无水，村落、房基乃至坟地都不可取。这样，任何村寨都以水为贵，人们不仅建构"龙脉"对山的保护，而且村里的河流是不能让它干涸的，如果干涸了，河水不再在，则等于风水被毁，这是大忌。如何做到不干涸，就是保持良好的森林生态。实际上，侗族在维护依山傍水的居住模式中就包含了生态维度的价值观和实践要求。侗族龙脉禁忌以及形成的培植、保护风水林，大面积实施"人工育林"的正面影响，使得植被常年处于十分高的比例，形成良好的生态环境，利于人们生活。

还有，就是侗族宗教生活依赖于鱼，必须养鱼，因而注重水资源的保护和利用，也影响侗族的农业、林业生产形态，从而对生态构成积极影响。诚然，侗族在祭萨敬神时必用鱼当祭品，老人过世必须用腌鱼祭祀亡灵，过年祖先祭祀需有鱼，一些重大活动的仪轨也需要有鱼。基于这样一种宗教生活，养鱼就变成了侗族家家户户的事。为此，侗族才发明了"稻田养鱼"的复合性生态农业模式，并构成了世界重要的农业文化遗产。"稻田养鱼"的生产方式，不仅种植水稻需要做好水土保持，同样养鱼也需要做好水土保持，并且种植水稻对水的依赖是季节性的，而养鱼则是全年的，即长年要有水田。基于这样一个生产需要，长期保持丰富的水资源对于侗族来说十分重要。而这个要求就延伸到了林业，森林是保持水土的最重要最简单的方式。侗族自觉地保护森林和长期自发的植树习俗，无不与这种生产方式关联在一起。侗族地区是我国南方人工林地最大片区，"人工育林"习俗深入人心，在侗族的屋前屋后、田边山坡，几乎很少有荒地，一般都是绿油油的一片森林。虽然，侗族人们积极进行"人工育林"也有林业本身的发展需要，但与实现保持水土，保证长期"养鱼"不无关联。世界上，人类生产生活有不同的形态，但生产生活内容都不是单一的，而是丰富多彩的，它们相互关联和支撑。侗族宗教生活连接于生产是自然的事，进而影响生态环境的形成，这是其中的关联。虽然，宗教生活不一定是科学的，但是它通过生产关联形成的生态积极效应，对于传统文化的意义，应当得到肯定。

3. 侗族水资源观蕴含于生产方式的承诺之中并形成特殊的生态价值行为

侗族的水资源观不仅融于宗教生活，影响了人们的生态生产生活行为，而且促成了生态生产方式的形成以及生态作用的发挥，这就是侗族基于水资源链条的稻作、稻田养鱼与人工营林的复合生产，形成生态聚集效应和倍乘效应。

关于"稻田养鱼"和"人工育林"，前面论证了它通过鱼崇拜渗入宗教生活，促进了这种生产方式的形成，同时也保证了水崇拜、鱼崇拜的宗教生活的需要。但是，"稻田养鱼"和"人工育林"作为特定的生产方式，它本身就是一种生态性的生产，特点在于它以水资源作为链条的稻作、稻田养鱼与人工营林的复合性生产，形成生态聚集效应和倍乘效应。我们知道，在生态生产的行为中，特定的生产行为都对生态形成积极作用，即侗族的稻作、养鱼、造林都各自有自己的生态作用，但是侗族的稻作、养鱼、造林不是单一的，虽然各自可以作为生产的目标，但它们在生产中相互作为条件而发生，构成了依赖的关系。这样，生产中的生态促进不是单一发生，而是复合结构综合发挥作用。侗族"稻田养鱼"和"人工育林"及其相互补充、依赖的生产方式，通过复合作用，能够对生态资源形成起到聚集作用和实现倍数增加，使生产生活区域形成良好的生态环境。目前，在工业化的背景下，侗乡却保持了许多传统村落，山清水秀，变成了乡村旅游的资源和目的地，无不与侗族生产方式有关。

总之，侗族的水资源观基于生产生活需要并通过中介环节的作用，形成了相应的文化表征，贯穿在日常的行为之中，支持着地方生态资源的建构，支持其良好生态环境的形成，这是十分有意义的，作为优秀传统文化的因子，也是必须应加以重视和弘扬的。

参考文献：

[1] 石干成. 侗族哲学概论 [M]. 北京：中国文联出版社，2016：4-6.

[2] 杨筑慧，等. 侗族糯文化研究 [M]. 北京：中央民族大学出版社，2014.

[3] (清) 张映蛟，等：晃州厅志 [M]. 民国二十五年铅印本.

[4] (清) 徐渭，等. 黎平府志 [M]. 清光绪十八年刻本.

[5] 杨权，郑国乔，龙耀宏. 侗族 [M]. 北京：民族出版社，1997：11-12.

[6] (清) 黔南识略：卷二十一（黎平府）[M] //续黔南丛书（第二辑上册）. 196.

[7] 杨筑慧. 中国侗族 [M]. 北京：人民出版社，2014.

[8] 南海龙王 [EB/OL]. (2017-03-17) [2017-09-11]. https://baike.sogou.com/v156186.htm?fromTitle.

[9] 陈怡魁，张茗阳. 生存风水学 [M]. 上海：学林出版社，2005.

[10] 徐晓光.清水江流域传统林业规则的生态人类学解读[M].北京:知识产权出版社,2014:159.

[11] 刘宗碧,唐晓梅.侗族"人工育林"的林业文化遗产性质及其价值[J].凯里学院学报,2016(1).

[12] 新华网贵州频道.贵州从江:"全球重要农业文化遗产"助推当地经济发展[EB/OL].(2015-09-23)[2017-09-11].http://www.gzgov.cn/xwzx/mtkgz/201509/t20150923_337930.html.

作者简介:

刘宗碧(1965—),男,凯里学院学报编辑部教授,贵州原生态民族文化研究中心研究员。

唐晓梅(1981—),女,凯里学院旅游学院副教授、硕士。

基金项目:

2013年度国家社科基金项目"侗族生态观和湘黔桂侗族社区生态文明实践研究"(项目编号:13XSH014)阶段性成果。

云南省双江县四个主要民族野生食用植物资源调查研究

马 楠[1,2]　闵庆文[1,2]　袁 正[1]　李文华[1]　杨庆春[3]

1. 中国科学院地理科学与资源研究所，北京100101；
2. 中国科学院大学，北京100049；
3. 云南省临沧市双江自治县农产品质量安全检验检测站，临沧677399

摘　要：本文运用民族植物学"5W+1H"提问法和关键人物访谈法，对双江拉祜族佤族布朗族傣族自治县这一中国重要农业文化遗产地的四个主要民族的野生食用植物及其传统知识进行调查研究。结果表明：（1）四个主要民族的野生食用植物隶属于48科63属68种，其中代粮植物5种、野生蔬菜51种、野生水果15种、药食两用植物7种、调味植物6种、酿造植物1种。（2）四个主要民族饮食文化中对于野生植物的利用习惯相互影响但又各自传承发展。（3）不同野生食用植物的食用人数有差别，12种植物食用人数较少，野生食用植物传统知识面临较大危机，应对其进行研究和保护。（4）四个主要民族野生食用植物的野生生长规模逐渐缩小，应在其利用过程中有意识地进行留种和种质资源保护。

关键词：野生食用植物；传统知识；民族植物学；农业文化遗产地；双江拉祜族佤族布朗族傣族自治县；云南省

一、引言

野生食用植物资源是食用生物资源的重要组成部分，其相关传统知识体现出各民族与自然环境长期适应过程中所积累的经验智慧。目前关于少数民族野生食用植物资源的研究日益增多,例如对内蒙古❶❷❸、凉山❹、湘西❺等研究证实了野生食物资源与当地的民族文化、饮食习惯等内容间的密切关系,野生食用植物资源传统知识是各少数民族民族文化的重要体现。❻ 通过对野生食用植物的调查研究,对于了解一个地区民族文化的特征和对自然资源的利用具有重要意义。

双江拉祜族佤族布朗族傣族自治县(以下简称双江县)位于云南省西南部,地处全球34个生物多样性热点地区之一的中国西南山区,复杂的地形与有利的水热条件的独特结合孕育了此地丰厚的野生生物资源本底。双江县是我国唯一的四民族自治县,县内居民多以自然村落的形式分布,村内居民多为同一民族,各少数民族民族文化、饮食习惯及传统知识保留较好。此外,双江县作为农业文化遗产地,县内生态系统保持原貌,民族文化及传统知识等传承良好,因而在双江进行野生食用植物调查及民族植物学研究具有突出优势和现实意义。

虽然目前对于西南山区少数民族野生食用植物的民族植物学研究较多,研

---

❶ 哈斯巴根,晔薷罕,赵晖. 锡林郭勒典型草原地区蒙古族野生食用植物传统知识研究 [J]. 植物分类与资源学报, 2011 (02): 239 – 246. [Khasbagan, Ye R H, Zhao H. Study on Traditional Knowledge of Wild Edible Plants Used by the Mongolians in Xilingol Typical Steppe Area [J]. Plant Diversity and Resource, 2011 (02): 230 – 246.]

❷ 花尔. 内蒙古巴林右旗蒙古族传统植物学知识的研究 [D]. 内蒙古师范大学, 2011. [Huar. Study on Traditional Botanical Knowledge of the Mongolians of Bairin Right Banner in Inner Mongolia [D]. Inner Mongolia Normal University, 2011.]

❸ 格根塔娜. 内蒙古科尔沁左翼后旗蒙古族传统植物学知识的研究 [D]. 内蒙古师范大学, 2008. [Gegentana. Study on Traditional Botanical Knowledge of the Mongols in Horqin Left Wing Rear Banner of Inner Mongolia [D]. Inner Mongolia Normal University, 2008.]

❹ 王静,王陶芬,邱诚,等. 凉山州彝、汉混居区饮食文化中的野生植物利用初探 [J]. 植物分类与资源学报, 2013 (04): 461 – 471. [Wang J, Wang T F, Qiu C, et al., A Study on the Utilization of Wild Plants for Food inLiangshan Yi Autonomous Prefecture [J], Plant Diversity and Resource, 2013 (04): 461 – 471.]

❺ 于志海,龚双姣,谌蓉,等. 湘西苗族聚居地野生食用植物种类调查初报 [J]. 中国野生植物资源, 2006 (02): 33 – 35, 41. [Yu Z H, Gong S J, Chen R, et. al., The Preliminary Investigation on the Species of Edible Wild Plants inthe Miao Nationality Resident Regions in the West of Hunan Province [J]. Chinese Wild Plant Resources, 2006 (02): 33 – 35, 41.]

❻ 杨昌岩,裴朝锡,龙春林. 侗族传统文化与生物多样性关系初识 [J]. 生物多样性, 1995 (01): 44 – 45. [Yang C Y, Pei C X, Long C L. Study on the Relationship between Traditional Culture and Biological Diversity of the Dong Nationality, Chinese Biodiversity, 1995 (01): 44 – 45.]

究涉及西双版纳傣族自治州❶、沧源佤族自治县❷等多个区域的傣族、拉祜族❸、佤族等多个单一民族，但缺乏对同一地区不同民族间的对比研究。本文通过民族植物学方法对双江县 4 个主要民族的野生食用植物进行调查研究，有助于对该特殊区域的少数民族野生食用植物利用传统知识进行研究，同时通过对比分析，探讨生物资源本底相似情况下，不同民族民族文化及饮食习惯对其野生植物资源利用所产生的影响，以期为双江县这一特殊地区不同民族野生食用植物相关研究提供基础资料和参考。

二、研究区概况及研究方法

（一）研究区概况

双江县位于云南省临沧市南部，地理条件复杂。县内为典型南亚热带暖湿季风气候，光照充足，雨量充沛，雨热同季。适宜的气候和多样的地貌特征孕育出县内丰富的生物资源本底，县内共有动植物资源近 400 种。双江县是一个以拉祜族、佤族、布朗族、傣族为主，由 24 个民族组成的自治县。据 2015 年人口数据，全县总人口 17.31 万人，其中少数民族人口占 45.74%，拉祜族、佤族、布朗族、傣族四个主要民族人口分别占全县总人口的 20.14%、8.23%、8.24% 和 6.16%。本研究选取的四个少数民族自然村，村内少数民族状况分别为忙建村拉祜族占比 99.2%、南京村佤族占比 100%、邦协村布朗族占比 98.66%，景亢村傣族占比 97.1%。四个民族饮食偏好酸辣，喜食野

---

❶ 李秦晋，刘宏茂，许又凯，等. 西双版纳傣族利用野生蔬菜种类变化及原因分析 [J]. 云南植物研究，2007，29（4）：467 – 478. [Li Q J, Liu H M, Xu Y K, et al. Changes in Species Number and Causes that Used as Wild Vegetableby Dai People in Xishuangbanna，China [J]. Acta Botanica Yunnanica，2007，29（4）：467 – 478.]

❷ 刘川宇，杜凡，汪健，等. 佤族野生食用植物资源的民族植物学研究 [J]. 西部林业科学，2012（05）：42 – 49. [Liu C Y, Du F, Wang J, et al., Ethnobotanical Survey of Wild Food Plants Used by Wa People in Cangyuan County of Yunnan Province [J]. Journal of West China Forestry Science, 2012（05）：42 – 49.]

❸ 刘怡涛，龙春林. 拉祜族食用花卉的民族植物学研究 [J]. 广西植物，2007，27（2）：203 – 210. [Liu Y T, Long C L. Ethnobotanical studies on the edible flowers in Lahu Societies [J]. Guihaia, 2007, 27（2）：203 – 210.]

菜，野生植物在其食物构成中占据重要部分。❶❷❸❹

(二) 研究方法

本文采用"5W+1H"提问法对少数民族野生食用植物资源及其利用状况进行调查，即围绕食用植物种类（What）、采集地点（Where）、采集人（Who）、采集时间（When）、采集原因（Why）及采集数量（How many）等相关信息进行调查。❺ 这一方法因使用方便、收集信息全面，是民族植物学研究中最常用的调查方法。

2015年1月，作者在双江县忙建村、南京村、邦协村及景亢村4个少数民族占比97%以上的自然村进行问卷调查。调查时，选取每村10户，共40户居民进行访谈，对其日常生活及特殊活动中的野生食用植物利用情况及相关传统知识进行调查记录。受访者年龄范围38~68岁，男女比例27：13，平均年龄52.2岁。收集到的信息包括野生食用植物的种类、民族语名或俗名、利用部位、获得途径、烹饪方法、有无其他用途等。之后利用关键人物访谈法重点对受访者中的老人进行访谈，对特殊活动中的野生食用植物资源利用传统知识进行调查记录。随后参考《中国植物志》与当地农业、林业部门对访谈所得信息进行核实，并将这些可利用的野生植物的拉丁名进行确认，然后进行民族植物学编目。

---

❶ 张劲夫，王星逸. 拉祜族研究综述——民族学（人类学）视野下的拉祜族历史文化研究 [J]. 思茅师范高等专科学校学报, 2007, 23: 11-17. [Zhang J F, Wang X Y. Summary of Research on Ethic Of the Iahu People—Study on the History and Culture of the Lahus from the Vision of Rthnology [J]. Journal of Simao Teacher's College, 2007, 23: 11-17.]

❷ 段世林. 佤族节日文化保护与开发的思考 [J]. 云南师范大学学报（哲学社会科学版）, 2006, 38 (2): 15-20. [Duan S L. Reflections on the Development and Protection of the WA Festival Culture [J]. Journal of Yunnan Normal University (Humanities and Social Sciences), 2006, 38 (2): 15-20.]

❸ 陈红伟，王平盛，陈玫，等. 布朗族与基诺族茶文化比较研究 [J]. 西南农业学报, 2010, 23 (2). [Chen H W, Wang P S, Chen M, et al. Comparison of Tea Culture of Two Minorities of Bulangand Jinuo [J]. Southwest China Journal of Agricultural Sciences, 2010, 23 (2).]

❹ 刘亚朝. 德宏傣族民间的饮食文化 [J]. 云南民族大学学报（哲学社会科学版）, 2007, 24 (5): 54-58. [Liu Y C. The Dietary Culture of the Dai Nationality in Dehong Prefecture [J]. Journal of Yunnan Nationalities University (Humanities and Social Sciences), 2007, 24 (5): 54-58.]

❺ 王洁如，龙春林. 基诺族传统食用植物的民族植物学研究 [J]. 云南植物研究, 1995, 17 (2): 161-168. [Wang J, Long C. Ethnobotanical study of traditional edible plants Jinuo Nationality [J]. Acta Botanica Yunnanica, 1995, 17 (2): 161-168.]

三、结果与分析

(一) 野生食用植物资源民族植物学编目

调查显示,双江县四个主要民族的野生食用植物共有68种,隶属于48个科、63个属。豆科、禾本科和菊科种类最多,各有4种;其次是薯蓣科3种;大戟科、芭蕉科、唇形科、茄科、伞形科、苋科、酢浆草科及蔷薇科各有2种;其余36科均各有1种(表1)。

(二) 野生食用植物的利用

双江县四个民族的野生食用植物可分为代粮植物、野菜、野果、药食两用植物、调味植物及酿造植物6类,68种植物中共有51种野菜,占比75%,部分植物有多种食用方式。

1. 代粮植物

四个民族食用的野生代粮植物包括黏山药(Dioscorea hemsleyi Prain et Burkill)、光叶薯蓣(D. glabra Roxb.)、木薯(Manihot esculenta Crantz)、豆薯(Pachyrhizus erosus (L.) Urb.)及穿龙薯蓣(D. nipponica Makino)5种。其中木薯、穿龙薯蓣及豆薯四个民族均食用,且可作为野菜,黏山药仅布朗族食用,光叶薯蓣仅傣族食用。当地人通常取植物的块根,煮熟后食用。目前仅有少数老人保留有将其作为主食食用的饮食习惯,但食用频率相对较低。此外,当地居民会将野生代粮植物作为一种特色食物招待外来客人。

2. 野生蔬菜

四个民族食用的野生蔬菜有平车前(Plantago depressa Willd.)、蕨(Pteridium aquilinum (L.) Kuhn subsp. latiusculum (Desv.) Hulté)、蕺菜(Houttuynia cordata Thunb.)等51种。食用方法一般以直接炒食、煮食或煮后炒食为主。食用部位包括根、茎、叶、花、果实、嫩笋及树干(髓心)7种,很多植物的可食用部位不仅限于1个(图1)。

蕨菜,即当地所称"龙爪菜""拳菜",为佤族食用最多的野菜。当地人一般在2—6月采食其幼嫩叶,采集后部分在当天或短期内直接炒食或煮食,另一部分被晒干后保存或出售,因而此部分蕨在食用时需用温水泡开后煮食或与肉类炒食。此外,当地傣族还会将蕨用开水焯后凉拌食用,或将其用盐、辣椒等调料腌后食用。

蕺菜,即当地所称"鱼腥草"和"折耳根",为除佤族外3个民族食用最

表1 双江县四个主要民族野生食用植物编目表

Table 1 Ethnobotanical inventory of wild edible plants used by 4 main ethnic groups in Shuangjiang

中文名及学名	食用民族	民族语名或俗名	食用部位	食用方式	食用分类
野蕉 *Musa balbisiana* Colla	拉祜族、佤族、布朗族、傣族	4个民族称为"野芭蕉"	花、果	炒食	野菜
芭蕉 *Musa basjoo* Siebold & Zucc. ex linuma	拉祜族、佤族、布朗族、傣族	拉祜语：a bo xi 佤语：mua	果实	生食	水果
拔葜 *Smilax china* L.	拉祜族、傣族	金刚藤、鲇鱼须	茎、叶	煮食、炒食	野菜
小缬草 *Valeriana tangutica* Bat.	拉祜族、布朗族、傣族	香香草、香毛草	茎、叶（傣）	蒸食、煮食	野菜、调料（傣）
平车前 *Plantago depressa* Willd.	拉祜族、傣族	车前草、猪耳朵草（傣）	根、茎、叶	煮食、煮后炒食	药食
川续断 *Dipsacus asperoides* C. Y. Cheng et T. M. Ai	傣族	川续断、象鼻子草	茎	开水氽后炒食	野菜
薄荷 *Mentha haplocalyx* Briq.	拉祜族、佤族、布朗族、傣族	水薄荷	茎、叶	做佐料、生吃	野菜、调料
水香薷 *Elsholtzia kachinensis* Prain	拉祜族、佤族、布朗族、傣族	水香菜、香香菜（拉祜族）	茎、叶	做佐料、煮食	野菜、调料
木薯 *Manihot esculenta* Crantz	拉祜族、布朗族、傣族	拉祜族称为"大树薯" 佤语：hun kao 布朗语：sa wei xi 傣语：ou mao an mai	块根、嫩叶	煮食、炒食、蒸食（饭）	代粮植物、野菜

续表

中文名及学名	食用民族	民族语名或俗名	食用部位	食用方式	食用分类
余甘子 *Phyllanthus emblica* L.	拉祜族、佤族、布朗族、傣族	布朗语：pi ma chou 佤语：bi si mei 傣语：ma ka m	果实	生食	水果
豆薯 *Pachyrhizus erosus* (L.) Urb.	拉祜族、佤族、布朗族、傣族	土瓜、地瓜、凉薯（傣）	块根	生吃、炒食	野菜、代粮植物
羽叶金合欢 *Acacia pennata* (L.) Willd.	拉祜族、佤族、布朗族、傣族	臭菜	茎、叶	炒食、制作酸菜（佤）	野菜
酸豆 *Tamarindus indica* L.	拉祜族、佤族、布朗族、傣族	拉祜语：ya ha ji 布朗语：ma gang gen 佤语：gou gi ang 傣语：ma sang gai	果实	生食	水果、酿造
白花羊蹄甲 *Bauhinia acuminata* L.	拉祜族、佤族、布朗族、傣族	白花树	花	煮食、炒食	野菜
番荔枝 *Annona squamosa* L.	拉祜族、佤族、布朗族、傣族	拉祜语：ma li ga 傣语：ma li ga	果实	生食	水果
连蕊藤 *Parabaena sagittata* Miers	拉祜族	滑板菜	叶	煮食、炒食	野菜
金竹 *Phyllostachys sulphurea* (Carr.) A. et C. Riv	拉祜族、佤族、布朗族、傣族	金竹	嫩笋	煮食、炒食、腌酸笋	野菜

续表

中文名及学名	食用民族	民族语名或俗名	食用部位	食用方式	食用分类
苦竹 Pleioblastus amarus (Keng) Keng f.	拉祜族、佤族、布朗族、傣族	苦竹	嫩笋	煮食、炒食、腌酸笋	野菜
龙竹 Dendrocalamus giganteus Munro	拉祜族、佤族、布朗族、傣族	大龙竹	嫩笋	煮食、炒食、腌酸笋	野菜
麻竹 Dendrocalamus latiflorus Munro	拉祜族、佤族、布朗族、傣族	甜竹	嫩笋	煮食、炒食、腌酸笋	野菜
假蒟 Piper sarmentosum Roxb.	拉祜族	毕拨菜	茎、叶	煮后炒食	野菜
胡颓子 Elaeagnus pungens Thunb.	拉祜族、佤族、布朗族、傣族	拉祜族、佤族称为"羊奶果" 布朗语：ma luo 傣语：ma ge lao m	果实	生食	水果
鸡蛋花 Plumeria rubra L. cv. Acutifolia	傣族	鸡蛋花	花	炒食	野菜、药食
襄荷 Zingiber mioga (Thunb.) Rosc.	佤族	野姜	茎	炒食	野菜
苣荬菜 Sonchus arvensis L.	拉祜族	尖刀菜	叶	凉拌、炒食	野菜
滇苦菜 Picris divaricata Vaniot.	拉祜族、佤族、傣族	小苦马菜	茎、叶	开水烫后凉拌、炒食	野菜
野茼蒿 Crassocephalum crepidioides (Benth.) S. Moore	拉祜族	革命菜	叶	开水烫后炒食	野菜
淡黄香青 Anaphalis flavescens Hand. - Mazz.	拉祜族	清明菜、年菜、火花菜	叶	炒食	野菜

续表

中文名及学名	食用民族	民族语名或俗名	食用部位	食用方式	食用分类
蕨 Pteridium aquilinum (L.) Kuhn sub-sp. latiusculum (Desv.) Hultė	拉祜族、佤族、布朗族、傣族	龙爪菜、拳菜	茎、叶	炒食、煮食、凉拌（傣）、腌咸菜（傣）	野菜
水蓼 Polygonum hydropiper L.	布朗族、傣族	辣蓼	茎	生吃、炒食	野菜
落葵 Basella alba L.	拉祜族、佤族、布朗族、傣族	豆腐菜	叶	炒食、煮食	野菜
臭牡丹 Clerodendrum bungei Steud.	傣族	臭八宝	叶、花	开水烫后炒食	野菜、药食
马齿苋 Portulaca oleracea L.	拉祜族、傣族	老鼠耳（拉祜）、瓜子菜、帕勒今（傣）	叶	开水烫后凉拌、炒食	野菜
打破碗花花 Anemone hupehensis (Lemoine) Lemoine	傣族	打破碗盔花	花	炒食	野菜
蕉芋 Canna edulis Ker Gawl.	拉祜族、佤族、布朗族、傣族	芭蕉芋、蕉藕（拉祜、佤、布朗）、蛮端（傣）	根	煮食、蒸食	野菜
丛林素馨 Jasminum duclouxii (H. Lév.) Rehder	傣族	傣语：mao zang pian 当地又称"鸡爪花"	花	调味料	调料、药食
杧果 Mangifera indica L.	拉祜族、佤族、布朗族、傣族	拉祜语：ma ma xi 佤语：mang mu 布朗语：ma mu 傣语：ma ge mao en	嫩叶（布朗）、果实	煮食（布朗）、炒食（布朗）、生食	野菜、水果

续表

中文名及学名	食用民族	民族语名或俗名	食用部位	食用方式	食用分类
李 Prunus salicina Lindl.	拉祜族、佤族、布朗族、傣族	布朗语：pi ma 佤语：bi si mei bi you 傣语：ma ge li	果实	生食	水果
云南栘 Docynia delavayi (Franch.) C. K. Schneid.	拉祜族、佤族、布朗族、傣族	拉祜族称为"酸栘依" 布朗语：ma gua 佤语：ma gao mu 傣语：ma gao m	果实	生食	水果
小米辣 Capsicum frutescens L.	佤族、傣族	披七暖	果、嫩叶	煮食，做佐料，炒食	野菜、药食、调料
树番茄 Cyphomandra betacea (Cav.) Sendtn.	佤族、傣族	大树番茄	果	煮食，生吃	野菜
刺芹 Eryngium foetidum L.	拉祜族、佤族、布朗族、傣族	野芫荽	根、茎、叶	生吃	野菜、调料
水芹 Oenanthe javanica (Bl.) DC.	拉祜族、佤族、布朗族、傣族	水芹菜	茎、叶	生吃，炒食，凉拌	野菜、调料
蕺菜 Houttuynia cordata Thunb.	拉祜族、佤族、布朗族、傣族	鱼腥草、折耳根	根、茎、叶	凉拌，炒食	野菜、药食
波罗蜜 Artocarpus heterophyllus Lam.	拉祜族、佤族、布朗族、傣族	拉祜语：ma ji xi 布朗族、佤族称为"牛肚子果" 傣语：ma ge nu en	果实	生食	水果

69

续表

中文名及学名	食用民族	民族语名或俗名	食用部位	食用方式	食用分类
山茶 Camellia japonica L.	佤族、布朗族	山茶花	花	煮食、炒食	野菜、药食
树头菜 Crateva unilocalaris Buch. – Ham.	拉祜族、佤族、布朗族、傣族	树头菜、剌头菜、蔬头菜	根、茎、叶	凉拌、炒食	野菜
荠 Capsella bursa – pastoris (L.) Medik.	拉祜族、傣族	地菜、护生草（傣）	茎、叶	开水烫后炒食或煮凉拌（傣）	野菜
诃子 Terminalia chebula Retz.	拉祜族、布朗族、傣族	无	果实	生食	水果
黏山药 Dioscorea hemsleyi Prain et Burkill	布朗族	布朗语：chu	块根	煮食	代粮植物
光叶薯蓣 Dioscorea glabra Roxb.	傣族	无	块根	煮食	代粮植物
穿龙薯蓣 Dioscorea nipponica Makino	拉祜族、佤族、布朗族、傣族	野山药	块根	煮食、炒食	野菜、代粮植物
酸枣 Ziziphus jujuba Mill. var. spinosa (Bunge) Hu ex H. F. Chow	拉祜族、佤族、布朗族、傣族	布朗语：ma lao bai mai	果实	生食	水果
水蕨 Ceratopteris thalictroides (L.) Brongn.	拉祜族、佤族、布朗族、傣族	水蕨菜	茎、叶	开水烫后炒食或煮凉拌	野菜
莼菜 Brasenia schreberi J. F. Gmel.	拉祜族、佤族	马蹄菜、马蹄叶	茎、叶	生食、炒食	野菜
桫椤 Alsophila spinulosa (Wall. ex Hook.) R. M. Tryon	布朗族、傣族	树蕨	髓心（树干）	煮食	野菜
芋 Colocasia esculenta (L.) Schott	傣族	芋头花	花	煮食、炒食	野菜

云南省双江县四个主要民族野生食用植物资源调查研究

续表

中文名及学名	食用民族	民族语名或俗名	食用部位	食用方式	食用分类
凹头苋 Amaranthus lividus L.	拉祜族	野苋菜	茎、叶	凉拌、炒食、煮食	野菜
青葙 Celosia argentea L.	拉祜族	野鸡冠菜	叶	开水烫后炒食	野菜
水烛 Typha angustifolia L.	拉祜族	蒲草、香蒲	茎	炒食	野菜
蕹菜 Ipomoea aquatica Forssk.	拉祜族、傣族	竹叶菜	茎、叶	煮后炒食	野菜
杨梅 Myrica rubra (Lour.) Sieb. & Zucc.	拉祜族、佤族、布朗族、傣族	布朗语：hei bo fa 佤语：bi lao jim 傣语：ma ge lu kao	果实	生食	水果
雨久花 Monochoria korsakowii Regel et Maack	拉祜族、佤族、傣族	蓝花菜	茎、叶	炒食、煮食	野菜
佛手 Citrus medica L. var. sarcodactylis Swingle	傣族	当地称为"佛手柑"	果实	生食	水果
山柚子果 Lindera longipedunculata C. K. Allen	拉祜族、布朗族、傣族	无	果实	生食	水果
酸苔菜 Ardisia solanacea (Poir.) Roxb.	拉祜族、布朗族、傣族	帕累	叶	开水烫后凉拌、炒食	野菜
酢浆草 Oxalis corniculata L.	傣族	酸浆草	茎、叶	生吃、开水烫后炒食	野菜
阳桃 Averrhoa carambola L.	拉祜族、佤族、布朗族、傣族	无	果实	生食	水果

注：表中仅列出调查过程中调查所得民族语名与地方俗称，部分野生食用植物资源在具体少数民族中无民族语名。此外，因民族语存在部分特殊读音，为避免歧义，均以拼音标注。

71

多的野菜。当地人通常在 3—8 月采食其全株，食用方法一般有两种，其一为将其与肉类炒食，其二为将其用开水焯后与小米辣（Capsicum frutescens L.）、盐、醋等佐料凉拌食用。此外，四个民族还会将葳菜用作药用。

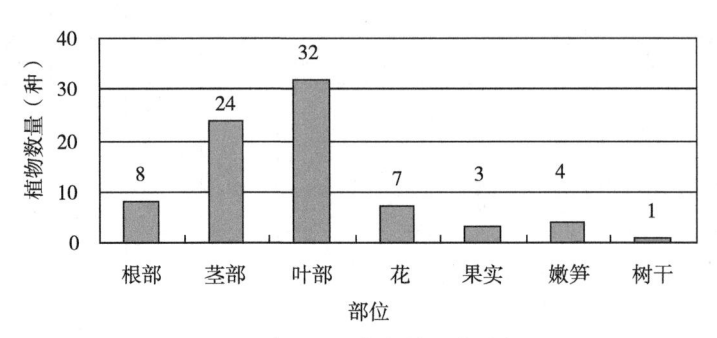

图 1　食用不同部位的野菜种数

Figure 1 Number of the wild vegetables of different consumptions

竹类也是四个民族喜食的野菜种类，经常食用的竹类包括龙竹（Dendrocalamus giganteus Munro）、麻竹（D. latiflorus Munro）、金竹（Phyllostachys sulphurea（Carr.）A. et C. Riv）和苦竹（P. amarus（Keng）Keng f.）4 种，当地人一般在雨后采食其嫩笋。除煮食和炒食外，他们还会将其通过一系列操作腌制成酸笋。食用时一般将酸笋与当地自酿的醋等拌食或与肉类一起炒食。此外，佤族和布朗族都会用酸笋混合鸡肉、大米及菜类，再加入辣椒和盐制成鸡肉烂饭，即一种介于干饭和稀饭之间的饭，两个民族的区别在于其使用的菜类，佤族使用青菜，布朗族使用蕨等野菜。

3. 野生水果

四个民族食用的野生水果包括芭蕉（Musa basjoo Siebold & Zucc. ex Iinuma）、余甘子（Phyllanthus emblica L.）、酸豆（Tamarindus indica L.）等 15 种，其中番荔枝（Annona squamosa L.）仅布朗族不食用，诃子（Terminalia chebula Retz.）和山柿子果仅佤族不食用，佛手（Citrus medica L. var. sarcodactylis Swingle）仅傣族食用，余下的 11 种野果四民族均食用。

余甘子为四个民族喜食的一种野果，具有除佤语外其他 3 个民族的民族语名，食用人数众多，调查区域内无人工种植。当地人一般在 10—11 月果实成熟后进行采摘，之后部分留于家中食用，部分置于市场售卖。余甘子初食口感酸涩，一段时间后产生持续时间良久的回甘，因而名为"余甘"。

波罗蜜（Artocarpus heterophyllus Lam.）也是一种受到 4 个民族喜爱的野果，除存在于调查区域的野生林外，在拉祜族和傣族地区被部分居民移植至自家果园进行人工种植。波罗蜜被布朗族和佤族称为"牛肚子果",而在拉祜族和傣族中其具有相应民族语名。波罗蜜香味奇特,味甜如蜜,深受当地居民喜爱。

4. 药食两用植物

四个民族利用的药食两用植物包括平车前、鸡蛋花(Plumeria rubra L. cv. Acutifolia)、臭牡丹(Clerodendrum bungei Steud.)等7种,其中蕺菜四个民族均利用,平车前仅布朗族不利用,佤族和布朗族均利用山茶(Camellia japonica L.),佤族和傣族均利用小米辣,仅傣族利用鸡蛋花、臭牡丹和丛林素馨(Jasminum duclouxii(H. Lév.)Rehder)。同一药食两用的植物在用作不同功效时,使用方法和使用部位存在差异(表2)。

表2 双江县四个主要民族药食两用野生植物利用信息
Table2 Informations of the wild plants used as medicine and food of the 4 main ethnic groups in Shuangjiang

名称	使用民族	功效	使用方法
蕺菜	拉祜族、佤族、布朗族、傣族	清热解毒,消炎等	新鲜时将全草捣汁服用以治疗哮喘、咽痛
			根部晒干后泡水喝,治疗消化不良
			新鲜时捣碎敷至蛇虫咬伤处,消炎解毒
平车前	拉祜族、佤族、傣族	清热解毒,祛痰,利尿等	炮制后煎汤饮用,清热祛痰
			新鲜时捣成汁服用,解毒祛暑
			新鲜时捣碎敷至受伤处以消炎
山茶	佤族、布朗族	消炎止血等	取花炮制后煎汤服用,可治吐血咳嗽
			取花研磨后加入麻油涂在烫伤或出血处,消炎止血
小米辣	佤族、傣族	开胃祛湿等	取果泡酒,可祛湿开胃
鸡蛋花	傣族	清热解暑,消炎止泻等	取花及茎皮炮制后煎汤服用,治疗腹泻、细菌性痢疾、消化不良等
臭牡丹	傣族	清热祛湿,消炎止痛等	取根叶晒干后泡水喝,以清热利湿
			取鲜叶捣碎至汁,加水服用以消炎止痛
丛林素馨	傣族	消肿止痛等	取花炮制后煎汤服用,以活血止痛
			取花捣碎敷至跌打损伤处,以消肿化瘀

5. 调味植物

四个民族用作调料的野生植物包括小缬草(Valeriana tangutica Bat.)、薄荷(Mentha haplocalyx Briq.)、水香薷(Elsholtzia kachinensis Prain)、小米辣、

水芹（Oenanthe javanica（Bl.）DC.）及刺芹（Eryngium foetidum L.）6 种，其中小米辣仅佤族和傣族利用，小缬草仅傣族利用，其他 4 种四个民族均利用。

薄荷和水香薷是 4 个民族传统饮食中必不可少的调味植物，在当地分别被称为"水薄荷"和"水香菜"，水香薷也被拉祜族称为"香香菜"。两种野生植物是米线中必加的佐料，一般使用其幼嫩新鲜叶。具体使用方法为在制作好米线后，将洗净准备好的鲜嫩薄荷叶和水香薷按照自身喜好加入适量至碗里，拌匀即可食用。

除佤族外 3 个民族均食用被称作"香香草"或"香毛草"的小缬草，食用方式一般为取其茎部蒸食或煮食。傣族还会采摘其叶部作为调味料，混合小米辣等其他调料加入鱼类中去腥提鲜。

此外，调查得知傣族还利用香蓼这一调味植物制作传统食物"牛撒撇"，但随着用量的不断增加，现今所使用的香蓼全部来源于市场，野外含量较少。具体制作方法为在宰牛前一个小时左右将五加（Acanthopanax gracilistylus W. W. Smith）叶和香蓼喂食给将要宰杀的牛，宰杀后取出牛肚，用开水烫两三分钟后捞出刮洗干净，随后切条加入小米辣、新鲜香蓼等调料及牛胃中初步消化的草汁凉拌食用。

6. 酿造植物

傣族喜食酸辣，因而在其长久的饮食历史中，积累了自家酿醋的传统知识。经调查，68 种野生食用植物中仅有酸豆一种被用作酿醋。

酸豆是一种四个民族均食用的野生水果，一般在其果实鲜嫩时连皮带肉整体食用。口感酸香，回甘明显。傣族利用酸豆酿醋时，一般将采摘好的酸豆洗净晾干，然后放入洁净的瓦罐中，依次加入糯米、红糖、白酒和冷水，搅拌均匀后将其封口，放在阴凉处发酵一段时间即成。这样酿制成的醋不仅酸香可口，同时富含营养，有益健康。

（三）双江县 4 个主要民族野生食用植物利用特征

在调查到的 68 种植物中，有 31 种是四个民族共同食用的，占总数的 45.59%，说明由于相似的生物资源本底及长期的共同生活，四个民族饮食习惯相互贯通影响。三个民族食用的植物占总数的 10.29%，两个民族食用的植物占总数的 16.18%，仅单个民族食用的植物占总数的 29.41%。四个民族中，傣族的食用野生植物最多有 56 种，佤族和布朗族食用野生植物最少有 39 种，各民族食用野生植物资源状况如图 2 所示。

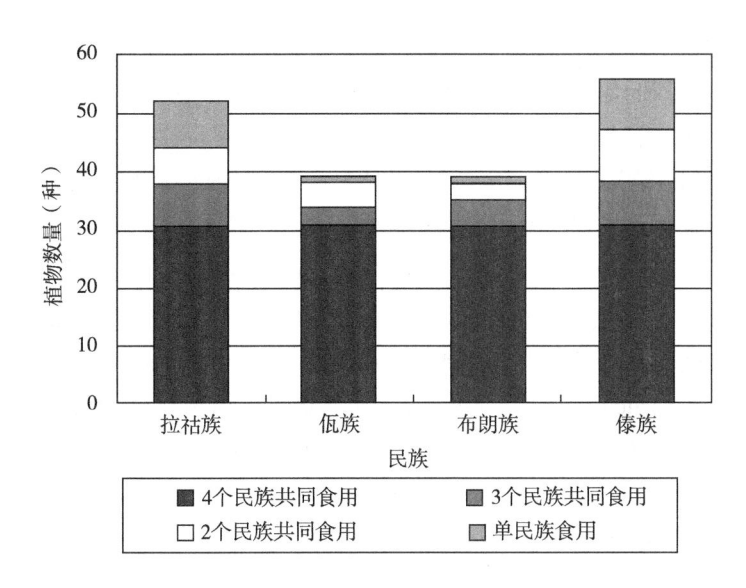

图 2 双江县四个主要民族的野生食用植物共同食用种数

Figure 2　Numbers of the wild edible plants of the 4 main ethnic groups in Shuangjiang

在31种共同食用的野生植物中,有20种野菜,11种野果,分别占其相应类别植物总数的39.22%和73.33%。具体来看,20种野菜在四个民族的受访者中均相应有6位以上提及,说明其具有较多的食用人数,其中木薯、穿龙薯蓣和豆薯还可代粮,蕺菜还可作药,薄荷和水香薷还可调味,余下的野蕉、白花羊蹄甲、羽叶金合欢等14种植物仅作野菜食用。11种野果中,芭蕉、余甘子、李（Prunus salicina Lindl.）、云南栘（Docynia delavayi（Franch.）C. K. Schneid.）、波罗蜜、阳桃（Averrhoa carambola L.）及杧果（Mangifera indica L.）7种在四个民族中均相应有6人以上提及,食用人数相对较多,杨梅（Myrica rubra（Lour.）Sieb. & Zucc.）和胡颓子（Elaeagnus pungens Thunb.）各相应有3~5人提及,其具有一定食用人群,但并不广泛食用,酸豆和酸枣（Ziziphus jujuba Mill. var. spinosa（Bunge）Hu ex H. F. Chow）各仅有1~2人提及,食用人数相对较少。对于共同采食的20种野生蔬菜与11种野生水果,由于双江县四个主要民族生活区域相重叠,同时在长期的共同生活过程中其饮食习惯相互贯通,因而形成近似的饮食习惯。对野生水果而言,虽然四个民族对野生植株的直接利用和驯化栽培利用有一定差异,但利用方式相近。此外,市场化与物品流通性的增强也是同种野生植物资源被四个民族共同利用的一个重要原因。

虽然在长久的共同生活中，四个民族的生活方式及饮食习惯相互影响贯通，但各民族依旧保有其民族独特的饮食文化。在19种仅单个民族食用的野生植物中，傣族有9种，拉祜族有8种，布朗族和佤族各有1种。其中黏山药（Dioscorea hemsleyi Prain et Burkill）和光叶薯蓣两种仅作代粮食用，鸡蛋花和臭牡丹为药食两用植物，丛林素馨除可作调料外还可作药，佛手仅作水果，余下的川续断（Dipsacus asperoides C. Y. Cheng et T. M. Ai）、连蕊藤（Parabaena sagittata Miers）、假蒟（Piper sarmentosum Roxb.）等13种仅作野菜食用。19种植物中鸡蛋花、打破碗花花（Anemone hupehensis（Lemoine）Lemoine）、酢浆草（Oxalis corniculata L.）、佛手及丛林素馨5种植物在相应民族中均有6人以上提及，黏山药、蘘荷、连蕊藤等8种植物在相应民族中各有3~5人提及，具有一定食用人群，但并不广泛食用，光叶薯蓣、川续断、假蒟、淡黄香青（Anaphalis flavescens Hand. - Mazz.）、青葙（Celosia argentea L.）及水烛（Typha angustifolia L.）6种植物在相应民族中各仅有1~2人提及，其虽然可食，但食用人数较少。从仅单个民族食用的19种野生食用植物即可看出，其中大部分野生食用植物仅单个民族食用的原因为以下两种。（1）该种植物仅在相应民族调查区域有所分布；（2）该种植物仅相应民族存在延续下来的食用历史习惯，其他民族无食用认知。但也有少数野生植物不仅限存在于相应食用民族调查区域，但由于口感或毒性等因素不被其他民族食用，如青葙仅拉祜族将其用开水烫后炒食，但其他民族认为其口感不佳，因而不食用。

（四）野生食用植物资源利用的传统知识

双江县四个主要民族在祭祀等特殊活动中对于野生食用植物的利用较为集中，传承了相关传统知识。例如，在结婚时，拉祜族居民会利用野菜制作鸡肉稀饭、烤肉和竹筒饭三种民族菜肴，具体制作方法为：将鸡肉、大米、蕨等野菜、多汁乳菇等菌类混合煮熟后加入辣椒和盐制成鸡肉稀饭；将猪肉用芭蕉叶包住后埋入火中，烧熟后加入辣椒盐制成烤肉；将猪肉、青菜等蔬菜、苣荬菜等野菜、辣椒等佐料和水放入新鲜龙竹竹筒内煮熟，制成竹筒饭。佤族和布朗族居民会将野菜和酸笋、鸡肉、大米等一起煮制成民族菜肴鸡肉烂饭。傣族会将芫荽、薄荷叶、花椒末、小米辣等辅料的粉末和盐、料酒拌匀后装入处理干净的鲜鱼腹中，用芭蕉叶包好后埋入热木柴灰中焖熟制成民族特色菜肴"酸鱼"。在过年时，拉祜族居民除会将当地称为"野姜"的蘘荷（Zingiber mioga（Thunb.）Rosc.）炒食外，还会在献祭时燃烧其枝叶驱鬼以寻求来年家人平安。布朗族居民会将炒好的新茶放入砍好的龙竹筒后用芭蕉叶封口，随后用藤条系紧竹筒口放在火塘边烤至竹筒表面略焦,制成特有的"竹筒茶",喝时将茶叶取出用水冲泡即可。

此外,调查发现的68种可野生食用植物中,有38种植物提及人数在5人以下,占植物总数的55.9%,且此部分野生食用植物的提及人均为老人。虽然38种野生植物中有部分植物是因为其口感不再满足当前人们的要求因而食用人数较少,但其食用方式依然蕴含着丰富的传统知识,是各少数民族传统生物资源利用知识的重要部分,体现着当地人们在长期与自然环境相互适应过程中所积累的宝贵经验,具有浓郁的地方及民族特色。一旦这些掌握较多野生食用植物传统知识的老人故去或遗忘,这部分被他们所掌握的传统植物利用知识也将随之消失,这对我们研究当地少数民族传统知识及探究野生可利用植物资源将造成不小的负面影响。

四、结论与讨论

本文通过选取双江县忙建村、南京村、邦协村和景亢村四个自然村为调查区域,运用民族植物学方法对拉祜族、佤族、布朗族及傣族四个主要民族的野生食用植物及其传统知识进行调查研究,得到以下结论:

(1)双江县四个主要民族共有野生食用植物68种,隶属于48科63属,其中代粮植物5种,野生蔬菜51种,野生水果15种,药食两用植物7种,调味植物6种,酿造植物1种。

(2)双江县四个主要民族选择的野生食用植物各不相同,其中拉祜族野生食用植物52种,佤族野生食用植物39种,布朗族食用植物39种,傣族食用植物56种,各民族饮食文化中对于野生植物的利用习惯相互影响但又各自传承发展。

(3)不同野生食用植物的食用人数有所区别,其中12种植物仅1~2人提及食用。同时由于较多食用生物资源的传统知识掌握在年龄较大的人中,随着老一辈人的逐渐逝去及年轻人外出就业,野生食用植物传统知识面临较大危机。

(4)双江县四个主要民族野生食用植物的野生植株数量不断减少,部分曾经利用的野生食用植物目前已难见野生植株。

本文受限于资料获取途径,对于野生食用植物的定量分析尚有待完善,同时受限于研究时间,本文对于野生食用食物的民间做法与经验如何上升为知识,以及相关知识的保护传承过程尚有待挖掘和分析。最后,双江虽然拥有丰富的野生食用植物资源。但由于缺乏可持续利用思想，大量无计划的采挖使得县内野生食用植物生长规模越来越小，野生植物资源面临较大的危机。如何可持续地利用野生植物资源也将成为未来研究中的一个重要课题。

作者简介：

马楠（1993—）女，回族，博士生，主要从事生物资源、资源生态学、农业文化遗产等方面的研究工作。e-mail：man.15b@igsnrr.ac.cn.

通讯作者：

闵庆文，e-mail：minqw@igsnrr.ac.cn.

基金项目：

农业部2016年农业行业基本业务管理（休闲农业）项目"中国重要农业文化遗产普查与休闲农业行业标准研究制定"。

泰兴银杏调查研究

张 越

泰兴银杏是泰兴人民千百年来共同劳动创作的成果,是历代先民辛勤劳动的产物。泰兴古银杏群落自然景观较好,传统农业文化内涵丰富,保存完好,其银杏栽培系统是我国重要农业文化遗产之一,其颇具优势的地理区位、生态体系和深厚的文化底蕴在我国种质资源种植系统中是极具研究价值、保护价值的重要农业文化遗产。

从起源上看,尽管泰兴银杏农业文化遗产具体产生的时间无法考证,但从当地的地方志等文史资料可以推断,该遗产已具有数千年的历史,因此,它是一种远古的森林形态和文化遗存。然而,这种遗产的价值需要被社会和公众所认识和重视并从中受益,但是因为历史和现实的各种原因,这种遗产的价值并没有被社会广泛认知、重视乃至保护。本文研究目的在于唤起人们对泰兴银杏文化遗产价值的认知、重视和保护。

一、泰兴银杏起源发展的自然条件

泰兴属于长江三角洲冲积平原,已形成有上千年,据县志记载,南唐升元元年(937年)置县。正因为是冲积平原,泰兴大部分地区属高沙土地区,土壤的保水、保肥条件较差,水、肥、气、热不够协调,土壤肥力较低,早在很多年前《泰兴县志》中就有泰兴"难生五谷"的记载。

"民以食为天",泰兴人民要在这片土地上生存繁衍,首先要解决的就是温饱的问题。人作为自然存在物,和动物一样要依赖自然才能生存。但是人对自然的依赖方式不同于动物,动物的依赖方式是单纯的生物适应方式,而人则是通过对自然的掌握。泰兴地区五谷难生,其主要原因在于土壤的条件差,沙质土壤水土流失严重,无法保肥、保水,因此,对土壤进行生态改造成为首要任务。泰兴人民在长期改造自然的实践活动中发现改变土壤最好的方法就是植树造林,民间有造林就是修水库的说法,涵养水源就能保肥,久而久之,土壤的特性就会发生变化,从而达到生产粮食作物的要求。

泰兴人为什么在千万种树种里独独对银杏钟爱有加呢?最根本的原因就是泰兴民众出于自身生存的需要,是生态环境使然。历史唯物主义认为"人们为了能够'创造历史',必须能够生活。但是为了生活,首先就需要衣、食、住以及其他东西"。自然环境是人类生产和生活赖以生存的基础。自然环境不仅给人们提供生产必需的资源,也在一定程度上影响和制约着人类的生产和生活。首先要考虑到两个因素:第一,这种树必须要能在泰兴这样的土壤和生态环境中生长;第二,这种树必须能改善土壤以及生态环境。著名进化论创始人达尔文在谈到物种的生存斗争问题时指出:"就某种意义上可以说,生活条件不但直接地或间接地引起变异,并且同样地包括自然选择,因为生活条件决定了这个或那个变种是不是能够生存。"说得通俗点儿,就是泰兴和树种之间的双向选择,此树必须适宜在泰兴地区生长,但是光有这一点还不够,泰兴地区本身人多地少,每一寸土地、每一寸耕地都十分珍贵,人们对此树有着很高的期望,此树必须要对泰兴有益,能改变自然环境现状,才能够得到人们的青睐。银杏树恰好是两者互相选择的结果。

首先将银杏的最佳生长环境与泰兴的气候、土壤、水文等生态环境进行一番比较。

银杏的习性与泰兴的生态环境比较

	银杏的生长习性	泰兴的自然环境特点
温度	最适宜银杏生长的温度范围年平均气温13.2℃~18.7℃,一月平均气温-0.8℃~7.8℃,七月平均气温21.8℃~29.4℃,极端最低气温不低于-23.4℃,极端最高气温不高于40℃	年平均气温15℃~15.5℃,一月平均气温-1.8℃,七月平均气温27.9℃,极端最低气温-10.2℃,极端最高气温38.9℃
光照	典型的喜光树种,对光照要求较高。如光照不足虽不致死亡,但生长却明显不良。银杏对光照的要求和适应性随树龄的增长而发生变化,银杏幼苗有一定的耐阴性,随着树龄的增加,对光照的要求也愈加迫切,特别是在结实期,树冠要通风透光	年日照平均2169.2小时,年平均无霜期229天
土壤	银杏对土壤的要求不严,在中性土、酸性土或钙质土等一般土壤上都能生存生长,但是最适宜在土层深厚、肥沃和通气良好的沙质土壤中生长	高沙土质,通气良好
水分	就发育良好的古银杏看,其栽培地点的年降雨量为800~1900mm。银杏既喜水也怕水。当雨水充沛而排水不良,根系受渍,则常造成烂根现象,还会导致综合性的缺素症,上部枝条枯死,叶片小而脆,叶色黄甚至发白,当根部积水(死水)7天以上,严重时会造成死亡	年平均降雨量1021.8mm,相对湿度80%,雨水充沛,但土壤的蓄水性不好

由上表中的生长习性和当地自然环境特点对比可以看出，泰兴是银杏生长的佳地，银杏生长对适宜的温度、光照、土壤和水分要求，泰兴自然环境都能满足，物竞天择，适者生存。银杏适宜生长在亚热带气候区域，年平均气温在8℃~20℃之间都能满足银杏生长需求，但15℃是最佳生长温度。极端最低气温不低于-23.4℃，极端最高气温不高于40℃。泰兴地区光照能达到日照2169小时，无霜期229天，而银杏是喜光植物，需要用光照来进行光合作用，对光照的要求非常严格，若生长在荫蔽处或者与其他高大的树种生长在一起，由于栽植密度过大光照不足，则会导致生长不良，枝条细弱，叶片发黄和脆弱，内膛枝条容易枯死随后光秃，影响生长和结果。整个泰兴属于长江三角洲冲积平原，所以泰兴大部分地区属于高沙土壤地区，土壤保水、肥的能力较差，水、肥、气、热不够协调，导致土壤的肥力较低，通气性好。而银杏生存对土壤的要求不高，深根性树种，寿命长，根系庞大，在中性土、酸性土或钙质土等一般土壤上都能生存生长，但土层深厚、肥沃和通气良好的沙质土壤是最佳的生长条件。

二、泰兴银杏民俗文化

银杏不仅融入了当地百姓的生活，也融入了他们的精神世界。它既是摇钱树又是留给子孙的财产，它既是民间智慧的硕果又是激发他们灵感的神树，既是绿色城镇的守卫者又是健康富裕的守护神……泰兴市的市树是银杏，泰兴电视台的台标是银杏叶子，泰兴公务员领带上的别针也是银杏叶子，泰兴以银杏命名的村庄、旅馆、学校、街道和企业不计其数。

"银杏之乡"江苏泰兴，不仅盛产银杏，还有优美的银杏仙子传说，城西街心广场耸立一尊银杏仙子雕塑，成为这个城市的标志，也是当地银杏资源与特色文化一起辉煌的象征。泰兴银杏公园内两幅巨型浮雕壁画，每幅长77.8米，高3.2米。一幅名为《银杏的传说》，叙述广为流传的银杏仙子的传说，以及银杏在泰兴土地上生根发芽、繁衍兴旺的过程；另一幅名为《美好的家园》，展现了银杏之乡的人民在这方热土上安居乐业、和谐安康的场景。浮雕壁画配以《银杏赋》一首，分上下两篇，清新隽永，气韵灵动，与浮雕壁画相互映衬，相得益彰。古老的银杏树和银杏文化在这一方热土蓬勃繁衍，生生不息。

泰兴银杏文化是以古银杏崇拜为主的祭祀文化，跟人们日常的生活习俗息息相关，主要体现在以下方面。

1. 避灾祈福习俗

泰兴人把银杏作为避灾祈福的神树。经常有人到银杏树下烧香焚纸，祈福求安，或把写有心愿的红布条拴系于古银杏的枝干，以求庇护。

2. 讨彩头习俗

泰兴人把银杏作为避灾祈福的"平安树"。泰兴人每逢农历除夕，家家都在门上贴对联，贴福字，在门檐、窗台下贴喜钱，并选择家里较为值钱的器具、物品贴上喜钱或福字，寓意来年万事如意。泰兴是"银杏之乡"，泰兴人自然倍加爱护和珍惜银杏，在每株开始挂果的银杏树上都贴上喜钱或福字，既祈求来年风调雨顺，更希望银杏树能丰产丰收，为全家带来好运。

3. 拜祭习俗

银杏在泰兴，被作为神一样顶礼膜拜，如各地所建的银杏庙香火旺盛，每逢初一、十五，四方信徒都来礼拜；有把它当灵丹妙药的，过去老百姓身体不适，就到白果树上扒块树皮或挖点树根烧水服用，立刻见效，药到病除；也有人把它当干亲拜的，原宣堡石堡村西有株古银杏，如有小孩经常身体不适、磨难重，只要祭拜于它，马上身心健康活泼可爱。

4. 许愿习俗

自古以来，泰兴人家家栽培银杏，银杏成为泰兴农家的神仙树。民间还把银杏作为吉祥物，孩子结婚时缝在被子中几颗红枣和白果，祝新人早生贵子，白头偕老。因此，产生了拜银杏为干亲、敬银杏为神仙、过年给银杏挂红、孩子满月屋后栽银杏等民间习俗。

千百年来，泰兴形成了具有地方特色的银杏文化，泰兴人习俗、节庆、饮食习惯等无不与银杏息息相关。随着银杏产业的发展，在文学史上涌现出了一大批名人，他们撰写出了以诗歌、散文、小说、绘画作品等为主的文学作品，江苏泰兴市的专业作家和业余文学爱好者近年就创作了百余篇银杏散文，并出版了我国第一部关于银杏的纯文艺图书《银杏颂》。该书汇编了三十多篇美文，有的赞颂银杏的优美与豪气，有的抒发对银杏之乡的依恋，有的记述银杏丰收的喜悦，以及家乡人民致富后的感激，有的生动介绍了银杏的神话与现实，读来生动感人，令人回味无穷。这些文学作品，记载了泰兴银杏的历史、传说、发展经历及历代名人、作家及国家领导人对银杏产品的评价和产业的肯定。20世纪90年代以来，泰兴市连年举办银杏科技节，给传统节庆赋予了科技交流合作的新内涵，通过邀请人们来泰兴采摘银杏、到银杏林观光、洽谈银杏贸易、品尝银杏食品，提高了泰兴银杏的知名度。

三、泰兴银杏栽培技术历史发展

1. 嫁接制度

泰兴银杏嫁接历史悠久，泰兴是中国银杏应用嫁接技术最早、嫁接树最多的地区，银杏嫁接技术已传至第17代，通过嫁接改良银杏品种的历史也超过500年。据统计，泰兴境内现存百年以上的银杏嫁接树超过16000株，各时期嫁接的"大佛指"良种占总株数的99%以上。广大果农经过长期的探索和开发，繁育了"泰兴白果"优良品种。

银杏树寿命绵长，未嫁接的树一般要经过10~20年才能开花结果，公孙树由此而得名，意为"公植树而孙得实"。通过嫁接，不仅可以提前结果（嫁接后3~5年），而且可以保持品种的优良特性（未嫁接的树长出的多是龙眼）。龙眼银杏的优点是种仁无苦味，糯性好，香味浓，缺点是果皮太厚，出核率低，故而产量不高。而通过嫁接的大佛指银杏是人工育出的优良品种，果柄长，果实一头圆胖，一头略尖，就像佛的手指，故名。大佛指银杏具有产量高、果大、仁满、浆足、壳薄、粒重、色白、味甘糯、耐贮藏的特点。

泰兴地区的银杏嫁接主要以枝接为主，现在也有芽接和根接，银杏嫁接的时间以春季为主，目前，各地已逐步做到四季均可嫁接。从火柴梗般细的小树，到磨盘般粗的大树，都能嫁接，成活率较高。嫁接时间与嫁接方法密切相关。在嫁接方法上，从历史上采用的皮下接、劈接向插皮接等方法发展。20世纪60年代之前，泰兴一带多用长穗大砧嫁接，砧木干粗要求6~10cm，接穗用2~3年枝条，穗长16~20cm，带3~6芽，接后7~8年即可进入开花结实阶段。为节约材料，目前各地银杏产区已逐步改为短穗小砧嫁接，即用2龄砧木，1~2年生接穗，以插皮接、插皮舌接、荞麦壳式皮下接芽方法，一砧接2~4个接穗，接穗长6cm，带芽2~3个，嫁接后4~5年可进入开花结实阶段，极符合于早期丰产密植园的需要。

砧木一般采用七八年至十多年生苗，也有采用几十年的大砧木的。如宣堡镇郭东村在抗战期间就利用被日寇毁坏的银杏树（粗40cm左右）重新低杆嫁接，至今结果甚多；江苏省古银杏群落森林公园内有一株高5m的实生树，干粗约40cm，2000年采取高干嫁接，嫁接干高约3.5m，2004年已开花结果。20世纪80年代初泰兴开始利用小砧木嫁接，如原燕头乡丁庄苗圃就利用三四年生苗作砧木进行嫁接。历史上嫁接的树种以雌树为主，雄树历来以有性或无性繁殖自然形成。1996年春，经市编委批准，成立了"泰兴市银杏种质资源圃"，采用嫁接技术保存全国各地的银杏品种130多个，建成了全省最大的银杏种质资源圃。

2. 授粉制度

从20世纪60年代初，泰兴开始进行人工辅助授粉，历经从简单粗放到适时适量的发展过程。"适时"即最佳授粉期，其标准是当树上有1/2～2/3的雌花孔口吐"性水"（雌花成熟标志），一般3～5天时间。"适量"即雄花粉的用量，一般每结50kg白果只能用150g雄花粉，不能多，否则易重载伤树。在适时上经历了三个阶段：一是20世纪60年代至70年代末，果农机械地根据农事节律，把"谷雨"前后三天作为授粉期，不太准确。二是80年代初期，根据雌花成熟吐"性水"情况，确定授粉最佳期。三是80年代中期以来，利用多年积温等气候因子与授粉最佳期的变化规律摸索的回归方程，结合雌花成熟情况，预测预报授粉最佳期。同时，建立了市、乡两级预测预报体系，通过电视、广播来宣传，使广大果农掌握授粉最佳期，从而做到适时适量授粉。此项技术曾获得省厅三等奖，并从80年代起在全国其他银杏产区推广应用，取得了显著的经济效益和社会效益。

在授粉粉方法上，也经历了三个阶段：一是挂花枝法。直接将长30cm左右的雄花枝挂在雌树上风口或上层树冠内，靠自然风散花授粉。此法授粉量难以控制，且对雄树有很大伤害。二是振花粉法。将干净的花粉装入纱布袋内，直接分散挂在雌树的各个部位，振动树干，散出花粉。此法比前法节省了雄花枝，对雄树伤害小，但容易造成授粉不匀。三是喷雾法。将花粉兑水后喷到树冠上，用量少，授粉均匀，便于控制授粉量、授粉范围。从20世纪80年代起，泰兴均采用此法，其他银杏产区来泰兴参观考察后得以推广应用。

四、泰兴古银杏保存数量及分布

泰兴市是中外驰名的银杏之乡，银杏栽培历史悠久。据县志记载及专家论证，泰兴银杏栽培已有一千多年历史，现有百亩以上古银杏群落20多个。其中宣堡镇张河等村古银杏群落银杏树龄都在100～300年，国家林业局副局长祝列克考察后说："这里的古银杏群落中国仅有、世界唯一。"

泰兴银杏的果系主要以大佛指和七星果为主。泰兴银杏特有的围庄林栽培方式，构成了白天看不见村庄、晚上看不见灯光的奇观。最古老的银杏树在城西乡的金沙村，树高22.8m，胸径2.1m，据全国银杏专家教授考证，该树已有一千年的历史，至今每年还开花（雌树），可采集雄花穗十多公斤。现全市拥有定植银杏树650万株，人均5株，其中50年以上的9.4万株，21~50年35.4万株，11~20年的465.2万株，10年以下的120万株。白果产量占全国总产量的三分之一。据不完全统计，全市现有500年以上的古银杏树121棵，千年以上的12棵。而宣堡镇现有100年以上银杏古树1.1万多棵，树龄达到200年以上的有5226棵，千年以上的2棵，该地区绵延的银杏树使得四季景色各具特色。

江苏泰兴银杏种植系统核心区范围为宣堡镇（张河村、银杏村、联新村、郭寨村、纪沟村、西宣村和毛群等村），地理坐标为东经119°56′40″—119°57′14″，北纬32°18′19″—32°19′5″，总面积为25.14平方公里。位于宣堡镇的古银杏群落森林公园为国家级古银杏森林公园。尽管方圆仅两公里左右，却聚集了1.38万多株定植银杏树，其中千年以上古银杏3株，200年以上银杏树1600多株，百年以上银杏树3800多株。遮天蔽日、莽莽苍苍的银杏树林绵延数千米，煞是壮观。难怪来自亚、非、欧、美16个国家和地区的专家、学者情不自禁地赞叹"自然之奇观，休闲之胜地"。宣堡镇也因此成为泰兴银杏的主要生产基地。据《泰兴县志》中相关描述，如今泰兴界内拥有500年以上的古银杏树达到120余棵，这其中千年以上树龄的达到12棵。另外被称为"银杏之乡"最显著的一个理由是现在泰兴区域范围内拥有二十几个面积达到百亩以上的古银杏群落，这令全国其他地方望尘莫及。

下表为泰兴市古银杏树的分布统计表。

江苏省泰兴市古树名木一览表

生长地点	性别	树高（m）	胸径（m）	冠幅（m）	树龄（a）	备注
宣堡镇张河村1	雌	14.5	0.45	10.0×8.0	100	2.0m处有瘤状凸起
宣堡镇张河村2	雌	13.0	0.48	9.0×8.0	100	2.4m处有瘤状凸起
宣堡镇张河村3	雌	12.0	0.42	7.0×6.0	100	2.3m处有瘤状凸起
宣堡镇张河村4	雌	16.0	0.52	6.0×8.0	100	有分枝4个
宣堡镇张河村5	雌	12.5	0.38	5.0×6.0	100	基部有萌蘖12株
宣堡镇张河村6	雌	12.0	0.40	5.0×4.0	100	有分枝5个
宣堡镇张河村7	雌	12.0	0.39	7.0×6.0	100	结果量很大
宣堡镇张河村8	雌	11.0	0.40	5.0×4.0	100	生长势较弱
宣堡镇张河村9	雌	14.0	0.55（基）	5.0×4.0	100	两主干略弯曲
宣堡镇张河村仙脉河1	雌	14.0	0.59	8.0×11.0	300	有分枝7个

续表

生长地点	性别	树高（m）	胸径（m）	冠幅（m）	树龄（a）	备注
宣堡镇张河村仙脉河2	雌	15.0	0.55	10.0×11.0	300	基部有萌蘖一株
宣堡镇张河村仙脉河3	雌	15.0	0.52	10.0×9.0	300	主干略向北倾斜
宣堡镇张河村仙脉河4	雌	16.0	0.62	10.0×8.0	300	有两个大的分枝
张桥镇辛埭1组	雌	17.5	1.11	16.0×15.0	500	——
张桥镇镇西村接引禅寺	雌	20.0	1.15	10.5×6.5	600	接引禅寺银杏
张桥镇新华村	雄	18.0	1.35	11.0×9.0	600	刘伯温亲手种植
黄桥镇南殿村15组	雄	20.0	0.78	10.5×6.0	200	生长势弱
黄桥镇诸葛学校院内	雄	24.5	1.10	10.5×7.0	450	复干银杏
黄桥镇横巷中心小学	—	28.6	1.20	12.0×15.0	500	黄桥地区最大一株
元竹镇丁前7组	雄	15.0	2.10	6.0×10.0	1000	生长差，干枯内腐
珊瑚镇珊瑚村4组（1）	雌	24.5	0.98	16.0×16.0	600	
珊瑚镇珊瑚村4组（2）	雌	——	0.78	16.0×16.0	600	
珊瑚镇李洋村4组	雌	16.0	0.94	14.0×16.0	700	
珊瑚镇桢祥2组	雌	14.0	1.20	——	700	
根思乡芦荡村6组	雄	25.0	1.51	25.0×20.0	800	
焦荡镇薛庄3组	雌	19.0	0.73	10.5×10.0	500	
河失镇嘶马3组	雌	15.0	0.83	10.0×9.0	500	
泰兴镇泰兴公园内	雄	13.5	0.64	6.5×5.5	600	
泰兴镇三阳村	雄	22.0	1.88	13.0×15.0	1300	泰兴最古老的一株雄株
泰兴镇老干部局院内	雄	16.0	1.60	13.0×9.0	1000	树上生树
分界镇北周小学	雌	32.0		24.8×25.8	——	泰兴最高古银杏
分界镇长生村小周庄钢厂	雌	24.0	1.33	20.5×21.0	600	
分界镇北张村1组	雌	17.0	0.99	20.0×22.0	600	
分界镇北张村11组	雌	25.0	1.57	18.5×18.0	600	
分界镇北张村7组	雌	24.0	1.66	26.0×28.0	600	
分界镇北张村7组	雌	24.0	1.20	16.0×16.0	600	树势衰弱

出自《中国银杏种质资源名录》。

如张河村，共计银杏143株，共有三大银杏群落。其一荷塘月色银杏群落，该群落有银杏古树53株，平均高13.0m，平均胸径0.44m，平均树龄100年，平均冠幅6.6m×6.0m，生长良好，均为雌株，结果量大；其二仙脉河银杏古树群落，该群落有银杏古树70株，平均高15.0m，平均胸径0.57m，平均树龄300年，平均冠幅9.5m×9.8m，生长良好，均为雌株，结果量大；其三月亮湾银杏古树群落，该群落有100年以上银杏古树20株，胸径0.20～0.60m，树高13.0～15.0m，冠幅7.0～8.5m，生长旺盛，均为雌株，结果量大。

小结

泰兴银杏起源于上千年前，银杏文化历史悠久，有其独特的民俗民风，内涵丰富，兼具自然资源与农业文化资源两个方面，这种遗产的价值需要被社会和公众所认识和重视并使其从中受益，是值得我们保护的重要农业文化遗产。以此为例，也可推广到其他农业文化遗产的研究中。

通讯地址：
张越，女，南京农业大学中华农业文明研究院，江苏南京210095。

参会感想：

首先，感谢西南大学此次举办的研究生农业文化遗产与民俗论坛，通过这次会议认识到了很多专家老师，并能跟很多志同道合的同学们一起学习交流，深感荣幸。此次会议给我的启发还是很大的，首先是苑利老师关于中国农业文化遗产保护的专题报告，里面的活态农业文化遗产、可持续发展的农业生态系统，给我研究泰兴银杏带来了启发。此外，来自首都师范大学常然的《宣化城市传统葡萄园文化遗产的历史起源》一文中，针对宣化传统葡萄园文化遗产的葡萄究竟何时传入这一问题的三种观点作出了具体的阐述，对我研究泰兴银杏是何时在泰兴产生和发展这一问题提供了解决思路，值得借鉴；来自西北农林科技大学宋宁艳的《甘肃什川古梨园农业文化遗产保护与开发策略研究》一文，深入挖掘了什川古梨园的农业文化遗产价值，并对古梨园如今的保护与发展面临的威胁进行了归纳概括，并提出解决策略，这对于我研究泰兴银杏农业文化遗产目前面临的保护和发展问题提供了借鉴和方法；其他同学的论文和报告也多多少少给我带来了启发和思路。这次报告，通过老师的点评和同学们的交流，我也察觉到我的论文中尚存在很多不足之处，感谢老师和同学们给我的各种意见和建议，对我来说这是非常宝贵的，我也十分珍惜。最后再次感谢西南大学，此次会议使我受益良多，不仅增长了见识，也开拓了写作的思路，对我日后的学习和研究大有裨益，希望贵校日后能多多举办此类会议，让更多的学者能在一起相互交流，相互学习，从而得以更好地发展。

南京农业大学中华农业文明研究院　张越

中华农耕文明的科学技术

云南省楚雄州禄丰县杨梅山苗寨游耕农业生产方式初探

周 红 陈 贝 杜发春

摘 要：苗族是世界上最早的农业民族之一，但由于恶劣的自然环境制约了苗族社会经济、政治、文化发展的速度，同时迁徙时由于居无定所，苗族实行的是刀耕火种的粗放的游耕耕作方式。游耕农业生产方式带来了居住的不稳定性，苗族经常举家搬迁，其居住方式称之为游居。苗族在游居的时候其生产活动给自然生态环境带来了一定程度的改变，但是其生态环境并没有严重破坏。在狩猎、农业方面的经验是苗族生产生活智慧的结晶，它体现和反映了农业的思想理念、生产技术、耕作制度以及苗族文明的内涵，孕育了苗族天人合一的思想，追求着人与自然和谐、人与社会和谐、人与人和谐的思想。时至今日，苗族游耕文化中的许多理念，在生活和农业生产中仍具有现实意义，本文就云南省楚雄州禄丰县杨梅山苗寨游耕农业生产方式作进一步探索。

关键词：苗族；游耕农业；生产方式

农业是农业生物、自然环境与人构成的相互依存、相互制约的生态系统，也是农业的本质。苗族最先开发长江、珠江和闽江流域，最先发展农业生产，但农业的发展并未改变苗族人民的生活处境，他们主要居住在海拔高而寒冷的山区，制约了苗族社会经济、政治、文化的发展。但是，苗族是一个勤劳智慧的民族，清朝徐家干在《苗疆见闻录》中提到苗族"耐饥渴，能劳苦，寒暑无所畏惧，则又是其长也"。虽因诸多原因，苗族的经济发展异常缓慢，但苗族人民具有独立生产和独立生存的能力。广西著名的民族学家刘锡蕃民国年间在融水、三江等苗族地区考察后编写了《苗荒小记》一书，书中提到："苗瑶自耕而食，自织而衣，生活简单，交通阻绝。其工商事业绝无发展，往往百数十里之远，无一集市。间或有之，而集市之期，每月仅三数次，所卖粗布什用等物。钢铁器皿，则自外方输来。贸易方法，多有些以物易物者。"可见，苗族经济发展缓慢有其深厚的历史渊源。

自然生态环境与一个民族的生计有着非常直接的联系，人类必须首先解决吃和穿的问题，然后才有可能进行其他文化活动，人类为解决吃和穿的问题而进行的物质生产活动，都必须在一定的地理环境、自然条件下进行。

一、禄丰杨梅山苗族历史沿革及现状

第六次人口普查统计，云南苗族人口为120.3万，占全省总人口的2.62%，占全省少数民族人口的7.8%，比2000年第五次人口普查的104.3万增加了16万，增长率为15.3%。在各少数民族人口中排名均居第6位，是人口超过百万的六个少数民族之一。云南苗族人口的分布特征，可以用三句话来概括：相对集中，大部分散，小块聚居。楚雄州禄丰县的苗族比较集中在杨梅山苗寨。杨梅山苗族的历史可以追溯到贵州。因为杨梅山苗族是从武定洒普山搬来的，而武定洒普山的苗族又是从贵州威宁搬来，据93岁的苗族老人龙福华介绍，当时的苗族祖先是从贵州威宁来的，开始是来武定万德当奴隶，之后搬来洒普山帮助地主看护玉米，因为野猪会来毁坏庄稼，而苗族人民天生就是打猎的能手，因此可以把武定洒普山地主粮食地里的野猪赶跑，因此就留在武定洒普山。根据杨梅山和武定洒普山的90多岁的老人讲述，我们可以看出杨梅山苗族的搬迁历程：贵州威宁——云南武定万德——云南武定洒普山——云南禄丰杨梅山，从此以后苗族就在此长期定居下来。

1952年进行土改，杨梅山苗寨苗族人民分得了土地和山林，结束了游耕开荒改为定耕耕种；1982年实行农村经济体制改革，搞土地联产承包责任制，杨梅山苗族各户承包到集体的耕地，得到了生产经营自主权；1987年，政府给杨梅山苗寨实行免征5年公余粮政策，给当地人民有了休养生息的时机，极大地激发了苗族群众的生产积极性，劳动生产力大大提高，社会经济得到了较快的发展，初步解决了温饱问题，经济收入和粮食的增加，在吃的方面，由过去的种什么吃什么变为种苞谷而吃白米饭。有了钱以后，社会购买力大为提高，购买的拖拉机或摩托车改变了过去什么都要人背的状况。电视机的收视率大大增加，极大丰富了杨梅山苗寨的文化生活。在各级政府的大力支持下，挖通了各种等级的道路，使山区也能通行农用拖拉机。现在大部分苗寨，马车、拖拉机通行无阻，并架通了山区的高压电，实现农村照明、粮食及农副产品的加工粉碎。生产经营上，普遍使用化肥，甚至苞谷、蔬菜都用塑料薄膜覆盖，当地居民利用自己的区位优势，捡各种杂菌和松茸，获得不小的经济收益。

2004年，在中央、省、州、县、镇的"两免一补"支持下，这里的孩子能够基本全部入学，2011年全村经济总收入86.09万元，农民人均纯收入1200.00元。2014年全村经济总收入249.30万元，农民人均纯收入1920.00元。农民收入主要以种植业为主。而在这些政策中，家庭联产承包责任制的实施对苗寨的改变最大，是人们能够逐渐富裕起来的关键。

楚雄禄丰杨梅山地处北纬24°51′—25°30′，东经101°38′—102°25′之间，位于云南省中部，楚雄苗族自治州东部，这里属于亚热带高原季风气候，垂直气候差异大，干湿分明，年降雨量为900~1000毫米，年平均气温为15.5℃，全年无霜期不少于290天，距离村委会1.00公里，距离镇6.00公里，土地面积10.38平方公里，海拔1890.00米，年平均气温16.30℃，年降水量950.00毫米，有耕地269.00亩，其中人均耕地1.53亩，有林地450.00亩，地形复杂，属于典型的高寒贫瘠山区，适宜种植旱谷等农作物。杨梅山苗族人民以种植洋芋、苦荞、苞谷、大麦、小麦、燕麦、大米、豆类等为主。薯是苗族先民古老的粮食作物之一，富含淀粉，营养丰富。杨孚在《异物志》中这样描述："甘薯似芋，亦有巨魁，剥去皮，肌肉正白如脂肪。南人专食以当米谷。"（薯：别名也叫洋芋、土豆、地蛋、山药蛋、洋番薯、马铃薯、馍馍蛋。）杨梅山苗族同胞世世代代都是吃这些本地出产的粮食。

杨梅山苗寨是由处在杨梅山山寨周围的杨梅山、茭瓜塘、大黑山、大平地四个纯苗族乡寨构成，所以当地人一直以来就把四个苗寨乡统称为杨梅山苗寨，是禄丰县境内苗族人口相对最集中的村寨，现共有人家125户，有人口402人，全是花苗。其中杨梅山63户、201人，大平地21户、68人，茭瓜塘24户、81人，大黑山18户、52人。

二、杨梅山苗寨的游耕农业生产方式

生态环境决定生计方式，生计方式决定生活方式，由生态环境和生计方式所决定的生活方式一经形成，并固定为传统和习俗，便会反作用于生计方式并影响到生态环境。在苗族漫长的社会历史发展过程中。由于部落之间的相互战争，加之民族压迫、封建压迫，导致了苗族大幅度、远距离、长时期地处于迁徙状态之中。迁徙方向，先由东向西，其次由北向南，至于小范围内的局部移动则是多向性的穿插。苗族每搬一地，多则三五年，少则一二年，就这样在群山中辗转。杨梅山苗寨迁徙居住的不稳定性，带来了其农业耕作的不稳定性。苗族不断迁徙的农业生产方式，每耕种几年就要换地进行耕种，使杨梅山苗寨的农业耕作方式有了自己显著的特点,即游耕农业,主要是狩猎、传统农业。

(一) 狩猎

杨梅山苗寨的祖先刚来到时,这里还是一大片茂密的森林。据村子里一位93岁的苗老介绍,最先来到这里定居的只有两户人家,共7口人,人们在山谷里开辟田,开始了最初的农耕生活,后来这两户人家的亲戚朋友相继来到这里定居。杨梅山苗寨大部分是荒山野岭,森林茂密,动植物资源丰富,种类很多,据说在当时村子周围的山上还有老虎、豹子、山猪、大蟒蛇、鹰、山鸡等各种飞禽走兽。人们还经常在黎明前听到老虎在后山上吼叫,早上妇女们出门挑水或者采集树花(一种可以食用的树上开的花)会看到豹子在路边出没。由于耕地面积有限,粮食产量不高,野生动物成为人们重要的肉食来源,而狩猎成了杨梅山苗寨的生计之一。打猎是杨梅山苗族先民生计的重要部分,是先民们征服自然、改造自然、适应自然而求生存与发展的智慧和本领,也蕴含着苗族先民们的价值观、世界观、生命观,体现了苗族人民的智慧、力量、情感、价值等,有利于丰富多样的民族文化得以传承。如杨梅山苗族谚语"有树林的人,就是有靠山的人""树木不枯死不能砍伐""折断幼苗的人会夭折""砍一栽十""森林多,风灾旱灾少""森林是水库,水多它能蓄,水少它能吐""带来动物的危险和灾难也会落到人的头上"等;教育孩子、晚辈等时说:"往水里撒尿,嘴脸长脓泡""不准往水里吐痰""谁抓了羽毛未丰的小鸟,谁的手就会颤抖""谁打死了猫,将猫扔进水里,谁就会死在狱火之中"等。这些谚语和教导体现了杨梅山苗族热爱自然的美德。在特殊的自然环境中,他们认识到要保护自己,首先要保护环境。

杨梅山苗族的禁忌有"不污染河水""不在泉边大小便""祖父留下的树木比财富珍贵""牲畜点缀草原,树木点缀河流"等。苗族先民还用人与自然的统一关系隐喻或转释健康。如"不要拔嫩草,因为你的生命像嫩草""砍独树,一生会过单身生活""打鸟蛋脸上长雀斑"等。杨梅山苗族认为烧柴火绝不能砍一棵树甚至大树枝,只能砍几根树条子,不能折砍树枝不能在树下泉边挖坑;不能捕猎泉水边的野兽;不能在河流源头居住、放牧;不能挪动泉水边的石头、泥土。杨梅山苗族把狩猎当做主要或次要生产方式之一,在保护幼崽、狩猎时间上都有严格规矩。不打正在哺乳、交配、怀崽、产崽、孵卵的动物,春夏禁猎。他们遵循着自古留传下来的狩猎习俗:春天一般不多狩猎,因为许多动物都是在春天下崽。对于那些产崽的动物,不仅不能打,还要加以保护。他们还根据各种动物的习性，决定什么季节狩猎什么动物。春天主要靠捕鱼为生，其他季节则根据动物的成长情况决定打什么野兽，他们十分熟悉各个大山中生活的禽兽，需要什么禽兽就到那种禽兽较多的山里去打。

杨梅山苗族狩猎的对象是杨梅山山区周边生活着的野牛、野猪、野兔、麂子等种类繁多的野生动物，但他们不滥捕滥猎，而是适度狩猎。野牛、野猪、野兔是苗族主要的狩猎对象，但在狩猎时却遵循一定原则。秋天狩猎时放走适量母畜，只捕雄性动物而不捕雌性动物也是古代民族保护动物正常繁衍的一种方式，他们只捕雄性，而不捕雌性，这种传统的打猎方式，对动物的繁殖不会有很大的影响。所以苗族地区的猎人从未中断，而林中的动物也从未绝迹。

这些谚语、教导、禁忌是带有规范功能的民俗，在杨梅山苗族的歌曲《我的祖先》《呼唤情妹》《今天好时出在苗山寨》《花山情歌》《酒歌笙》《鸟鸣难成双》《迎新人歌》《背水歌》等都有记载。虽然没有强制处罚手段，但是对当地苗族人民狩猎能够起到规范作用并且可以反复适用，用来约束人们的行为。在对待人与自然关系问题上，追求天人合一和人与自然的和谐，认为人是自然界的一部分，天（自然之天）人是相通的，倡导"天人合一""万物一体"，不破坏人类赖以生存的自然环境。

(二) 农业

农业是人类社会中最重要的食物生产方式之一。就世界范围来讲，农业产生于距今一万年以前。在农业产生以前，人类社会曾长期处于狩猎、采集生产阶段。杨梅山的苗族古歌《创造天地万物》的歌词开头是这样："天开始形成的时候，天是哪个造的？天是列老史处格米——爷觉朗努造的。地开始形成的时候，地是哪个造的？地是列老史处格米——爷觉朗努造的。列老史处格米——爷觉朗努，把天空造得平坦光滑如簸箕底，让太阳和月亮好运行……"也记载了原始农业的生产知识，如对不同农作物生长环境的认识："坎上种苞谷，坎下种荞子，水冬瓜树下的荞子好，板栗树下的荞子好，有松树的坡地荞长得好。""一年十二个月，月月要生产。正月去背粪，二月砍荞把，三月撒荞子，四月割大麦，五月忙栽秧，六月去薅秧，七月割苦荞，八月割了谷子掰苞谷，九月割了甜荞撒大麦，十月粮食装进仓，冬月撒小麦，腊月砍柴忙过年。"

杨梅山农业知识的传授主要是对农田的挖、犁、耙、锄和对农作物、种子的选留、栽培、种植、收割等技术的传授。解放前苗族儿童长到八九岁时，就开始下田地，参加一定的农业生产活动，边做活边跟着父母或有经验的长辈学习农业劳动。内容包括农作物的种植技术知识——苞谷、洋芋的种植。通过以上各种种植技术知识的传授，为子女或晚辈日后独立从事生产和劳动奠定了良好的基础。杨梅山苗族主要居住在高寒偏僻的山区，采用刀耕火种的农耕方式，使用的工具是就地取材的以当地盛产的木、竹等作为工具，木质农具多利用树枝的自然现状，如木叉、连枷、木把、木马、木凳、木桌等；竹质工具以竹作为材料以各自需求编织各种用具。杨梅山苗族传统的农业生产工具有：簸箕、竹筐、皮条、扁担、背篓等。杨梅山苗族地区，大量的传统工具至今还广泛使用于生活中。如：

筛子：用竹篾编织，篾孔较粗，用于筛选比较粗糙的带有叶和杆的谷物。

箕：用竹子编织的，用于撮土豆、泥土、垃圾。

簸箩：用竹子编织的，用于晾晒谷物。

竹篓：用竹子编织的，有的在外层糊上牛粪，用于储藏谷物。

背篓：用竹子编织的，专门用于放置衣物，也可当篓用。

竹甑子：用竹篾编织，专门用于蒸煮馍馍类食物。

竹筐：用竹篾编织，用于背物。

大竹筐：用竹篾编织，用于背灌木叶和松针。

柜子：用木板加工而成的正形状，用于放置衣物和盛装粮食。

木桶：用木板和竹篾圈加工而成，用于盛汤、水、猪食。

升子：用木板加工而成，用于斗量粮食谷物。

水桶：用木板和竹圈加工成圆柱状，用于背水、挑水。

因为杨梅山苗族居住环境都在深山丛林中，这里有着丰富的树木竹林，苗人们很早就利用身边的这些自然资源，特别是树木和竹子，做出各种工具。杨梅山苗族俗语说："苗族房子是木，牲畜圈也是木，喂养牲畜槽也是木。"木在苗族生活中很重要：苗族建房需要木，煮饭吃饭也要木，苗族老人冷了烤火也要木，木也可以制作药材，也可以用做炸药，也可以用来制作工具，木的用处真的很多。杨梅山苗族地区竹子很多，苗人用竹制成了各种各样的工具，如用竹建房屋，用竹篾盖房子，用竹装饰屋子，编篾席做床垫，用竹篾围成圈囤粮，用小竹筛装玉米种子去播种，用竹箱放衣服，用箩筐背东西，用竹叶或者竹篾丝作刷锅把等。苗族先民居住的茅草房也用竹子镶嵌其中，使得茅草屋更牢固。苗族遵循"和谐"理念，取于自然，又热爱自然，保护自然。

云南省楚雄州禄丰县杨梅山苗寨游耕农业生产方式初探

杨梅山苗族先民使用轮耕的技术，当一块耕地的营养被耗尽后，这块耕地就闲置不用了，为囤积地力隔几年再耕种，或者在同一块田地上有顺序地在季节间和年度间轮换种植不同作物，这种复种组合的种植方式有利于均衡利用土壤养分和防治病、虫、草害，能有效地改善土壤的理化性状，调节土壤肥力。中国实行轮作历史悠久。稻田的水稻与旱作物轮换。欧洲在8世纪前盛行二圃式轮作，中世纪后发展为三圃式轮作。18世纪开始草田轮作。19世纪，J. V. 李比希提出矿质营养学说，认为作物轮换可以均衡利用土壤营养。20世纪前期，B. P. 威廉斯提出一年生作物与多年生混播牧草轮换的草田轮作制，可不断恢复和提高地力，增加作物和牧草产量。轮作因采用的方式不同，分为定区轮作和非定区轮作。轮作的命名决定于该轮作中的主要作物构成，被命名的作物群应占轮作区的1/3以上。旱地多采用以禾谷类作物为主或禾谷类作物、经济作物与豆类、绿肥作物轮换，常见的有谷麦类轮作、谷豆轮作。轮耕是通过合理配置土壤耕作技术措施，来解决长期少、免耕的负效应，将翻、旋、免、松等土壤耕作措施进行合理的组合与配置，既考虑到节本增效问题，同时又综合考虑到农田土壤质量改善，提高了土壤综合生产力。

杨梅山苗族先民从事原始农业，沿用刀耕火种、广种薄收的原始耕作方式，兼营狩猎、采集。尽管社会发展水平相对低，但是杨梅山苗族在长期的生产实践中，有一套与本民族经济生产相适应的生态系统和保持生态平衡的各种规章制度，他们的生产行为是十分理性的。如传统农业与生态保护。他们的种植方法很原始，主要是在居住地附近或采集地播撒野生旱谷的种子，待作物生长后，拔掉周围的草，并以拔下来的草放在作物根下作为肥料。早期的农业在除草、施肥，灌溉等技术与观念还没有完全成熟之际，借助火焚来去除杂草并取得土肥，再播种和引水，以期五谷丰登。杨梅山苗寨在地广人稀、生产力极为低下的条件下，为了生存，通过破坏和补偿两种机制，调整与生态环境的动态关系。这种砍树开荒的耕作方式，似乎对森林形成威胁，但在长期的历史发展进程中，杨梅山苗族聚居区的生态环境并未恶化，至今仍保持较高的森林覆盖率。因为他们通过各种方式，避免破坏生态，重视森林水利保护，维护生态平衡。这种刀耕火种的生产方式，保护生态和恢复地力。他们实行农、林混作的传统方法。其做法是：新开辟的火山地第一年灰烬多，肥效高，种植产量较高的玉米。第二年肥力减退，只能种苦荞，同时种水冬瓜树，形成混农林系统。水冬瓜树学名桤树，属乔木科，枝叶茂盛，春季发芽，秋季落叶、落子，特别适宜杨梅山苗寨山上这种雨水多的环境，易栽易活，活率高。水冬瓜树是由种子繁殖的植物，种子秋天落下春天发芽生长，一棵老水冬瓜树下往往会有成片的树苗。水冬瓜树对于生态环境的保护和提高土壤的肥力具有很多优点：一是生长速度快；二是水冬瓜树属于非豆科固氮植物，其根部瘤菌具有较强的固氮作用，能改良土壤，加之水冬瓜树是落叶乔木，落叶量大，可以增强土地的肥力，即使是较为贫瘠的土地，也能在不长的时间变得肥沃；三是再生萌发力强，树枝可以作薪柴，树干可以作建房材料等；四是具有经济价值，可参与治疗菌痢、腹泻、水肿、肺炎、漆疮等疾病。总之水冬瓜树易繁殖、易管理、耐贫瘠、蓄水能力强。苗族大量种植水冬瓜树后，制止了水土流失，保护了杨梅山一带的生态环境。

尽管现在杨梅山苗族人民已经过上定耕农业生活，采用精工细作的农业生产方式，但是杨梅山苗族先民为了适应生产和发展的需要，创造的农业生产和丰富博大的文化，保护大自然的过程中仍然值得借鉴。因为在形成和发展过程中，凝聚着苗族人民的智慧，它集中升华的谚语、禁忌等实践经验，反映了苗族对人与自然之间的关系、规律的认识与把握。保护、传承和利用好传统的文化、人文精神与和谐理念，不仅在维系生物多样性、改善和保护生态环境、促进资源持续利用、传承民族文化的今天具有重要价值，而且在保持和传承民族特色、丰富文化生活与促进社会和谐等方面发挥着十分重要的作用。杨梅山苗寨游耕农业生产方式等孕育了苗族天人合一的思想，追求着人与自然和谐、人与社会和谐、人与人和谐的思想，这种和谐理念塑造了中华民族的价值趋向、行为规范，支撑中华民族不断走向可持续发展的道路。

参考文献：

[1] 郭净．云南苗族人口的分布特征[J]．贵州民族研究，1998（4）．

[2] 禄丰县民族宗教事务委员会编．禄丰县志[M]．昆明：云南民族出版社，2002．

[3] 杨鸠．论印支国家苗族的游耕农业文化[J]．贵州民族研究，1999（2）．

[4] 杨伟兵著．森林生态视野中的刀耕火种——兼论刀耕火种的分类体系[M]．上海：复旦大学出版社，1999：113．

[5] 杨甫旺．苗族历史文化调查[M]．昆明：云南民族出版社，2004．

[6] 杨鸠．从游耕走向定居——印支国家苗族社会文化变迁[J]．贵州民院学报，2000（1）．

[7] 李延贵，张山，周光大．苗族历史与文化[M]．北京：中央民族大学出版社，1996．

通讯地址：

周红，云南农业大学食品科学技术学院，云南昆明650201；

陈贝，云南农业大学经济管理学院，云南昆明650201；

杜发春，云南农业大学新农村发展研究院，云南昆明650201。

安仁元宵米塑制作技艺

——以何陆生的制作技艺为例

李忠超

摘　要：在优良的稻作条件下孕育出来的安仁元宵米塑，是独具地域特色的民间工艺制品，它在民俗节日中起到重要的作用。安仁元宵米塑在传承过程中，从最初的祭祀、祈愿到后来侧重美食、观赏价值，其制作技艺在不断地改善和进步，塑造的形象也更加丰富多元。本文在田野调查的基础之上，以省级代表性传承人何陆生的制作技艺为例，对安仁元宵米塑的制作技艺加以梳理，并对米塑形象的民俗寓意和工艺内涵进行初步探讨。

关键词：米塑；安仁；制作技艺；何陆生

米塑，是以米粉塑造的传统民俗食品，安仁地区的米塑因为多在元宵节制作，所以也叫"安仁元宵米塑"。稻作农业在湖南地区有着悠久的历史，湖南道县玉蟾岩遗址发现有距今约1.4万年至1.8万年的古栽培稻谷，是世界上最早的人工栽培稻标本。正是在如此优良的稻作条件下，安仁元宵米塑作为民俗节日食品得以孕育。安仁元宵米塑于2012年被列为湖南省非物质文化遗产名录项目，何陆生（图1）是该项目省级代表性传承人之一。

图1　何陆生和他的米塑作品

一、安仁县的地理位置

位于郴州市最北端的安仁县（图2），地处湖南省东南部，处于东经113°05′—113°36′，北纬26°17′—26°50′。享有"八县通衢"之称的安仁县东界茶陵县、炎陵县，南接资兴市、永兴县，西靠耒阳市、衡南县，北连衡东县、攸县。整体地势自东南向西北倾斜，属半山半丘陵区，万洋山脉蜿蜒于东南部，五峰仙屹立于西部边境，武功山脉的茶安岭从东北斜贯县境中部，醴攸盆地从北向南、茶永盆地从东向西南横跨其间，形成"三山夹两盆"的地貌格局。安仁县溪河纵横，水系发达，县域内的河流主干永乐江，由东南向西北纵贯全境，土壤类型繁多，土地肥沃，耕地面积大，气候温和，雨量充足，四季分明。该县以农为本，物产丰富。安仁县置县于宋乾德三年（965年）。该地的水稻生产享有盛名，明、清时代已著称衡湘，安仁也是湖南省的主要漕粮县之一，1989年被列为全省商品粮基地之一。安仁的永乐江镇近年还建起了稻田公园，水稻和油菜的种植到处可见（图3）。米塑艺人何陆生的家就在安仁县的永乐江镇新丰村。

图2　安仁县地理位置示意图　　　　图3　遍地的农作物

二、安仁元宵米塑的制作流程

（一）制作材料与工具

（1）制作材料：香稻米、水、油菜籽（图4）、栀子、茶叶、商陆果实、植物油等。

101

（2）制作工具：碓、筛子、白布、小剪刀（图5）、保鲜袋（膜）、牙签、竹扦、棉花、小盛杯、案板、蒸锅、盆子、箅子、圆簸箕、炉灶等。

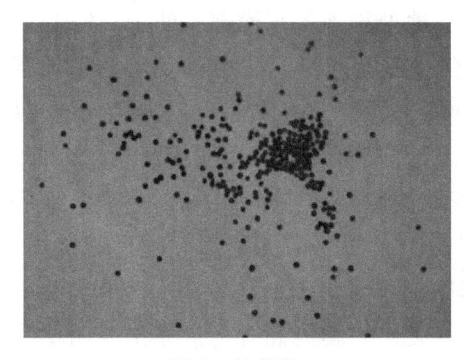

图4　油菜籽

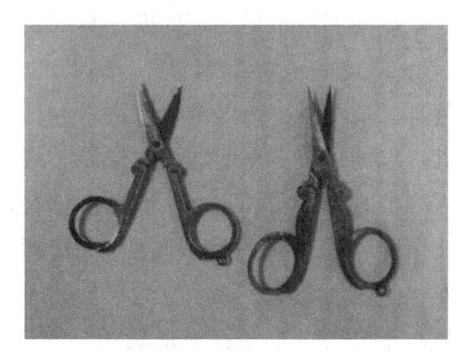

图5　剪刀

（二）精选米粉

米，采用本地生产的香稻米，这是制作米塑的重要原材料之一。该米有一股淡淡的沁香，具有糯而不黏的特性。农户从田里收割谷子以后，趁着晴天的艳阳将谷子晒干，新收割的谷子不能久存，如果没有及时晒干，去壳后的大米将会发黄，不再那么白皙，也就会影响到米粉的质量。

传统的米粉碾制，是采用脚踩的碓，上面是木头（有的在底端包上铁皮），下面是槽型石头，将定量的米置于石头的凹槽内，由脚发力，作用于木制杠杆的一端，包有铁皮的木头受重力作用下落，将石槽内的米粒砸成粉末状。在碾制过程中还要同时进行筛选工作，所有的米粉需要反复捣压，直至能通过细眼孔的竹筛子，最后将细小的粉末筛选出来，放于摊开的白纱布之上（图6），通风晾晒，以作备用。何陆生家的碓由于长年的使用，石槽已经穿孔，现在的米粉制作改为机器研磨，更为高效。

图6　筛选好的米粉

（三）揉制米粉团

米粉团需要由生粉和熟粉混合揉制（图7）。用碓捣出的细米粉经过筛选后称之为"生粉"。"熟粉"是将生粉与清水按5∶2的比例掺和、搅匀以后入锅煮熟而成，熟的过程要一边搅拌一边加热，最后搅拌成糨糊状。制作米粉团时，准备一个大的盆子，用水洗净，保持盆内洁净，装入适当的生粉，生粉的量取决于所需米粉团的大小。用饭勺将熟粉捞起放入生粉之中，生粉和熟粉的比例约为3∶1，由于熟粉本身带有大量水分，生粉和熟粉掺和在一起即可揉搓，如有需要再逐步加入少量的清水。揉制过程中，艺人不断用手指和手掌通过搓、揉、压、捏、挤将生粉掺入进熟粉，使得生粉和熟粉互为一体。熟练的艺人，在揉制米粉团时会将米粉团揉和的细腻白净，富有弹性，并且始终保持盆内的洁净，保证没有多余的米粉浪费。揉制好的米粉团含有较多的水分，这也是可塑造的前提。为了不使得水分蒸发，防止米粉团干燥开裂，何陆生会用一保鲜袋将米粉团包好（图8），留出一个口子，需要取用时，从一端开口需要多少拿取多少，拿完之后立即封住，保持米粉团较长时间具有可塑性。

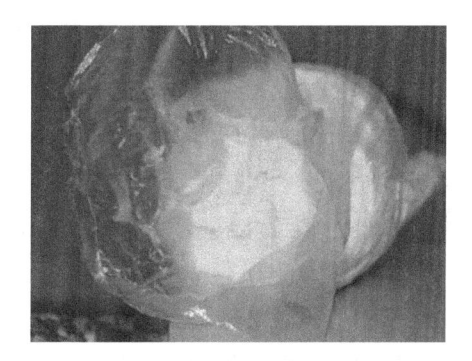

| 图7 揉制米粉团 | 图8 保鲜袋包好的米粉团 |

（四）形象塑造

塑造是制作米塑的重要步骤之一，通过各种技法的塑，赋予普通的米粉团以灵性，成为一件件民间艺术品。在塑造的物象中，花草植物是最简单的，也可以做水里的鱼、天上的鸟，但最能展现艺人高超技艺的还是十二生肖的塑造，其中尤其以猴子和龙最为难做。米塑艺人一般不做人物形象，这是由于米塑作为食品的特殊性，最后将要经过烹饪和食用，在当地人看来这不太吉利。塑造过程中所需工具极其简单，手和剪刀的巧妙配合是塑造的关键，并且无论多复杂的造像，必须在七分钟之内完成全部塑造，一旦过久，米粉会失水干裂，既难以塑形也影响美观。

米塑的尺寸大小没有统一的规格，塑造的过程也没有完全固定的模式，艺人手中的米粉团更多是信手拈来，在看似快速简单的手法下，实际上需要艺人极巧妙的思考和经年不断的手上功夫。艺人何陆生制作米塑已经有五十多年，在塑造米塑时，他的手法变化多样，手指灵活巧妙，归纳起来有捏、搓、揉、按、压、挤、掐、扯（拉）、贴、拼接、翻折等，在手塑造的同时还会配合使用剪刀，用小剪刀进行剪、挑、刻、划、戳等。

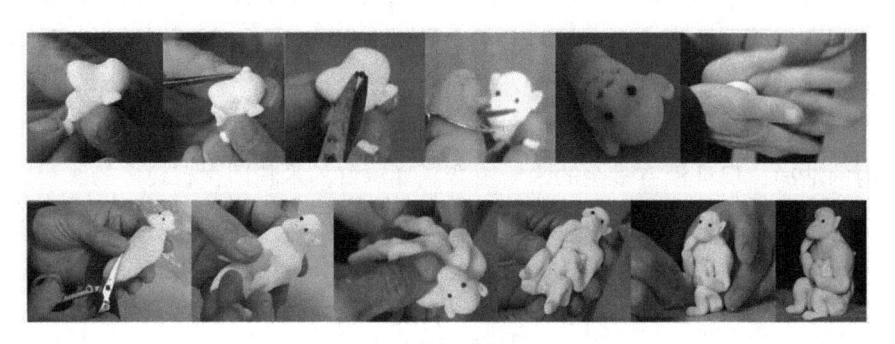

图9　塑造的主要过程

以"金丝猴"的塑造为例（图9）。首先从大米粉团中取出一小块，取出的分量视所塑造的形体大小而定，多了会干裂浪费，少了难以成型，何陆生全凭多年捏塑的手感把握，不增不减，比较精确。做金丝猴，由头部做起，将小块的米粉团经手指搓揉成圆柱形，再捏出猴子鼻端，使鼻部与面部大致成"T"字形，从猴子颈部下端扯出两个小米团，安在猴头的两端，塑成耳形轮廓并用小剪刀戳出耳甲，眼睛由剪刀夹起黑色的油菜籽对称安放在猴头上即成，再用剪刀在凸起的鼻端戳出鼻孔和牙齿，用手指稍加调整，便做出了猴子的嘴和鼻，一个猴头的塑造就完成了。放下猴头，另从大米粉团中取出一团米粉，放于掌心揉搓，捏成棒柱形躯体，利用米团的固有黏性将猴头与棒状躯体拼接，用剪刀至躯体三分之二处下端，左右各往上剪开一道口子，用手指稍掰开，往上曲折，挤出筋肉和骨节，掐出手掌，从棒状身躯下部抠出一小部分，做成寿桃，金丝猴的两上肢一作抓耳挠腮状，一作怀抱寿桃状。猴子的下肢由棒状身躯下端自然捏扯分开为两长条形，呈倒"Y"字形，经手指捏、扯，折出臀部、膝盖、脚踝，大腿部分向上内折贴近身躯和上肢，脚踝内收贴近臀部呈蹲坐状，另搓出一小细条作尾巴，一端安于猴子屁股底端，其余的贴于猴背，尾尖外翘，最后将整只猴子放置于案板平台之上，按压规整，使得脚掌、臀部处于同一水平线上,能够端坐于平台上而不倒,整体上稍加休整,金丝猴的塑造工艺就算完成了。

塑造过程中只能一次成型,并要求结构合理,事先估量好米塑分量,还要考虑重力平衡,米粉团的塑造绝无浪费,即使从动物身体某部分剪下来的米粉团也会巧妙地运用到其他身体部位。不同动物的同一躯体构造可以视情况有不同的塑造方法。例如,耳朵既可以是如上粘上去的,也可以由剪刀从脑部两侧剪出小豁口(如做猪耳朵),再用

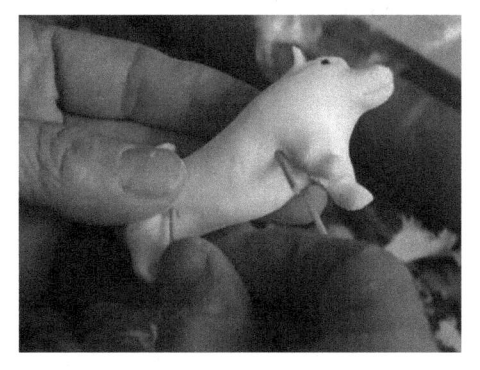

图10 安插上牙签的动物

手指捏出。再如,比用剪刀夹油菜籽做眼睛更快的方式是直接把油菜籽放于案板上,将塑好的动物贴上去稍用力按压,借助米粉团的黏性,油菜籽固定在米粉团上成为动物眼睛。还如,老鼠的嘴用剪刀一剪就出来上下唇,龙的嘴还需要加上龙须和龙珠,并且掐出尖牙。最后完成塑造的米塑有一些还需要在底部靠足端安插上牙签(图10)以做固定和支撑之用,烹饪之后牙签可以拔掉。

(五)点染颜色

图11 栀子果和商陆果

(1)配制染料:米塑的颜色一般为三种,有黄色、红色、绿色,由于米塑为可食用品,所以采用的染料全部取自大自然,均为安仁本地植物。采摘成熟的栀子果(图11),晒干或者烘干,去水分后,密封保存,使用时将栀子果剥开、压碎,放入小盛杯内,用少许热开水冲泡,用一头有棉花的竹签搅拌均匀即可备用,这便是黄色染料。红色染料来源于商陆果,商陆果成熟于夏季,呈紫红色,夏季采摘,整串保存于冰箱内,需要时将果粒一颗颗摘下,稍挤压并如上冲泡即可。绿色染料是取自一种当地方言叫"豆腐茶叶(音)"的茶叶,将叶片揉碎冲泡即可。除去以上三种颜色之外,何陆生在实

际操作点色时，还会按需调色，因势上色，将红色与黄色稍加调和即可显出橘色。配制好的染料可以放入冰箱保存，下次取用时，只需稍加入适当的水并调和即可再次使用。

（2）点彩：塑造好的米塑需要点上色彩才算完整，可谓七分塑三分染，塑造好的米塑，如果没有上好颜色，也将黯淡许多。点色时，将所有塑造好的米塑摆放在同一平台上，一共三个小盛杯分别盛有黄、红、绿三种染料（图12），每一个盛杯配有一根竹扦，这是点菜的"画笔"。上色的顺序一般是红色，黄色，最后绿色，点彩时，不会逐个上完整套颜色后再上另一个，而是在上红色时就将所有米塑需要点染红色的部位点上颜色，这样点彩的效率更高。每一笔点彩的面积一般不会太大，多呈点状，特殊的，例如龙会大面积涂上黄色。点彩的部位没有完全固定的地方，多是随类赋彩，按需配色（图13）。动物的脊背通常用红色间距点上一行小点，嘴巴和额头上面点上红色或者黄色，耳尖点上绿色，在老虎的口中就会点上较多的红色，以表现血盆大口，龙珠点上红色使得更像火珠，猴子手里的寿桃以及鸡的鸡冠也会点上红色。点彩还追求布局对称，注重着墨于人的视觉范围之内，从而也形成疏密的对比。点色要求均匀，但是又不能多，染料多了会影响最后的口感，使得米塑带有苦涩味，少了则不够美观。何陆生家制作的米塑通常由他的妻子进行点彩这一工艺的主要部分，最后再由何陆生稍加调整。

图12 黄红绿三种染料　　　　图13 点彩

（六）烹制和保存

米塑的烹制有多种方法，可以煨，可以烤，可以蒸，可以油炸，据何陆生说，小孩一般最喜欢的烹制方式是火煨。我们选用常见的蒸米塑为例，对烹制技艺作介绍。把点好彩的米塑，逐个摆放在箅子上，放置的时候不能太紧，稍微保持一定的距离，以防止粘黏。事先在锅内倒入清水并煮沸，将摆满米塑的算子轻轻放入锅内，并盖上锅盖，持续加热蒸煮。蒸的时间约二十分钟。蒸好以后，先熄火，再开盖，开盖时沿盖边缘缓缓揭开，用筷子挑出箅子，即可食用。蒸熟的米塑（图14），通体呈琉璃质，晶莹剔透，色彩光泽透亮，动物形象鲜活，带有一股淡淡的米香，米塑不粘手也不粘锅，吃起来糯而不黏，软和而有嚼劲，作为食物还具有止渴生津的功效，蘸上白糖吃又另有一番风味。烹饪好的米塑易开裂，不易保存，如要保存，目前只能用植物油浸泡密封。

图14　出锅的米塑

三、安仁元宵米塑的民俗与寓意

安仁元宵米塑最初多以母鸡带崽的形象出现，故当地俗称"啄鸡婆糕"，据《安仁县志》记载："正月十五日元宵节，俗称'正月半'。是日，家家兴起吃元宵，用米粉'啄鸡婆'（将米粉特殊加工后，塑成各式各样的禽畜）供奉'三宝老爷'，以祈六畜兴旺。"❶ 所以按传统习俗，一般首先要塑造的是一盘"鸡婆带鸡崽"的啄鸡婆糕，做好的米塑还要供于神龛之上用于祭祀。据何陆生说，在过去，如果青年男女订有婚约，那么到了元宵节那段时间，男方家需要赠送米塑给女方，如果男女双方结婚，女方则要赠送米塑给男方。做外婆的也会为新出生的外孙送去米塑，送的米塑也以鸡婆带鸡崽为多。

图15　鸡婆带鸡崽

安仁元宵米塑就像是端午的粽子、中秋的月饼一样，表达的是一个地区一个社会群体一个节日的情感寄托和祈祷祝愿。民间艺人手中塑造的米塑形象，在活泼俏皮的外表之下也具有更深层次的内涵。所有的安仁元宵米塑无非都表达了祈求家庭美满和谐、子嗣繁衍、人丁兴旺、风调雨顺、五谷丰收、六畜兴

---

❶ 安仁县地方志编纂委员会. 安仁县志［M］. 北京：中国社会出版社，1996：3. "三宝老爷"或有可能是指"三元大帝"，即天、地、水三官。

旺之意，但是具体的米塑形象被赋予了不同的寓意，比如鸡婆带鸡崽（图15），就有代代兴盛、多子多福之意，并且一只母鸡一般要带23只小鸡崽，这是因为"三"和"生"谐音，是祝殖求育、期盼子孙兴旺的寓意；狗则因看守家门，被认为是守财、带财的象征；猪是储存财富的，寓意财源滚滚；羊具有忠厚、朴实的品性；公鸡则取义金鸡报晓，劝勉农户勤耕，也有报喜的意味；猴子灵活机智，手脚敏捷，人们希望能像它一样快速赚取钱财，会爬树的本领则被视作祝福仕途步步高升。

四、总结

安仁元宵米塑制作技艺是高度发达的农业文明的产物，在此技艺之下创作的安仁元宵米塑造型简洁、朴素，浑然天成，具有稚拙之趣。艺人何陆生的米塑塑造，既传承传统米塑制作技艺，又勤思妙想，从传统绘画和湘南民间石雕的造型艺术中汲取营养，使得他手下的米塑更为生动有趣。悠久的历史文化和厚重的民俗民风还赋予了安仁元宵米塑丰富的文化内涵。目前，当地也会在元宵节前后组织米塑制作技艺的比赛，但活动的范围和影响有限，安仁元宵米塑作为一项非物质文化遗产，如何更好地保护和传承仍旧需要进一步思考。

通讯地址：
李忠超，湖南师范大学，湖南长沙410008。

参会感想：
　　2017年9月22日至24日，有幸参加了由中国农业历史学会和西南大学主办的"2017年度研究生农业文化遗产与民俗论坛——农业文化遗产学与民俗学视域下的乡土中国"，本次会议聚集了全国各地的研究生，大家立足于各自的学科专业对农业遗产进行研究，从宏观上给了我更加宽广的学术视野，而从各自的论文个案研究来看，又使我了解了大家研究的前沿动向，增长了学识。从专家老师的点评、同辈的研究成果中，更进一步对"学术"作了思考：学术要求"真"，尤其是做人类学研究的，一定要下到田野中去，深入开展调研，在田野中求真；学术要求"实"，做学术不能马虎，要有多少材料说多少话，所谓"板凳宁坐十年冷，文章不写一句空",要把文章写扎实,对于非遗的研究要进行深描;学术要求"精",作为初学者,容易盲目地求全求满,而一篇文章应该只解决一个问题,应该加强针对性,要学会大胆地舍弃,取其精华;此外,学术还应该要求"稳",我思考做学术应该是一个慢的过程,不是说要拖延,而是需要适度的沉淀,应该是"博观而约取,厚积而薄发"。作为青年学者,我们还有很长的一段路要走,或许前方的道路并不平坦,但是庆幸自己已经走出这一步了。共勉。

湖南师范大学 李忠超

简论从江侗乡重要农业文化遗产

——稻鱼鸭共生系统

傅安辉

摘 要：贵州省从江县侗乡稻鱼鸭共生系统被列为重要农业文化遗产。这一稻鱼鸭共生系统的效益作用十分明显。其中绿色环保的生态奥秘值得探索。

关键词：从江侗乡；重要农业文化遗产；稻鱼鸭共生系统；效益作用；生态奥秘

贵州省从江县侗乡深处，鼓楼、风雨桥、禾晾高低错落有致，特别美观。阳光下，在绿油油的稻田中，鱼儿在游动，还有鸭子在悠闲地觅食……原来，这就是侗乡传承了上千年的"稻鱼鸭共生系统"，它使侗乡人世世代代丰衣足食、安居乐业。

一、从江侗乡稻鱼鸭共生系统被列入联合国世界农业文化遗产

从江侗乡位于贵州省东南部，稻鱼鸭共生系统的农业技艺已有上千年历史。侗族地区以从江县为代表，海拔较低，境内多丘陵，梯田分布于山野之间。区域内侗族长期保持远古时代百越民族"饭稻羹鱼"的生活传统，坚持运用稻鱼鸭共生系统这一历史悠久的农业文化遗产。[1]

位于贵州省东南部的从江县，与广西三江侗族自治县相毗邻，隶属黔东南苗族侗族自治州，境内多丘陵，世居有苗、侗、壮、水、瑶等，少数民族比例高达94%。当地侗族是古百越民族中的一支，曾长期居住在东南沿海，因为自然灾害和战乱辗转迁徙至湘、黔、桂边毗连的山区居住。虽然远离大江大海，但该民族仍长期保留着百越民族的生活传统，稻鱼鸭共生系统就是一例。这最早源于溪水灌溉稻田，随溪水而来的小鱼生长于稻田，侗人秋季一并收获稻谷与鲜鱼，长期传承演化成稻鱼共生系统，后来又在稻田择时放鸭，同年收获稻鱼鸭。每年春天，谷雨季节的前后，侗乡人把秧苗插进了稻田，鱼苗也就

跟着放了进去,等到鱼苗长到两三指,稻秧正在苗壮成长,再把鸭苗放入稻田。稻田为鱼和鸭的生长提供了生存环境和丰富的饵料,鱼和鸭在觅食的过程中,不仅为稻田清除了虫害和杂草,大大减少了农药和除草剂的使用,而且鱼和鸭的来回游动搅动了土壤,无形中帮助稻田松了泥,鱼和鸭的粪便又是水稻上好的有机肥,保养和育肥了地力。

2011年6月10日以黔东南州从江县为代表的侗族传统农耕文化"稻鱼鸭共生系统"被联合国粮农组织在北京主办的"全球重要农业文化遗产国际论坛"上列为"全球重要农业文化遗产"。稻鱼鸭共生系统保持完好的贵州省从江县侗乡被正式列为全球重要农业文化遗产(GIAHS)保护试点地。[2]这是中国获此殊荣的第四个点,也是贵州唯一的一个点。目前,在从江县全县11万多亩的保灌中,大部分都推广了侗乡稻田养鱼放鸭的生态产业。

2013年5月21日,中国农业部公布了19个传统农业系统为第一批中国重要农业文化遗产。[3]这19个重要农业文化遗产,就有传统稻鱼鸭共生农业生产模式——贵州从江侗乡稻鱼鸭共生系统。众所周知,重要农业文化遗产是指人类与其所处环境长期协同发展中创造并传承至今的独特的农业生产系统。第一批公布的19个中国重要农业文化遗产具有悠久的历史渊源、独特的农业产品、丰富的生物资源、完善的知识技术体系、较高的经济效益以及显见的文化价值。

二、稻鱼鸭共生系统的效益作用

从空间上看,系统中的各种生物具有不同的生活习性,占有不同的生态位。从时间上看,侗乡人根据稻鱼鸭的生长特点和规律,选择适宜的时段让它们和谐共生,使得稻鱼鸭共生系统的效益作用十分明显。

1. 稻鱼鸭共生系统有效控制病虫草害

稻瘟病是水稻的重要病害之一,但是稻鱼鸭共生的稻田,稻瘟病明显低于水稻单作田。系统中鱼、鸭通过捕食稻纵卷叶螟和落水的稻飞虱,大大减轻了害虫的危害。此外,鱼和鸭的干扰与捕食使得稻鱼鸭共生系统中杂草的密度发生了显著的变化。在水稻生长期,稻鱼鸭共生系统下的稻田杂草密度明显低于水稻单作田。

2. 稻鱼鸭共生系统增加了土壤肥力

鱼和鸭的存在可以改善土壤的养分、结构和通气条件。鱼和鸭吃掉的杂草可以作为粪便还田,增加土壤有机质的含量。同时,鱼和鸭的翻土打破了土壤胶泥层的覆盖封固,增大了土壤孔隙度,有利于肥料和氧气渗入土壤深层,起到了深施肥提高肥效的作用。而鱼与鸭的活动也搅动田水，从而增加了水面和空气的接触面积，改变了水中的气体结构，改善了气体的物理属性和化学成分。

3. 稻鱼鸭共生系统减少了甲烷排放

在稻田里养鱼养鸭可以显著降低甲烷排放通量的高峰值，使得甲烷排放通量的日变化趋于平缓。这是因为在稻鱼鸭系统中，鱼和鸭能够消灭杂草和水稻下脚叶，从而影响了甲烷菌的生存环境，间接地减少了甲烷的产生；最重要的是鱼和鸭的活动增加了稻田水体和土层的溶解氧，改善了土壤的养化还原状况，加快了甲烷的再氧化，从而降低了甲烷的排放通量和排放总量，尤其是对稻田甲烷排放高峰期的控制效果最为明显。

4. 稻鱼鸭共生系统发挥隐形水库的作用

侗乡的人都说：鱼无水则死，水无鱼不活。侗乡人用养鱼来保证田间随时都有足够的水，如此鱼才不死，稻才不枯，鸭才不渴。为了保证田块水源不断，下雨时节就要尽可能地多储水，所以在侗乡，稻田一般的水位都会在30厘米以上，每一丘稻田都是一个微型水库，以备旱季之用。这种储水稻田具有巨大的水资源储备潜力，具有蓄洪和储养水源的双重功效。而在持续干旱季节，这些稻田又能通过地下水渠道和直接排放的方式，持续不断地向江河下游补给水资源，其功效不低于一个小型水库。[4]

5. 稻鱼鸭共生系统保护了生物多样性

侗乡人保留了多样性的水稻品种。并且在稻鱼鸭共生系统中，由于利用三者之间的相互作用已经很好地控制了病虫草害，因此外部投入大大减少，亦减少了对环境的污染，避免施用化肥农药带来的生物多样性的破坏。侗乡的每一块传统稻田都是多种生物并存的乐园：螺、蚌、虾、泥鳅、黄鳝等野生水产和种类繁多的野生植物共同生息，数十种生物围绕稻鱼鸭形成一个更大的食物链网络，呈现出了繁盛的生物多样性景象。

6. 稻鱼鸭共生系统产出的农产品安全可靠

稻鱼鸭共生系统使用的主要是农家肥，可以大幅度减少化肥以及农药的使用，所生产出的农产品安全、健康，符合现代人们对食品安全的要求。

三、稻鱼鸭共生系统绿色环保的生态奥秘

1. 稻鱼鸭共生系统使食物网趋于完善

与稻田单作相比，稻鱼鸭系统内的营养层次依次增多，食物链增长，食物网更为复杂。在稻田单作生态系统中，食物链逐步退缩，物质能量仅按单一的

循环和转化，一些生产过程物质不能在系统内就地转化，系统中杂草、浮游生物和底栖生物被人工清除或随水流失带走了系统内的肥料，不利于稻田生态系统中能量的有效转化和物质的有效利用，降低了系统的稳定性。而稻鱼鸭系统内的物流、能流途径能依次增强，食物链得到加环而趋于复杂，实现多营养级利用各种资源，使系统稳定性增强。

2. 稻鱼鸭共生系统因人为控制了三者相克，促成了三者共生

当然，在稻鱼鸭三者之间，鸭并非一个天然的和谐因素。因为鸭会吃鱼，鸭也会吃稻。那么，侗乡人是如何让三者由相克转为相生的呢？

（1）科学、客观利用空间。在稻鱼鸭共生系统中，有机体之间不仅确定了多种共生关系，而且养成了特有的生活习性，在共生系统中占有不同的生态位，摄取各个层次的物质和能量。稻田是浅水生态系统，水体内的生物容量有限。从稻田生态系统的垂直结构上分析，主要分为水上层、表水层、中水层和底水层四个层次。水上层的挺水植物为生活在其间的鱼等提供了遮阴、栖息的场所，鸭也主要在水上层活动。表水层分布着较多的浮游生物、浮叶植物、漂浮植物，它们靠挺水植物间的太阳辐射以及水体的营养进行生长繁殖，此外还有从稻株中落下的昆虫，它们是鱼和鸭等重要的饵料来源。鱼主要在中水层活动，表水层和底水层的一些植物以及其他东西都是它们捕食的对象。底水层聚集着底栖动物田蚌、田螺、细菌、挺水植物的根茎以及沉水植物黑藻等，一些螺、蚌等可为鸭所捕食。

（2）合理、有效利用时间。稻鱼鸭本来是具有相克禀赋的物种，要把它们编织进一个人为的系统中，就要尽量让它们相生，而避免相克。根据水稻、鱼和鸭自身生长特点和规律，尽量选择适宜的阶段，使稻鱼鸭和谐地共生。例如，备耕前，从正月孵出鸭仔3天之后开始，可以放到田里，一直到农历三月初为止；农历三月初，水稻播种，在下谷种的半个月左右，放鱼苗；四月中旬稻田开始插稻秧，由于鱼此时个体很小，不会扰动水稻的定根，因此可以与水稻共生，而鸭则不同，即使是稚鸭也会扰动稻秧的定根，所以要等插秧返青、苗壮成长后，田中放养的鱼苗体长超过5厘米，稚鸭无法再吃它们时，才可以在稻田里放养小鸭子；当水稻郁闭之后，鱼体已经长到超过8厘米时，成鸭也可以开始放养了；之后的112~137天内，稻鱼鸭就和谐地共生在一起。直至水稻收割前期，稻田再次禁鸭，当水稻收割、田鱼收获完毕，稻田又可再次向鸭开放。

这个"稻鱼鸭"共生系统看似简单，其实技术含量较高，鸭子放早了，

就要吃掉田中的小鱼，放晚了，就没东西可吃，但千百年来的侗乡人无师自通。从江侗乡的村民说，放养鸭子的数量与大小，关键取决于田中鱼的大小和田水的深浅，以鸭子的大小和放养数量不构成对鱼的生存威胁为原则。最妙的是收谷子的时候，家家户户都同时收鱼，鲤鱼在网中上下翻跳，加工成稻花鱼后，鱼肉细嫩，鲜美无比，非常可口。作为鲜鱼吃掉的只是一小部分，大部分是拿去集市出售，只留下小部分按传统做法腌制成"腌鱼"，以备节日或来客时食用。放养在稻田里的小鸭子，秋后长成3斤左右的肥鸭后，可以自家享受，但主要还是拿到集市出售。

如今侗族是东方国家唯一全民没有放弃"稻鱼鸭共生系统"这一传统耕作方式和技艺的民族。"稻鱼鸭共生系统"没有对自然环境造成污染，又能在有限的稻田空间里多种经营，增加收入，属于生态农业，显示了侗家人的农耕智慧，顺应了时代的要求，因此被联合国粮农组织列为世界农业文化遗产，并且在全球有水稻种植的国家推广。

参考文献：

[1] 张丹. 一种生态农业的样板——稻鱼鸭复合系统[EB/OL]. [2011-10-20]. http://www.wem.org.cn/news/view.asp?id=971&cataid=11.

[2] 农业新闻网. 从江侗乡成为稻鱼鸭系统农业文化遗产地[EB/OL]. [2011-06-11]. http://www.xbny123.com/news_show.asp?id=35132.

[3] 董峻. 中国首批19个重要农业文化遗产公布[EB/OL]. [2013-05-21]. 新华网, http://news.xinhuanet.com/politics/2013-05/21/c_115855087.htm.

[4] 罗康智，罗康隆. 传统文化中的生计策略[M]. 北京：民族出版社，2009：14.

作者简介：

傅安辉（1955—），男，贵州锦屏人，凯里学院教授，黔东南发展研究院院长，省管专家，研究方向为侗族历史文化。

通讯地址：

傅安辉，贵州省凯里经济开发区开元大道3号（凯里学院黔东南发展研究院），贵州凯里556011。

关于保护中国传统榨油技艺的若干思考

——以陕西关中地区为例

尹锋超

摘 要：中国传统榨油技艺源远流长，具有独特的历史人文价值，对其进行生产性保护得到人们普遍认同。本文在田野调查的基础上，就陕西关中地区传统榨油技艺的生产性保护所取得的成绩及存在的问题进行梳理，并提出强化品牌建设和营销创新并进、影视传播与现代化体验相结合、继续加大传承人的培养力度、合力助推边远乡村的文化建设等切实可行的建议，以期对陕西乃至中国传统榨油技艺的保护与传承提供有益借鉴。

关键词：非物质文化遗产；关中地区；传统榨油技艺；生产性保护

一、问题的提出

传统榨油技艺是中国各族人民在长期社会生活实践中共同创造的，不仅蕴含着中华民族的文化价值观念、思想智慧和实践经验，也反映不同地域民众特有的思维方式、生活习惯及心理活动，是非物质文化遗产的重要组成部分，具有非常高的研究价值。生产性保护是我国在进行非物质文化遗产保护的实践中逐渐摸索出的一种重要的保护方式，是指在保护前提下和基础上进行合理利用，以实现非物质文化遗产的传承与发展。目前，关于生产性保护最权威的解释当属2012年文化部印发的《文化部关于加强非物质文化遗产生产性保护的指导意见》中对非物质文化遗产生产性保护的定义："非物质文化遗产生产性保护是指在具有生产性质的实践过程中，以保持非物质文化遗产的真实性、整体性和传承性为核心，以有效传承非物质文化遗产技艺为前提，借助生产、流通、销售等手段，将非物质文化遗产及其资源转化成文化产品的保护方式。目前，这一保护方式主要是在传统技艺、传统美术和传统医药药物炮制类非物质文化遗产领域实施。"❶ 由于传统榨油技艺及其物态化产品与民众的生活息息相关，生产性较强，而生产性保护又可以给传承主体带来实惠，因此，对传统榨油技艺进行生产性保护得到人们的普遍认同。而在对传统榨油技艺进行生产性保护的过程中，如何在获利的同时能够保证传统榨油技艺的核心技艺和价值不遭到破坏，是笔者一直思考的问题。

除此，传统榨油技艺所体现的手工劳作产生于传统小农经济，正如朱以青先生所言，"在农耕社会，手工艺始于对自然物质的利用和各种工具的制造和使用……随着生产力水平的提高和人类社会的发展，手工艺门类越来越齐全，遍布各地的家庭手工业，满足了民间生活所需"❷。而传统榨油技艺就是在为了满足人们的生活需要而在社会中不断作出调整的传统技艺。它及源于生活，又与整个人类社会发展和实践活动是不可分割、紧密联系在一起的。尤其是其手工作业可以说是心之作业，"其与机器的差异在于，手总是与心相连的，而机器是无心的"❸。因此，从促进人类和社会共同向前发展这一方面来看，对传统榨油技艺进行保护是至关重要的。不仅如此，传统榨油技艺的发展历程本身也是一部科技史，是社会有关传统榨油技术最为全面的记载，能够完整地再现其在历史过程中的情况，是包含了不同历史阶段，各民族、地域的民众于历史发展中所积淀的巨大历史文化功绩。透过传统榨油技艺，我们可以更加深入地了解这些民族、地区的历史、文化以及信仰，于很大程度上对人类关于历史的记载起到了补充的作用，使得当地民众对传统榨油技艺的价值有更加深入的了解，进一步加深对传统榨油技艺的情感，加强对传统榨油技艺的保护。这在很大程度上有利于对整个关中地区乃至中国非物质文化遗产的保护。

就目前而言，学术界尚无专门研究传统榨油技艺保护的专著，相关的学术论文也屈指可数。徐建青在其《清代前期的榨油业》❹ 一文中，指出清代油料作物种植面积扩大，榨油业发展进一步为农业发展提供了条件。李保军、李守礼等人的文章则以白银市博物馆征集到的油担实物为依托来探究油担（油梁）机械的使用。❺ 袁剑秋、何东平的《我国古代的制油工具》❻ 对榨法制油的榨

---

❶ 文化部关于加强非物质文化遗产生产性保护的指导意见 [N]. 中国文化报, 2012 - 02 - 27 (1).
❷ 朱以青. 传统技艺的生产保护与生活传承 [J]. 民俗研究, 2015 (1): 81 - 87.
❸ 柳宗悦. 日本手工艺 [M]. 南宁: 广西师范大学出版社, 2015, 9 (8).
❹ 徐建青. 清代前期的榨油业 [J]. 中国农史, 1994 (02): 59 - 68.
❺ 李保军, 李守礼. 油担（油梁）考——兼议白银地区食用植物油的古法提取技术 [J]. 甘肃广播电视大学学报, 2015 (05): 17 - 21.
❻ 袁剑秋, 何东平. 我国古代的制油工具 [J]. 古今农业, 1995 (01): 49 - 53.

具进行了梳理且附有制油工具一般的出油率，认为虽与现代制油设备及工艺技术的出油率悬殊甚大，但有其存在的科学性。霍娟娟的《从古代文献看中国古代榨油技术》❶通过对我国古代文献进行梳理，指出我国的榨油技术虽起源很早，但只是作为一种手工加工技术，进步较为缓慢。而关于传统榨油技艺的个案研究，则多集中于江西瑞昌市，贵州高增县，湖北省武汉市的黄陂区，安徽、浙江开化县、常山县、陕西等地。基于此，笔者通过对陕西关中地区传统榨油技艺的保护情况进行调查，就其存在的问题提出自己的一些见解，希望能够抛砖引玉，引发当地政府及相关学者的思考。

二、关中地区传统榨油技艺的保护现状分析

有"八百里秦川"之称的关中平原地区，依山傍水，土地平坦，再加上气候四季分明，使得这里非常适合农业的发展。据当地县志记载，油菜种植历来为当地民众所重视，且菜籽油一直以来是当地人饮食调味品中不可或缺的一部分。鉴于关中地区涉及传统榨油技艺的作坊较多，且地处关中西部的宝鸡及关中东部的渭南尚无传统榨油技艺相关项目入选非物质文化遗产名录，笔者选取地处关中中部地区的西安长安区、咸阳永寿县两处田野点进行实地调研。在此过程中，除了与相关非物质文化遗产传承人直接对话，还通过录音、拍摄等方式对研究对象进行了解，获取了丰富的图片资料及录音文件，为本文的撰写提供大量的第一手资料。

（一）长安区沣峪口老油坊榨油技艺的保护情况

长安区沣峪口老油坊❷，始建于清光绪十三年（1887年），距今已有130年的历史，是中国西北地区现存规模最大、年代最久、保存最完整的一座以杠杆原理进行榨油的传统手工榨油作坊。该油坊系齐益礼先生创建❸，当时的榨油厂的生意是西安最红火的一家，方圆百里的人都来这里买油。齐先生逝世后，榨油厂由张倍亮、董振勇等继续经营。至1959年公私合营，老油坊变更为一个拥有9个人和16000元资金的集体企业，名称改为滦村人民公社油脂加

---

❶ 霍娟娟. 从古代文献看中国古代榨油技术［J］. 四川烹饪高等专科学校学报，2011（05）：17-18.

❷ 曾位于秦岭北麓，凤凰山脚下，西安市长安区滦镇街办辖内，沣峪口村西，现迁至长安区滦镇西留堡村。

❸ 齐益礼先生留日归国后返乡开办"西北纺纱局"，以纺纱为主，为充分利用棉籽而创建油坊。后因榨油利润远大于纺纱，改为以榨油为主，并大力发展榨油事业。

工厂。改革开放后，老油坊由高让让师傅承包，改名为沣峪口老油坊。2011年底，由于当地政府的开发项目，老油坊被迫拆迁，且于2013年6月整体迁至长安区滦镇西留堡村。2016年11月，老油坊不幸失火，收藏百年的珍贵账目和文献资料毁于一旦，屋顶和油坊的主要设施烧毁，但巨大的油梁仍可使用。2017年2月，高让让、高飞等按照传统木作工艺对其进行了重建，至今，老油坊已正常运营。

从工艺上看，沣峪口老油坊的榨油技艺，延续了古时"立式"榨油方式，从原料[1]的采集、蒸炒、磨胚、包坨、压榨到沉淀成油，历经30多道复杂工序，不依赖任何现代机械设备，榨出的油质纯、色亮、口感好，堪称汉族民间手工榨油技艺的"活化石"，是关中地区民族工业的缩影。从原理上看，这种与市场上使用"化学浸出法"不同的"物理压榨法"，保持了菜籽的原汁原味、香味醇厚、保质期长、无任何添加剂、不含溶剂残留和皂类含量的特点，是纯天然的绿色食品加工工艺，不论是相关质检部门前来抽检，还是送检，都无一例外地达到国家质检部门的标准要求。除此，这种传统榨油技艺有比较高的历史价值、文化价值、经济价值、教育价值等。

随着国家对传统工艺的重视，沣峪口老油坊榨油技艺被陕西省人民政府认定为第二批省级非物质文化遗产保护项目，高让让、高飞父子也被省、市两级政府认定为陕西省非遗"老油坊榨油技艺代表性传承人"，他们在对这一技艺进行传承的过程中，也取得了一些成绩。主要表现在：第一，对传统工具适时进行改造，降低生产成本。竹圈作为榨油过程中用以包坨的主要工具，消耗比较高，且制作竹圈的匠人较少，成本较高。基于此，传承人在传统竹圈模版的基础上将其改为耐用的铁圈。第二，积极参加当地展销会，扩大油坊影响力。为提高沣峪口老油坊的知名度和民众对产品的了解，高飞及其家人也经常参加各类展销会，比如，2016年9月，参加第八届中国西部文化产业博览会、2015年11月，参加杨凌农业高新科技成果博览会、曲江国展等，还多次获"优秀组织奖""最佳展示奖"等。除此，也多次被中央电视台中国地理、陕西电视台都市青春频道、华商论坛等多家知名媒体采访。第三，打造传统榨油技艺展示馆，提高民众认知。为更安全地展示和保护这一古老的榨油技艺，高飞正在采用传统木作建设油坊工艺展览馆，目前，展馆主体结构已经完成，计

---

[1] 沣峪口老油坊的原料来自无污染的秦巴山。秦巴山菜籽均采用原始的桑树与油菜间隔种植的方法，此法既可固定梯田堤坝，也不影响油菜种植，桑叶还能充当蚕的饲料，进而有利于农民增收。

划于2018年6月对外开放。第四，线上线下结合，拓宽了产品市场。早年，高家父子通过走街串巷、赊账等方式进行营销，现如今则以在西安开设直销店、淘宝开设店铺等方式，有力地促进产品走向市场，提高了产品的附加值。

（二）永寿县土梁油制作技艺的保护情况

永寿土梁油制作技艺，同西安老油坊一样，是在固定的作坊，通过特定的加工工序将菜籽压成实用菜油的一门传统手工技艺。它前后经过晾晒、筛选、研磨、上笼蒸煮、捆绑成型、下槽挤压等一系列工序来完成整个菜油的制作。

永寿县土梁油作为一项非物质文化遗产，其历史同样久远。永寿县土梁油制作技艺传承人严元庆讲："永寿土梁油制作技艺源于明朝，后经多次改造，清中期时，制作技艺已趋于成熟，民国时达到鼎盛，沿用至今。"❶ 严元庆所在的土梁油作坊地处咸阳市永寿县监军镇封侯村，据当地村民讲，"封侯村之前有很多家土梁油作坊，受先进的机器设备影响，现在就只有严家那一处了，村里人基本上就只在他家榨油吃"❷。而在永寿县，除了封侯村之外，还有5处传统榨油作坊，分别位于御驾宫镇、甘井镇延村、甘井镇郭村、仪井镇樊家村、马坊镇耿家村，这些作坊及相关榨油技艺也大多是从老一辈传下来的，传承方式相对单一。据调查，永寿县的油菜种植经验非常丰富，全县油菜种植面积广，菜籽产量大。在20世纪，永寿县还有大量的榨油作坊，而目前仅剩六家，但近年来，随着人们生活水平的提高以及非物质文化遗产保护的不断推进，老百姓发现通过纯手工制作方法制作出来的土梁油色黄、油亮、味香、纯绿色、无污染、营养价值极高，越来越多的人更愿意食用传统手工榨的土梁油，也有民众将其当作馈赠亲朋的礼物。政府相关部门也出台了相应的政策，通过成立"土梁油联营合作社"的方式来增强这一传统技艺的活力，为其传承与发展助力。

三、传统榨油技艺保护存在的主要问题

中国传统榨油技艺作为中国传统文化的重要组成部分，在全球化日益推进的时代背景下，在非物质文化遗产保护工作的不断实践中，越来越受到学者的关注和研究，但和大多传统技艺类非物质文化遗产一样，都经历了悠久的历史流变，呈现出口传心授、区域性明显、活态性传承等特点，因而保护传统榨油

---

❶ 永寿县土梁油制作技艺传承人严元庆访问记。
❷ 永寿县封侯村严某某村民访问记。

技艺仍旧面临着巨大的挑战，值得学术界继续进行探讨和研究。结合长安、永寿两处传统榨油作坊的实际情况，笔者认为，关中地区传统榨油技艺经过一系列的保护，取得了一些成绩，但仍存在以下问题。

（一）中心城区和边远山区保护力度失衡

就关中地区传统榨油技艺的保护力度而言，不难看出，地处西安市长安区的沣峪口榨油作坊在非物质文化遗产保护的过程中获得了更多的资金投入和展示机会，经常应邀参加相关的展销会，而位于偏远的咸阳市永寿县土梁油作坊则几乎没有这样的机会。主要是因为，市区人口相对集中，居民受教育程度较高，经济较为发达，边远乡村则往往因交通不便、民众素质低下而难以获得相关部门的青睐。笔者认为，当下关中地区传统榨油技艺保护主要注重城区及城区周边，忽略边远乡村的失衡状态，或许是非物质文化遗产保护过程中所面临的共通性问题，急需学者的关注和研究。

（二）产品营销缺乏创新，市场萎缩

通过调查发现，长安区沣峪口老油坊油的物态化产品——食用油，其销路相对较好，有部分来自西安市区的老字号餐馆，也有其他省市个别消费者，但大多仍为作坊周边民众。首先，永寿土梁油作坊加工的油，由于规模较小，成本高，在当代机器大生产对传统榨油技艺的冲击下，出于便宜，人们大都会购买通过机械化流水线作业生产出来的食用油，而作坊传承人则通常通过走街串巷对其产品进行销售，其通过传统手工榨制的产品仅能得到村落的部分民众熟知和认可。其次，传统榨油技艺因其工具笨重、流程复杂等特点，在对外展示、展演的过程中移动性较弱，展示难度较大，在品牌的树立方面仍有欠缺。

（三）市场上掺假现象屡见，致使产品销路不畅

随着社会的不断发展，食品安全问题越来越成为消费者关注的焦点。为了吸引更多的消费群体，很多商家采取让消费者亲眼看到产品制作过程的方式来销售产品，这在全国传统榨油作坊中比较常见。这种销售产品的方式本无多大问题，可问题是很多商家借此掺假，蒙骗消费者。比如，2015年《羊城晚报》报道，在广西梧州、广东肇庆两地20多家油作坊中，其均号称纯正花生油，但价格上普遍比一般正规油厂的花生油要低近一倍，而且生意不错，究其原因，这些油坊在榨制花生油时为攫取利益而在花生油里掺比花生油低一半价格

的大豆油，且在油里面掺花生油香精。❶ 无独有偶，广东省食品药品监督管理局曾通报，因不法商贩制作售卖掺入大豆油、棕榈油甚至植物油脂的"土炸花生油"而被查封。其土榨工艺缺乏去除黄曲霉素（一类致癌物）、重金属和细菌等精加工程序，人长期食用易引发肝癌等疾病。❷ 央视《焦点访谈》也曾一度曝光黑心土榨油含剧毒，尽管很多都是现场榨油，看上去纯天然无添加，实际上暗藏猫腻。就连《舌尖上的中国》中的土法榨油也曾被很多观众吐槽，比如认为在制油饼过程中用脚踩、油的杂质多、容易氧化、不易保存、菜籽品种多为高芥酸油菜籽，对人体健康有很大影响。由此，很多人更愿意购买大品牌的优质产品，而不愿意买小作坊的产品，致使其销路不畅。

（四）传承主体后备人才缺失

相比沣峪口老油坊，永寿县土梁油制作技艺的保护仍面临传承人才缺失与传承人老龄化等困惑。究其原因，主要有：第一，永寿县地处陕西中部偏西，境内沟壑纵横，是国家重点扶贫重点县。土梁油制作收入较少，难以维持家庭开支，迫于生计需要，很多之前从事榨油的民众纷纷外出进城打工，作坊废弃。第二，土梁油制作过程比较复杂，且大都是体力活，年轻人受现代社会影响，不愿吃苦，更不愿待在作坊，很多作坊因无人继承被迫歇业。第三，受大机器及高端榨油技术冲击，很多土梁油作坊失去原有消费市场，最终从事其他行业。第四，传承多以父子传承或亲近族内传承，一旦族内无人继承，油坊既面临倒闭的风险。

四、传统榨油技艺的发展思路探析

关中地区传统榨油技艺作为中国传统榨油技艺的一部分，其目前所存在的缺陷其实也正是整个中国传统榨油技艺所普遍存在的问题。关于这些问题，学术界普遍认为，生产性保护是比较适用的。笔者认为，注重强化品牌营造、影视传播与现代化体验相结合等生产性保护方式，或许有助于传统榨油技艺活态、健康发展。

（一）合力助推边远乡村的文化建设

为了使地处边远乡村的传统榨油技艺这一非物质文化遗产得到有效保护，

---

❶ 李欢. 黑心土榨油黑作坊遭曝光"花生油"掺假高价卖 [EB/OL].
❷ 李欢. 广东黑心土榨油含剧毒被查封，不法商贩炮制"花生油"含黄曲霉素致癌物 [EB/OL].

笔者建议从多角度出发，缩小与城区文化保护的差距。主要从两方面来考虑，正所谓，打铁还需自身硬，首先是边远乡村自身的努力。可借助西咸新区、西咸一体化，发挥当地文化部门及传承人的文化自觉性，努力搭建其传统榨油技艺的宣传平台，让更多民众了解该技艺及其物态化产品；号召地方性民俗爱好者及专家学者对当地传统榨油技艺的历史人文价值进行剖析、解读；也可结合美丽乡村建设，进一步扩大传统榨油技艺的影响力。其次是来自外界的支持。陕西省政府或可加强对永寿县的财政支持力度，西安市、宝鸡市等兄弟城市或可加强与咸阳市相关偏远县域的文化交流与合作，进而缩小中心城区与边远山区在传统榨油技艺乃至整个非物质文化遗产保护方面的差距。

（二）强化品牌建设和营销创新并进

传统榨油技艺，源于人民群众的生产、生活实践，其文化内涵和技艺价值通过生产工艺环节来体现，广大民众则主要通过消费榨油技艺的物态化产品——食用油来分享非物质文化遗产的魅力，而食用油作为一种厨房调味品，是民众日常生活中不可或缺的。因此，传统榨油技艺较其他诸如泥塑、木轮大车制作技艺、传统打铁技艺、核雕技艺等传统技艺类非物质文化遗产项目而言，更贴近生活。但由于其消费群体大多为周边民众，市场较小。基于此，笔者认为若能加大对传统榨油技艺物态化产品的推销力度、创新营销手段、强化品牌建设，势必有利于推动传统榨油技艺的保护和传承。

如何对传统榨油技艺物态化产品进行品牌强化，笔者认为，可借鉴同类行业中成功企业的相关措施。比如日本的"龟甲万"，其起步同关中地区诸多的传统榨油作坊一样，仅是一家小小的酱油作坊。因其始终坚持纯酿造酱油，抵制化学合成酱油，注重强化品牌，到今天成为一家全球化的公司，在传统技艺领域创造了惊人的奇迹，是日本国际化战略最成功的企业之一，"每年销售额有30亿~40亿美金"❶。故而，我们不难发现，不论是酱油作坊也好，还是传统榨油作坊也罢，唯有在保持原有传统手工制作、不使用化学合成基础之上，强化品牌，积极拓宽销售渠道，打开市场，才能在传统领域做出更大的成绩。

就产品的营销而言，目前关中地区传统榨油作坊仅依靠相关政府部门举办的展示、展销会以及周边村落民众的口头宣传，营销手段单一。笔者认为，关中地区有大量的传统榨油作坊，大可将众多作坊聚合一起，举办行业性的活

---

❶ 蔡成平. 这家日本酱油厂竟然活了350年［EB/OL］. http：//finance. sina. com. cn/zl/international/20150810/104622922476. shtml.

动,进而打造传统榨油技艺物态产品的品牌形象。也可与相关电视栏目合作,比如《味道中国》《你吃对了吗》《舌尖上的安全》《十二道锋味》等饮食类电视栏目,进而吸引更多消费群体。

(三) 影视传播与现代化体验相结合

传统榨油技艺不同于其他诸如民俗类、传统舞蹈、传统音乐等非物质文化遗产项目,其文化价值主要集中于榨油的整个榨制流程、传承人在制作过程中的文化心态、生活习惯以及由榨油衍生出的石猴信仰、防火、防盗等民俗文化。因而,在对其进行保护时,除了要注重食用油的营销策略及品牌建设之外,更重要的是要"兼顾传统技艺的技艺特性和技艺所承载、所关联着的文化因素,二者既不能顾此失彼,也不能扬此抑彼"[1]。故而笔者认为有必要将传统榨油技艺形象向外界展示,吸引更多的人了解它、学习它、研究它,进而为这一传统技艺的传承奠定基础。

诚然,要进行传统榨油技艺的展示,离不开相应的展示空间,这个展示空间可以是原有作坊本身,也可以另起炉灶。笔者认为,以原有作坊本身作为展示空间,存在诸多隐患,很可能会增加火灾、盗窃等事件的发生率,影响传承人的生活、生产。建议在保留原有作坊、进行传统榨油技艺传承的基础之上,选择在原址周边或相似环境周边建立传统榨油技艺体验馆或文化生态体验区,游客可以直观地看到甚至参与整个制作流程,切身体会传统榨油技艺的趣味,了解古代先贤的智慧和传统文化的博大精深。除此,也可以借助当代影视传播。虽然已有相关媒体对沣峪口老油坊、永寿县土梁油制作技艺进行过报道,也有相关网站对其流程进行过全方位拍摄。但若能将整个传统榨油技艺流程拍成电影、电视剧、纪录片等,民众便可以通过电影院、电视、手机等感受不一样的制作画面,如此,会使得该传统技艺获得更多的受众,进而扩大传统榨油技艺的影响力,促进其传承与发展。

(四) 继续加大传承人的培养力度

众所周知,政府作为非物质文化遗产最重要的保护主体,不论就制定政策、整体规划,还是资金投入,其对非物质文化遗产保护的重视程度比较高。但保护非物质文化遗产并非保护主体单方面的责任,其"之所以能世代相传,经久不衰,与传承人的努力和贡献分不开,一个非物质文化遗产如果没有了传

---

[1] 段友文,刘禾奕. 传统技艺生产性方式保护模式的文化哲思 [J]. 民间文化论坛, 2017 (3): 66 – 71.

承人或者传承人不发挥作用,其传承将难以想象"❶。就目前现状来看,年轻人对传统榨油技艺知之甚少,由于榨油的过程比较辛苦,多是体力活,愿意学的年轻人不多,虽说有前来学习的,不过屈指可数。沣峪口老油坊高飞讲:"陕西袁家村的老油坊是从我们这里学的,他们主要用来做乡村旅游的一个项目,也算是对传统榨油技艺的一种宣传方式吧。"❷ 永寿县土梁油技艺传承人严元庆也表示:"年轻人学榨油技艺的几乎没有。"❸ 试想,若没有了传承人,传统榨油技艺的传承岂不成为空谈?相对永寿县传统榨油技艺"内传"的方式而言,长安区沣峪口老油坊的"师徒传承"使得这一传统技艺获得生机。但即便如此,也应考虑到传承人在这一传统技艺中的重要性,故而,继续加大传承人的培养力度仍是传统榨油技艺传承的关键,可采取家族式、师徒式、基地式、生产式、教育式等多种传承方式相结合的手段进行有效传承。

作者简介:

尹锋超(1992—),男,陕西武功人,西藏民族大学民族研究院2015级硕士研究生,研究方向为非物质文化遗产保护与开发。陕西咸阳712082。

参会感想:

关于写论文:更清楚地认识到了,所谓写论文,首先,一定要有问题意识,在发现问题的基础上,将其解释清楚,最好再能提出一些解决问题的方案出来。其次,写论文时除了以问题为线索进行写作之外,也可以采用以时间轴、空间轴为线索进行研究。关于做田野:在异乡做田野,会比在家乡做调查更容易发现问题,仅仅在家乡做田野是不够的,应该注意他乡调查与家乡调查互相结合,如此,才能在互相比较之后发现更多的问题,有利于写出更好的论文。关于学术:跨界、跨学科、跨校等更有利于学术之间的交流和发展。未来,我们应积极加强校内外兄弟院校及各学科之间的联系,大家互相借鉴、互相学习、互相宣传、共同进步。

西藏民族大学 尹锋超

---

❶ 高阳元,孔德祥.传统技艺非物质文化遗产之生产性保护探究[J].重庆大学学报(社会科学版),2015(3):158-163.
❷ 沣峪口老油坊传统榨油技艺传承人高飞访问记.
❸ 永寿县土梁油制作技艺传承人严元庆访问记.

敖汉旗旱作农业生产系统研究

朱 佳

摘 要：2001—2003年，内蒙古赤峰市敖汉旗发现了距今约8000年的粟、黍碳化颗粒，其中，粟碳化颗粒是目前世界上已知发现最早的粟作实物遗存，敖汉旗也因此被誉为世界小米发源地之一。虽然自夏家店上层文化起，畜牧经济在敖汉旗地区持续上升，但农业生产仍未断绝。清代，随着开垦蒙荒政策的实施，农业再次上升为主要经济形式并延续至今。从农业生态学的角度说，敖汉旗旱作农业的产生与发展离不开为其提供土壤、水源、日照等必要自然条件的生产环境。同时，为了适应生产环境的特征、克服其中的不利因素，敖汉旗旱作农业生产在作物品种、生产工具以及生产知识等方面都体现出了极佳的环境适应性，且特别注重对规律的总结和土壤的用养结合。本文以田野调查为基础，对敖汉旗旱作农业生产的品种多样性、生产知识等方面进行挖掘整理，揭示我国传统农业生产中所蕴含的人与自然和谐相处的生产理念，为发展绿色、生态、可持续农业提供借鉴。

关键词：敖汉旗；旱作农业；生产系统；农业文化遗产；可持续发展

"农业文化遗产"指人类历史上创造并延续至今的、人与自然相协调的农业生产系统，以及在此基础上产生的，包含农业生活习俗、信仰民俗等在内的相关农业文化。对其界定、分类、价值评估、传承保护、开发利用的研究称为农业文化遗产学，其目的是探索传统农业生产中蕴含的经验智慧，促进农业生态与经济发展形成良性循环，为农业可持续发展提供借鉴。2001—2003年，内蒙古赤峰市敖汉旗兴隆沟遗址发现了距今约八千年的粟、黍碳化颗粒，其中，粟碳化颗粒是目前世界上已知发现最早的粟作实物遗存，敖汉旗也因此被誉为世界小米发源地之一。虽然自夏家店上层文化起，畜牧经济在敖汉旗地区持续上升，但农业生产仍未断绝。清代，随着开垦蒙荒政策的实施，农业再次上升为主要经济形式。

农业的产生与发展离不开为其提供土壤、水源、日照等必要自然条件的生产环境，敖汉旗地里位置偏北，境内呈现南山、中丘、北沙的独特地貌特征；气候上干旱少雨，河流水量季节性影响明显不具备灌溉条件，不宜发展生长周期长、耗水量大、对地理要求高的农业类形，却为旱作农业的产生发展提供了温床。因为旱作农业即是指在干旱或半干旱地区主要依靠自然降水生产诸如谷子、黍子、高粱这类"节水抗旱、耐寒、耐贫瘠"作物的农业类形，农学上称之为"雨养农业"，旱作农业生产者——农民称之为靠天吃饭。但敖汉旗也存在着降水时空分布不均和生态环境脆弱等制约因素，这决定了敖汉旗旱作农业的生产者必须注重对生产经验和自然规律的总结，而这两点集中体现在敖汉农民对作物品种多样性的运用和对丰富多样的生产知识的总结上。生产环境决定了农业生产的作物品种，而生产知识正是为了应对、克服生产环境中的不利因素总结而成的。因此，对旱作农业生产系统的研究，不是单纯记录敖汉旗农民如何种地，而是要在此基础上进一步探索古代农耕技术中蕴含的经验与智慧。

一、品种多样性

敖汉旗旱作农业的作物种类及品种具有丰富的多样性，用以应对自然灾害、地力下降等不利因素。经笔者调查敖汉旗现存传统谷子品种有 30 余种，但大多数都在偏远山区或仅在部分地区还有耕种，这些传统品种产量低，也少有市场，因而不对外销售，仅有个别农户种植以供自家食用。查《齐民要术》中有粟 80 余种，其中"竹叶青"与敖汉旗竹叶青粟种名称相同，"令堕车"与"压破车"相近，"百日粮"与"六十天还仓"意义相近，都是指收获时间短，或可证明敖汉旗粟种的悠久历史。而《中国谷子品种志》中称，20 世纪 50 年代我国从民间征收的谷子品种有两万三千余种，经查重编入资源目录的也有一万余种。[1] 对此有两个问题需要解决：第一，这么多品种如何选育；第二，选育这么多的品种有什么作用。

尤其是在片面追求经济效益以致大批传统品种遭到淘汰的当今社会，回答好这两个问题，才能唤起人们对这种一旦消亡便不可再生的资源的重视，为未来农业发展保存丰富的基因。

---

[1] 中国农业科学院作物品种资源研究所，山西省农业科学院主编. 中国谷子品种志 [M]. 北京：中国农业出版社，1985：1.

（一）品种的选育

首先，作物品种最早应是选籽实饱满的择优培育。《诗经·大雅·生民》中有："种之黄茂，实方实苞，实种实褎，实发实秀，实颖实栗"❶ 一句，这是说后稷选择肥大和饱满的良种种下，长出苗壮的禾苗，结出健硕饱满的果实。在今敖汉旗兴隆沟、赵宝沟等地仍然保留着传统的粟种选育方法，即每年秋收之前，先到地里选颗粒饱满的大穗掐下来，每两把交叉拧在一起捆上挂起来晒干。到来年播种时候再脱粒，这样保存的种子活性大。脱粒以后还要用筐箩筛，借助风力将瘪子筛出去，或用水浮选，饱满的下沉瘪谷漂浮。西汉时期的《氾胜之书》将敖汉旗的这种选穗育种的方法总结为穗选法，即"取禾种，择高大者，斩一节下，把悬高燥处，苗则不败"❷。《周礼·天官·舍人》中有"以岁时县（悬）穜稑之种，以共（供）王后之春献种"❸ 一句，郑玄注解"县（悬）之者欲其风气燥达也"，直接解释了将谷物悬挂起来的目的是以便通风干燥利于保存。这种人为挑选饱满籽实作为良种的选育方式，是建立在自然选择之上的。即在同等自然条件下，最适宜当地环境的植株才会结出最饱满壮硕的果实。另外，从考古资料来看敖汉旗先民驯化野生谷物很可能就是依赖于这种"择优取用"的方法。赵志军在《从兴隆沟遗址浮选结果谈中国北方旱作农业起源问题》一文中指出，自兴隆洼文化至夏家店文化时期，出土的粟黍碳化颗粒在外观上明显越来越饱满，测量结果表明兴隆洼时期的黍长宽比在1.35左右，而夏家店的只有1.09了，这一逐渐圆润饱满的过程也是作物品种不断优选培育的过程。❹

其次，随着生产的发展和需要，逐渐发展到按生物的特性选育。这种选育模式已经不再局限于对单一品种基因的优化，而是根据不同生物特性进行分类培育，例如按颜色、口感、谷壳是否带毛、谷穗是否分叉等不同形态来培育，例如康熙《庭训格言几暇格物编》中所记载的康熙帝亲令选育白粟的故事，❺ 就是按颜色培育。此外，还有专门应对鸟害的特殊品种，这类品种通常穗朝

---

❶ 邢宪生译注．全本诗经浅译［M］．广州：暨南大学出版社，2015：233．
❷ （西汉）氾胜之，（东汉）崔寔著．两汉农书选读［Z］．北京：中国农业出版社，1979：27．
❸ 陈戍国点校．周礼·仪礼·礼记［M］．长沙：岳麓书社，2006：40．
❹ 刘国祥，贾笑冰，赵明辉，田广林，邵国田．内蒙古赤峰市兴隆沟聚落遗址2002—2003年的发掘［J］．考古，2004（7）：581；赵志军，从兴隆沟遗址浮选结果谈中国北方旱作农业起源问题［J］．玉根国脉：上册［M］．北京：科学出版社，2011：262．
❺ （清）康熙撰．庭训格言·几暇格物编［Z］．杭州：浙江古籍出版社，2013：168．

上，籽粒上有芒。如兔子嘴又名叉子红，就是指谷粒上的毛交叉生长，鸟不好抓，还有黄金苗子的父本毛毛谷都是以防鸟闻名的作物品种。这种颗粒大又带毛的谷子品种在《诗经》中被称之为"粱"。李时珍在《本草纲目》总结前人的注疏说："以大而毛长者为粱，细而毛短者为粟。"❶ 我国现存一些传统谷物品种也还有将毛和粱并称的谷种，诸如毛粱谷，大毛粱等。另一种穗朝上分开的防鸟品种诸如敖汉旗的佛手粘，不粘的则称为佛手笨，也有称猫爪粘的。《中国谷子品种志》还记载了不少以鸡爪、龙爪为名的品种，也都是一株多穗的特殊品种，汉代人将之视为祥瑞，称为"嘉禾"，又名"莩"，认为它的出现象征着五谷丰登、风调雨顺。《后汉书·光武帝纪》记载有"是岁县界有嘉禾生，一茎九穗，因名光武曰秀"的传说，即是说光武帝刘秀是因为一种类似佛手粘的分叉谷子而得名的。❷ 但也从侧面说明，这种一株多茎的谷物品种出现的略晚，至少在东汉还属于罕见现象。王充在《论衡·讲瑞》中也说"试种嘉禾之实，不能得嘉禾"❸，可见当时这个品种尚未选育成功。

（二）品种的利用

若说选育的目的是培育出适应力更强的作物品种，那么保护物种多样性及品种多样性就是为了更好地搭配组合，轮换调用，以方便更好地因地制宜、因时制宜地提高产量，以及更好地实现灾害预防。

1. 因地制宜，相地区种

区分土地类型，种植不同作物，是基本的农业常识。例如，敖汉旗中南部多丘陵山地，土壤以褐土、栗钙土为主，适宜粟、黍、大豆等生长；而敖汉旗北部则多沙地，较适合荞麦生长，敖汉旗双井地区就以荞麦闻名，其土壤沙质细腻，人行足陷。但同一物种的不同品种又如何区别种植呢？

贾思勰在《齐民要术》中也说："山泽有异宜，山田种强苗，以避风霜；泽田种弱苗，以求华实也。顺天时，量地力，则用力少而成功多。任情返道，劳而无获。如泉伐木，登山求鱼，手必虚。"❹ 就是用以警示大众，要根据客观条件选择相适宜的作物，不能任性胡来违背自然规律，否则就犹如在水中伐木、到山上抓鱼一样不切实际。敖汉旗多山地，容易发生风灾，因此传统作物

---

❶（明）李时珍. 本草纲目类编［M］. 沈阳：辽宁科学技术出版社，2015.（3）：349.
❷ 启五译注. 后汉书译注［M］. 上海：上海三联书店，2014：42.
❸（东汉）王充著. 论衡［M］. 上海：上海人民出版社，1974：259.
❹（北魏）贾思勰. 齐民要术选注［M］. 南宁：广西人民出版社，1977：62.

品种多长得低矮，穗也紧凑，如六十天还仓、苏子粮、卧死牛这几种谷子，株高仅在 70~80 厘米，老虎尾、兔子嘴、齐头白也就在一米左右。2016 年中秋，笔者到高家窝铺采访秋收也见到那里满山遍野的赤谷，问起为何不种市场价值高的黄金苗子，当地村民说："金苗爱倒苗，山上风大，倒在地上掉粒也不好割，赤谷不爱倒。"❶

2. 因时制宜，及时抢种

因时制宜是指不同作物及品种的播种期和成熟期有早有晚，当善加利用才能不违农时，收益倍增。

敖汉旗多灾害，一旦因旱灾推迟播种，或遭遇涝灾谷物烂根就需要利用及时调换生长期短的作物品种进行抢种，以避免颗粒无收。例如，2015 年 7 月，笔者在兴隆洼镇小四家子做秋收调查的期间，就曾见一家农户整齐的田地中有一片高度较矮的谷子，看起来十分突兀。究其原因是那块田地地势较低，谷物生长期积水烂根，该户农民就在这块洼地上抢种了一茬生长期短的"六十天还仓"。六十天还仓顾名思义就是其生长期大致在 60 多天，此外敖汉旗传统作物品种中还有如卧死牛等生长期在七八十天左右的。生长期短的作物品种一般产量低、口感也相对较差，所以一般不做主要种植品种。荞麦引进后，敖汉旗当地也有利用荞麦抢种的。荞麦在敖汉旗北部地区种植广泛但在南部谷物种植区却多半作为抢种品种，因为荞麦根系会分泌碱性物质，因此种过荞麦的土地次年不能马上种谷子，而必须用大豆换茬才能挽救，这是由于大豆可以产生根瘤菌以调节地利。

3. 防虫保肥，间作轮种

调换种植不同作物及品种，也就是换茬或轮作，既可以调节地力又可以减少病虫害，在以敖汉旗为代表的旱作农业产区非常普遍。一般农户每年都将土地分成若干块，分别种植不同作物（间作），次年相互调换（轮种）。这样的块状布局，一旦发生病虫害，无法传染给周围不同品种或物种的其他作物。此外，不同种的作物高矮和株距不一样，就会形成空隙，利于通风。而土地经过一段时间的播种，植物根系中的毒素和专门侵害这种植物的害虫虫卵就会在土中沉积，轮种则可以很好地克服这个问题。从调节地力方面讲，作物有肥茬，有薄茬，即一年耕种完成之后，地力是好是坏。大豆的茬经过雨水调和就会变成肥茬，而高粱、谷子就是薄茬。另外，据宝利格的陈国辉老人讲，当地还有

---

❶ 2016 年 10 月，第五次敖汉旗田野调查，魏森讲述。

一种叫作龙须草的二年生草本植物，一般第二年暑伏收获。它的茬被换下后种谷子，效果比豆类还好。❶《齐民要术》中将换茬称为"苗粪"，认为"美田之法，绿豆为上，小豆、胡麻次之"❷。

综上，以敖汉旗为代表的中国古代旱作农业利用自然选育实现作物优选，通过对个别作物生物特性的培育，选拔出抗病害的新品种，较转基因与农药是非常安全且环保的。当代农业也可以从传统耕作方式中提取精髓为现代食品安全提供借鉴、应对化学污染。具体到传统作物品种上，这个精髓就是老品种中所保留下来的，孕育着独特生物特性的丰富基因。例如，黄金苗子的开发就吸取了毛毛谷的长毛用来防鸟，同时改良了口感和色泽。但是它仍然存在着抗风性差等缺陷有待改进。这都依赖于从传统作物品种中提取新的基因，因此不能任由其消失。

二、生产知识

生产知识是对生产经验的集中总结，是敖汉旗农民为应对当地生产环境中的不利因素而总结发展出来的智慧结晶。突出反映在对气象的监测和对土地的利用与改良两个方面。

（一）农时

大体来说，敖汉旗农忙自农历三月末开始，具体农活是整地（春翻）以便疏松土壤、起粪发酵后再送到地里为播种做准备，因这时敖汉旗冰雪才刚消融，万物始有萌动，气温加速回升。

农历四月是敖汉旗的播种月。现代科学表明谷子在土壤温度达到10°C时才能萌发，因此春季回暖较晚的敖汉旗一般在小满前后下了接墒雨后开始播种，当地农谚也说"小满种大田"，最晚不宜过了农历四月。因为敖汉旗境内由南到北降水温差存在过渡性，因而具体播种时间也有不同。例如近敖汉旗中部的高家窝铺就要比南部的四家子镇晚一个星期左右。

农历五至六月间庄稼出苗，开始生长，这期间要间苗并多次除草。

农历七月相对清闲，如唱戏、唱影等娱乐活动常在这一段时间举办。

农历八月是收获月，用当地俗语来说"秋分不割（当地读 gā），熟俩掉仨"。严格意义上七月二十九就开始铲绿豆了，铲完绿豆收黍子，中秋前后割

---

❶ 2015年7月，第一次敖汉旗田野调查，宝利格的陈国辉。
❷ （北魏）贾思勰. 齐民要术选注［M］. 南宁：广西人民出版社，1977：35.

谷子,每样都要一个多星期。收获时节分秒必争,因这时还要和雨水抢时间,因为晾晒中的谷子不能淋雨。

农历九月加工粮食,赶在大地封冻之前把地翻一遍,秸秆要拉回来喂牲畜。

农历十月还要上山砍柴,挖窖穴储藏粮食。

农历十二月至次年一月底二月初是农闲时间,敖汉旗民间在正月里时常举行元宵灯会、跑黄河、呼图克沁等民俗活动。

（二）农谚

农谚是古代农民对农耕经验知识的总则,其内容包罗万象,但在敖汉旗八成以上的农谚都与天气预测相关。这与敖汉旗地区干旱少雨、降水分布及气象灾害频生有直接关系。面对灾害,人力或许不能扭转洪流的方向、改变干旱的局面,却可以早作预防,提前转移抢收来达到防灾减灾的目的。在当今,我们有气象预报,灾害预警,然而在科技远不及当今发达的中国古代,敖汉旗先民得以依赖的只有农谚。而敖汉旗预测气象的农谚中又有两个天气现象出现的最多,第一是雨,第二是雹。

第一,雨是所有天气现象中对旱作农业生产影响最大的,甚至贯穿了整个生产过程,但敖汉旗降水时间上分布不均极易引发旱灾和水灾。贾思勰曾言"凡种谷,雨后为佳",当地俗语说"春雨早一日,秋收早十天",尤其是敖汉旗这样冬季降水量极低,土壤墒情较差的地区,春雨后播种饱含水分的土壤才能促使种子更好萌发,久旱不雨势必会造成播种延后。可是"敖汉、敖汉,十年九旱",四月不下影响春耕,六七月不下影响生长,待到八月下了就耽误收割和打场。

因此,敖汉旗人密切地关注并总结周围一切与降雨有联系的现象,不但有"老云接驾,不刮就下""月亮毛烘烘,不下雨,就刮风""天上鱼鳞斑,地上晒谷不用翻,天上龙鳞斑,下雨不过三"这样根据天象来判断是否下雨的农谚,还有"缸穿群、山戴帽,蚂蚁寻乡、蛇过道"这样根据动物和自然现象进行预测的农谚。其中"山戴帽"这一现象,在宝国吐乡特别灵验,因当地有一座大王山,半山腰有一座小井能出泉水,当地人视为圣水,无论是求雨还是治疗急症去那里取水都很灵验,每次大雨前大王山山顶上就会云雾缭绕,远观仿佛戴了一顶帽子一样。[1]当然也有注重各月份、各节气之间相互联系的农

---

[1] 2015年7月,第一次敖汉旗田野调查,讲述人:敖汉旗宝国吐乡兴隆沟村宗海玉、滕振宗等。

谚，如"大旱不过五月十三""有钱难买五月旱，六月连天吃饱饭""上元无雨多春旱，清明无雨六月阴"等。

此外，雨下多大、多久也是不可忽视问题。下小了，墒情不够，下大了可能形成涝灾。因此，类似"当天下雨当天晴，三天过后还找零""东虹日头西虹雨，关门雨下一宿（敖汉旗方言读 xǔ）""早上下雨一天晴，晚上下雨到天明""旱时东风难得雨，涝时东风无晴天"这样的农谚在敖汉旗也很常见。

第二，雹灾是敖汉旗旱作农业又一大天敌。冰雹来袭往往是突发性的，不易防御，又时常伴有雷雨大风，扭折植株茎叶，打落花朵果实，破坏性巨大，严重时甚至颗粒无收。冰雹的形成源于剧烈的上升气流将云层中的水汽带上寒冷的高空（雹云云顶最高可达零下30℃~40℃），水汽迅速遇冷凝成冰核并在下落的过程中不断吸收水汽，如同滚雪球一样越滚越大，形成直径在5~50mm不等的冰雹。因此，高山丘陵等地形复杂多变、易产生上升气流的地带是雹灾的重灾区。

敖汉旗在7月到9月的收获季节就十分容易遭受雹灾。以2016年为例，7月初和8月底敖汉旗宝国吐乡平安屯就连下了两场雹子。据当地村民张凤玉介绍，当地几乎年年有雹灾，有时候一年要下两三次，在长期与雹子作斗争的过程中当地人总结了一套预防经验。叫作"一感冷热，二观云色，三看闪电横竖，四听闷雷拉磨"[1]。就是说天气异常闷热时可能有强对流天气产生，云层内剧烈翻动好似打架一般，云边一般呈黄色，而且雹云的闪电一般是横闪，打雷声音拖得很长，咕噜咕噜地响个不停，如同拉磨。距离平南屯不远的范杖子也有"黄云彩、上下翻，大雹子、必能摊"[2]的传统俗语。

除雨灾（包含了水灾和旱灾）、雹灾以外，敖汉旗关于气象预测的农谚中也有预测雪灾、霜灾等灾害的，只是灾情相对较轻故而数量也相对较少。气象预测的根本是为了保障收成，因而像"处暑不出头，到秋喂老牛""高粱过了虎（虎口），就能打两斗""七月十五定旱涝，八月十五定收成"这样预知收成的农谚在敖汉旗也很常见。

（三）土地养护

土地除耕种以外，更重要的是如何保持地利才能实现可持续利用。通常，评价土壤的好坏即便是不懂弄农业的人也知道土壤的颜色越深，腐殖质越多，

---

[1] 2016年10月，第五次敖汉旗田野调查，讲述人：敖汉旗宝国吐乡平安屯张凤玉。
[2] 2016年5月，第四次敖汉旗田野调查，讲述人：敖汉旗宝国吐乡范杖子陈连昌。

肥力也就越好，但肥力只是衡量土壤好坏的一个标准而已，保墒和透气性也同等重要。况且再好的肥力和透水性都会随着使用衰退板结，尤其是施用化肥农药所产生的破坏性更是巨大。

1. 深耕熟耰

土壤板结是长期连续耕作造成土壤结成硬块，不但不能吸收水分和透气，也不利于根系生长。解决板结的方法是深耕熟耰。《庄子·则阳》中说："深其耕而熟耰之，其禾繁以滋，予终年厌飧。"❶

深耕，就是深翻（即整地），跟播种覆土的深浅没有关系，覆土太厚反而不利于作物出芽，或出芽后羸弱不堪。今天我们说耕地，常常和种地混淆。《说文》载"耕，犁也。从耒，井声"，可见原意就是用耒挖地翻土，也就是我们现在所说的翻地。翻地越深地越活，根越能往下生长，保水层也厚。

敖汉旗农民翻地，讲究秋翻和春翻。一般来说秋收后翻地更深，秋翻在秋季收割完毕后进行，除去田埂中的根茎，将田中的土进行深翻，一定要见到地下的湿土为止，这样才能达到《吕氏春秋》任地篇中所说的"大草不生，又无螟蜮"的目的。❷这是因为秋翻距离播种时间长，土壤翻上来以后经过敖汉旗漫长严寒的冬季和阳光的曝晒可以达到杀死虫卵和草籽的目的，而原本在土表的草等有机质被翻到地下经过一冬发酵也转化为肥料。春翻在春天大地解冻之后与播种之前的间隙中翻地，因距离春播时间短因此不宜深翻。如果春播的急，也可省略。

耰，是碎土工具的名称，也代指碎土这项农活。而《齐民要术》中说耰就是后世的"劳"，用土覆盖种子的意思，因为覆盖种子之后土需要粉碎，所以也指碎土。这种说法应是正确的，因为《管子·小匡》中有"深耕、均种、疾耰"❸，就是说耰要在播种后进行。这明显与当今敖汉旗翻地碎土之后再播种的程序不一致。这是因为翻地和播种是在秦汉以后才分开的。而西汉的《氾胜之书》中就说："和之，勿令有块，以待时"❹，就是要先打散土块再等待播种的时机。因此敖汉旗如今都是春季化冻后就翻地、碎土，等待降雨后让土表干后再开沟播种。这样疏松的土壤既吸饱了水分又透气不湿黏，覆盖在种

---

❶ 郭超，夏于全. 庄子［M］. 北京：蓝天出版社，1998：83.
❷ （战国）吕不韦. 吕氏春秋［M］. 哈尔滨：北方文艺出版社，2014：414.
❸ （唐）房玄龄，（明）刘绩补注，刘晓艺校点. 管子［M］. 上海：上海古籍出版社，2015：139.
❹ （元）司农司编撰. 农桑辑要［M］. 北京：蓝天出版社，1999：18.

子上也均匀没有缝隙。这是为了应对敖汉旗春季雨少、蒸发量大、又多风的恶劣气候，覆土均匀就不容易跑墒。覆土之后还要用磙子再打一遍，压一下也是为了使土表严密结合以达到保墒的目的。

碎土就是要将土坷垃打散，可以用耱和耙直接打，也可以用磙子碾压。这必须在春天下接墒雨之前进行。因为秋翻过的土壤经过一冬天的风吹和曝晒含水量低，用磙子压过容易散开，余下较小颗粒经过春雨的浸润也容易自行瓦解，同时土壤分子空隙大，可以饱吸雨水更好地保墒。这就是为什么《齐民要术》中说种谷，待雨后。❶ 而秋季土壤潮湿，越碾压越瓷实，因此秋季只翻地而不碎土。《齐民要术》中也引谚语说："湿耕泽锄，不如归去。"❷

2. 粪多力勤

《沈氏农书》中说"凡种田，固不出'粪多力勤'四字"❸，到了敖汉旗百姓的口中就通俗成了"种地不上粪，等于瞎胡混"。农家肥与化肥相较而言不但不会造成土壤污染，取材也源自生活废料，可以说是一种朴素的循环利用方式。那么，如何保持土壤的肥力就是我们必须向敖汉旗传统农耕学习的又一大法宝。

我国很早就有施用绿肥和土粪肥田的历史。绿肥就是用水和泥土沤烂绿色植物而成的肥料，王祯在《农书》中称之为草肥，认为杂草和泥混在一处埋在作物根下，经过腐烂是十分经济的肥田措施。只是这一点人们常常意识不到。敖汉人种田在垄沟里播种覆土，待苗生长出以后，用犁在垄上破土，垄上的土自然滑向两边的垄沟，堆积在禾苗根部，相当于培土，既保墒又护苗。次年，在原本是垄背的地方开设垄沟，可以起到轮换休耕的作用。然而垄上破土还有一个好处就是将垄沟边缘的小草压在土里闷死，腐烂发酵以后也就成了王祯所说的草肥。

再有就是利用人和动物的粪便。据当地村民介绍，人粪肥最佳，牛羊次之，驴马最下。但是粪便容易烧苗，必须发酵，一般是将牲畜的粪便挖出来和上土，发酵六七天直到泛白沫为止，再用毛驴拉到地里，准备捋粪。不单独起

---

❶ 钱尔复订正. 沈氏农书 [M]. 北京：中华书局，1985：6.

❷ 凡耕高下田，不问春秋，必须燥湿得所为佳。若水旱不调，宁燥不湿。燥耕虽块，一经得雨，地则粉解。湿耕坚塧，数年不佳。谚曰："湿耕泽锄，不如归去。"详见（北魏）贾思勰. 齐民要术选注 [M]. 南宁：广西人民出版社，1977：35.

❸ 王云五主编，马一龙辑. 丛书集成初编：农说、沈氏农书、耒耜经 [M]. 北京：商务印书馆，1936：6.

出来发酵的话，垫圈也可以。垫圈就是将土和草等直接垫在牲畜的圈里，一层粪一层土和草，这样做的比挖出来发酵还好，因为肥力易溶解于水，尤其是下雨以后，肥力就流失了。垫圈可以令肥水吸收进土里不外流。❶

草木灰含钾元素高，促进作物根系生长，本身也有杀虫功效。但不可以和粪肥混用，因为它含碱，和氮元素混合在一起容易挥发。

综上，敖汉旗旱作农业生产系统涵盖了生产作物、生产工具、生产知识等三个方面的经验智慧，同时也是对自然规律的总结和利用。因此，敖汉旗旱作农业生产对地力等自然条件的改良是可循环的、可再生的，更是可持久的，真正做到了生产生活与生产环境协同发展。相较而言，化肥的使用如同饮鸩止渴，虽然短时间内收成，却给土地和水源带来了不可逆转的污染。

三、结论

敖汉旗旱作农业系统作为一种特殊的文化遗产和农业资源，具有多重功能和作用。需要我们结合具体问题及环境从不同维度去认识、理解。仅就生产系统而言，具体可以归纳为以下三个方面的价值。

第一，敖汉旗旱作农业系统具有科技价值。敖汉旗旱作农业系统中所包含的农时、农谚及土地用养等知识，是敖汉旗历代农民生产知识和实践经验的积累，符合当地农业生产及环境承载的客观规律，充满了科学智慧，奠定了我国精耕细作的理论基础。尤其是深耕浅种、轮种间作和有机肥料的运用，对解决我国当前农业生产中化肥、农药滥用以致土壤板结、地力下降、酸碱失衡、有毒物质超标等一系列威胁农业可持续发展的问题，具有重要的参考和借鉴作用。

第二，敖汉旗旱作农业系统具有生态价值。敖汉旗旱作农业生产对自然环境的利用以尊重和顺应自然为前提，而非违背客观规律的盲目改造。这种生产方式对自然环境的作用是和谐的、可逆的，有利于对当地生物多样性和生态系统的保护。首先，据敖汉旗农业局统计，敖汉旗境内计有濒危传统作物品种200 余种。❷ 这些传统作物品种不但可以实现轮种间作、调节地力、减轻病虫害，其自身所携带的特殊基因也可为当代农业品种杂交研发注入新鲜血液，为实现真正的绿色农业和食品安全提供保障。其次，敖汉旗旱作农业的发展与当

---

❶ 2015 年 10 月，第三次敖汉旗田野调查，魏森。
❷ 2015 年 10 月，第二次敖汉旗田野调查，敖汉旗农业文化遗产保护与开发局局长徐峰。

地的生态环境相互协调,农业发展的过程中注重水土保持、地力保持、气候调节等问题。尤其是敖汉旗的生态环境又具有脆弱性,极易遭到破坏又难以恢复。敖汉旗旱作农业能在这样脆弱的环境中持续发展近8000年,其中所蕴含的智慧及技术,对研究我国当代农业如何合理开发、可持续开发具有典型意义。

第三,敖汉旗旱作农业系统具有经济价值。一方面,传统农业生产技术中的精耕细作等理念有助于提高产量,随着食品安全问题的不断发酵,传统耕作生产出的绿色食品必然会走向高端市场,实现人们由吃饱到吃好转变,为当地带来直接的经济收入增长。目前,敖汉旗惠农合作社基于传统作物品种开发的四色小米,市场价值可达10元一斤。另一方面,依托于敖汉旗旱作农业文化遗产开发文化产业、旅游产业等相关产业也会为当地带来可观的间接经济增长。

综上,敖汉旗旱作农业生产系统所蕴含的三方面价值有助于解决我国现代农业中存在的耕地资源严重不足、成本高、粮价低、地力下降等问题。正如蒋高明先生在《中国粮食安全的出路在于生态农业》一文中写到的那样:"我国粮食单产最近8年(截至2015年)几乎没有显著增长,但化肥施用量却增长了40%,每公斤化肥生产的粮食不足19公斤,每公斤化肥生产效率正以少产1公斤粮食的速度下降。这一趋势正说明,中国耕地不是缺化肥,而是缺有机肥和土壤生物多样性。"[1] 这便是以化肥、农药、除草剂取代传统的精耕细作的后果。因此,必须重视对敖汉旗旱作农业文化遗产的研究与保护,并从中汲取经验教训。

通讯地址:

朱佳,北京联合大学应用文理学院,北京100101。

---

[1] 蒋高明. 中国粮食安全的出路在于生态农业 [J]. 战略与管理:2015(1);农村土地制度改革 [M],海口:海南出版社,2015:41-54.

红河哈尼稻作梯田系统农业景观赋存状况调研

李 红 秦 莹 韩晓芬

摘 要：红河哈尼稻作梯田系统是云南国家级农业文化遗产之一，探索农业景观的赋存状况显得尤为重要。通过真实记录红河哈尼族彝族自治州元阳县箐口村这个田野点的农业景观赋存状况，从而梳理出云南人关于红河哈尼稻作梯田系统中传承和发展的脉络，并根据对脉络的清晰把握提炼出关于红河哈尼稻作梯田系统传承、保护和发展的经验。

关键词：梯田；赋存状况；保护

梯田是在丘陵山坡地上沿等高线方向修筑的条状阶台式或波浪式断面的田地。[1] 梯田发端于秦代，由一代又一代人开垦形成。最初，梯田是为了有助人们的山地种植，获取粮食，后经过发展成为旅游景观。由于梯田是环山而建，故通风透光条件好，有利于农作物的生长。同时，梯田对于土地保水有着重要的作用，是治理水土流失的有效措施。梯田发展至今，仍延续着人类适应自然、利用自然的智慧。比如开垦梯田的生产技术，梯田种植作物的农业管理经验以及代代承袭的传统农业知识，这些都无不对现今的农业可持续发展具有重要启示和意义。梯田的起源和延续经历了历史的洗礼，反映了社会生产力和社会关系的变迁。由于梯田的分布位置多在深山地区，相对封闭的环境使其形成了特有的社会文化特征。因为其丰富的生物多样性、传统生产知识与技术、独特的生产工具以及衍生出的农耕文化，使得粮农组织于2005年将梯田列为农业文化遗产。梯田在世界各地分布广泛，其中以菲律宾的伊富高梯田最为著名。我国则以云南红河哈尼梯田、广西龙胜龙脊梯田及湖南新化紫鹊界梯田比

---

[1] 编辑委员会. 中国水利百科全书［M］. 第二版. 北京：中国水利水电出版社，2006：1357.

较著名。梯田按照坡面不同分为水平梯田、坡式梯田、复式梯田等❶。

一、红河哈尼稻作梯田系统农业文化遗产概述

哈尼梯田是以森林、村寨、梯田、水系为物质载体，以稻作技艺、民族文化传统、思想情感为无形表现，叠加生态智慧，顺应自然、因地制宜的体现，在我国及亚洲地区极具代表性，是反映自然资源智慧利用和人与自然和谐相处的杰出典范。2013年6月22日，历经13年的磨砺，红河哈尼梯田在第37届世界遗产大会上被成功列入世界遗产名录，使中国成为仅次于意大利的第二大世界遗产国。同时，红河哈尼稻作梯田系统成为第45处中国世界遗产，也是我国第一个以民族名称命名的世界遗产。据文献记载，于1300年前，哈尼梯田文化景观就已形成，千百年来仍绵延不绝，直至今日还保持着旺盛的生命力，其内涵、组成要素、结构并未发生根本性的变化，从而成为申请世界农业遗产的有力依据。

红河哈尼梯田位于云南南部，遍布于红河州元阳、红河、金平、绿春四县，总面积约100万亩。❷ 其中，元阳哈尼梯田为红河哈尼梯田世界文化遗产的核心区，仅元阳县境内就有17万亩梯田，是规模最大最集中的梯田片区，并且完整保留了古老的农耕文明。元阳梯田位于云南省红河南岸哀牢山山区的哈尼族彝族自治州元阳县，核心区面积为16603hm，缓冲面积29501hm，包括麻栗寨河流域的坝达、大瓦遮河流域的多依树和阿勐控河与戈它河流域的老虎嘴等片区。遗产地范围内共有82个村寨，这些村寨通常规模较小，拥有50—100户村民。遗产地核心区内人口共计5.41万，其中哈尼族约占70%，缓冲区人口5.94万，相较于匮乏的自然资源环境，人口密度相对较高。❸ 哈尼梯田依靠山势地形变化，因地制宜，全部修筑于15度至75度的山坡上，坡缓地大则开垦大田，可达数亩；坡陡地小则开垦小田，仅有簸箕大小，不足1m，甚至沟边坎下石隙也开田，从山脚到山顶层层叠叠多达3000多级。

红河哈尼稻作梯田系统之所以能成为世人惊叹的文化景观，不得不将之归结于它的成因。哈尼梯田成因主要有三种，分别是自然因素、人文因素和耕作方法。

---

❶ 编辑委员会. 中国水利百科全书［M］. 第二版. 北京：中国水利水电出版社，2006：1357.
❷ 云南红河哈尼梯田"申遗"成功 当地将理性开发［OL］. 中国新闻网，2016-01-31.
❸ 高凯，符禾. 生态智慧视野下的红河哈尼梯田文化景观世界遗产价值研究［J］. 风景园林，2014（6）：64-65.

首先，云南省地形为西北高、南部低，由于地形的原因造成了其立体气候。元阳县位于云南省南部，地形呈"V"形，立体气候尤为显著，降雨量为全省最大，加之其地处亚热带和温带，气候温和，特有的地形和气候条件使红河南岸哀牢山南段哈尼族地区成为全省乃至全国最集中、最发达的梯田稻作区。其次，生活在元阳县的七个民族是按海拔高低分层居住，居住在上半山区的哈尼族，身处有利位置。上半山气候温和，雨量充沛，年均气温在15℃左右，全年日照1670小时，非常适宜水稻生长，故哈尼族先民自隋唐时期进入此地区就已开垦梯田种植水稻。[1] 在此的1200多年间，哈尼族和其他民族联合挖筑了成百上千条水沟干渠，条条沟渠环山而筑，大大小小沟箐中流下的山水被悉数截入沟内，这样也就解决了梯田稻作的水利问题。此外，哈尼梯田的土壤透水性较低，有隔水层，同时土壤具有黏性，这两点都恰好保证了梯田的水源和元阳县森林的水土平衡。最后，在梯田耕作上哈尼族有一整套自己的科学方法管理和耕作制度。哈尼族在开田时一般都找向阳、相对平缓、鸟虫不常来的又能终年保水的肥沃坡地。其中，哈尼族判断地平不平时，通常先放水观察。找好地后，便开始修筑水沟。哈尼梯田之所以常年保水，在于哈尼族有着严密的用水制度。从开沟挖渠、用工投入，到沟权所属、水量分配、沟渠管理和维修等，哈尼族人无不精心经营，比如，哈尼族为了更好地管理水源而发明的"水木刻"。除却水源的有效管理外，在肥料的运用上哈尼族因此发明了"冲肥法"。也就是在村寨里挖公用积肥塘，到了春耕时节挖开塘口，从大沟中放水将农家肥冲入田中。其间，村民会全部出动，沿沟疏导，让肥料全部流入田内；又或者哈尼人会在高山处放牛马，使粪便堆积在高处，然后等雨季来临时将其冲到山腰的田里，不仅解决了肥料的需求，也减少了人力。

红河哈尼梯田文化景观的形成，是人与自然完美配合的体现，而这也恰好保证了哈尼族在恶劣的自然环境下的成功耕作。

哈尼人将自己的村寨设在森林下方的山凹中，村寨下方就是一片接一片的梯田。在长期的生产活动中，哈尼人兴作了一套相应的文化宗教礼仪，如二月的"艾玛突"节，这是春耕大忙前生理与心理的准备；六月的"苦扎扎"节，是为了秋收前人们的身心调适。这些宗教仪式活动在团结全体民族人员，维持水源、森林、土地的平衡，连接人与自然的关系中，发挥了重要的作用。

---

[1] 云南红河哈尼梯田"申遗"成功 当地将理性开发［OL］. 中国新闻网，2016-01-31.

二、红河哈尼稻作梯田系统的农业景观赋存状况

农业景观作为农业文化遗产的重要组成部分,其反映了当地居民长期生产生活中人与自然和谐相处的生产价值、土地利用方式、审美价值与生态价值的和谐统一。所谓农业景观是由自然条件与人类活动共同创造的一种文化景观,主要指一些具有观赏价值、但规模较小的农业设施或农业要素(如梯田、莲田、牧草地等),是农业文化遗产中最具观赏性和旅游价值的一种。❶

红河哈尼稻作梯田系统农业景观与哈尼人的生产生活息息相关,哈尼人为了满足山地种植的需要,对其居住地进行挖沟、修葺、创造。这种"设计"是哈尼人使用他们所获得的知识技能在最低能耗下满足的生产生活需要,是一种集体"无意识"的形态。《江苏农业文化遗产调查研究》中,从农业景观的形成因素和构成方面提出农业景观的七大特点,分别是生产性、自发性、地域性、季节性、审美性、生态性和文化性。角媛梅、陆玉麒学者也提出哈尼梯田的文化景观,并将其分为梯田生态景观、梯田经济景观、梯田文化景观、森林景观、哈尼聚落景观及梯田景观。哈尼梯田历史悠久,长期以来,当地居民在生产生活中对自然和土地进行改造所形成的农业景观体现了其独特鲜明的地域特征。

(一)梯田生态景观

哈尼人遵循自然规律,因地制宜,善于利用哀牢山区"一山有四季,十里不同天"的特殊地理和气候环境,建构了与之相适应的梯田稻作农耕文化生态景观系统。梯田景观与自然环境的巧妙融合,完美解决了水分与肥料这两个梯田稻作所需的基本要素问题。哈尼梯田独特的水利工程和巧妙的施肥方法,是哈尼梯田形成的重要原因,如上文所述哈尼梯田形成的三个原因。

哈尼人在长期的梯田稻作农耕实践中,形成了自己独特的水规。即根据一条沟渠所能灌溉的面积,由这一范围内的田主依各自梯田的数量共同协商,规定其用水量,然后按沟水流经的先后顺序,在沟与田的交接处设置一条刻有一定流量的木槽,水经木槽口自动流入各户的梯田中。这种约定俗成、世代不逾的水规,为维护梯田农耕系统发挥了良好的作用。❷ 同样,哈尼人因地制宜的施肥方法与自然环境高度协调,天人合一,所以恰好避免了同带山区由于刀耕

---

❶ 生命的图腾:盘点中国最美的稻田[OL].新华网.
❷ 陆玉麒.云南哀牢山的梯田景观[J].热带地理,1994(2):181.

火种带来的水土流失问题。

(二) 梯田经济景观

哈尼梯田具有经济、社会、经济等各个层面的功能和价值。首先,哈尼梯田为人们带来食物,养活了祖祖辈辈的哈尼族及其他民族。元阳县地处亚热带和温带,降雨量丰富,适宜水稻的生长,是云南省的产量大县之一。其次,哀牢山区横跨热带和亚热带,使得哈尼景观在田地大小、种植密度、田坝高度、施肥方面等都存在着差异。最后,梯田景观的综合利用是多方面的。比如活水养鱼(即在梯田内养鱼,让鱼与稻谷一起生长),又或者放养鸭、牛等,方便施肥和肥料的利用。哈尼梯田如今不单单起着满足当地粮食产量的作用,同时还成为人们旅游观光、摄影师追逐的镜中美景。

(三) 梯田文化景观

联合国教科文组织世界遗产委员会在1992年第16届会议上正式提出了"文化景观"类型世界遗产的概念,认为文化景观是"人与自然共同的作品","包含了自然和人类相互作用的极其丰富的内涵"。文化景观是人类在自然景观之上叠加人类活动而形成的景观,是"人与自然相互作用方式和结果的记录",是与人类社会共同演进的,它突出地表明了人与自然环境之间存在着一种无法割舍的精神联系。文化景观世界遗产是重在反映人与自然环境互动关系的遗产对象,既是一个人类与自然交互作用的过程,也是一个自然为人类和谐利用的结果,是一种"活态"的遗产类型。[1] 红河哈尼梯田文化景观作为一种文化现象,代表着该环境中的农耕文化及社会文化。

哈尼梯田文化景观是哈尼人在长期的生活中与自然不断互相适应的结果。哈尼族从青藏高原迁徙而来,在哀牢山开垦梯田,栽培水稻,哈尼梯田蕴藏着其长期生产生活中的文化。从衣食住行、婚丧嫁娶、节日庆典等宗教活动到其与自然的"处世哲学"、住房构造、饮食习俗等,都构成了哈尼梯田的文化景观。

哈尼族村落建于半山腰处,住房都为土木结构,房前屋后都得到开辟,种植蔬菜或果树,水源由山上引入各个寨中。村落规模的大小与梯田的关系是相互影响的。哀牢山区哈尼族村寨的规模,与梯田面积大小、人口数量分布位置配置适宜,自成一体,这种星罗棋布的村落布局,有效地避免了因人多地少而

---

[1] 韩峰. 亚洲文化景观在世界遗产中崛起及中国对策 [J]. 中国园林,2013 (11): 5-8.

形成的梯田分配不均的状况。

为配合梯田耕种,哈尼族服饰业因此而变化。由于长时间浸在水中,长裤或者长裙都不利于劳作的效率。哈尼族的姑娘们为了更方便地劳作,纷纷穿着自己刺绣出来的短裤。而这也恰好成为其独特的生产方式所衍变出的服饰文化。

哈尼族信奉万物有灵,崇拜自然,这也是哈尼梯田生态一直维持的根本因素。对于水源、森林等神灵的敬畏,使得哈尼族人世世代代对水源、森林等进行严格保护。祭祀中所产生的诗歌、音乐、舞蹈、服饰等一切都体现着梯田农业文化的特色。这也客观上加强了哈尼族人之间的凝聚力,促进了个人与社区关系的社会文化宗教体系,丰富了哈尼梯田的农业景观。

三、红河哈尼稻作梯田系统农业文化遗产的保护和建议

红河哈尼稻作梯田系统自申遗成功后,对哈尼梯田景观的保护是一次重大的机遇。将会确保哈尼族习俗、文物、景观和生态的整体保护。比如,通过申遗,各个村寨的环境和居住条件得到改善。政府通过提供人员、材料的方式为各家各户建起了新式二层住房,使当地各族居民感受到文化遗产保护所带来的益处;申遗的成功,使哈尼梯田闻名全球。络绎不绝的游客、学者、摄影师等从各地赶来领略梯田的磅礴,不仅提升了哈尼族人的自豪感和自信心,也带动了哈尼梯田农副产品的经济附加值,促进了当地旅游业的发展,增加了经济效益,从而致使广大人民群众加强了自觉保护和传承哈尼梯田遗产及民族优秀传统文化的意识。这些都无不促进了遗产地经济社会科学的发展,扩大了哈尼梯田和哈尼族传统文化的国际影响力。

对于哈尼梯田的保护要做到明确遗产地生态旅游的基本原则、旅游管理措施、游客承载量,协调解决村民增收致富、发展与遗产科学保护的关系;保护哈尼族信仰、传统和社会合作机制;经常探讨梯田管理现状,有助更好地解决问题。除此之外,还要做到理性开发,动态保护哈尼梯田文化景观,增加其文化附加值。

参考文献:

[1] 陆玉麒. 云南哀牢山的梯田景观 [J]. 热带地理, 1994 (2): 181.

[2] 编辑委员会. 中国水利百科全书(第二版)[M]. 北京: 中国水利水电出版社, 2006: 1357.

[3] 韩峰. 亚洲文化景观在世界遗产中崛起及中国对策 [J]. 中国园林, 2013 (11): 5-8.

[4] 高凯, 符禾. 生态智慧视野下的红河哈尼梯田文化景观世界遗产价值研究 [J]. 风景园林, 2014 (6): 64-65.

作者简介：

李红 (1992—), 女, 河北秦皇岛人, 硕士研究生, 主要从事科学技术史研究。

韩晓芬 (1992—), 女, 山西大同人, 硕士研究生, 主要从事少数民族科学技术史研究。

通讯作者：

秦莹 (1968—), 女, 湖南株洲人, 教授, 博士, 主要从事民族学与科学技术史研究。

基金项目：

云南农业大学研究生科技创新项目"云南国家级农业文化遗产存赋状况调研"（项目编号：2016ykc43）资助。

哈尼梯田地区农户粮食作物种植结构及驱动力分析

杨伦[1,2] 刘某承[1] 闵庆文[1] 田密[1,2] 张永勋[1,2]

(1. 中国科学院地理科学与资源研究所，北京 100101；
2. 中国科学院大学，北京 100049)

摘　要：哈尼稻作梯田系统作为全球重要农业文化遗产（GIAHS），具有极高的生态、经济、文化价值。近年来，以粮食产量增长为导向的农耕技术和作物品种单一化趋势，给哈尼梯田地区带来了严重的生态和食品安全问题。本文以农户生产行为作为切入点，从主要粮食作物的经济效益、耕地资源特征、村落发展类型、农户的家庭特征与资源禀赋进行实证研究，分析了哈尼梯田地区农户粮食作物种植结构现状及驱动因素。结果表明，①调查涉及的 41.23hm² 有效耕地中，按种植总面积排序，杂交稻、玉米、水果类作物位居前三。②本地传统粮食作物——梯田红米，种植总面积和户均种植面积远小于经济效益较高的杂交稻和兼有饲料用途的玉米。同时，农户倾向于将其种植在质量较差、海拔较高的耕地上。③作物的经济效益和耕地海拔及质量对替代性作物（如杂交稻和红米）的种植选择影响较大；个体农户层面上，农户特征与资源禀赋在不同程度上对不同作物的种植选择产生影响。

关键词：农业文化遗产；种植结构；哈尼稻作梯田；似不相关回归

一、背景与概况

（一）研究背景

农业生产具有自然和社会双重属性，其过程有着较大的不确定性。[1] 家庭

---

[1] 刘清娟. 黑龙江省种粮农户生产行为研究 [D]. 哈尔滨：东北农业大学，2012. [LIU Q J. Research of Grain Farmers' Production Behavior in Heilongjiang Province. Harbin: Northeast Agricultural University, 2012.]

哈尼梯田地区农户粮食作物种植结构及驱动力分析

联产承包责任制以来,农户成为我国农村经济活动的行为主体和农业生产的基本单元,[1] 其耕地利用行为和作物种植决策不仅直接影响耕地的产出效益,[2] 同时对耕地质量维护[3]、生态环境维持[4][5]、农村资源的开发利用、农业景观格局演变以及农村可持续发展[6]等产生影响。尽管随着农村工业化的发展,农户来自粮作经营的收入比重越来越低,但从事粮作经营依然是农户家庭的重要经济行为之一。[7]

对家庭农户生产行为的分析现已形成三大分支:组织 – 生产学派[8]、理性小农学派[9]、历史学派[10]。过去普遍认为,农户的生产行为由家庭消费需求决定,其经济目标是"满足自身消费,而非追求市场交易以获取最大利润"。但

---

[1] 朱晓雨, 石淑芹, 石英. 农户行为对耕地质量与粮食生产影响的研究进展 [J]. 中国人口. 资源与环境, 2014, 24 (11): 304 – 309. [ZHU X Y, SHI S Q, SHI Y. Research Progress on Impact of Farmers' Behavior on Quality of Cultivated Land and Grain Production. China Population, Resources and Environment, 2014, 24 (11): 304 – 309.]

[2] 史清华. 农户经济活动及行为研究 [M]. 北京: 中国农业出版社, 2001. [SHI Q H. Research of Farmers' Production Behavior. Beijing: China Agriculture Press, 2001.]

[3] 王鹏, 田亚平. 湘南红壤丘陵区农户经济行为对土地退化的影响——以祁东县紫云村为例 [J]. 长江流域资源与环境, 2002, 11 (4): 370 – 375. [WANG P, TIAN Y P. Effect of household farm economic behavior on land degradation in Hilly Red Soil Region of South – Hunan: A case study in Ziyun Village of Qidong County. Resources and Environment in the Yangtze Basin, 2002, 11 (4): 370 – 375.]

[4] 周立华, 杨国靖, 张明军, 等. 农户经营行为与生态环境的研究 [J]. 生态经济, 2002, 18 (9): 29 – 31. [ZHOU L H, YANG G J, ZHANG M J, et al. Research of farmers' management behavior and ecological environment. Ecological Economy, 2002, 18 (9): 29 – 31.]

[5] 谭淑豪, 曲福田, 黄贤金. 市场经济环境下不同类型农户土地利用行为差异及土地保护政策分析 [J]. 南京农业大学学报, 2001, 24 (2): 110 – 114. [TAN S H, QU F T, HUANG X J. Difference of farm households' land use decision – making and land conservation policies under market economy. Journal of Nanjing Agricultural University, 2001, 24 (2): 110 – 114.]

[6] 王艳妮, 陈海, 宋世雄, 等. 基于 CR – BDI 模型的农户作物种植行为模拟——以陕西省米脂县姜兴庄为例 [J]. 地理科学进展, 2016, 35 (10): 1258 – 1268. [WANG Y N, CHEN H, SONG S X, et al. Simulation of households' planting behavior based on a CR – BDI model: Case study of Jiangxingzhuang Village of Mizhi County in Shaanxi Province. Progress in Geography, 2016, 35 (10): 1258 – 1268.]

[7] 史清华, 卓建伟. 农户家庭粮食经营行为研究 [J]. 农业经济问题, 2005, 26 (4): 18 – 22. [SHI Q H, ZHUO J W. Research of farm households' food management behavior. Issues in Agricultural Economy, 2005, 26 (4): 18 – 22.]

[8] 恰亚诺夫, 萧正洪. 农民经济组织 [M]. 北京: 中央编译出版社, 1996. [CHAYANOV A V, XIAO Z H. Peasant Farm Organization. Beijing: Central Compilation & Translation Press, 1996.]

[9] 舒尔茨, 梁小民. 改造传统农业 [M]. 北京: 商务印书馆, 2009. [SCHULTZ T W, LIANG X M. Transforming Traditional Agriculture. Beijing: The Commercial Press, 2009.]

[10] 黄宗智. 华北的小农经济与社会变迁 [M]. 北京: 中华书局, 1986. [HUANG P C. Small Peasant Economy and Social Change in North China. Beijing: Zhonghua Book Company, 1986.]

更多的研究表明，家庭农户不仅根据自身消费进行生产，同时根据市场价格优化生产结构，以追求利润最大化。因此，对农户生产行为的分析，既不能完全脱离"理性人"的假设，又不能忽视其规避风险以追求家庭效用最大化的行为目标。

种植结构作为农户生产行为的外在表现之一，对其进行驱动力分析一直是学者们关注的热点。根据研究，影响农户生产行为的驱动力因素包括耕地的地理区位与自然条件[1]（如耕地土壤条件[2]、水资源与灌溉条件[3][4]、交通便利度和可达性[5]等）、农户自身特征与资源禀赋（如农户年龄[6]、农户类型[7]、家庭抚养比[8]、劳动力结构[9]、农业收入占比[10]等）、市场经济特征（如市场需求与

---

[1] LAWAS M C M, LUNING H A. GIS and multivariate analysis of farmer's spatial crop decision behaviour [J]. Netherlands Journal of Agricultural Science, 1998, 46 (2): 193 – 207.

[2] RAVNBORG H M, RUBIANO J E. Farmers' decision making on land use—the importance of soil conditions in the case of Río Cabuyal watershed, Colombia [J]. Geografisk Tidsskrift – Danish Journal of Geography, 2001, 101 (1): 115 – 130.

[3] 李玉敏，王金霞. 农村水资源短缺：现状、趋势及其对作物种植结构的影响——基于全国10个省调查数据的实证分析 [J]. 自然资源学报，2009, 24 (2): 200 – 208. [LI Y M, WANG J X. Situation, trend and its impacts on cropping pattern of water shortage in the rural areas: Empirical analysis based on tem provinces, field survey in China. Journal of Natural Resources, 2009, 24 (2): 200 – 208.]

[4] DING Y, PETERSON J M. Assessing The Determinants Of Irrigated Crop Choices In Kansas High Plains [J]. Journal of Agricultural and Resource Economics, 2003, 28 (3): 653 – 653.

[5] LIU L. Labor location and agricultural land use in Jilin, China [J]. The Professional Geographer, 2000, 52 (1): 74 – 83.

[6] 田文勇，张会幈，黄超，等. 农户种植结构调整行为的影响因素研究——基于贵州省的实证 [J]. 中国农业资源与区划，2016, 37 (4): 147 – 153. [TIANG W Y, ZHANG H P, HUANG C, et al. Study on the factors influencing farmers planting structure adjustment behavior——An empirical analysis based on Guizhou Province. Chinese Journal of Agricultural Resources and Regional Planning, 2016, 37 (4): 147 – 153.]

[7] 张丽萍，张镱锂，阎建忠，等. 青藏高原东部山地农牧区生计与耕地利用模式 [J]. 地理学报，2008, 63 (4): 377 – 385. [ZHANG L P, ZHANG Y L, YAN J Z, et al. Livelihood diversification and cropland use pattern in agro – pastoral mountainous region of the eastern Tibetan plateau. Acta Geographica Sinica, 2008, 63 (4): 377 – 385.]

[8] LOW A. Agricultural development in Southern Africa: farm household – economics and the food crisis [M]. Cape Town: James Currey, 1986.

[9] GREIG L. An analysis of the key factors influencing farmer's choice of crop, Kibamba Ward, Tanzania [J]. Journal of Agricultural Economics, 2009, 60 (3): 699 – 715.

[10] 冯俊，王爱民，张义珍. 农户低碳化种植决策行为研究——基于河北省的调查数据 [J]. 中国农业资源与区划，2015, 36 (1): 50 – 55. [FENG J, WANG A M, ZHANG Y Z. Study on farmers low carbonization plant decision – making behavior——Based on the survey data of Hebei Province. Chinese Journal of Agricultural Resources and Regional Planning, 2015, 36 (1): 50 – 55.]

价格[1][2][3]、国家政策[4]等)。

  2002年联合国粮农组织提出了"全球重要农业文化遗产"(GIAHS)的概念和动态保护理念,旨在建立全球重要农业文化遗产及其有关的景观、生物多样性、知识和文化保护体系,并在世界范围内得到认可与保护,使之成为可持续管理的基础。[5] 哈尼稻作梯田系统作为我国传统农耕文明的典型代表,2010年被联合国粮农组织列为全球重要农业文化遗产,[6] 并逐渐成为我国农业文化遗产活态保护和展示的典范。哈尼稻作梯田系统具有1300多年的农耕历史,在空间上为"森林—村寨—梯田—河流"垂直分布的生态景观特征,系统内具有独特的能量流动及物质循环规律和较高的生态、农业生产、景观和文化等多重价值,其农业生物多样性维持机制对传统农业保护具有重要的示范意义。近年来,以产量增长为导向的农业技术现代化,为哈尼稻作梯田系统为代表的农业文化遗产的动态保护带来威胁,致使一些具有悠久历史的传统耕作方式和农业景观逐渐消失。[7]

  以红米为代表的当地传统作物品种,是"红河哈尼稻作梯田系统"的重要组成部分,是经过长期耕种、筛选和品质鉴定的优良品种,具有产量稳定、抗病稳定、耕作方式传统等特点,不仅对维持物种的遗传多样性具有积极意义,而且能够为其他粮食物种应对气候变化的研究提供基础。同时,哈尼梯田

---

[1] HAILE M G, KALKUHL M, BRAUN J. Inter - and intra - seasonal crop acreage response to international food prices and implications of volatility [J]. Agricultural Economics, 2014, 45 (6): 693 - 710.

[2] 王天穷, 于冷. 玉米预期价格对农户种植玉米的影响——基于吉、黑两省玉米种植户的调查研究 [J]. 吉林农业大学学报, 2014, 36 (5): 615 - 622. [WANG T Q, YU L. How expected prices of the corn affect farmers' planting decision: Based on the survey of corn farmers in Jilin and Heilongjiang Province. Journal of Jilin Agricultural University, 2014, 36 (5): 615 - 622.]

[3] 梁书民, 孟哲, 白石. 基于村级调查的中国农业种植结构变化研究 [J]. 农业经济问题, 2008, 29 (S1): 26 - 31. [LIANG S M, MENG Z, BAI S. Study on the structure change of Chinese agriculture based on the village level survey. Issues in Agricultural Economy, 2008, 29 (S1): 26 - 31.]

[4] WU W, YANG P, MENG C, et al. An integrated model to simulate sown area changes for major crops at a global scale [J]. Science China Earth Sciences, 2008, 51 (3): 370 - 379.

[5] 张丹, 闵庆文, 何露, 等. 全球重要农业文化遗产地的农业生物多样性特征及其保护与利用 [J]. 中国生态农业学报, 2016, 24 (4): 451 - 459. [ZHANG D, MIN Q W, HE L, et al. Agrobiodiversity features, conservation and utilization of China's Globally Important Agricultural Heritage Systems. Chinese Journal of Eco - Agriculture, 2016, 24 (4): 451 - 459.]

[6] YUAN Z, LUN F, HE L, et al. Exploring the State of Retention of Traditional Ecological Knowledge (TEK) in a Hani Rice Terrace Village, Southwest China [J]. Sustainability, 2014, 6 (7): 4497 - 4513.

[7] 闵庆文. 农业文化遗产的特点及其保护 [J]. 世界环境, 2011 (1): 18 - 19. [MIN Q W. The characteristics and conservation of Agricultural Heritage Systems. World Environment, 2011 (1): 18 - 19.]

地区千百年来的实践证明,传统种质资源对"红河哈尼稻作梯田系统"的稳定性维持和水资源供给具有重要意义。然而,与绝大多数传统农业地区相似,哈尼梯田地区也面临着作物品种单一化和化肥农药大量使用的问题,红米等传统粮食作物逐渐被高产的杂交水稻所取代,威胁着本地区的粮食品种多样性和其他天然物种多样性的维持,并带来了严重的生态问题和食品安全问题。[1] 以梯田红米为代表的传统种质资源,其保护需要政府、农户等多方协作,尤其是提高农户的种植积极性。

因此,研究哈尼梯田地区农户生产行为,并对其驱动力因素进行分析,对维持"红河哈尼稻作梯田系统"稳定性和保持原有景观格局具有重要意义。本文在借鉴前人研究结果的基础上,以农户粮食作物种植结构及其驱动因素为切入点,探讨哈尼梯田地区在农业现代化发展中所面临的问题,以期对农业文化遗产的动态保护和可持续发展提供建议。

(二) 研究区概况

"哈尼稻作梯田系统"主要分布在云南省南部哀牢山脉中下段的红河流域,历史悠久,规模宏大,涉及元阳、红河、金平、绿春四县。本文选取了哈尼稻作梯田系统核心区之一的元阳县为研究区。元阳县位于云南省南部,地理范围为 102°27′—103°13′E,22°49′—23°19′N 之间。地貌以山地为主,海拔最低 144m,最高 2939.6m。全县土地面积 221232hm²,2014 年农作物总播种面积 51768hm²,占国土总面积的 23.4%。种植业是元阳当地农户最为重要的生计方式。水田主要用来种植水稻,改革开放以前,一直种植传统品种红米;1980 年以后,逐渐推广杂交水稻的种植,主要是再生稻。[2] 目前,元阳地区粮食作物以杂交稻、红米、玉米、黄豆为主,经济作物以述柑果、芭蕉、甘蔗、橡胶、棕榈、杉木为主。

---

[1] 闵庆文. 全球重要农业文化遗产——一种新的世界遗产类型 [J]. 资源科学,2006,28 (4):206-208. [MIN Q W. GIAHS: A new kind of World Heritage. Resources Science,2006,28 (4):206-208.]

[2] 袁正,闵庆文,成升魁. 支持哈尼梯田存续千年的家庭经济模式 [J]. 中国农业大学学报 (社会科学版),2013,30 (4):133-140. [YUAN Z, MIN Q W, CHENG S K. The smallholder economy for the Hani Rice Terraces sustaining millennium. China Agricultural University Journal of Social Sciences Edition,2013,30 (4):133-140.]

二、研究方法

(一) 调查与分析方法

本文以问卷调查和农村参与式评价（Participatory Rural Appraisal，PRA）[1]相结合的方法进行调查，围绕农户主要粮食作物的种植结构及其驱动因素进行调研设计。内容包括：①农户基本信息，包括人口、性别、年龄、受教育程度、民族、健康状况等；②家庭收入情况，包括收入来源、类别、具体金额等；③家庭种植资源禀赋，包括耕地面积、耕地质量、作物品种及面积、劳动力及畜力、投入产出、种田能手数量等；④家庭种植特征，包括参与合作社及农业技术培训情况、农产品类型、对子孙继续种田的期望等。其中，农户健康状况、耕地质量、灌溉水质量、对子孙种田的期望以农户主观评价的方式进行调查，1 分为最差或最不期望，5 分为最优或最期望。

2015 年 7~8 月在云南省红河哈尼族彝族自治州元阳县 2 镇 3 乡 10 个村庄进行调研，重点涉及新街镇、牛角寨乡、小新街乡等梯田分布较为集中的乡镇。根据每个自然村的农户总数，每村随机选取 15%~30% 的农户进行调查，即每村随机调查 15~30 户，平均每村调查 20 户，总计 230 户。最终有 199 户完成调查，除去有明显谬误和填写不全的问卷外，得到有效问卷 150 份，占样本的 75.4%。

文章以一般性统计与回归模型估计相结合的方式进行分析。对主要粮食作物投入产出与经济效益、耕地质量、耕地海拔和村落发展类型对粮食作物选择的影响进行一般性统计分析，总结得到整体性的统计规律。在个体农户层面，选取 4 类 18 项调查数据进行 SUR 模型估计，分析影响农户选择不同粮食作物的具体因素。综合一般性统计和模型估计结果，提出具有科学性的政策建议。

(二) SUR 模型估计

为进一步分析农户特征与资源禀赋对个体农户作物选择的影响，建立农户作物选择系统模型进行回归分析。考虑到解释变量之间的同期相关性，采用似

---

[1] CHRISTINCK A, BROCKE K, KSHIRSAGAR K G, et al. Participatory methods for collecting germplasm: experiences with farmers in Rajasthan, India [J]. Plant Genetic Resources Newsletter, 2000 (121): 1–9.

不相关回归模型（Seemingly Unrelated Regresions，SUR）❶进行参数估计。该模型能够识别各个模型之间随机误差项的相关性，得到的模型参数估计值方差更小，估计结果更为有效，是驱动力分析的重要方法。使用软件为StataMP14，模型如下：

在一个带有M个回归方程的回归方程系统中，第 i 个方程满足：

$$Y_i = \alpha_{ij} + \sum \beta_{ij} X_{ij} + \varepsilon_{ij} \ (i = 1, 2, \cdots, M)$$

Y_i 是第 i 个被解释变量的观测值，X_{ij} 是第 j 个解释变量的观测值，α_{ij} 和 β_{ij} 为回归系数方程，ε_{ij} 为残差项。

本文中被解释变量为4种主要粮食作物（杂交稻、红米、玉米、豆类）种植面积在农户实际耕地面积中的占比，解释变量为影响农户作物选择的主要因素。分为四类：①农户基本特征，包括家庭总人数、性别、年龄、受教育年限、民族、健康状况、居住村庄的发展类型7个解释变量；②家庭收入情况，包括家庭总收入和农业收入占比2个解释变量；③家庭种植资源禀赋，包括家庭耕地面积、耕地质量、灌溉水质量、耕地平均海拔、种田能手数量5个解释变量；④家庭种植特征，包括每年参与农业技术培训的次数、参与合作社数量、农产品类型、对子孙种田的期望4个解释变量。

三、结果与分析

（一）农户基本信息调查结果

调查结果显示，受访农户以6口之家为主，户主多为中年哈尼族男性，且一般接受过9年以上的教育；家庭总收入平均为41111.51元/年，其中农业收入平均为7490.55元/年，占总收入的36.15%；户均耕地面积为0.27hm^2，耕地平均质量一般，灌溉水平均质量较差，耕地平均海拔1364.85m，平均每户拥有种田能手1~2名。

---

❶ ZELLNER A. An efficient method of estimating seemingly unrelated regressions and tests for aggregation bias [J]. Journal of the American statistical Association，1962，57（298）：348-368.

表1 农户调查数据描述性统计结果
Table1 Descriptive statistics of the household survey in Yuanyang County

特征变量	均值/占比	特征变量	均值/占比
家庭总人数/人	6.00	农业技术培训次数/次/年	0.08
户主性别占比/%		参与合作社数量/个	0.15
男性	63.21	耕地质量占比/%	
女性	36.79	很差	9.37
户主年龄/岁	41.00	比较差	36.21
户主受教育年限/年	9.00	一般	30.76
户主民族占比/%		比较好	12.51
汉族	12.11	很好	11.15
哈尼族	40.27	灌溉水质量占比/%	
彝族	22.36	很差	18.91
苗族	13.21	比较差	38.09
傣族	12.05	一般	27.78
户主健康状况占比/%		比较好	9.03
非常不健康	4.79	很好	6.19
比较不健康	10.21	农产品类型占比/%	
一般	50.32	普通农产品	45.76
比较健康	18.36	当地特色品种	33.11
非常健康	16.32	无公害农产品	9.87
村庄发展类型占比/%		绿色食品	7.32
普通村落	37.33	有机农产品	3.94
旅游开发类村落	26.00	地理标志产品	0
农业生产类村落	36.67	对子孙种田的期望占比/%	
家庭总收入/元/年	41111.51	非常不希望	9.82
农业收入占比/%	36.15	比较不希望	19.26
其他收入占比/%	63.85	无所谓	49.79
耕地平均海拔/m	1364.85	比较希望	13.92
种田能手数量/个/户	1.51	非常希望	7.21

注：耕地平均海拔为每户不同地块海拔的加权平均值。

(二) 农户种植作物现状

元阳县农户种植作物种类主要有杂交稻、红米、玉米、豆类（品种主要有花生、黄豆、大豆、芸豆等）、蔬菜类（品种主要有白菜、蕨菜等）、水果类（品种主要有杧果、甘蔗等），以及橡胶、棕榈、杉木等。调查涉及耕地面积43.32hm²，有效播种面积41.23hm²。以种植总面积和户均种植面积为标准，杂交稻、玉米、水果类种植面积位居前3位；以种植农户数为标准，玉米、杂交稻、红米位居前3位。

元阳地区种植"梯田红米"的家庭较多，但户均种植面积较小，致使其种植总面积较小，不利于本地区传统农作物品种的保存和作物多样性的维持。"梯田红米"作为哈尼梯田地区的特色品种，受自身品种特性及自然条件限制，近年来主要依靠当地数量有限的专业合作社和种植大户种植，并作为当地特色农产品统一推广销售。一般家庭平时以杂交稻为主要食用对象，红米种植以自家留存为主，多在特殊节庆时食用。

表2 作物播种面积及户数统计结果
Table2 Crops area and the number of households

	杂交稻	玉米	水果类	红米	豆类	其他类	蔬菜类
总面积/hm²	13.880	12.470	8.170	5.170	1.100	0.290	0.160
总面积占比/%	32.35	29.06	19.05	12.04	2.57	4.55	0.38
户均面积/hm²	0.091	0.080	0.055	0.030	0.050	0.002	0.001
户均面积占比/%	43.15	31.56	3.33	17.72	3.05	0.79	0.68
户数/户	99	100	9	35	14	3	3
农户占比/%	66.00	66.67	6.00	23.33	9.33	2.00	2.00

(三) 粮食作物投入产出与经济效益比较

一般而言，开放市场条件下，农户倾向于种植收益较高的作物。[1] 调研得到元阳地区4种主要粮食作物的投入产出情况，以总成本和净收益排序，杂交稻均为最高，平均为36781.93元/hm²和9506.15元/hm²；豆类均为最低，平均为13684.24元/hm²和-2854.32元/hm²。以劳动生产率排序，杂交稻最高，平均为52.81元/h；玉米最低，平均为-69.98元/h。

---

[1] 宋博，穆月英，侯玲玲. 农户专业化对农业低碳化的影响研究——来自北京市蔬菜种植户的证据 [J]. 自然资源学报，2016，31 (3)：468-476. [SONG B, MU Y Y, HOU L L. Study on the effect of farm households' specialization on low-carbon agriculture: Evidence from vegetable growers in Beijing, China. Journal of Natural Resources, 2016, 31 (3): 468-476.]

调查发现，农户中非农业收入平均占比达65.13%，农业收入对家庭总收入的影响较小。同时，97.3%的受访农户表示，种植杂交稻等粮食作物以满足自身消费为主，不足3%的受访农户存在本村镇内的粮食作物流通现象，当地粮食作物市场尚未完善建立。此外，哈尼梯田地区农民外出务工以县域或州域范围内从事的短期劳动为主，90.1%的受访农户表示会在农忙时节返乡种田。因此，外出务工对农业种植活动影响较小。

由此推测，受当地非农产业的逐渐发展，劳动力成本会在一定程度上影响农户的作物选择，但不是决定性因素。红米和杂交稻相互具有替代性，农户会优先选择净收益较高且劳动生产率较高的杂交稻种植。玉米净收益和劳动生产率均低于红米，但玉米劳动力成本极低，受访农户普遍认为玉米种植难度和对自然环境要求较低，且主要作为家畜和禽类的饲料来源，因此其种植受作物经济效益的影响较小，种植面积占比高于红米。

图1 主要粮食作物投入产出情况

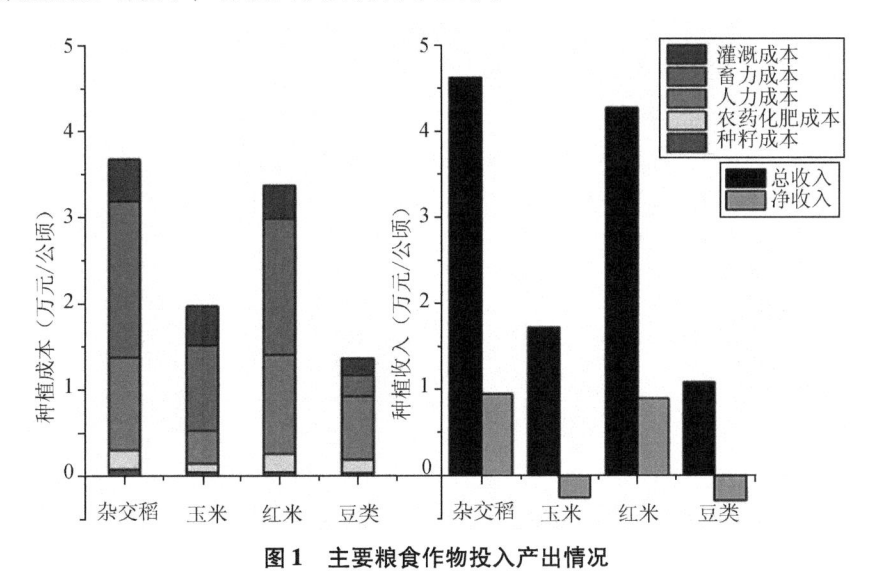

Fig. 1 Input and Output of main crops

（四）耕地质量对粮食作物选择的影响

耕地的立地条件是影响农户作物选择的重要因素。❶ 本文耕地等级划分以

---

❶ 郝海广，李秀彬，谈明洪，等．农牧交错区农户作物选择机制研究——以内蒙古太仆寺旗为例[J]．自然资源学报，2011，26（7）：1107–1118．[HAO H G, LI X B, TAN M H, et al. An analysis on crops choices and its driving factors in the agro–pastoral ecotone in Northern China——A case of household survey in Taibus County, Inner Mongolia. Journal of Natural Resources, 2011, 26（7）: 1107–1118.]

农户主观评价为标准,包括土壤肥力、灌溉条件、地形条件、可达程度4项,每项设立5个等级,五等地为最优耕地。调查的有效耕地以三等地和四等地为主,占有效耕地面积的72.66%。以作物品种划分,杂交稻、玉米、红米、蔬菜和其他类作物种植以三等地为主,水果类、豆类种植以四等地为主。

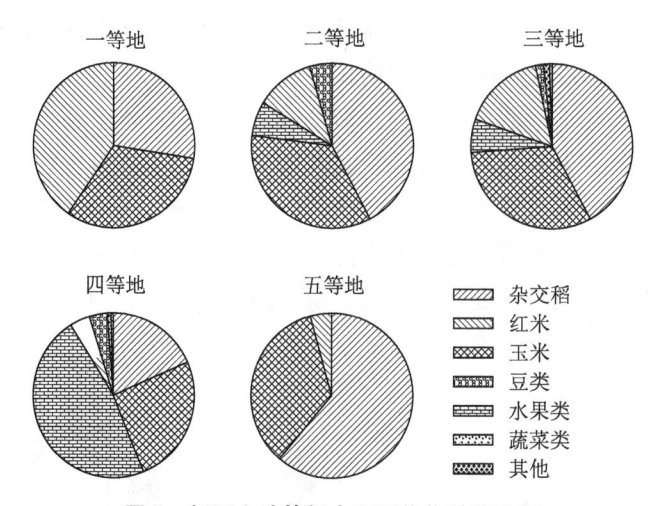

图2 相同土地等级中不同作物种植比例

Fig. 2 Different proportion of crops in same soil quality

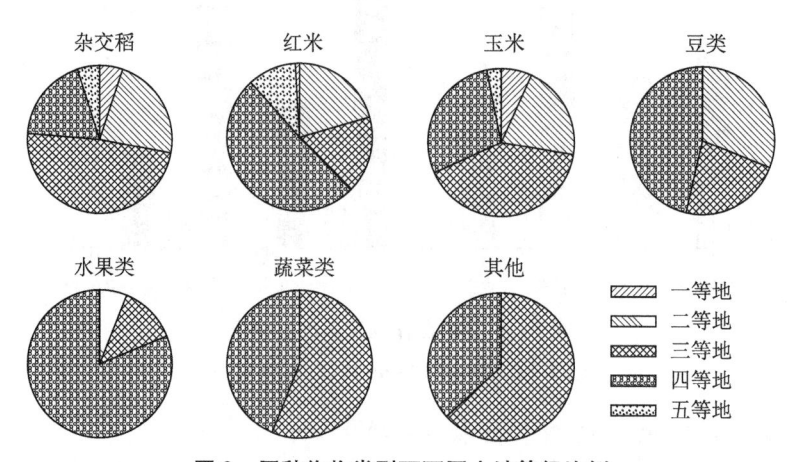

图3 同种作物类型下不同土地等级比例

Fig. 3 Different proportion of soil qualities in same crop

结果表明,农户倾向于将质量较好的耕地用于种植经济收益较高的作物,如杂交稻和水果。受长期的传统农耕知识积累和作物自然属性的影响,不同质量等级耕地下的作物种植现状也部分体现了作物自身对耕地条件的适应性,由此可推测：杂交稻、玉米、红米、蔬菜类作物对耕地条件的适应性较好，耕地质量要求一般；水果类、豆类对耕地条件的适应性较差，需要质量较高的耕地用于种植。

（五）耕地海拔对粮食作物选择的影响

元阳县哈尼稻作梯田一坡可达3000余层，坡度在15°~75°之间[1]。独特的垂直特征，使海拔高程变化成为影响农户作物选择的重要因素。入户调查和实地勘测数据表明，红米对高海拔耕地具有较强的适应性，种植海拔处于1400~1700m之间。其他作物种植海拔如下：杂交稻1000~1600m，玉米800~1400m，豆类1400~1600m。以实测红米种植的最低海拔1400m为界，将调查涉及耕地按海拔高度分为两类。低海拔耕地（海拔1400m以下）以玉米和杂交稻为主，两者面积之和占低海拔耕地总面积的88.31%；高海拔耕地（海拔1400m及以上）中，豆类和水果占比最大，红米种植面积占比仅为34.44%。

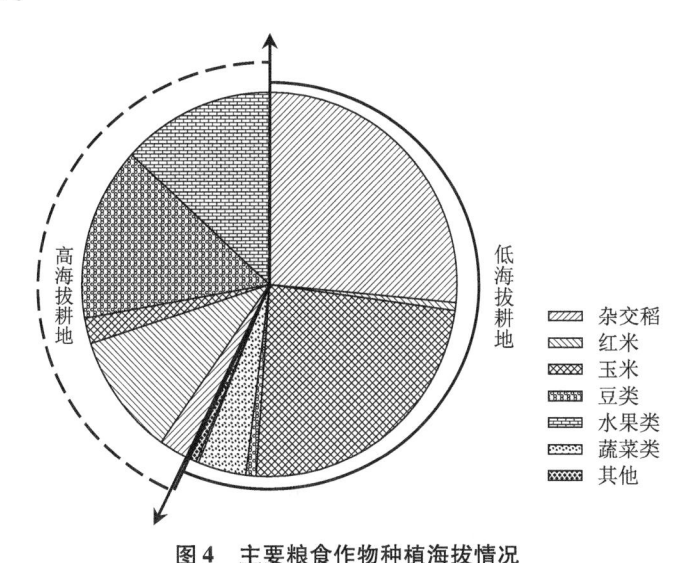

图4　主要粮食作物种植海拔情况

Fig. 4　Altitude of main crops

哈尼稻作梯田系统具有"森林—村寨—梯田—江河"四素同构的垂直景

---

[1] 史军超. 中国湿地经典——红河哈尼梯田[J]. 云南民族大学学报（哲学社会科学版），2004，21（5）：77-81. [SHI C J. The Hani terraced-field at Honghe: Typical Chinese wetland. Journal of Yunnan Nationalities University, 2004, 21 (5): 77-81.]

观结构,❶ 高山密林孕育的水潭和溪流被盘山而下的水沟引入村寨,供人畜用水之外,又流入梯田。❷ 红米种植海拔较高,经过千百年的选育,成为森林水流自上而下流动的第一道屏障。高海拔耕地中,红米种植面积较少,不利于梯田生态系统稳定性的维持和低海拔耕地的水量供给。长此以往,将威胁哈尼梯田的景观格局和本地区的"粮食安全"。

(六) 村庄发展类型对粮食作物选择的影响

调查所涉及的村落按照发展类型可分为三类:其一为普通村落,包括牛角寨乡的果期、佐塔等村落;其二是以旅游开发为发展方向的传统村落,包括新街镇的新街、箐口、多依树、普高老寨等村落。其中,箐口村是著名的"哈尼民俗村",集中展示了哈尼稻作梯田文化中"森林—村庄—梯田—江河"四素同构的特性。其三是以农业生产为发展方向的村落,包括牛角寨乡的牛角寨一村、二村,以及小新街乡的大鱼塘、新寨等村落。其中,小新街乡是元阳县传统红米的主产区之一,拥有元阳县目前仅有的两家红米专业合作社。

在村庄层面上,不同发展类型的村落,其种植结构呈现较大差异。普通村落的作物类型最为丰富,杂交稻、玉米、豆类、水果类各占近1/4;以旅游开发为发展方向的传统村落,红米种植的比例最高,占比为39.94%;以农业生产为发展方向的传统村落,杂交稻和玉米占据主导位置。

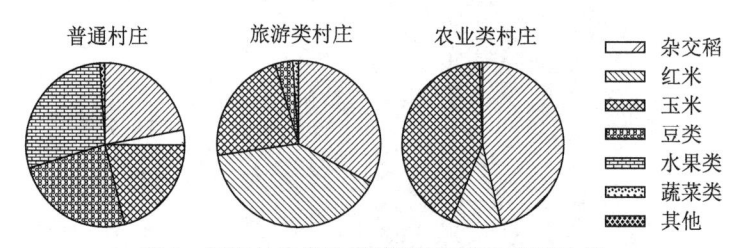

图 5 相同村庄发展类型下不同作物种植比例

Fig. 5 Different proportion of crops in same type of village

农业生产类村落和普通村落中,红米种植占比普遍较低,表明该类村落的农业生产中红米的重要性较低。然而,红米作为哈尼梯田地区的特色品种,在

---

❶ 冯金朝,石莎,何松杰. 云南哈尼梯田生态系统研究 [J]. 中央民族大学学报 (自然科学版),2008,17 (S1):146 – 152. [FENG J C, SHI S, HE S J. Hani terrace ecosystem in Yunnan Province. Journal of Minzu University of China (Natural Sciences Edition),2008,17 (S1):146 – 152.]

❷ BAI Y, MIN Q W, LIU M C. Resilience of the Hani rice terraces system to extreme drought [J]. Journal of Food, Agriculture & Environment, 2013, 11 (3):2376 – 2382.

旅游发展类村落中得以广泛种植。因此，同一农业地区的不同发展策略将在一定程度上影响农户的种植结构。

（七）农户特征与资源禀赋对粮食作物选择的影响

为进一步分析农户特征与资源禀赋对具体农户作物选择的影响，建立农户作物选择系统模型，对被解释变量和解释变量进行似不相关回归，以确定农户特征与资源禀赋对作物选择的影响。回归结果如表3所示：

表3 似不相关回归参数估计结果
Table 3 Results of Seemingly Unrelated Regression

	杂交稻		玉米		红米		豆类	
	系数	P>|z|	系数	P>|z|	系数	P>|z|	系数	P>|z|
家庭总人数	-4.181***	0.007	-0.100	0.941	3.560***	0.001	-0.314	0.553
户主性别	-7.845	0.175	-0.105	0.984	6.724	0.106	0.987	0.618
户主年龄	0.512	0.017	-0.320*	0.092	-0.092	0.553	0.009	0.907
户主受教育年限	-0.319	0.683	-0.374	0.588	0.548	0.330	0.010	0.709
户主民族	-8.693	0.147	-7.007	0.185	11.137**	0.010	0.874	0.670
户主健康状况	4.568	0.013	-3.316**	0.040	0.301	0.820	-0.517	0.410
村庄发展类型	1.548	0.649	4.851	0.103	-3.780	0.120	-0.0738	0.474
家庭总收入	0.000	0.120	-0.000	0.276	-0.000	0.281	-0.000	0.886
农业收入占比	-0.151*	0.078	0.162**	0.033	0.049	0.424	-0.026	0.403
家庭耕地面积	-3.847	0.455	-4.302	0.343	-5.726	0.122	14.935***	0.000
耕地质量	-5.190*	0.077	4.209	0.104	-0.867	0.682	1.505	0.134

续表

	杂交稻		玉米		红米		豆类	
	系数	P>|z|	系数	P>|z|	系数	P>|z|	系数	P>|z|
灌溉水质量	-3.071	0.251	-1.411	0.550	0.285	0.882	2.779***	0.002
耕地平均海拔	-0.019	0.190	-0.039**	0.002	0.106***	0.000	0.005	0.278
种田能手数量	-7.197	0.197	-3.670	0.455	9.111**	0.023	-1.095	0.566
农业技术培训次数	-11.674	0.107	-2.156	0.736	12.992**	0.013	-1.776	0.474
参与合作社数量	16.451**	0.003	-1.088	0.821	-11.349***	0.004	-0.956	0.608
农产品类型	-4.249	0.404	-2.288	0.610	6.119*	0.095	-2.588	0.137
对子孙种田的期望	1.219	0.586	-0.341	0.863	0.621	0.700	-1.442*	0.060
常数项	116.184***	0.000	122.168***	0.000	-194.353***	0.000	-8.217	0.460
R^2	0.301	0.238	0.599	0.400				

注：***、**、*分别表示在0.01、0.05和0.1水平上显著。

不同的驱动因素对"哈尼稻作梯田系统"的保护与发展具有不同意义。农户基本特征中，农户家庭人口过少，户主年龄较大、受教育水平较低和健康状况较差均不利于系统的维持，威胁着农业文化遗产的保护。在村落层面上，不同发展类型的村落，其种植结构呈现较大差异。哈尼梯田地区现阶段发展落后，农户间种植行为相似，发展程度接近。因此，在农户水平上，村落类型对农户种植结构的影响并不显著。家庭种植资源禀赋中，耕地质量、灌溉水质量和种田能手数量对遗产的动态保护具有积极意义。家庭种植特征中，农户对子孙种田的期望对"哈尼稻作梯田系统"的传承和发展意义重大；农户每年参与农业技术培训的次数、参与合作社数量和农产品类型对系统保护和发展的影响受制于因素本身的特性，农业技术培训的内容应当以传承传统种植技术为主，农户专业合作社应当适度增加红米等传统作物类型，对农产品类型的认证应当包括农业文化遗产的内涵。

似不相关回归的结果表明，个体农户层面上，影响哈尼梯田地区农户作物选择的显著性因素随作物种类而不同。

（1）影响农户种植杂交稻的显著性因素有家庭总人数、农业收入占比、耕地质量、参与合作社数量4项。其中，仅有参与合作社数量呈显著正相关，其余3项为显著负相关。①入户调研得到，4种主要粮食作物中单位面积平均产量依次为杂交稻＞玉米＞红米＞豆类，分别为10084.55kg/hm²、8604.84kg/hm²、7125kg/hm²和2354.33kg/hm²。上文中主要粮食作物的投入产出分析表明，种植杂交稻的总成本、净收益、劳动生产率均为最高。由此可以推测，较高的单位面积产量和净收益促使家庭人数较少、农业收入占比较低的农户选择多种植杂交稻。②杂交稻具有较高的抗病虫害能力等优势，在质量较差的耕地上能维持较高的平均产量，促使农户在质量较差的耕地上选择多种植杂交稻。

（2）影响农户种植红米的显著性因素有家庭总人数、户主民族、耕地平均海拔、种田能手数量、农业技术培训次数、参加合作社数量、农产品类型7项。其中仅有参加合作社数量呈显著负相关，其余6项为显著正相关。①上文中主要粮食作物的投入产出分析结果表明，红米的劳动力成本居4种主要粮食作物之首，为11520元/hm²；其劳动生产率较低，仅为16.74元/h。由此可以推测，红米种植所需的劳动力较多，家庭人数较少的农户倾向于少种植红米。②红米作为哈尼梯田地区的传统粮食作物，不仅是当地哈尼族、彝族等少数民族居民重要的粮食来源，在其传统节庆习俗中也具有不可取代的文化价值。此外，哈尼梯田地区呈现民族聚落、立体分布的多民族聚居特征。哈尼族一般位于海拔1400~1800m的中高山区，彝族、汉族位于海拔1000~1600m的中山区。❶梯田红米经过长期选育，能够在海拔较高的环境中维持稳定的产量，因此被哈尼族、彝族等聚居在中高山区的少数民族农户广泛种植。③种田能手数量和参与农业技术培训次数是衡量农户种田能力的重要指标。调研发现，哈尼梯田地区农户种田能手数量一般为1~2名/户，农户每年参与农业技术培训的次数不足1次。绝大部分受访农户具有较强的参与农业技术培训的意愿，建议当地政府有计划地组织农业技术培训，提高农户的知识水平和种植能力。④元阳县红米种植以"公司＋基地＋农户"的种植生产经营模式进行发展，依托企业成立专业合作社，通过合作社与种植户签订产购合同，向种植户提供技术支持和优质良种，促进农户种植梯田红米。调查发现，此类种植生产经营模式

---

❶ 霍晓卫，张晶晶，齐晓瑾. 云南省元阳县六个村寨的聚落比较［J］. 住区，2013（1）：80-87.［HUO X W, ZHANG J J, QI X J. A comparative study on traditional settlements of Hani, Yi, Dai and Zhuang nationalities in Yuanyang County, Yunan Province. Design Community, 2013（1）：80-87.］

尚处于起步阶段,专业合作社数量有待提高。截至 2015 年,元阳县拥有各类农民专业合作社 67 家,其中仅有 2 家从事红米种植、销售,大部分以果蔬种植和家畜养殖为主。入户调查数据显示,哈尼梯田地区农户参与专业合作社的数量较少,平均每户参与专业合作社数量不足 1 家。因此,受其他专业合作社的影响,农户种植红米的积极性较差,建议当地政府适度提高红米专业合作社数量,增强农户种植红米的积极性。

(3)影响农户种植玉米的显著性因素有户主年龄、户主健康状况、农业收入占比、耕地平均海拔 4 项。其中,仅有农业收入占比呈显著正相关,其余 3 项为显著负相关。①在 4 种主要粮食作物中,玉米的净收益为负。但由于玉米种植难度和对自然环境要求较低,主要作为家畜和禽类饲料的主要来源。由此可以推测,依靠饲养、售卖家禽获益的农户或利用家畜耕地的农户,农业收入是其家庭收入的主要来源,因此倾向于多种植玉米。②相比红米、杂交稻和豆类,种植玉米所需劳动力较少。由此可以推测,户主健康状况较差或年龄较小的农户,其家庭劳动力一般较为缺乏,倾向于多种植玉米。

(4)影响农户种植豆类的显著性因素有家庭耕地面积、灌溉水质量、对子孙种田的期望 3 项。其中仅有对子孙种田的期望呈显著负相关,其余 2 项为显著正相关。①四种主要粮食作物中,豆类种植总面积和户均面积均为最小,同时其净收益和劳动生产率均为负数。从作物生产的实际看,豆类很大程度上仅作为一种"捎带庄稼"零星种植。❶因此,耕地质量和灌溉水质量较高的农户可将豆类作为"补充作物"进行种植。②调查数据显示,对子孙种田期望较低的农户,其农业收入占家庭总收入的比重较低,受机会成本影响,该类农户继续从事农业种植活动的意愿普遍较低。

四、结论与政策建议

本文基于云南省红河州元阳县农户调查数据,分析了 GIAHS "哈尼稻作梯田系统"农户粮食作物种植结构现状及驱动因素,得到如下结论。①调查涉及的 41.23hm² 有效耕地中,按种植总面积和户均种植面积排序:杂交稻>玉米>水果类>红米>豆类>其他类>蔬菜类。②宏观层面上,作物的经济效益对替代性作物(如杂交稻和红米)的种植选择影响较大,元阳地区农户倾

---

❶ 梁泉,郭华春,尹元萍,等. 云南省豆类作物生产的现状及发展前景分析[J]. 大豆通报, 2008(1):40-43. [LIANG Q, GUO H C, YIN Y P, et al. The production and perspectives of legume crops in Yunnan Province. Soybean Science and Technology, 2008(1):40-43.]

向于选择单位面积净收益较高且劳动生产率较高的杂交稻而非红米；非替代性作物（如红米和玉米），其种植选择受作物经济效益影响有限。耕地质量和海拔方面，农户倾向于将质量较好且海拔较低的耕地用于种植杂交稻，而将质量较差且海拔较高的耕地用于种植红米。③个体农户层面上，影响不同作物种植选择的显著性因素有所不同。家庭总人数较少、农业收入占比较低、耕地质量较差、参与合作社数量较多的农户倾向于多种植杂交稻；家庭总人数较多、户主民族非汉族、耕地平均海拔较高、种田能手数量较多、参与农业技术培训次数较多、参加合作社数量较少、农产品类型非普通农品的农户倾向于多种植红米；户主年龄较小、户主健康状况较差、农业收入占比较高、耕地平均海拔较低的农户倾向于多种植玉米；家庭耕地面积较大、灌溉水质量较高、对子孙种田的期望较低的农户倾向于多种植豆类。

哈尼梯田地区传统粮食作物——梯田红米，受自身品种特性及自然条件限制，普通农户近年来对其种植呈减少趋势，逐渐被优势明显的杂交稻所替代。梯田红米种植面积的逐渐减少，一方面会影响农业文化遗产的动态保护和传统农耕文明的文化传承，另一方面会造成粮食作物品种的单一化，不利于本地区农业生物多样性的保护和"红河哈尼稻作梯田系统"稳定性的维持。因此，建议采取以下措施提高农户种植传统作物的积极性，实现"红河哈尼稻作梯田系统"的动态保护。①政府主导，扩大种植规模。建议由元阳县等梯田连片分布地区的县级政府主导，相关乡镇政府负责实施，依托当地企业适度扩大红米专业合作社规模和数量。合作社与种植户签订产购合同，定期向农户提供农业技术培训和优质良种，在保持传统种植方式的基础上，提高农户种植效率，扩大种植规模。同时，县级政府为合作社和种植户提供一定的政策支持和财政补贴。②加强品牌塑造，提高附加价值。由红河哈尼族彝族自治州政府主导，在州域范围内建立"梯田红米"等传统作物的统一品牌，完善农产品的质量评估体系，授权符合资质的深加工企业和专业合作社使用该品牌，增加传统作物的附加价值，以提升市场交易价格，提高农户种植积极性。③促进产业融合，挖掘文化内涵。"红河哈尼稻作梯田系统"具备生产、生态、社会、文化等多功能价值，具有产业融合发展的良好条件。[1] 建议以传统作物种植为第

---

[1] 张灿强, 沈贵银. 农业文化遗产的多功能价值及其产业融合发展途径探讨[J]. 中国农业大学学报（社会科学版），2016, 33（2）：127-135. [ZHANG C Q, SHEN G Y. Multifunction of Agricultural Heritage and its industrial development and industrial convergence approaches. China Agricultural University Journal of Social Sciences Edition, 2016, 33（2）：127-135.]

一产业发展方向，突出红米等传统特色品种；以特色农产品深加工为第二产业发展方向，发展以红米等传统作物为核心的深加工产品；以乡村旅游和生态休闲为第三产业发展方向，依托哈尼梯田的景观优势，深入挖掘红米等传统作物在哈尼族、彝族等少数民族生产、生活中的文化内涵，以此开发特色旅游产品，并引导农户发展农家乐等。

由于数据的可得性和问题的复杂性，本文尚有如下不足需要进一步研究。①仅选取了2015年的截面数据，从作物经济效益、耕地资源特征、农户家庭特征与资源禀赋等方面进行了分析，未在长时间序列上进行种植结构变化分析。②耕地资源特征中，耕地质量仅采取农户主观评价的方法进行分类，不能完全、客观地体现耕地质量。③元阳县哈尼稻作梯田系统传统文化资源极为丰富，不同民族拥有不同的生活习惯和行为偏好，作物本身的文化含义对种植选择的影响未能在文中体现。

第一作者简介：

杨伦（1991—），男，陕西汉中人，博士研究生，研究方向为农业文化遗产与生态系统服务功能评估。e-mail：yangl.14b@igsnrr.ac.cn。

通讯作者：

刘某承（1983—），男，副研究员、博士，研究方向为生态系统功能评估及生态补偿。e-mail：liumc@igsnrr.ac.cn。

基金项目：

国家自然科学基金（41201586）；黔科合院士站（2014）4006；云南红河哈尼梯田保护的产业发展支撑研究。[Fundation items：Chinese National Natural Science Foundation, No. 41201586; Guizhou science and technology academician station (2014), No. 4006; Study of Supporting Industrial Development for Conserving Honghe Hani Rice Terraces, Yunnan.]

中华农耕文明的信仰崇拜

灵星祭祀兴衰考

张 恒

灵星祭祀是日月星辰等自然神灵信仰的一种，是西汉以来与先农、社稷等并列的农业祭祀之一，在以农为本的古代农业社会极受重视，并作为一种与农业生产相关的官方祀典长期延续。❶ 毋庸置疑，灵星祠祀是中国祠祀文化和农业文明研究的题中之义。但目前学界关注焦点主要针对先农与社稷，❷ 对于位列农神祭祀之一的灵星祭祀鲜有关注，仅有数篇专题性论文曾作探讨。仅见的灵星祭祀研究，主要是对灵星祭祀与雩礼、先农祭祀之间的关系，先秦两汉时期灵星祭祀的兴起及其制度变迁等层面的探讨。❸

此类讨论和探索为我们廓清了研究脉络和突破方向。但是，现有灵星祭祀研究也存在欠缺之处。譬如，灵星祭祀在西汉兴起，后世发展演变如何？汉代以后人们如何认识灵星祭祀？为何在唐宋以后呈现衰微的发展态势及至明代被废止？尽管有学者对灵星祭祀在秦汉以后的发展变迁有所论述，但却是简略和粗线条的，无助于我们回答以上问题。而这也正给本文留下了继续探讨的空间和余地。故此，本文拟在前贤的研究基础上，以历代官私典籍为资料来源，从农业发展进程的角度来探讨灵星祭祀的兴衰演替，以纵向的视角拷问灵星祭祀

---

❶ 与农业直接或间接相关的祀典有多种，如郊祀、社稷、大雩、籍田、先农、先蚕等，灵星是其中一种。参见李锦山：《中国古代农业礼仪、节日及习俗简述》，《农业考古》2002年第3期。

❷ 有关社稷与先农的研究论著主要有：余和祥：《略论中国的社稷祭祀礼仪》，《中央民族大学学报》2002年第5期；高臻、贾艳红：《略论秦汉时期民间的社神信仰》，《聊城大学学报（社会科学版）》2003年第4期；王柏中：《神灵世界：秩序的构建与仪式的象征：两汉国家祭祀制度研究》，北京：民族出版社，2005年；吕亚虎：《试论秦汉时期的祠先农信仰》，《江西师范大学学报（哲学社会科学版）》2013年第5期；魏永康：《报本开新：战国秦汉时期的先农信仰研究》，《民俗研究》2014年第2期；原昊：《商周秦汉神祇的农业神性研究》，华中师范大学博士学位论文，2015年。

❸ 灵星祭祀研究主要论著有：王健：《汉代祈农与籍田仪式及其重农精神》，《中国农史》2007年第2期；王健：《祠灵星与两汉农事祀典的几个问题》，《中国农史》2008年第4期；田天：《先农与灵星：秦汉地方农神祭祀丛考》，《中国国家博物馆刊》2013年第8期；于洪涛：《秦汉时期的"灵星"祭祀研究》，武汉大学简帛文库（http://www.bsm.org.cn/show_article.php?id=2184）。

从兴至衰的内在逻辑。

一、灵星祭祀的含义与仪式

秦人将"先农"视为其农神而进行祭祀。❶ 秦亡汉兴，秦代确立的"先农"祭祀逐渐与籍田礼相结合，成为国家祭祀的一部分。❷ 为区别于秦的祭祀系统以及上接周人祭祀祖先余绪，汉高祖八年（前199年），皇帝令郡国县另立新祀。《史记》载："其后二岁，或曰周兴而邑邰，立后稷之祠，至今血食天下。于是高祖制诏御史：'其令郡国县立灵星祠，常以岁时祠以牛。'"❸

灵星之祭虽兴起于西汉，却最初起源于周朝郊祀之礼。据王利器先生考证："毛诗《丝衣序》：'绎宾，尸也'。高子曰：'灵星之尸也。'说者谓高子与孟子同时，即所谓'固哉高叟'者，则灵星之祭，自周已然。汉因周祭后稷而立灵星之祀者，周、汉皆祀天田，以后稷配之也。古之祀典，尤重农事，故稷与先农，不嫌重复，何独疑于灵星之重祀后稷哉？"❹ 尸是先秦祭祀特有的风俗，指由人扮演被祭祀的鬼神。据此可知，灵星祭祀在周代时已出现。《周书》又曰："设丘兆于南郊，以祀上帝，配以后稷、农星，先王皆与食。"❺ 此处农星即灵星，是属于郊祀仪式的祭祀对象。汉代以后，又因为与后稷并列配食，故而成为后稷的代称。

灵星祠为何以"农神"后稷配享呢？其中渊源值得深思。东汉应劭在《风俗通义》中对二者之关系有所论述："祀典，既以立稷，又有先农，无为灵星，复祀后稷也。左中郎将贾逵说，以为龙第三有天田星，灵者神也，故祀以报功。辰之神为灵星，故以壬辰日祀灵星于东南，金胜木为土相。"❻ 依应劭之见，既然祭祀了先农和稷神，则没必要祭祀灵星和后稷了。上文的"龙第三有天田星"，是指苍龙星座的第三颗星，也即灵星。然而因灵星乃星神"故祀以报功"的说法仍不能解释祭祀灵星之理由。

---

❶ 关于"先农"，《周家台秦简》的整理者释为"古代传说中始教先民耕种的农神"。不同学者对此有不同解读，如魏永康《报本开新：战国秦汉时期的先农信仰研究》（《民俗研究》2014年第2期）认为："先农即神农、田畯、田祖"；李国强《周家台〈祠先农〉简的释、译与研究》（《中国文化研究》2016年第2期）一文认为："先农的原型是先秦时代田间除虫的小神田祖，秦代演变为'先农'，成为地位较高的农事神。"

❷ 参见田天. 先农与灵星：秦汉地方农神祭祀丛考 [J]. 中国国家博物馆馆刊：2013（8）：66.

❸ （汉）司马迁. 史记（卷28）封禅书第六 [M]. 北京：中华书局，1959：1380.

❹ （汉）应劭撰，王利器校注. 风俗通义校注（卷8）祀典 [M]. 北京：中华书局，1981：360.

❺ 黄怀信. 逸周书校补注译 [M]. 西安：西北大学出版社，1996：256-257.

❻ 风俗通义校注（卷8）祀典 [M]. 北京：中华书局，1981：359.

《后汉书·志第九》对"后稷配食星"又有补充说明:"言祠后稷而谓之灵星者,以后稷又配食星也。旧说,星谓天田星也。一曰,龙左角为天田官,主谷。祀用壬辰位祠之。壬为水,辰为龙,就其类也。"❶ 再佐以《史记正义》:"灵星即龙星也。张晏云:'龙星左角曰天田,则农祥也,见而祭之。'"❷ 灵星即二十八宿中苍龙座的角宿、亢宿。天田共有二星,属于角属。灵星即农星,又被称作天田星,在神话中被认为是主谷之神。

由上可知,天田星乃主谷之神,因此享受主祭的待遇。后稷(弃)乃周人先祖而且是"教民稼穑,树艺五谷"于邰城(今陕西杨凌一带)的农神,因而受到后世族人的祭祀。在中国古代祭祀仪典中有把历史人物配享于自然神的惯例,而后稷作为农业社会的英雄人物和周人先祖,并不能享受单独祭祀,因而获得配享食星的待遇。❸

关于灵星祠祀的时间、地点及规格都有定制。时间一般在立秋后辰日,为唐宋明历代所沿袭。地点则在城之东南方,后世有所变化。至于灵星祠祀的规格,西汉时有明确规定。"牲用太牢,县邑令长侍祠。"❹ 但《后汉书》引《汉旧仪》复言:"古时岁再祠灵星,春秋用少牢礼也。"❺ 由此表明,相较于春秋时代,西汉时期灵星祭祀的规格有所提高。❻ 但因不同朝代统治者的重视程度不同,灵星之祭的规格也时有变化。从总体趋势来看,其祭祀规格是逐渐降低的。

灵星之祭祀仪式主要是通过呈献祭品、表演舞蹈来愉悦神灵,已达到祈农报功之目的。祭品有猪牛羊等血祭,后世也有"果饼酒脯"等。祭祀所表演的舞蹈与农业的关系颇为密切,表现为舞蹈反映出了古代农耕生产的基本流程。西汉时,举行灵星祭祀时伴有灵星舞,具体内容为:"舞者象教田,初为芟除,次耕种、芸耨、驱爵及获刈、舂簸之形",目的在于"象其功也"❼。灵星舞一直延续到明代。

---

❶ (宋)范晔撰,(唐)李贤,等注.(晋)司马彪补志.后汉书·志第九 [M].北京:中华书局,1965:3204.
❷ (汉)司马迁.史记(卷12).孝武本纪第十二 [M].北京:中华书局,1959:480.
❸ 王健.祠灵星与两汉农事祀典的几个问题.中国农史,2008(4):12.
❹ (宋)范晔,等.后汉书·志第九 [M].北京:中华书局,1965:3204.
❺ (宋)范晔,等.后汉书·志第九 [M].北京:中华书局,1965:3204.
❻ 《礼记·王制》中载:"天子社稷皆太牢,诸侯社稷皆少牢。"明确区分了帝王与诸侯祭祀。而所谓"太牢"指牛、羊、豕三牲全备,羊、豕各一者,叫做"少牢"。少牢在祭品的规格中低于"太牢"。
❼ 后汉书·志第九 [M].北京:中华书局,1965:3204.

二、灵星祭祀的兴衰

中国古代以农立国，奉农为本，且有"国之大事，在祀与戎"❶之传统，故而国家祀典尤重农事祭祀。西汉建国之初，高祖便设灵星祠以后稷享祀，并以太牢之礼祭之，期望农神保佑五谷丰登，足见统治者对农业生产的重视。《后汉书》载"言祠后稷而谓之灵星者，以后稷又配食星也"❷。

（一）灵星祭祀兴盛之表征

灵星祭祀的兴盛主要表现为两汉时期分布范围广，成为官方祀典，以及在东晋时上升为中央祀典。西汉时灵星祠以京师长安（今西安）为中心，广泛散布于全国各地方郡县。《后汉书》引《三辅故事》曰："长安城东十里有灵星祠。"❸汉武帝即位之初，"尤敬鬼神之祀"，元封三年（前108年）因天旱而下诏天下尊祠灵星。诏曰："天旱，意干封乎？其令天下尊祠灵星焉。"❹又《太平御览》引《益部耆旧传》曰："赵瑶为阆中令，遭旱，请雨于灵星，应时大雨。"❺蜀汉时的阆中（今四川阆中）亦有祠灵星的风俗。以上诸例表明，当时灵星祭祀的主要祈愿为天旱求雨，此时已从周秦以来的郊祀成为国家层面的官方祀典。

汉武帝以后，随着内地文化的输出和传播，远在朝鲜半岛的高句丽也出现灵星祭祀的风俗，各类史籍皆有记载。《后汉书》曰："武帝灭朝鲜，以高句骊为县。……其俗淫……好祠鬼神、社稷、零（灵）星……"❻至三国时期，此地习俗与内地相近，依然盛行灵星之祀。史曰："其俗节食，好治宫室，於所居之左右立大屋，祭鬼神，又祀灵星、社稷。"❼甚至，在有关唐代以降的历史文献中仍可看到这一地区祭祀灵星的现象。《旧唐书》载："高丽者，出自扶余之别种也。……种田养蚕，略同中国。……其俗多淫祀，事灵星神、日

---

❶（汉）班固.汉书（卷27）.五行志第七中之上［M］.北京：中华书局，1357页.
❷ 后汉书·志第九［M］.北京：中华书局，1965：3204.
❸ 后汉书·志第九［M］.北京：中华书局，1965：3204.
❹ 史记（卷12）.孝武本纪第十二［M］.北京：中华书局，1959：479页.
❺（宋）李昉，等.太平御览（卷11）.天部十一·祈雨［M］.北京：中华书局，1960：56.
❻ 后汉书（卷85）.东夷列传第七十五·高句骊［M］.北京：中华书局，1965：2813.
❼（晋）陈寿撰，（宋）裴松之注.三国志（卷三十）.魏书·乌桓鲜卑东夷传第三十［M］.北京：中华书局，1959：843.

神、可汗神、箕子神。"❶ 高句丽地区长期存在灵星祭祀现象，也说明灵星祭祀在西汉以来的影响至广至远。

灵星祭祀也曾出现于三国时期太湖流域的丹阳郡（今江苏镇江）。《三国志·魏书·陶谦传》引《吴书》曰："谦性刚直，有大节，少察孝廉，拜尚书郎，除舒令。……谦在官清白，无以纠举，祠灵星，有赢钱五百，欲以臧之。谦委官而去。"❷ 陶谦（132—194年），丹阳人，作为郡县郡守有祭祀灵星之责。远在太湖流域的丹阳郡仍然存在郡守祭祀灵星活动，也反映出这一时期灵星祭祀具有全国性的影响力。时至西晋，国家祠令中仍规定郡县祭祀灵星。《魏书》载："晋祠令云：'郡、县、国祠稷、社、先农，县又祠灵星。'此灵星在天下诸县之明据也。"❸ 以上表明，西晋时的灵星祭祀属于郡县祠祀的层级。

古代祭天仪式一般都设于都城南郊，设有圆丘作为祭场，故而南郊或圆丘也成为祭天的一种代称。晋朝南渡后，灵星祭祀"不复特置"而成为"配飨南郊"的祭天之礼。史曰："（西晋惠帝）元康时，洛阳犹有高禖坛，百姓祠其旁，或谓之落星。是后诸祀无闻。江左以来，不立七祀，灵星则配飨南郊，不复特置焉。"❹ 由此可知，东晋元帝（317—323年）以来，灵星祭祀不另设祭坛而是配飨南郊，则表明灵星祭祀从地方祀典上升为中央祭典。故而，王健❺以"配飨南郊，不复特置"祭坛作为魏晋以降灵星仪式衰微的证据的论述似有不妥。

（二）灵星祭祀衰微之表征

北魏时期，灵星、先农等虽由太常祠官祭祀，但为独立的祠坛，牺牲用少牢之礼。北魏明元帝（拓跋嗣）泰常三年（418年），"六宗、灵星、风伯、雨师、司民、司禄、先农之坛，皆有别兆，祭有常日，牲用少牢"❻。祭祀时间在立秋时分。单从祭祀规格而言，该时期的灵星祭祀相较于汉代受重视程度明显下降。北魏宣武帝（500—515年）时，大臣刘芳任太常卿（掌礼乐、郊

---

❶ （后晋）刘昫，等撰. 旧唐书（卷199）. 列传第一百四十九上·东夷 [M]. 北京：中华书局，1975：5319-5320.
❷ 三国志（卷8）. 魏书·二公孙陶四张传第八 [M]. 北京：中华书局，1959：248.
❸ （北齐）魏收. 魏书（卷55）. 列传第四十三·刘芳 [M]. 北京：中华书局，1974：1224页.
❹ （唐）房玄龄，等. 晋书（卷19）. 志第九·礼上 [M]. 北京：中华书局，1974：597.
❺ 王健. 祠灵星与两汉农事祀典的几个问题 [J]. 中国农史. 2008（04）：17.
❻ 魏书（卷181）. 礼志一 [M]. 北京：中华书局，1974：2737.

庙、社稷之事），他以"所置五郊及日月之位，去城里数于礼有违，又灵星、周公之祀，不应隶太常"❶。继而，针对地方性神祇灵星祠、周公与夷齐入祀于太常所司的郊庙神祇，向皇帝上疏提出"若逐尔妄营，则不免淫祀"❷的主张。南朝梁（502—557年）的灵星祠制则是："每以仲春仲秋，并令郡国县祠社稷、先农，县又兼祀灵星、风伯、雨师之属"❸，此处灵星祭祀仍具有地方神性质，符合于汉代与《晋祠令》中郡国祠灵星的旧制。

此外，还可以从当时祭祀灵星的祭品来看其祭祀规格。《北齐书》载："农社先蚕，酒肉而已；雩、禖、风、雨、司民、司禄、灵星、杂祀，果饼酒脯。唯当务尽诚敬，义同如在。"❹此处先蚕以肉为祀品，而灵星祭祀仅为果饼酒脯而已，这或与南北朝时素食祭祀风气盛行有关，但也表明灵星之祭的规格低于先蚕祭祀。

隋代的灵星祭祀系传承自北魏的礼制，其祭祀规格仍属于少牢之礼，但已经呈下降趋势。《隋书》云："开皇初，社稷并列于含光门内之右，仲春仲秋吉戊，各以一太牢祭焉。牲色用黑。……又于国城东南七里延兴门外，为灵星坛，立秋后辰，令有司祠以一少牢。"❺而另一处文献记载则显示，该时期灵星祭祀规格有所降低，仅属于众星之位。史曰："圆丘则以苍璧束帛，正月上辛，祀昊天上帝于其上，以高祖神武皇帝配。五精之帝，从祀于其中丘。面皆内向。日月、五星、北斗、二十八宿、司中、司命、司人、司禄、风师、雨师、灵星于下丘，为众星之位，迁于内壝之中。"❻从献祭官员之官阶也可看出灵星祭祀在隋代祀典中的地位，"司徒献五帝，司空献日月、五星、二十八宿，太常丞已下荐众星。"❼灵星原本是民间信仰的神祇，自汉高祖立祀之后，发展至隋代已成为官方祠礼中的一环，这反映出统治者对农事祠祀的重视以及农本思想。

唐代承袭隋代祭祀规格，灵星之祭亦用少牢之礼。《唐六典》曰："宗庙、社稷、岳、镇、海、渎、先农、先蚕、前代帝王、孔宣父、齐太公庙等皆以太牢，风师、雨师、灵星、司中、司命、司人、司禄及五龙祠、司冰、诸太子庙

---

❶ 魏书（卷55）. 列传第四十三·刘芳 [M]. 北京：中华书局，1974：1221.
❷ 魏书（卷55）. 列传第四十三·刘芳 [M]. 北京：中华书局，1974：1225.
❸ （唐）魏征，等. 隋书（卷7）. 志第二·礼仪二 [M]. 北京：中华书局，1973：141.
❹ （唐）李百药. 北齐书（卷4）. 帝纪第四 [M]. 北京：中华书局，1972：64.
❺ 隋书（卷7）. 志第二·礼仪二 [M]. 北京：中华书局，1973：143.
❻ 隋书（卷6）. 志第一·礼仪一 [M]. 北京：中华书局，1973：114.
❼ 隋书（卷6）. 志第一·礼仪一 [M]. 北京：中华书局，1973：114.

皆以少牢，其余则以特牲。"❶ 此外，唐代礼制明确规定了灵星祭祀的时间、地点和规格，即"立秋后辰日，祀灵星于国城东南……已上四祀，旧不用乐，笾、豆各八，簠、俎等各一也。"❷《新唐书》明确记载："小祀：司中、司命、司人、司禄、风伯、雨师、灵星、山林、川泽、司寒、马祖、先牧、马社、马步，州县之社稷、释奠。"❸ 其中，灵星祭祀属于小祀。

唐开元年间（713—741年），灵星祭祀仍祀于南郊但属于小祀。而至"唐开元中，特置寿星坛，常以千秋节日祭老人星及角、亢七宿。请用祀灵星小祠礼，其坛亦如灵星坛制，筑于南郊，以秋分日祭之。"❹ 到天宝四年（745年），灵星祭祀却被升为中祠。依《通典》记载："大唐开元礼：立秋之后，祀灵星于国城东南，天宝四载，敕升为中祠。"❺ 于此可知，灵星祭祀之地位似乎在这一时期有所提升。安史之乱的战火扰乱了国家的正常祭祀活动，灵星等诸多祭祀遭遇中断，战乱平息后遂恢复正常。唐德宗贞元六年（790年）"二月甲申复祀元中、司命、司人、司禄及灵星"❻。

及至宋代，灵星祭祀制度因袭唐制，在朝廷祀典中属于小祀。文献通考记载："宋制：二仲祀九宫贵神为大祀。立春后丑日祀风师，立夏后申日祀雨师，为中祀。立秋后辰日祀灵星，秋分享寿星，立冬后亥日祀司中、司命、司人、司禄，为小祀。"❼ 宋仁宗庆历年间（1041—1048年），"以立秋后辰日祀灵星，其坛东西丈三尺，南北丈二尺，寿星坛方丈八尺。皇祐定如唐制，二坛皆周八步四尺"❽。宋徽宗建中靖国元年（1101年），"又建阳德观以祀荧惑。……太常博士罗畸请宜仿太一宫，遣官荐献，或立坛于南郊，如祀灵星、寿星之仪"❾。而宋朝南渡之后，"灵星、寿星、风师、雨师、雷师及七祀、司

---

❶（唐）李林甫，等．陈仲夫点校．唐六典（卷14）．太常寺［M］．北京：中华书局，1992：414.
❷（元）马端临．文献通考（卷80）．郊社考十三［M］．北京：中华书局，1986：728.
❸（宋）欧阳修，宋祁撰．新唐书（卷11）．志第一·礼乐一［M］．北京：中华书局，1975：310.
❹（元）脱脱，等．宋史（卷130）．志第五十六·礼六［M］．北京：中华书局，1977：2515.
❺（唐）杜佑著，王文锦等点校．通典（卷44）．礼四·沿革四［M］．北京：中华书局，1988：1241.
❻（北宋）王钦若，等编．册府元龟（卷三十四）．帝王部三十四［M］．3691.
❼ 文献通考（卷80）．郊社考十三·祭星辰［M］．北京：中华书局，1986：731.
❽ 宋史（卷130）．志第五十六·礼六［M］．北京：中华书局，1977：2516.
❾ 宋史（卷130）．志第五十六·礼六［M］．北京：中华书局，1977：2514.

寒、马祖"[1]之祭，沿袭旧制。以上可说明，宋代的灵星祭祀仍在南郊设坛进行，祭祀时间一如隋唐。

宋亡元兴，游牧民族统治华夏农耕之地，诸如灵星等汉族祭祀活动不见于史乘。元明鼎革，传统的灵星祭祀重新恢复。明太祖洪武元年（1368年），太常司上奏："汉高帝命郡国立灵星祠。唐制，立秋后辰日祀灵星，立冬后亥日遣官祀司中、司命、司民、司禄，以少牢。宋祀如唐，而于秋分日祀寿星。今拟如唐制，分日而祀，为坛于城南。"[2] 朱元璋听从了这一奏议，并于该年十二月祀灵星诸星。

洪武二年（1369年）又听从礼部尚书崔亮奏议，"每岁圣寿日祭寿星，同日祭司中、司命、司民、司禄，示与民同受其福也。八月望日祀灵星。皆遣官行礼"[3]。此外，朱元璋还因个人之喜好将灵星祭坛改为殿屋。起因在于"帝虑郊社诸祭，坛而不屋，或骤雨沾服"。崔亮援引宋祥符九年南郊遇雨，在太尉厅望祭，以及元代《经世大典》中的坛垣内外建屋避风雨的旧例，得到皇帝批准。于是下诏"建殿于坛南，遇雨则望祭。而灵星诸祠亦皆因亮言建坛屋焉"[4]。然而，"三年，罢寿星等祀"[5]。灵星祭祀即于洪武三年（1370年）被废止。至此，延续十余个世纪的灵星祭祀同其他祭祀一样从官方祀典中消失。

三、灵星祭祀兴衰的原因

西汉初年，高祖为延续周代余绪而令天下郡县设灵星祠，在秦代形成的先农祭祀被灵星祭祀所取代。此后灵星祭祀为后世历代所沿袭，直至明初被废止，不再见于各类史籍之中，存续时间约16个世纪。

在古代科学技术落后的情况下，自然崇拜风气盛行，人们唯一能够指望的便是通过天神、地祇等诸种神灵来保佑风调雨顺、五谷丰登，故而被视为"农祥"的灵星格外受人们重视。灵星祭祀自然也备受礼遇，成为官方祀礼中重要的一环。此外，中国古代社会以农立国，且认为"国之大事，在祀与戎"，故而农业社会的宗教信仰和祭祀活动尤重农事祭祀。这也是以祈雨为主

---

[1] 宋史（卷130）. 志第五十六·礼六 [M]. 北京：中华书局，1977：2516.
[2] （清）张廷玉，等. 明史（卷49）. 志第二十五·礼三 [M]. 北京：中华书局，1974：1282.
[3] 明史（卷49）. 志第二十五·礼三 [M]. 北京：中华书局，1974：1282.
[4] 明史（卷136）. 列传第二十四 [M]. 北京：中华书局，1974：3931.
[5] 明史（卷49）. 志第二十五·礼三 [M]. 北京：中华书局，1974：1282.

要目的的灵星祭祀能够兴起与发展繁盛的主要因素。

灵星祭祀是日月星辰祭祀的一种，其特别之处在于它和农业生产息息相关。《后汉书》引《前书音义》曰："龙星左角曰天田，则农祥也。辰日祠以牛，号曰灵星。风俗通曰：辰之神为灵星，故以辰日祀于东南也。"❶ 灵星成为了农业生产丰收的代称，其最初之功能是为天旱而祈雨。汉武帝就因为天旱而"令天下尊祠灵星"。时至北魏，灵星祭祀的祈愿仍是五谷丰登。《魏书》云："灵星本非礼事，兆自汉初，专为祈田，恒隶郡县。"❷

自南北朝以降，灵星祭祀已出现衰微之势。到了明初，甚至被废止。明太祖在洪武三年（1370 年）下令裁去山川诸神封号时说："今宜依古定制，凡岳、镇、海、渎，并去其前代所封名号，止以山水本名称其神。郡、县城隍神号一体改正。历代忠臣烈士，亦依当时初封以为实号，后世溢美之称皆与革去。惟孔子善明先王之要道，为天下师，以济后世，非有功于一方一时者，可比所有封爵，宜仍其旧。庶几神人之际，名正言顺，与礼为当，用称朕以礼祀神之意。"❸ 明初，朱元璋以前所未有之皇权断然下令禁止灵星等祭祀，显然是灵星祭祀被废止的直接原因，但并非是根本原因。

以祈雨为祈愿的灵星祭祀的衰微能否说明统治者不重视农事祭祀了呢？其实不然。灵星祭祀并非是西汉以来历朝历代唯一的农业神祭祀。譬如先农、社稷都受到平等的祭祀，一直存在延续。东汉时期，祀先农形成了皇帝亲耕祭祀的传统，因此，先农祭祀愈发受到重视。自魏晋以降，灵星的核心祭祀地位逐渐让位于先农、社稷祭祀。后世皇朝祭祀农神的仪式重心逐渐转移到祭祀先农和社稷上，皇帝定期在社稷坛、先农坛举行祈农仪式，该种祭祀一直持续到清代。❹

此外，一种观点认为灵星之祭即是古之雩礼，灵星之祭虽废而不存，但雩礼却一直存在。历代学者都曾经对灵星祭祀的渊源问题作过考证。东汉王充《论衡》中对灵星作了颇有见地的论述，他认为："灵星之祭，祭水旱也，于礼旧名曰雩。雩之礼，为民祈谷雨，祈谷实也。春求雨，秋求实，一岁再祀，盖重谷也。春以二月，秋以八月。"❺ 即灵星祭祀源自雩礼。

---

❶ 后汉书（卷85）. 东夷列传第七十五 [M]. 北京：中华书局，1965：2814.
❷ 魏书（卷55）. 列传第四十三·刘芳 [M]. 北京：中华书局，1974：1224.
❸ 明实录（卷53）. 太祖洪武三年六月六日 [M].
❹ 王健. 祠灵星与两汉农事祀典的几个问题 [M]. 中国农史，2008（4）：17.
❺ 黄晖. 论衡校释（卷25）. 祭意第七十七 [M]. 北京：商务印书馆，1939：1061.

宋代学者黄震也认为灵星之祭其实就是古雩祭，他在《黄氏日抄》中说："汉祭灵星即古雩祭，春求雨秋求实，一岁再祀。汉春雩之礼废，秋雩之礼存，又或讹为祭明星，又曰岁星，实龙星也。龙星三月见，则雩祈谷雨，龙星八月将入，则秋雩祈谷实。"❶ 那么，灵星祭祀与雩礼之间是否存在替代关系呢？

以祈雨为目的灵星祭祀在明代被废止，但以祈雨为主要祈愿的祭祀活动一直存在。换言之，灵星祠祭祀已经被其他类似祭祀活动取代。清代灵星之祭不存，但雩礼却行之不废。清代的祈雨仍借助于古"雩"礼。吴十洲先生的《帝国之雩——18世纪中国的干旱与祈雨》❷对于清代的干旱与祈雨祭祀作了系统而全面的研究，对本文的相关论点可说是一个强有力的支持和佐证。

综上所述，灵星祭祀源自周朝的郊祀之礼，汉高祖八年时正式设立灵星祠，以后稷配享祭祀。灵星之祭，历经两汉的兴起以及南北朝以降之式微，至明代洪武三年被废止，存续时间约16个世纪。灵星祭祀在西汉的兴起以及在后代的沿袭不废，反映出统治者对农业生产的重视和风调雨顺的祈盼。而灵星祭祀的衰微则与被先农、社稷、雩礼等同类祭祀活动替代不无关系。及至清代，先农、社稷、雩礼等成为主流的农事祭祀，灵星祭祀则退出国家祀典舞台。

通讯地址：

张恒，西北农林科技大学中国农业历史文化研究中心、农业部传统农业遗产重点实验室，陕西杨凌712100。

参会感想：

饮其流者怀其源。能够参加如此高水平的学术会议，感到非常荣幸和自豪。特别感谢会议筹办方所作的努力和付出，尤其感谢田阡老师和他的团队为与会人员所做的一切，让我感受到了"西大人"的优秀和热情以及西大的温馨和卓越。庆幸在研究生的学习阶段，能够参加如此高端正式的学术会议，与学者大腕近距离交流。与会期间，见到了农史学术圈里如

---

❶ （南宋）黄震. 黄氏日抄（卷57）. 读诸子三. 论衡 [M].
❷ 吴十洲. 帝国之雩——18世纪中国的干旱与祈雨 [M]. 北京：紫禁城出版社，2010.

雷贯耳的学术大咖，如苑利、曾雄生、倪根金、田阡等学者，在"朝夕相处"的会议中领略了"学术偶像"的大家风范和人格魅力，聆听他们的发言、点评可谓"如沐春风"。感谢本次会议为与会者提供了一个思想碰撞、交流交际的巨大平台。参会的学者专家来自全国各地的科研院所，虽然学术兴趣各异、术业有专攻，但因农业文化遗产与民俗这个主题而相聚于西大桂园。在两天的时间里，思想的交锋、犀利的争论不时涌现，让我深刻体悟到学术的本质在于解决问题。在严肃的学术之外，来自五湖四海的与会者，彼此之间结下了深厚的情谊。通过本次会议，结识了诸多青年才俊，与他们结下一段宝贵友谊，是本次"重庆之行"最大的斩获。与会者都来自天南海北，通过交流与互动，得到了别具一格的体验，最让人受益匪浅。

西北农林科技大学　张恒

中国古代土地神信仰的主体意识

姚桂芝

摘　要：中国古代土地神信仰历史悠久，其发展贯穿中国史前史后。对中国古代土地神信仰的研究，就是对中国古代农业文明基础之上的古代人民意识与文化的研究。从整体上看，中国古代土地神信仰变化伴随着人的主体意识的觉醒和发展。中国古代民众的主体意识在土地神信仰中表现为与自然环境的主客体分离，土地神信仰中所展现的现实世界的模式，以及信仰所表现出来的对人的能力的自信和欲望的肯定三方面。可以说土地神信仰的主体意识可以随处察觉，中国古代土地神信仰从自然属性到社会属性转变过程、中国古代之"社"、土地神的形象变化三个方面突出地表现出了土地神信仰中的主体意识。

关键词：土地神信仰；主体意识；属性；社；土地神形象

中国古代土地神信仰的发端，伴随着原始农业的产生。在相当长的一段历史时期内，以农业为经济基础的中国，土地神是其主要的信仰对象。对中国古代土地神信仰的研究，就是对中国古代农业文明基础之上的古代人民意识与文化的研究。古代土地神信仰是一个庞大的系统，历史悠久，其发展贯穿中国史前史后。中国古代土地神信仰的发展伴随着人的主体意识的觉醒和发展。经整理归纳，可知前贤对主体意识的解释主要集中在以下三点。第一，在人与自然的关系中，人对自然与自身的认识不断加深，将自己从自然环境客体中分离出来，并且产生了了解自然、战胜自然的意识。第二，指人将现实生活中的种种现象，包括经济、政治、文化等方面，以无意识的状态折射到文化中去，比如人类的信仰。第三，人类自然的情感、欲望、愿望，以及对人的能力的自信在种种文化现象中的表现。

为便于理解中国古代土地神信仰的主体意识，需要对中国古代土地神信仰的发展历程有个宏观的把握。

一、中国古代土地神信仰发展历程简述

中国古代土地神信仰的发展可分为史前时代和史后时代两个时期。史前时期的原始宗教发端于万物有灵思想，而在此背景下，土地有灵思想产生。所谓土地有灵是指原始人以自然的土地为崇拜对象；随后地母崇拜时代到来，这个时期的土地神信仰由原来的自然实物崇拜发展到地母崇拜。地母是在实物土地基础上，概括出来的一个抽象的概念，是万物有灵思维的进一步发展。地母崇拜的产生，一方面受万物有灵思想的影响；另一方面是"以生殖为特征的女神与以生产为特征的土地神在他们的头脑中合二为一"❶：原始人认为土地有如女性一样的生殖繁衍能力，不过它所养育的是土地上的植物草木、粮食鱼兽，进而施恩于生活在土地上的人类。

到了地母崇拜后期，出现了后土崇拜。后土即地母。"根据王国维、郭沫若等学者考证，'后土'之'后'字在甲骨文中作'母'，认定'后土'即'地母'。当氏族公社的血统由母系转为父系的时候，女性祖先神崇拜便被男性祖先神崇拜替代，因此男性祖先神也就随之被奉立'后土'。但是，'后土'即'地母'本身的含义并没有发生变化，只不过把男性祖先神的神名缀在它的后面罢了。例如，夏族的土地神称为'后土禹'；东夷族的土地神称为'后土羿'；周族的土地神称为'后土稷'。"❷从这句话中我们可以得知，后土是对地母继承发展后的土地神的称谓。而此时的原始社会已经慢慢向父系氏族过渡。之所以会有"地母"和"后土"这两个不同的称谓，有的学者认为是不同时期文化符号的差异所致。王永谦以为，"地母同时具有了土地神的自然属性和祖先神的社会属性"，从中可知，后土作为土地神信仰对象，是土地神崇拜和男性祖先神崇拜相结合的表现。

进入历史时代，在后土崇拜到夏朝之间，土地神由"后土"转为"邦土"或"国土"。周朝是"万邦之地"，各邦皆有土地神，而此时的土地神完全变成了男性神。到了商代晚期，周邦的势力十分强大，周王朝出现了"东土""西土""南土""北土""中土"的五土概念。如前面已经说到那样，在地母崇拜时期，地母已经具有了土地领域的内涵，至周王朝时，"五土"已经具有了代表王土领域与王权权威内涵。周王朝国土分为"五土"，每个"土"需要

---

❶ 钟亚军. 地神之原型——社与社神的形成与发展 [J]. 宁夏社会科学, 2005 (127): 128.
❷ 王永谦. 中国的土地神信仰 [J]. 中国民间文化, 1994 (4): 11.

祭祀，祭祀则在社进行。秦汉时期，土禹被列为国家社神，且以农神稷陪祀，如此情形一直持续到清代。秦汉之后的土地神信仰的发展，主要表现为官社与民社，这两个概念的具体解释将在下文进行。其中官社系统，因政治目的导引，其性质越来越向僵化的仪式发展，成为权威的象征。而民社，因为广大民间群众不断地注入活力，也越来越具有生命力，越来越亲民。

在这里需要解释一个词——"社"。中国古代文字具有多义性特征，所以"社的含义主要有三：一是土地之神；二是祭祀土地神之场所；三是指古代地方行政单位"[1]。而从"社"的来源来看，视其为祭祀土地神的场所更好理解。司瑞江在其论文《古代笔记小说中的民间土地神及其演变》中提出：随着祭祀活动的增加，氏族圣地就变成了社，而"社"是其专门名称。彼时的社，不仅仅只祭祀土地神，还祭祀其他神灵，诸如祖先神、天神、山川神等。随着社会生产的分工越来越细，社神逐渐分化，也有了明确的职责，成为专职春祈秋报的土地神。所以社神就是土地神。周王朝时，周人继承前人之"社"，并与周人农神稷合一，称为"社稷"，代表王权至上。周代的"社"有君王祭祀的"王社"和诸侯祭祀"侯社"。此两者因为是政府所设，故称为官社。而在民间百姓自立的"社"则称为民社。社主是一社之主，是祭祀时具体的祭拜对象，也被称为社神。国家社主只有一个，自秦汉起，国家官社祭祀后土，且自此以后官社社主皆名曰后土。而民社社主繁多异常，遍布全国各地，均受后土管辖。民社社主就是我们平常所理解的土地神。

二、从自然属性到社会属性的转变中体现的主体意识

从上述发展历程看，中国古代土地神信仰崇拜的对象，是从原始社会的实物，到母系氏族的地母，再到地母崇拜后期的后土。这个过程中，土地神的属性在慢慢地发生变化。

面对变幻无常的自然和让人手足无措的生老病死，原始人类对其生存的环境感到恐惧，视其有神秘力量操控。因此，万物有灵思想随之产生，早期自然崇拜也随之而起。宋兆麟说"它（自然崇拜）的特点是崇拜自然现象，即把直接可以为感官所察觉的自然物或自然力作为崇拜对象。但是人类并不是崇拜一切自然现象，而是崇拜那些对人类十分有影响的自然力"[2]。早期人类的生

---

[1] 钟亚军. 地神之原型——社与社神的形成与发展 [J]. 宁夏社会科学，2005（127）：130.
[2] 宋兆麟. 巫与巫术 [M]. 重庆：四川民族出版社，1989：75.

产活动主要是以野生植物果实作为食物。因此土地与人类的生活十分贴近，土地崇拜在这个背景下产生。初期土地神信仰的表现是对实体自然物的崇拜，诸如对石块、树木、土壤的直接祭祀。而此时土地的神性，是"土地在广义上的自然属性，包括负载生殖万物等自然之功利与地动山崩、洪水泛滥等自然之灾害等两方面内容"❶。

地母崇拜是直接从土地崇拜演化过来的，这个时期原始农业得到了发展，人类由直接向大自然索取，变成了要与之合作、耕种渔猎而获取。"然而，土壤有肥瘠，农作物在肥沃的土地上长得茂盛，结的果实多而大；而在贫瘠的土壤上则长得矮小，结的果实也少。不同时间在同一块土地上种植的作物也时好时坏，若风调雨顺，收成会很好；若雨少干旱，则歉收甚至不收。"❷所以农业发展时期，人们对待土地更加亲密与敬畏。就如同王永谦提出的这样：地母崇拜是在原始农业发展的基础之上产生的。据史料表明，地母崇拜对应人类进化史上的母系氏族时期，同时母系氏族时期也是女性祖先神崇拜时期。关于地母崇拜和女性祖先神崇拜之间的关系，王永谦在《中国的土地神信仰》中对其进行了清楚的解释："这样，人们以为土地是与天同样重要的万物之主宰，开始对它产生感谢而又亲近的感情，把它视为氏族部落全体成员共同崇拜的女性祖先神即'始祖母'而凌驾于其他之上，尊称之为'大祖母大地'或'大地大祖母'，亲近地省称'地母'。"❸很明显，地母崇拜是原始人运用自己被后世称为"模仿巫术"的思维方式，对现实生活中女性祖先神的崇拜和土地生殖力联想的结合，而产生的一种关于对客观现实在人类思想世界折射的现象。

地母崇拜是土地神从只具有自然属性到以社会属性为主的过渡阶段。到了后土崇拜时期，土地神的社会属性进一步增加。一方面，此时即是原始社会母系氏族向父系氏族转变时期，不同氏族的祖先神已经变成了男性，而后土则是男性祖先神和土地神相结合的表现。此时男性是氏族物质生活来源的主力军。另一方面，在整个地母（包括后土）崇拜时期，不同的母系或父系血缘，有不同的氏族组织。有学者认为，每个氏族部落都有自己的"地母"土地神，有多少个氏族部落就有多少个地母。并且这些地母彼此平等，没有高低贵贱之

---

❶ 王永谦. 中国的土地神信仰[J]. 中国民间文化, 1994 (4): 119.
❷ 何星亮. 土地神及其崇拜[J]. 社会科学战线, 1992 (4): 323.
❸ 王永谦. 中国的土地神信仰[J]. 中国民间文化, 1994 (4): 11.

分。"所以地母是具有自然属性的土地神与具有社会属性的祖先神结合体"[1];同时对于具有社会组织性质氏族而言,地母即是不同氏族彼此相互区别标志,也是同一氏族内部认同的纽带。因此,地母是一个既包含自然属性也包含社会属性的概念。而到了阶级社会时期,统治阶级原来所属的部族的土地神信仰的地母(包括后土)就转换为国家土地神。被征服部族的地母随着被胜利部族的打压而同化或慢慢消失。而胜利部族的土地神因为本部族权力拥有了对其他土地神的绝对的统治地位。此时的土地神信仰,也因为阶级制度的建立呈现出等级有序的现象,并且土地神的性别也因为男性在社会上优越的地位而稳定为男性。纵观之,阶级社会时土地神的社会属性占据主要地位。

物质决定意识,实践决定认识。意识是一定历史时期的"人们物质关系的直接产物",是对现实世界的反映。土地神信仰从只具有自然属性,发展到同时具有社会属性,再发展到社会属性占大部分的过程中,所体现出的一系列现象,是客观世界的发展在人类思想——土地神信仰中的反映。这正是"神的信仰与观念,正是人们对自己现实生活过程在意识形态上的反射与回声。而人们在改变自己现实生活过程中,也相应地改变了自己幻想中的神的观念,修正或补充自己信仰的具体内容,从而使之具有鲜明的历史发展的连续性与阶段性"[2]。所以,不论信仰系统发生怎样的变化,其中最核心的部分依旧是背后的承载者——人。

三、"社"所体现的主体意识

社是中国古代文化的核心部分,陈寅恪先生以为:"治我国古代文化史者,当以社为核心。"[3] 如前文所介绍的那样,社分为官社和民社。因为官方与民间的文化不同,代表不同的阶级信仰心理,分别以不同的形式和内容,折射出人的主体意识。

官社祭祀系统大致在周代形成,后世多继承其体制,在其基础之上增减修改。所以这里以周代官社为例,来简要说明。周代时期基本上确立了中国古代的礼制体制,延续着原始信仰的周人,将土地崇拜也纳入祭祀体制内。周代设置了分封制,与之对应的官社则分级立社。比如官社包括有太社、王社、侯社、国社以及州社。其中王社是周天子皇室宗族的家族保护神,象征着君权神

---

[1] 王永谦. 中国的土地神信仰 [J]. 中国民间文化,1994 (4): 6.
[2] 王永谦. 中国的土地神信仰 [J]. 中国民间文化,1994 (4): 11.
[3] 陈为人. 万里黄河万卷书系列之二 后土祠隐喻"性话题"[J]. 社会科学论坛,2011 (2).

授；太社象征着周天子所拥有的疆域和人民；国社和侯社是周天子众诸侯所立，象征着诸侯的权利和疆域，是"土地所有权在神权上的反映"❶。总之，正常情况下，诸侯之社绝对不能有跃居天子之社的可能。与之对应的祭祀礼仪因级别高低而有差异。并且，为了维护周朝的王权，周公特意参照其所管辖下的邦地特别是殷邦的祭祀之法，制定了一套官社祭祀礼仪制度，其中"由于天下是周天子的天下，唯有周天子才能祭天地，祭四方，诸侯以下皆不许祭之，凡有违者必以谋夺王位罪予以诛伐，以维护周天子至尊地位"❷。

规模宏大、等级分明的官社祭祀系统，一方面是意识对社会现实的反映，即官社祭祀系统等级分明是对周代及后世朝代等级制度的折射；另一方面其本质上不是说明土地神的权威有多么强大，而是其背后隐藏的人所建设、支撑的皇权与官僚制度的强大。皇权和等级体系的受益群体，借助祭祀土地神来寻求神力的保护，企图护卫优越的权利和财产，表达阶级群体心理的寄托；他们利用庞大而庄严的土地神祭祀系统，来渲染神授的特权。这正是"鬼神世界中日月星辰，山川湖泽和大地四方被人格化、序列化，正是人间世界等级制度和国家机构的直接反映，而人间世界的等级制度和国家机构又借人格化、序列化的鬼神世界进一步神圣化"❸。

民社亦称私社，为百姓自为设立，相比官社，民社规模小，但是分布范围却十分广泛。在此，以民间社日为例来说明其主体性的体现。社日是古代农民祭祀土地神的节日。汉以前为春社，汉以后则添加秋社。自宋代起，以立春、立秋后的第五个戊日为社日。社日的主题是春祈而秋报，向土地神祭祀来表达敬畏之情，以期求得农业的丰收与生活的延续。这样的目的无疑使初期的社日祭祀与生俱来地包含着严肃庄重的成分。如"先秦、汉唐时代，民间的俗神祭祀仪式尚保留较多的原始崇拜成分，在祭祀仪式上抑或伴有以歌舞'媚神'的活动，大多具有巫术的含义。因此，早期祭神活动的总体气氛，较多地表现出神秘诡异、肃穆庄重的一面"❹。早期的社日目的通过媚神保佑来年好收成。但是随着封建经济的发展，文化进步，社日的娱神氛围不断浓厚。如宋元以后市民阶层崛起，其对娱乐生活追求的心理便在土地神信仰中体现出来，社日仪式程序添加了娱乐成分，甚至会请杂技歌舞艺人在社日活动中表演助兴。

---

❶ 杜正乾.中国古代土地信仰研究［J］.四川大学，2005.
❷ 王永谦.土地与城隍信仰［J］.学院出版社，1995：45.
❸ 司瑞江.古代笔记小说中的民间土地神及其演变［D］.陕西师范大学，2007.
❹ 司瑞江.古代笔记小说中的民间土地神及其演变［D］.陕西师范大学，2007.

如上所述，一方面，社日不断由贿神、媚神向娱神过渡，其实不难看出的是表面看起来不断向娱神发展的社日，其实娱人的成分在逐渐增加。打着祭祀土地神祈求来年好收成口号的社日，在中国古代人民推动下，不断地向以娱乐为主题的节日转变。社日期间，人神共娱，真正享受这快乐热闹的还是人，祭祀活动中的主角由神逐渐变成了人。而在更加遥远的历史上那个至高无上的土地神"充其量是个偶像而已"❶。另一方面，在社日活动中，逐渐浓厚的娱乐氛围，其中人对娱乐的追求，对生活的享受，都是人性欲望的自然表现。中国古人把追求享受的欲望大胆地表露在神的面前，这是信仰群体在自己制造的原始信仰桎梏中的一种无意识死亡解放，是对自我能力、力量的一种模糊自信的体现。

四、土地神的形象演变所体现的主体意识

初期土地神从实物崇拜到地母崇拜，这个转变标志着土地神类型从自然物到抽象概念的变化，同时也是土地神形象人格化的开端。在地母崇拜之后，土地神形象不断向人格化方向发展，并且同时也不断地世俗化。接下来笔者将以史前时代的"实物崇拜到地母崇拜的变化"与历史时代的"土地神形象的人格化与世俗化"两部分来说明土地神形象变化中所体现的主体意识。

在史前时代，土地神信仰初期，人类的崇拜对象为实物。这时期人们不能把自己从自然中剥离开来，认为自己属于大自然的一部分，附属于自然。此时的人类思维处于原始思维阶段，他们不能清楚地看待自己与客体自然之间的关系。这正是列维·布留维尔提出的主客体"互渗"现象。原始人之所以不能清晰地将主客体分离，主要是因为人类当时生理物质基础——大脑尚处于开发阶段，并且没有相应的文化系统积累作为他们的认知指导。这时期的人类处于对"自然力的恐惧和无能为力，将自然物上附会了一层浓厚的神秘色彩，思维的主体与客体的关系往往处于一种模糊紊乱的状态"❷。但是随着原始农业生产的发展，以及生产生活经验的累积，人类的思维不断发展，在土地神信仰中，则体现为地母崇拜的产生。地母是一个抽象概念。在后土崇拜时期，各个部落将自己的男性祖先的名称加缀在后土之后，并流传着各自祖先光辉伟大的业绩，如周族的祖先"稷"教民众种植粮食，东夷族的祖先"羿"传说是弓

---

❶ 司瑞江. 古代笔记小说中的民间土地神及其演变 [D]. 陕西师范大学, 2007.
❷ 陶侃. 论原始思维及其特征 [J]. 江西社会科学, 2004 (1): 55.

箭的发明者,夏族的祖先"禹"传说有治理洪水之功。

土地神的形象从实物到地母,再到后土。这其中不仅说明原始人的思维能力在逐渐发展,能将自己从客体环境中区别开来,能意识到作为人的独立地位;而且也说明原始人对自己能力认识的加深,人的自信也不断体现出来。因为"人类对自然界现实部分认识程度的加深,对自然的主动感、优越感加强,才逐渐产生了希望支配自然和战胜自然的愿望"❶。不同氏族都有自己的祖先神,并且将他们和崇高的土地神合并到一起,来保佑族群的安全。这明显是对人类自己力量信任的一种表现。此外,在各个族群祖先神话传说中,我们看到了他们祖先超凡的能力与卓越的功勋,并且在他们神奇的想象力所创造的神话中,已经实现了斗争的胜利。正如马克思说的那样"任何神话都是用想象和借助想象征服自然力,支配自然力,把自然力加以形象化"❷。

土地神人格化始于史前时代的地母形象的形成,在历史时代继续向人格化、世俗化发展。比如春秋时期,百家争鸣,诸子各自从不同立场出发,改变神话传说,社神于此时彻底人化。从秦汉开始,民社社神非常之多,遍布全国各地,并且汉代民社所供奉的社神,都是于本地有功的历史人物或是土地神。并且受到世俗观念的影响而分为社公社母。汉魏以后,能够当选为土地神的条件十分简单,只要是品性忠厚、有德的人,不管地位低下与否,都可入选。在汉魏南北朝到唐宋时期的土地神形象,大多有了人的相貌,"有些是健壮的田夫,有些是乌帻白衣的老翁,还有些是死后受天命为某地土地神的历史人物,总之它们都以人的面貌出现,虽说不乏形象怪异者,但均善于与民众进行情感交流"❸。明清时期"土地神基本继承了前代出现较多的男性老者形象,如果说又加入一些创新的话,则大多是将这些男性老者土地神描写得又低又矮并以此成为笔记小说中土地神的最基本、最常见的形象"❹。

土地神形象人格化的过程中,一方面其地位在不断下降,另一方面其形象也越来越亲民。这是中国古代人民在娱神娱人化的信仰中,对人优越地位的无意识反映。就土地神亲民化的性质而言,一方面可从其世俗化的演变过程来理解。比如土地神如同常人一样有了妻子,甚至家眷,还有普通人的私欲。这是人们观察自己生活状态后,在有意无意间将其反映在土地神信仰中。这说明他

---

❶ 陶侃. 论原始思维及其特征[J]. 江西社会科学, 2004 (1): 20.
❷ 马克思. 马克思恩格斯选集第三卷[M]. 北京: 人民出版社, 1972: 113.
❸ 司瑞江. 古代笔记小说中的民间土地神及其演变[D]. 陕西师范大学, 2007.
❹ 司瑞江. 古代笔记小说中的民间土地神及其演变[D]. 陕西师范大学, 2007.

们已经将那遥远历史时期高贵的神灵拉下神坛，将其安排了妻子孩子，甚至还为他们牵线搭桥，制造姻缘。表面上看起来土地神如同它所庇佑的民众一样有了人世间的生活，而实际上这些都是其背后信仰民众的意识。另一方面，其不断下降的地位，以及土地神入选者的身份不断走向低阶层，说明底层百姓是在选取能够代表自己意愿、自己阶级利益的同等身份的神。中国封建社会时期，受到奴役最重的是广大的黎民百姓。他们平安之年，政治、经济多受到压迫，而在多难年月家庭又很容易破产。他们需要能够和他们站在一起的、能够保护他们的神，以此来寻求心理安慰和精神寄托。比如中国古代一直被压迫的商人也将土地神视为保护神，土地神在基层百姓心里的亲近可见一斑。

通讯地址：

姚桂芝，重庆工商大学，重庆400067。

试论藏传佛教对藏区社会发展的影响
——以迪庆藏族自治州德钦县羊拉乡为个案的研究

鲁茸拉木　孙秀清

一、前言

云南省迪庆藏族自治州德钦县羊拉乡位于滇、川、藏三省交界处，西北部与西藏自治区芒康县相邻，东部与四川省甘孜州的得荣县和巴塘县相邻，被誉为"鸡鸣三省"之地。羊拉乡属于全民信仰藏传佛教的区域，境内共有7座格鲁派寺院，是云南省藏区29个乡镇中藏传佛教寺院最多的乡，而寺院是羊拉乡宗教文化的中心场域。佛陀说"佛法不坏世间法"，宗教在满足藏民最基本的信仰需求的同时还具有一定的社会整合和控制功能，对藏区的社会发展具有重要意义。在羊拉乡，浓郁的宗教文化氛围对其社会、经济和文化产生了深刻的影响，进行其影响的相关研究，对剖析如何促进藏区的和谐发展具有重要意义。

二、藏传佛教对羊拉乡藏民的积极影响

（一）藏传佛教对羊拉乡藏民社会生活的影响

在长期的历史发展过程中，羊拉乡藏民按照自己的需求和能力不断地改造和适应环境。在此过程中，藏传佛教对于藏民来说就是强大的精神源泉，除了促使藏民形成约定俗成的言行规矩和生产生活方式外，还对藏区的和谐发展起到了积极的推动作用。藏民的宗教情感流淌于血液之中，它不仅仅是一种简单的精神追求，更是一种生产生活的必需品；藏传佛教的影响渗透到藏民生产生活的各个方面，它不仅仅是一种简单的心灵安慰剂，更是促进区域和谐发展的良药。

1. 藏传佛教对羊拉乡藏民衣食住行的影响

羊拉乡有4个村委会，52个村民小组，全民信仰藏传佛教。境内的7座

格鲁派寺院都有属于自己的教区，基本情况如表1所示。

表1 羊拉乡7座寺院下属教区的统计表

寺院	寺院所属教区的村民小组及个数	所属村委会
布顶寺	甲功组、之木格组、里格顶组甲水组、角贡组（除永古家）、别吾组、里农组、鲁农组以及东达组的国色家，共8个	甲功村
觉顶寺	甲达组、布水组隶属于西藏自治区芒康县徐中乡；尼米组、格古组、查达组、罗仁组、东达组（除国色家）以及角贡组的永古家隶属于甲功村，共7个	
茂顶寺	二社、三社、扎尼组、南里组、木达水组、叶里贡组、格亚顶组、苏鲁组、贡永组、南仁组、萨永组，共11个	茂顶村
则木寺	下龙组、罗米组、都拉顶组、那木贡组、咱拉顶组、君顶组、那木三社组、荣定组、中米组，共10个	规吾村
扎甲寺	南那贡组、均农组、扎贡组、八字中组、干达吾组、四巴组、少达组、娘达组，共8个	
扎义寺	撒岁组、羊拉贡组、角色组、毕龙组、克西仲组、西下中组，共6个村	羊拉村
扎史区林寺	南埂组、顶都组，共2个	

在羊拉乡寺院与各自教区有着紧密的联系，再加上"宗教教规民俗化"[1]，藏民无论待人、处事都遵循藏传佛教对其长期影响而形成的一种传统与风俗。简要概括如下：生活习俗包括饮食习俗、服饰习俗、居住习俗；礼仪风俗包括待人接物之礼、婚嫁礼仪、丧葬之礼；节日风俗包括宗教性节日、生产性节日、纪念性节日；社会风俗包括藏族家庭、家庭名称、人名取定等。

以藏传佛教与藏民自然崇拜相结合而形成的"神山文化"为例，在羊拉乡每个村民小组都有自己的神山，而山神就是这个村民小组的守护神，藏民认为村庄的兴衰仰仗于守护神。因此藏民每天早上都要在自家楼顶煨桑以祈求平安，每逢藏历的吉日都要到本村民小组公共煨桑台，煨桑祭祀神山，祈求风调雨顺、出入平安、事事顺利等。在羊拉乡，每户藏民家中至少有一个人每天早上从起床到吃早点一个小时内，要进行各种与佛教有关的活动，比如煨桑、燃酥油灯、摆圣水等，年年岁岁无一例外。一种看似简单的重复模拟行为，却真

---

[1] 郎维伟. 藏传佛教与康藏文化的关系[J]. 四川民族学院学报，2010，19（6）：1-4.

切而深刻地反映了人类对社会秩序的逻辑安排。"它是对真实社会秩序的生动展示，同时反映出了社会历史的变迁和变迁中社会的凝聚力。作为一个高度社会化的活动，仪式中的每一个体所扮演的角色，不仅仅存在于仪式进行的瞬间，其效力还将远远超出仪式性的场合，继续（规范）该地区人们的生产生活乃至整个社会的组织和安排。"❶

藏传佛教对羊拉乡藏民衣食住行的深刻影响体现在：藏传佛教影响下形成的禁忌礼仪贯穿于藏民生、老、病、死的整个过程；佛教教义对藏民行为道德和价值观念具有塑造作用，并引导和规范藏民日常的言行举止、生产生活方式。藏民一生的重要时刻几乎都有活佛的参与，比如小孩名字的取定、婚丧时刻日子的选定、建房开路的选址等；藏民遵守相关的禁忌，比如布顶寺护法神不喜欢舞蹈，所以藏民在布顶寺附近禁止唱歌跳舞，甲功小组的神山"妈冉雍"不喜欢射箭，因此甲功小组的藏民世代禁碰弓箭等；藏区定期举行的佛事活动和宗教节日，比如村子里定期举行的念经活动、藏民朝拜寺院定期举行的跳神活动；藏民定期的宗教朝拜活动，比如，羊年去梅里雪山朝拜、猴年去达摩祖师洞朝拜、鸡年去鸡足山朝拜等。这便是羊拉乡藏民日常生活的写照，在诵经声中迎接和送走每一天。

2. 藏传佛教对羊拉乡社会和谐发展的影响

从吐蕃王朝开始，佛教戒律逐渐对各个藏区产生了重要影响，藏传佛教的教律成为人们普遍认同的观念，这些教律以禁忌、习惯法、村规民约和基本的道德操守等形式表现出来时，就成了乡土社会通行的"小传统"。这种传统是村落社会成员的行为模式，由于已经"内化"为村民间社会关系的制约、调整和平衡机制，显示出非正式（小传统）规范下的自我约束、自我管理、自我裁决功能，迄今仍发挥着应有的社会作用。❷

在羊拉乡，藏民都很支持正常的宗教活动，都愿意为此献上自己的微薄之力。以布顶寺为例，2016年中旬，布顶寺僧侣通过与教区民众和当地政府商讨之后决定搬迁重建寺院。当然重建寺院需要耗资百万，尽管国家也提供了一定的帮助，再加上寺院本身的积蓄，可还是远远不够。布顶寺的活佛便带领僧侣们到羊拉的各个地方进行佛事活动，藏民则自愿地为建寺进行募捐。2017年春节期间，布顶寺在自己的教区（8个村民小组）轮流进行佛事活动，其中

---

❶ 曾丽容，王启龙. 雅拉香波神山祭［J］. 西南民族大学学报（人文社科版），2014（8）：81-86.

❷ 郎维伟. 藏传佛教与康藏文化的关系［J］. 四川民族学院学报，2010，19（6）：1-4.

以甲功小组为例，甲功小组共有 22 户人家，以户为单位共筹得 22 万多元。布顶寺僧侣还到附近的四川藏区进行佛事活动，也得到了当地藏民们的大力支持。一直以来布顶寺与四川省甘孜州得荣县的龙绒寺保持着良好的往来关系。

此外，羊拉乡的其他几座寺院也都与西藏、四川的一些寺院保持着友好关系。比如，觉顶寺位于羊拉乡与西藏自治区芒康县徐中乡的交界处，同属于羊拉乡和徐中乡，寺院的僧侣也分别来自这两个地区。同时寺院每年几个特定的佛事活动都是在两地的教区轮流进行，如表 2 所示。

表 2　觉顶寺一年定期的宗教活动统计表

宗教活动名称（藏语音译）	时间	时长	地点
梦劳	1 月	5 天	李明（羊拉）
日巴萨格达瓦	4 月	15 天	布水（西藏）
卓碧登日吉格	6 月	4 天	格古（羊拉）
格巴拉宝德庆	9 月	3 天	差达（羊拉）
嘎顶安却	10 月	5 天	罗仁（羊拉）
达持尊觉	11 月	3 天	甲达（西藏）
端玛觉	12 月	3 天	甲达（西藏）

另外，觉顶寺每隔两年的藏历 9 月 18—19 日的跳神活动还要从西藏的其他寺院请来僧侣一起进行。"它将单独的个体聚合在一起，形成一种强烈的民族认同感，在地广人稀、交通不便的高原，各种民俗文化节日和祭祀仪式将分散居住的人们连接在了一起，仪式所象征的文化意义渗透在人们日常生活中，文化的凝聚力对维系地方社会结构起着重要的作用。"[1] "从而实践社会的整体性和统一性。"[2] 这不仅加强了两地寺院及僧侣的联系，更是促进了两地藏民的友好往来。再如，扎甲寺位于西藏、四川、云南三省的交界区域，进一步加强了各地之间的交流，促进区域的友好发展。

羊拉乡位于云南省的最北边，地理位置相对偏远，而与羊拉乡交界的西藏自治区芒康县徐中乡以及四川省甘孜州巴塘县中心绒乡等地区，也都为西藏自治区和四川省的偏远地区，羊拉乡作为三省交界的中心，与周边形成了一个人流量、物流量较为集中的区域。加之，"藏传佛教文化因其民俗性特征，而成

---

[1] 曾丽容，王启龙. 雅拉香波神山祭[J]. 西南民族大学学报（人文社科版），2014（8）：81-86.
[2] 王康康，祁进玉. 热贡地区土族"六月会"祭祀活动的仪式分析——以同仁县尕沙日村为个案[J]. 青海民族大学学报（社会科学版），2010，36（4）：30-34.

为群众性文化,既然为群众性,就有相应的稳定性"[1]。同时这片区域属于康巴藏区,全民信仰藏传佛教。三地除了在其他方面的往来促进了区域的发展,良好的宗教往来更是促进了这片区域的平稳发展,中庸、向善的信仰,使得这片区域更加安定和谐。

(二) 藏传佛教对羊拉乡藏民经济生活的影响

羊拉乡以山地为主,地势山高谷深,形成的半牧半农的生产方式和自给自足的生活形式,就是藏民主要的经济生活。因其独特的地理条件和自然环境,藏民的经济生产活动就是一个不断与大自然交往的过程。在此过程中藏民形成了原始的自然崇拜,促进了人与自然的和谐相处。而随着藏传佛教的传入及其影响的不断加深,藏民的自然崇拜对象被赋予了灵性,特定的存在意义和生命价值,促使藏民形成了万物平等的生态理论观,并不断推进人与自然的可持续性发展。

1. 藏传佛教对羊拉乡藏民财富观的影响

羊拉乡的7座格鲁派寺院都有一个共同点,就是寺院大殿门口的左面墙上都有一幅"六道轮回"图,这幅壁画清晰地描绘了"众生在六道的因果轮回景象",似是在警示人们要珍惜当下,并重视来生。藏民深信因果报应,认为"举头三尺有神明、万物皆有灵",因此在羊拉乡,"六道轮回""因果报应""万物有灵"这三个主要的佛教教义渗透到藏民的思想观念和行为道德中,促使藏民形成了积极、向善的精神观念和中庸、无争的物质观念。

在佛教教义中,"六道轮回"与"因果报应"的道理相通,今生的"因"导致来生的"果","因"的大小,决定灵魂通往天、阿修罗、人、畜生、饿鬼、地狱这六个不同的"道"来接受业报。灵魂轮回、生命不息,在藏民的观念意识中,重视的并不仅仅是短暂的一生,更重要的还有来生,除了灵魂,所有的事物都是身外之物,甚至人的身体都不过是灵魂暂居的躯壳。"在精神观念上,藏族信众通过对藏传佛的信仰,把日常生活置于一种永恒的实体中,并从至善的无限力量中获得最深厚的充实感……他们虽身在此岸世界,但是心灵却在彼岸世界。因此,藏族信众不为现实的荣华富贵而竭尽全力,也不为高官厚禄而四处奔忙,更不为物质文明的高度发展而绞尽脑汁,只需追求精神的升华,为来世的投生铺路搭桥,从而获得彼岸世界永恒的幸福。"在物质观念

---

[1] 郎维伟. 藏传佛教与康藏文化的关系 [J]. 四川民族学院学报,2010,19 (6):1-4.

上，由于藏传佛教"强调精神修养，而藐视物质价值"[1]，因此藏民的生产生活活动对大自然的破坏性极小，且往往不具有谋利性。

在羊拉乡长期的生产发展过程中活动，藏传佛教的教义对藏民的意识形态产生了重要的影响，其中受主要影响之一的就是藏民的财富观，随着藏传佛教对藏民影响的不断深化，长期外在的谦和、柔性的生产生活方式内化为相应的价值观念，促使藏民形成了谋生而非谋利性的财富观。

2. 藏传佛教对羊拉乡可持续发展的影响

"佛教生命一体观包含了生命博爱观。佛说全他即我，所有的他者、他人，才是真我。"[2]"万物有灵""众生平等"等佛教教义使藏民在长期的生产发展过程形成一系列的禁忌习俗，以此来制约具有相对主动性的人的行为，从而促进人与他者的和谐相处。

在羊拉乡，流传着各种各样关于神山的传说。比如，每位山神都有自己的形象，甲功小组的神山"妈冉雍"，传说中是位骑着白马、身着白裳、肩披白丝的女山神，因为她不喜射箭，所以甲功小组的藏民世代都禁碰弓箭，其实意为"不可狩猎，否则将遭天谴"。"妈冉雍"位于甲功小组的高山牧场，峰顶终年积雪，山上则长着各种各样珍贵的野生药材，如虫草、雪茶、贝母、知母、雪莲花、大花等。而羊拉乡藏民主要经济收入的一部分，来源于采捡野生药材，七八月份这些野生药材陆续成熟，正是羊拉乡的经济黄金时期。但是人们极少在神山上采捡野生药材或砍伐树木，这对当地的生态环境具有很好的保护作用，同时与习近平总书记的重要讲话"既要金山银山，又要绿水青山"不谋而合。

关于神山的由来，人们无从知道。但是近年来随着羊拉乡矿业的发展，除了里农铜矿，陆续又有几处被勘探出较为丰富的矿产资源，而这些地方都有些共同点，有的是当地的神山，有的是寺庙所在地，总之都是些风水宝地。作个大胆的假设，羊拉乡所有的神山要么物产丰富，要么埋藏着大量的矿产资源，而这些神山都是由某位精通风水的上师所挑选出来，并让藏民世代守护的。比如鲁农小组的山神"阿尼仁"，传说中"阿尼仁"挂着一把用金子铸造的法杖，是位学识渊博的普陀。因此当地流传着这样的说法"鲁农小组的藏民资质较为聪慧"，这似乎在现实中也有些印证，比如，鲁农小组到如今已有两位

---

[1] 安宇. 宗教、文化和生态的互动关系——尕藏加对藏传佛教的诠释 [J]. 烟台大学学报（哲学社会科学版），2015，28 (4)：108 – 113.

[2] 和春燕，索南才让. 藏传佛教对藏文化现代化的作用 [J]. 边疆经济与文化，2016 (8)：40 – 42.

转世活佛,还曾有为高僧在去西藏深造的时候考取了当时西藏三大寺院(哲蚌寺、色拉寺、噶丹寺)的第一名,得到了格西学位。有趣的是几年前,"阿尼仁"被勘探出来有金矿,但是神山对藏民来说是神圣不可侵犯的,藏民认为矿藏就是神山的内脏,而挖矿就是要将神山的内脏挖出来,这与藏民的生态观背道而驰,是藏民绝不允许发生的,因此这不仅保护了当地的生态环境,更是防止了开采矿产可能带来的许多负面影响,进一步推动了当地经济的可持续发展。

基于羊拉乡特殊的地理条件和自然环境,羊拉乡藏民长期的生产方式具有靠山吃山、靠水吃水的特征,藏民与大自然相互依存,感情极为深厚。而藏传佛教的影响更是加深了藏民对大自然的保护意识,在促进羊拉乡生态平衡的同时,为羊拉乡的经济发展提供了较好的发展环境,有利于羊拉乡经济的可持续发展。

(三) 藏传佛教对羊拉藏民文化生活的影响

西方著名宗教学家保罗·提里利(Paul Tillich)在《文化神学》中写道:"作为终极关切的宗教是赋予文化之意义的本体,而文化则是宗教的基本关切表达自身的形式的总和。简言之,宗教是文化的本体,文化是宗教的形式。"[1] 藏传佛教本身作为一种文化,具有不同的表现形式,既有意识形态类的,又有物质实在类的,如佛教教义及佛教外化的象征事物都为藏传佛教的表现形式。而根据文化影响的特征,藏传佛教对羊拉乡藏民文化生活的影响也是潜移默化和根深蒂固的。

1. 藏传佛教对羊拉乡藏民观念性文化的影响

人们在所处的自然环境、社会环境和文化环境的影响下形成价值观念,对人们的行为态度起一定指导作用的,就是人的观念性文化。"梁漱溟先生在《理性与宗教之相违》中写道:人类文化都是以宗教开端,且每依宗教为中心。人群秩序和政治,导源于宗教;人的思想知识以至各种学术,亦无不导源于宗教。"[2]

"众所周知,寺院最早出现在藏族社会是以学校形式出现的,而僧侣是藏

---

[1] 班班多杰.也谈藏传佛教与藏族文化的关系 [J]. 青海民族学院学报(社会科学版),2004,30 (4):52-56.

[2] 班班多杰.也谈藏传佛教与藏族文化的关系 [J]. 青海民族学院学报(社会科学版),2004,30 (4):52-56.

族社会受教育最多的知识分子。每个寺院都有讲经院和辩经场，按寺院培养的目标和学习课程设置，培养造就高层次的宗教职业者。从这种意义上讲，一座大的寺院犹如一所大学，下设几个学院。

15世纪宗喀巴大师在拉萨附近建噶丹寺，创立了藏传佛教最后兴起的一个教派——格鲁派。格鲁派作为藏传佛教后期的一个教派，虽然它创立的时间较晚，但它的形式和发展，给藏族历史上的教育积累了丰富的经验，在其发展的历史过程中，不仅形成了一整套完整的教育体系，而且创造了自己独有的特色。寺院是藏传佛教从事教育活动的场所，藏传佛教各教派都以自己教派的寺院为依托。格鲁派在此基础上，调整和改革了寺院组织。进一步完善了寺院管理的规章制度，形成了一套循序渐进的学习制度以外，在寺院的管理方面，采用了寺院委员会的形式等，使格鲁派发展成为经院化、程序化、制度化的教派，经院教育的体制中几乎容纳了整个藏族文化。[1]

羊拉乡的7座格鲁派寺院，"作为历史文化传统和独特的民俗文化发展的产物，一直以来都发挥着巨大的文化功能"[2]，对羊拉乡的社会心理文化和社会物质文化产生深远影响。"康藏区民众的道德和伦理受佛教教义的影响，形成了传统的道德观并支配他们的行为。"[3] 对羊拉乡藏民来说信仰就像是命中注定的，在生命中是不可或缺的，它影响着藏民的世界观、人生观和价值观，既有约束又引导作用。

2. 藏传佛教对羊拉乡藏民器物性文化的影响

每个民族都按照自己的价值观念、需求和能力去适应环境，而制造和使用过的一切物质产品都属于物质文化，也称文化的物质形式。[4] 在羊拉乡，除了寺院是其宗教文化的中心场域，藏语言文字也是其社会物质文化的重要表现形式。

在羊拉乡，几乎所有藏民的名字都是由活佛或高僧赐予，它代表着上师对人的美好祝愿。这些名字有的以自然界的物体命名，如尼玛——太阳、江初——大海；有的以佛教圣物命名，如都吉——金刚、白玛——莲花；有的以日期命名，如此松——初三、达瓦——月份等。藏民通常以四个字为一名，且

---

[1] 拉毛措. 浅谈藏传佛教格鲁派的寺院教育 [J]. 青年文学家, 2010 (13): 87.
[2] 钟静静. 藏族煨桑仪式及其文化内涵的研究 [J]. 内蒙古农业大学学报（社会科学版）, 2011, 13 (1): 337–338, 390.
[3] 郎维伟. 藏传佛教与康藏文化的关系 [J]. 四川民族学院学报, 2010, 19 (6): 1–4.
[4] 郎维伟. 藏传佛教与康藏文化的关系 [J]. 四川民族学院学报, 2010, 19 (6): 1–4.

无姓氏，若要区分同名之人，可将家名充当姓氏置于名之前来称呼。在羊拉乡每个藏族家庭都有自己的家名，家名是由家族名称演变而来，同一家族的几个家庭会使用同一个家名。至于家族名称的由来，主要有以下几种情况：有的是根据自身所处的地理位置的特征来取定的，有的是由活佛赐名得来的，有的与本村庄的名称相同。

在羊拉乡每个村庄的名称都有其特定的意义。"茂：经书；顶：上，译为经书堆上的村庄。据传，村子下方埋有十二卷经书，故名。"《德钦县地名志》记载："丹达：立誓。神话传说此地过去常闹鬼，有一喇嘛以佛法降伏，命鬼立誓改邪，故名。"有趣的是，在2009年12月中旬，由迪庆州文管所、迪庆州博物馆和德钦县文管所组成的普查队在羊拉乡境内发现了大量的藏文摩崖石刻群。其中，茂顶河口藏文摩崖石刻群正好位于传说中埋有十二卷经书的茂顶村；丹达河藏文摩崖石刻群，也恰巧位于传说中过去常闹鬼的地方。羊拉乡藏文摩崖石刻群的基本情况如表3所示。

表3 羊拉乡藏文摩崖石刻群统计表

石刻名称	所属村委	地理位置	海拔	面积	内容
茂顶河藏文摩崖石刻群	茂顶村	(99°07′27.9″E，28°41′53.5″N)	2206m	2400 ㎡	玛尼石刻"六字真言"；一通90厘米×100厘米的释迦牟尼像；一通90厘米×110厘米的长佛像
丹达河藏文摩崖石刻群	规吾村	(99°00′48.6″E，28°58′39.7″N)	2536m	1000 ㎡	玛尼石刻"六字真言"；藏文经咒
里农藏文摩崖石刻群	甲功村	(99°05′23.7″E，28°54′58.8″N)	3066m	1500m²	玛尼石刻"六字真言"

注：表3参考了美德诺·斯郎伦布《刻在石头上的文明》❶。

"摩尔根在《古代社会》中说道：文字的使用是文明伊始的一个最准确的标准，刻在石头上的象形文字也具有同等的意义，认真地来说，没有文字记载，就没有历史，也没有文明。"❷藏传佛教对羊拉乡的历史和文明具有深刻

---

❶ 美德诺·斯郎伦布. 刻在石头上的文明——记德钦县羊拉乡文物普查［G］.
❷ 梁成秀. 藏传佛教寺院的文化功能探析——兼谈寺院的出版文化功能［J］. 青海民族大学学报（社会科学版），2010，36（4）：19-23.

的影响，实际上藏传佛教及其影响下约定俗成的事物就是羊拉乡物质文化的综合体。

3. 藏传佛教对羊拉乡藏民制度性文化的影响

在没有文字记载法律的时期，人类在长期的实践过程中形成了一些约定俗成的生产生活的规范，以此来调适人与人、人与自然和人与社会等各种关系，从而达到维护区域和谐发展的目的，而这种起作用的"规范"就是该区域的制度性文化。

羊拉乡藏民在长期的生产发展过程中，为适应其特殊的地理位置和经济发展水平，以及在浓郁的宗教文化氛围的影响之下，产生了相应的行为规范和社会秩序，这便是一种习惯法。习惯法作为一种制度性文化在藏区表现为各种风俗习惯与禁忌礼仪。在羊拉乡，藏传佛教对其制度性文化具有深刻的影响，如羊拉乡的婚姻制度和丧葬制度，藏传佛教的影响体现在婚礼和葬礼的各个进程中，尤其是在羊拉乡的丧葬礼仪中。以羊拉乡的火葬制度为例，人过世之后要立即请活佛选定火化和下葬的日子，因人而异活佛也会告知一些特殊的仪式，同时要请和尚念超度经；在火化过程中，送葬人员要在一旁念经，直到听到头骨爆裂的声音，表明逝者的灵魂已离开身体；火化结束后，要等一天左右的时间，家属才可以去收骨灰，收骨灰前要看上面是否有什么印记，不同的印记代表着逝者不同的转世；制作坟墓时，由于藏传佛教的灵魂论，藏民认为身体只是一种灵魂暂居的躯壳，埋在地里只是为了让它回归大地，灵魂早已离开躯体，所以藏民修筑的都是无碑墓，也没有所谓的清明节；葬礼结束之后的49天之内同一村子的藏民要每隔7天在逝者的家中念一次经文，第49天村民要在逝者家中念一整天的经文，至此才意味着逝者真正的离开。

事物有序的发展进程就是藏民在长期生产发展过程中总结出来的，而藏传佛教对其起到理论引导和充实的作用，在满足藏民精神需求的同时有利于引导藏民更好地适应生存环境，并为发展更好的生存制度提供理论基础。

三、结论

基于特殊的地理位置和文化生态，羊拉乡不仅拥有浓郁的藏传佛教文化，且始终保持着井然有序的社会发展状态。本文从羊拉乡的具体实际出发，就藏传佛教对羊拉乡社会、经济和文化等方面的影响进行了分析，并积极探索藏传佛教对整个藏区发展的意义。在顺应时代发展的大潮中追求自己的文化认同、制度认同，选择适合藏区发展的特色道路。在多元文化交流的过程中贡献自己民族文化的精华，并坚持在改革开放中兼收并蓄，从而建立一个更加开放、民主和法治的藏区社会，稳步促进中华民族的大团结，促进各民族的共同繁荣和发展，不断引导藏传佛教与社会主义社会发展相适应。

作者简介：
鲁茸拉木，云南农业大学新农村发展研究院硕士研究生。

参会感想：

2017年9月22日，本人有幸参与了由中国农业历史学会和西南大学主办，西南大学历史文化学院、中国人类学民族学研究会和经济人类学专委会承办的"2017年度研究生农业文化遗产与民俗论坛——农业文化遗产学与民俗学视域下的乡土中国"之学术会议。在此次会议中，我不仅体会到了浓郁的学术氛围，更深切感受到会议筹备组的认真与细致。另外，通过这次会议让我了解到写好一篇论文的几个重要要求：

1. 通过田野调查和社会实践来收集材料；
2. 提前制作调查大纲；
3. 写作过程中要有问题意识；
4. 阅读大量的书籍。

写作的类型模式有：

1. 以问题为线索的研究；
2. 以时间轴为线索的研究；
3. 以空间轴为线索的研究。

收获和感受颇多，希望以后也能继续筹办这样有意义的学术交流会。

云南农业大学新农村发展研究院　鲁茸拉木

嘉那嘛呢的宗教内涵与文化功能试论

索南卓玛

摘 要：本文以青海玉树地区的嘉那嘛呢石为研究内容，以历史渊源与宗教内涵为切入点，探讨作为重要文化象征的嘉那嘛呢石在当地发挥的社会统合功能。此外，嘉那嘛呢石作为一种起源古老的宗教习俗，在藏传佛教文化的影响下经历了不同的历史阶段。因此在本文的研究过程中，对于藏传佛教文本史料进行了梳理与考证。具体分析了藏传佛教的涵化对于以嘉那嘛呢为典型代表的藏区习俗表现与文化构建带来的重要影响，以及在现代性背景下对嘉那嘛呢文化实践带来的影响意义。

关键词：嘉那嘛呢；藏传佛教；文化功能

一、嘉那嘛呢石的历史渊源

嘉那嘛呢石的历史渊源，对当地嘛呢石刻文化的发源产生了重要影响。一方面，根据《西藏王统记》记载，嘛呢石经城的创建者嘉那活佛（嘉那道丁桑秋帕永，又称嘉那活佛）作为17世纪藏传佛教萨迦派的高僧大德，与嘉那嘛呢石的历史渊源有着直接的关联。而在此之前，以吐蕃时期、后弘期两个历史阶段为主，藏传佛教在青海玉树地区长达几个世纪的传播及涵化，为高僧大德组织建立嘉那嘛呢石经城奠定了重要的文化根基。

（一）嘉那嘛呢石的形成历史

嘉那嘛呢石经城，在青海省玉树藏族自治州的新寨的结古镇，其地理位置在三江之源。在新寨古镇的镇中心，成千上万块嘛呢石堆积，形成了圆锥形石堆。"嘉那嘛呢"的称谓，源于创建此地嘛呢石堆的结古寺第一世活佛嘉纳·道丹降曲帕旺旦珠尼夏。因为位于新寨村，所以又称为新寨嘛呢石。

关于嘉那嘛呢石经城的创建过程，据《甲那道丹松曲帕旺传》记载，道丹活佛从藏历第十二饶迥铁马年（1690年）开始，于新寨村修行闭关25年。

及至藏历十二饶迥木羊年（1715年），因感念当地信众的供养，道丹活佛决定在新寨村"创建一个一矢之箭距离之嘛呢石，来世之众生看到它能产生从恶趣中解脱之力量"[1]。在奠基仪式上，道丹活佛先以所持拐杖戳向地面，众人照此下挖一箭之深，出现了一黑一白两块刻有六字真言的伏藏石，当地又称"自显嘛呢石"。

公元1690年，也就是在藏历第十二饶迥铁马年，嘉那活佛来到新寨当地，开始带领众人创建嘛呢石堆，直至公元1715年，即藏历十二饶迥木羊年，嘉那嘛呢正式建成，经过三百年的发展，形成了今天雄伟的规模与灿烂的文化。道丹活佛传法四方以普度众生，将创建嘛呢石堆当作"引导众生之重要载体"，所经之处一共留下三处著名的嘛呢石堆。位于甘孜州新桥附近的嘉那嘉拉甲波（藏史称木雅土司），是道丹活佛创建的第一个嘛呢石堆，第二处是位于称多的尕藏寺嘛呢石堆，这两个嘛呢石创建于道丹活佛前往玉树结古地区传法之前，所在的具体位置以及后来的发展皆无从考证。道丹活佛创造的最后一个嘛呢堆就是嘉那嘛呢，嘉那嘛呢不仅规模最大，而且对后世产生最为深远的影响。

（二）藏传佛教信仰对嘉那嘛呢石的影响

藏传佛教与原始苯教不仅在嘉那嘛呢石经城建立后的三百年发挥了至关重要的影响，而且为嘛呢石经城的形成奠定了基础。嘉那嘛呢的历史发展与宗教有着密不可分的联系，在嘉那当地，嘛呢石堆是表现当地宗教信仰的重要形式。

由于原始苯教为主的自然宗教的产生发展，是藏传佛教引入当地之后广为流传的重要先觉性条件。因为根据地方史料《甲那道丹松曲帕旺传》记载，藏传佛教以弘法、传法、信法和修法为目的的重要的六字真言"唵嘛呢叭咪吽"，在当地首先被发现的时候，是天然形成于一块白色的灵石上的，所以这块是同样被称作"嘛呢石"，并且被当地视为神迹。故当地人为表示尊敬，通过凿刻嘛呢石的行为，进行对于神圣时刻的一次次效仿与还原。至今，凿刻嘛呢石作为嘉那当地乃至整个藏区的重要习俗被传承与沿袭。在这种嘛呢石文化形成的过程中，宗教，尤其是藏传佛教发挥的影响无疑是至关重要的。

佛教对嘉那嘛呢石经城的影响，吐蕃时期藏传佛教刚刚传入玉树地区的时期，主要表现于吐蕃时期以西藏为中心的藏传佛教、来自中原的汉传佛教对嘉

---

[1] 桑丁才仁. 嘉那·道丹松曲帕旺及嘉那嘛呢文化概论[M]. 北京：民族出版社，2013：30.

那嘛呢石刻造像方面的影响以及后弘期藏传佛教兴盛之时，对嘉那嘛呢石刻文化表现的影响。

嘉那嘛呢石经城所处的玉树结古镇一带，其东部和南部紧邻西藏地区。玉树结古地区是朵卫康三地互通的主要路线，也是连接西藏与中原南部的交通要道。所以，在藏传佛教产生并不断发展的各个历史时期，对结古地区的嘉那嘛呢石产生了重要的影响。

1. 吐蕃时期

佛教在藏区的传播遵循了自上而下的方式：由统治者推广继而遍及民间。佛教从印度传入后，以吐蕃政权中心所在的西藏和古格王朝所在的阿里地区为中心向周边藏区传播，进入青海地区后在玉树推广。除了吐蕃时期藏传佛教在当地的传入和推广外，来自汉传佛教造像技法的深刻影响，是在造像内容与文化内涵方面影响嘉那嘛呢雕刻的重要因素。

"结古"的藏语意思是货物集散地，自古以来，是连接唐蕃贸易往来与文化交流的重要枢纽。吐蕃王朝时期唐文成公主远嫁松赞干布，途经玉树结古地区而入藏，并在此地区留下了大量的文化遗迹。根据《西藏王统记》记载，公元641年[1]藏历铁牛年文成公主从长安（今西安）出发进藏，途径玉树地区结古镇，在当地停留了较长的时间。公主一行在结古地区停留的时候，在岩壁上凿刻了许多佛像、佛塔的造像。当地人感念文成公主功德，在位于玉树治州首府结古镇南约20公里处的贝昂沟为她兴建了寺庙，今天在故址重修的文成公主庙，作为唐蕃古道的重要遗存，被列入国家级重点文物保护单位。藏语称为"昂巴昂则拉康"，汉语意思是"大日如来神殿"，但是，文成公主来到结古地区的具体时间没有确切的文献记载。[2]

虽然难以考证具体的时间，但是进藏联姻的文成公主在此地所留下的大日如来及八大菩萨摩崖石像无疑是一个佐证：在吐蕃王朝松赞干布时期，嘉那嘛呢同时接触到藏传佛教与汉传佛教两方面的文化；所以在嘉那嘛呢石经城建立之前，佛教文化就已经通过造像石刻的形式为当地所接纳。

2. 后弘期

吐蕃末代赞普朗达玛，于公元838—842年，通过毁灭佛法僧三宝的极端方式，给藏传佛教以空前沉重的打击。据布敦《佛教史》记载："卫藏佛教毁

---

[1] 彭措才仁. 西藏历史年表[M]. 北京：民族出版社，1987：5.
[2] 更求多杰. 玉树嘉那嘛呢石研究[M]. 北京：中央民族大学出版，2008：9.

灭经七十年,后有卢梅等十人重建佛教。"❶ 从这一时期开始的佛教称为"后弘期",是以"前弘期"作为参照的。藏传佛教在后弘期经过不断发展,形成了五大主要的特点,❷ 这五大特征在嘉那嘛呢石经城的创建前后发挥了重要的影响。

第一,多元化的藏传佛教教派,使嘉那嘛呢石的艺术形式更为多样。藏传佛教在后弘期形成四大教派的特点,决定了在嘉那地区,嘛呢石因为受到藏传佛教全面复兴和不同教派分支的影响,其书写方式、文字结构和绘画风格具有开放性与多样性。在嘉那石经城建立之后,嘛呢石独具特色的艺术风格,是在博采众教派之所长的基础上,经过漫长的历史发展逐步形成的。

第二,密宗文化使嘉那嘛呢石的内容更具有宗教哲理性。这是藏传佛教发展中产生的另一大特点,这一特点决定了在建立嘛呢石经城之初,嘉那活佛受到了来自伏藏文化的影响,以及确立了活佛本身的掘藏者身份。在公元1690年,两块嘛呢石被嘉纳·道丹降曲帕旺掘藏,标志着嘉那嘛呢石经城的正式建立。密宗以高度组织化的仪轨、咒术传承为基础,极为注重修习的隐秘性。"伏藏"与"掘藏"是为密宗的一种修习途径,此二者是嘉那嘛呢石经城建立的本源。

第三,活佛转世的传承使嘉那嘛呢石经城在管理上更具于系统化和制度化。藏传佛教经由后弘期的发展形成了活佛转世制度,这一特点决定了在嘉那石经城当地形成的嘉那活佛转世体系的稳固性。

结古寺是萨迦派在青海省内的主寺,与嘉那嘛呢石的初创、发展有着密不可分的联系。因为一世嘉那道丹活佛是嘉那嘛呢的创建者,也是当地具有影响力的寺院——结古寺的最大活佛,所以在第一世活佛圆寂后,以结古寺为中心,嘉那嘛呢石经城后世的发展受到了嘉那活佛的转世体系的影响,形成了稳固的地位和深远的影响。

第四,政教合一使嘉那嘛呢石在内涵上更加偏重藏传佛教主流的四大教派。在一定的历史时期,政教合一是藏传佛教的特点,这一特点决定了萨迦派自元朝开始自上而下的发展与兴盛。直至元朝时期萨迦派的一世嘉那活佛来到玉树地区建立石经城,以萨迦派为主的藏传佛教的影响,已经进一步渗透于新寨当地,并为嘉那嘛呢的发展提供了制度的支持。

第五,"喇嘛"的尊称是嘉那嘛呢石经城以活佛、堪布为主的管理者的身

---

❶ 法尊法师. 西藏后弘期佛教[J]. 现代佛学,1957(6、7):1.
❷ 格勒. 西藏早期历史与文化[M]. 北京:商务印书馆,2010:466-467.

份特征。在嘉那地区，道丹活佛能够带领当地信众建成嘉那嘛呢石堆，是因为其弘扬佛法、劝导向善的声明在外，对当地信众而言，具有极强的感召力。活佛与僧侣的感召，使嘉那嘛呢作为藏传佛教的象征为藏传佛教信众所尊崇和敬仰，朝拜和凿刻嘛呢石的人从各大藏区前往新寨，世代不绝，延续至今。

二、嘉那嘛呢石的宗教文化及表征

在青海玉树州各地方，在随处可见的、大小形态各异的嘛呢石之中，带有六字真言"唵嘛呢叭咪吽"的嘛呢石是最为重要和有代表性的。从嘛呢石的内容、种类来看，刻有造像、图腾其他种类经文的嘛呢石虽然种类丰富，然而在数目方面并不及六字真言；从宗教场景的构建而言，无论是在"山嘛呢""水嘛呢""冰川嘛呢"等借助自然环境构建的场合，还是在每年冬季嘉那邦琼等节庆仪式上，嘛呢石上的内容均以六字真言"唵嘛呢叭咪吽"为主。

根据六字真言释义，嘉那嘛呢石文化对佛教轮回理念的重视，是嘉那嘛呢石宗教文化的鲜明表现。即通过六字真言修持的理念，以诠释嘉那嘛呢文化的殊胜意义。因为嘉那嘛呢的符号与文字具有一定的象征意义，所以，在玉树嘉那当地，宗教是嘉那嘛呢石文化的源点，也是其社会活动围绕的核心。

嘛呢石的宗教表征

1. "六字真言"的宗教文化内涵

藏传佛教信众对于六字真言嘛呢的尊崇，分为口头念诵和文字"嘛呢"两种表现形式。

口头念诵六字真言嘛呢，是日常生活中极为普遍的宗教活动，僧侣念诵六字真言，以修菩萨之心为目的，通过随时随地念诵六字真言，来达到"修行—成神—普度他人"这样一个普度众生的完整过程。

文字"嘛呢"，在藏区常见有转嘛呢、刻嘛呢石者。凿刻于嘛呢石上的六字真言，可以补充口头念诵的诸多不足，比如无法时刻念诵，不能实地念诵等。在上百上万块堆积成山的圆锥形石堆上刻有六字真言，即成为嘛呢石堆。

2. "六字真言"对于地区习俗的影响

嘉那嘛呢石堆作为一种宗教现象，不是孤立存在的，而是紧密地结合于当地的社会文化背景之中。藏区的信徒们常年转山，在转经途中随手把刻有六字真言的石块添加进嘛呢石堆。在藏区处处都可看见六字真言的字迹，特别是江河山顶和草原路边等处随处可见刻有六字真言的嘛呢石或经幡。对于藏传佛教信众而言，念诵六字真言与凿刻嘛呢石是与神佛达到沟通与祈祷赐福的仪式。

因此，在新寨当地发生过一些真实的事例，或许从现代性社会的视角看是背离逻辑的，但是从文化习俗与宗教意识的角度出发则不难理解。一位藏民在外出务工挣了钱财后，倾尽自己的积蓄凿刻嘛呢石，在身无分文后，却满心欢喜，于精神上获得了莫大的满足与幸福。

在嘉那嘛呢石经城，来自各地的朝拜者络绎不绝。这些虔诚信徒每日在寺庙、佛塔前以及嘛呢堆前，手持念珠或转经筒，口诵六字真言。宗教通过解答个体的焦急和疑虑，以此巩固人类社会。❶ 人们通过宗教仪式，缓解紧张，以达到安抚心灵的目的。

作为一种文化的积淀，风俗一旦与宗教信仰相结合，往往会产生惊人的持久性。在新寨的嘉那嘛呢，藏传佛教对于当地民众的精神世界和日常生活方面的影响，通过围绕嘛呢石的一系列行为表现出来。凿刻嘛呢石是当地藏传佛教信徒的精神寄托，而嘉那嘛呢石堆作为重要与殊胜的嘛呢石堆，是玉树新寨村当地居民以及广大藏族人民宗教生活的外在表现形式。

三、嘉那嘛呢石的文化功能

在社会的发展中，文化功能用以满足人们基本需要或集体需求。❷ 嘉那嘛呢的宗教文化，为了满足藏传佛教信众的需求与当地社会发展的需要，发挥了它特定的功能。它必须不断激发个体的信念，使他们更加虔诚地笃信藏传佛教；它必须保证维系当地社会所必需的活动能够进行下去。❸

嘉那嘛呢石的宗教文化主要具有心理疏导与社会整合两点功能：在地震灾害后，宗教信仰对当地民众情绪调节发挥作用；当地传统宗教节日嘉那邦琼，提高了当地社会凝聚力以及文化认同感。

嘉那嘛呢石文化是一种宗教现象的衍生，它既带有青海玉树的鲜明地域特点，也带有以藏传佛教文化为主的藏族民族特色。在前文已作过论述，嘉那嘛呢的宗教文化思想，体现于藏传佛教以"因果"为中心的宗教观念和六字真言的教理教义。通过嘛呢石刻文化，当地信众能够以参与宗教行为的方式，加深对宗教教义的理解。如雕刻嘛呢石、朝拜嘛呢堆等，感念到佛法无处不在的护持力。当地人相信，每凿刻一块嘛呢石，便是念诵一次六字真言，为了积累功德要多多益善。

---

❶ 周大鸣，等. 文化人类学概论[M]. 广州：中山大学出版社，2009：209.
❷ 庄孔韶. 人类学概论[M]. 北京：中国人民大学出版社，2006：55.
❸ 威廉·A. 哈维兰. 文化人类学[M]. 上海：上海社会科学院出版社，2002：53.

（一）宗教皈依与情感寄托

嘉那嘛呢石，注重对六字真言符号的阐释，通过嘛呢石刻中的经咒、造像，以表达积累功德、消灾祈福的心愿。玉树嘉那嘛呢地处高海拔地区，其自然环境、经济发展的状况，使当地民众的生产生活面临一定的压力。对于当地信众而言，凿刻嘛呢石是对个人焦虑、疑惑的答复，是用以缓解内心紧张情绪的宗教仪式。嘉那嘛呢为他们提供了释放压力的自我调节方式。

嘉那嘛呢宗教文化的基本功能，包括以凿刻嘛呢、念诵真言、转嘛呢石堆等一系列与藏传佛教文化息息相关的方式，解决人们心理与社会方面的种种问题。[1] 在 2010 年 4 月 14 日，青海省发生 6 次地震，最高震级达到 7.1 级，这场天灾为当地造成了重大人员伤亡与财产损失。但是在报道中，很少有当地受灾群众失声号哭、惊魂未定的描述出现。相反，在废墟旁边，许多神态从容的年长者在默默念诵经文，这样的现象令人十分惊奇。面对突发的负面事件，宗教信仰具有安抚精神、提高抗压能力的功效，有助于提高人们面对困境之时的理解、应付和适应能力。

嘉那嘛呢对于藏传佛教的信众而言，除了消解压力的功能之外，也是一种美好情感的寄托。六字真言对应六道轮回，强调因果的重要性。雕刻嘛呢石的作用与通过念诵嘛呢真言相同，是为来生积累功德的祈愿行为。据《甲那道丹松曲帕旺传》记载："此嘛呢中，如果有谁能在手掌大的石头上雕刻'唵嘛呢叭咪吽'，其功德大如齐天，即使将盛满黄金的世界作为供养也都无法比拟。"

除了具有祈福的功能之外，嘉那嘛呢石象征了藏族的文化身份。在参与凿刻嘛呢石、转嘛呢堆等一系列宗教活动的过程中，更容易建立文化认同与民族归属感。民族身份认同与文化归属的构建，使得嘉那嘛呢的宗教文化达到升华个体身份的最高级功能。

（二）社会教化与文化整合

宗教是对于社会神圣观念的表达。藏传佛教的神圣观念经过象征化，以雕刻嘛呢石的形式表达，但是用来雕刻嘛呢的石头本身并非神圣物，是雕刻在其上的六字真言符号赋予了一块普通的石头神圣的意义。嘉那嘛呢的宗教文化并非是嘛呢石天然所具有的，而是产生于当地的社会实践中，在广大藏区信众心

---

[1] 威廉·A. 哈维兰. 文化人类学［M］. 上海：上海社会科学院出版社，2002：53.

目中有着殊胜的地位。在玉树嘉那嘛呢宗教节日中，神圣的宗教教化在世俗社会中得以集中呈现，这是有利于当地社会的良性发展的。

嘉那嘛呢文化的社会整合的功能体现于嘉那邦琼等节庆仪式发挥的作用。嘉那嘛呢节日的特点，表现于在特定场合举行，由特定人群参与，所以具有鲜明的社会集体性特点。嘉那嘛呢宗教节日进行时，人们要吟诵优美动听的经文，其内容丰富，充满哲理，是对玉树新寨村人心灵的一次洗礼。这些具有深奥哲理的宗教节日仪式，蕴含着极其丰富的佛教思想和教育内容，通过宗教节日这一重要形式，将精神信仰与信仰实践相结合，深邃的宗教思想与群众性的民俗活动有机地结合了起来。通过这种聚会，使人们交往更为密切，信息沟通更为频繁，社会的集体意识更加强化。宗教节庆活动丰富了当地人的娱乐生活和精神世界，有助于提升民族认同感，也加强了民族和家庭的凝聚力。

宗教以其特殊的象征系统和形式来发挥社会功能，并包含着一整套信仰体系和实践活动。藏族社会共同的信仰追求，使嘉那嘛呢成为藏族宗教、民间节日以及生产生活中固定化的祭祀仪式和传统习俗，从而具有内在整合功能和地方性特征的集体祭祀功能。在凿刻嘛呢石、念诵六真言经文、参加宗教祭祀、节庆活动的整个过程中，将人们的观念和情感统一调动起来，形成共识，使得嘉那嘛呢从一种宗教现象，演变为藏民族的"活态文化"。

四、结论：嘉那嘛呢的社会文化价值及其实践

嘉那嘛呢文化记录了重要的历史信息，在石经城中层层叠叠垒放着的嘛呢石，其年代久远可追溯到苯教时期。一些嘛呢石的内容有历史性的纪念意义，是前、后弘期藏传佛教在嘉那地区发展的珍贵见证物。比如供奉无新寨佛堂的第一世嘉那活佛掌印、足印嘛呢石，玉树州嘉那嘛呢文化馆中展出的萨迦法王嘉嘎·西饶坚赞伏藏石等，这些珍贵的文物样本，对于考证传统藏族历史文化有重要的价值。嘉那嘛呢文化在产生和发展的过程中，融会贯通了本地区的原生文化、中原文化以及三大藏区的文化精髓。嘉那嘛呢文化是研究玉树的藏民族与周边民族关系史的重要载体。

青海省和玉树州政府一直致力于对嘉纳嘛呢石经镇的保护和传承，当地政府多次组织学者和专家实地开展抢修和保护工作，尤其是玉树地震之后，对嘉纳嘛呢石经再次进行了抢修和整理，并号召全州藏民族都要有保护民族传统文化的思想意识。扶持那些有凿刻嘛呢石经的手艺人，发展和促进当地的旅游产业，已成为镇政府的主要工作。

(一) 政策导向与灾后重建

玉树地震之后的修复与重建体现于现代社会的政策。自 2010 年玉树发生"4·14"地震以来至今，各级政府不仅完成了嘉那嘛呢石经城的修复，而且在原有的基础上完善了石经城整体风貌。石经城也由此日益得到政府重视，目前，玉树州各级政府已经将保护、发展、传承石经城文化，作为政府重要工作的一项。

(二) 经济动因及藏区旅游

随着藏区旅游热，嘉那文化体现于经济价值。近年来"藏区旅游"是一个热门的领域，嘉那石经城因为具备丰富多样的内容、独特的文化象征、典型的建筑构造以及悠久的历史文化等旅游价值要素，所以已经在近年形成了规模日增的旅游产业。

(三) 传统文化与民族特色彰显

嘉那嘛呢文化对社会的影响，体现于其传统文化的影响力，对于传承少数民族文化意义重大。嘉那嘛呢作为重要的文化遗产，在保护非物质文化遗产、传承少数民族传统文化的呼吁之声日益强烈的今天，来自政府与民间的学者、专家、工作人员以及广大群众，对于保护玉树嘉那嘛呢石传统文化所作出的不懈努力，已经取得了有目共睹的成果。作为一种源自藏地本土的、将雕刻与绘画融合的古老艺术表现形式，嘉那嘛呢石以丰富的造型语言，传达了古朴而别具特色的传统民族文化气息。而诞生于本土、成长于民间的特点，也注定使之具有源源不竭的创造力和深刻的民族文化影响力。

作者简介：
索南卓玛，西南民族大学西南民族研究院硕士研究生。

参会感想：

费孝通先生言，"中国社会是乡土性的"，我国悠久的农业文明正是被最基层的社会所孕育。在现代化背景下，中国的乡土社会同样处于东西方接触的边缘，所以对于农业文化的关怀需要人类学的视野。通过各领域专家学者的交流，本次论坛是一次民俗与人类学旨趣的呈现，也是一次对于中国农业文化遗产活态传承与可持续发展的美好展望。

西南民族大学　索南卓玛

地方性民俗资源开发中"官""民"关系问题分析

——以川陕界临地区烟霞山覃大仙信仰为例

李 莉

摘 要：我国是一个民俗资源十分丰富的国家，近几年对于民俗资源的开发越来越盛行。商业化的语境下，在开发和利用民俗资源方面，产生了一系列的问题。其中"官""民"关系问题也越来越凸显。本文以川陕界临地区烟霞山覃大仙信仰的开发为例，揭示地方性民俗资源开发中"官""民"关系问题，分析原因并有针对性地提出对策与建议。

关键词：民俗资源；开发；覃大仙信仰；"官""民"关系

我国是一个历史悠久、地大物博的文明古国，几千年的文化积淀，使我国拥有了灿烂的民俗文化，积累了数量众多的民俗文化资源。然而近年来对于民俗资源的开发和利用，还存在一些不足之处。在民俗资源开发的大潮中，也少不了对民间信仰的这一重要民俗事象的开发。民间信仰是民间社会精神追求的一种表达，其表现出与"政府""国家""官方"疏离的状态。而对民俗资源开发的主导者绝大部分是"政府"，因此，在民俗资源开发中，"官""民"关系便成为一种不容忽视且须加妥善处理的存在。本文欲以川陕界临地区烟霞山覃大仙信仰的开发为例，揭示地方性民俗资源开发中"官""民"关系问题。

一、覃大仙信仰的基本情况

对于中国民间信仰来说，宗教文化的影响力是不言而喻的。中国自古以来佛道文化源远流长，尤其是中国土生土长的道教，在中国广袤的大地上更是根底深厚，对中国文化的影响颇大。道教是以春秋时期老子的哲学观点为宗旨发展而来的，在很多传统型的地方都有道教的身影存在。四川是一个道教文化深厚的地方。在川陕界临地区这一环境相对封闭、经济相对落后、文化相对传统的地方，道教的影子更是随处可见。

（一）覃大仙信仰的结构分析

覃大仙（1529—1611年），其生存年代对应历史上的朝代为明朝嘉靖八年至万历三十九年，四川达州市万源曾家乡人，俗名覃意，因仕途失意回到家乡，在烟霞山上参悟道法，37岁左右出家修真，终于飞升为仙。从明末清初起，便为邑人供奉起来，并形成一定的信仰规模，"川楚秦陇"之地，皆有信者，每年阴历六月十九（最开始将三月十九定为期会，但每个月阴历十九亦可拜谒）前来许愿拜谒的香客如潮。在川陕界临地区人们口口相传关于覃大仙的故事，这些流传着的更为具体的传说，弥补了历史的细节。

> 过去在覃家坝，有个叫覃意的人，现在覃家坝覃家祖坟上都有他的名字，证明确实有这个人存在。他过去赶考，赶考之前就已经生儿育女，这在过去也是可以的。说他后来没有考上，也有说是考上了，是官场不如意，赌气跑到烟霞山来，躲到崖洞里。最开始，他妈妈每天还给他送饭，他觉得他妈每天送饭太累了，后来就不让送了。他没得吃，洞口有一根（棵）柏树，就每天摘柏树籽吃，后来久了就升仙了。还有说是他回来跑到山上，用一个大木桶扣住自己。扣之前，他就给女儿女婿说，木桶上有三道箍，每年砍掉一道箍，这样子等三道箍全部砍完，就会发财，家财万贯。哪个晓得他女儿女婿不能干，女婿贪心，一下子就把三道箍全部砍了，木桶就裂开了，覃大仙见了阳光，一下子就化了。后来，他女婿也得了垮皮癞，就是像那种大麻风一样的病，就死了。（2017年5月21日19：30餐桌采访父亲，地点：重庆）

这个故事在川陕界临一带十分流行，几乎老一辈的人都知道，也都能讲述。从传说故事以及山顶的碑刻资料来看，覃大仙信仰取得了当地人的集体认同。人们为了纪念这样一位得道升仙的邑人，筹资修建了山顶的庙宇，并有人出资为覃大仙的肉身塔镀金。"在传统社会，人民与国家距离比较疏远，双方的互动在途径上比较间接，在频率上比较稀少。"[1]覃大仙是由于官场失意而失去了效力国家的机会，转而笑傲林烟，成为了民间的代表。这在"官"与"民"相对疏远的状态下，覃大仙的事迹受到了当地老百姓的同情和认可。再加之，后来覃大仙显灵故事的流传，构成了灵魂世界与现实世界的通合与同

---

[1] 郭于华. 仪式与社会变迁[M]. 北京：社会科学文献出版社，2000：310.

化，更加受到了民众的拥戴，而成为一方人民精神的寄托和情感的纾解。

（二）覃大仙信仰的功能分析

民俗的功能是民俗的功用，也可以称其为民俗的文化内涵，它直接反映了人们世界观、伦理观等深层意识的变化。正如民俗学家仲富兰所说的，社会生活和文化总体状况的需要与否，是各种民俗事象生死存亡的严厉判官："作为文化重要组成部分的民俗现象能否传承，赖于其功能是否满足人们现实生活的需要。正是由于民俗对于世道人心的需要和效用，民俗的功能才得以成立。"[1]

民俗的主体是人，人作为一种社会动物，其行为举止、思想状态都必然受到社会和文化的制约，人们是无法完全摆脱社会的控制的。因此在分析民俗功能的时候，必须要考虑到社会与人的关系，考虑人的心理状态、人心调节情况。川陕界临地区覃大仙之所以百年来一直被当地人们供奉，甚至声名远播，其中最重要的原因便是赖于其具有的避害趋吉的文化功能。

> 为什么大家都这么相信覃大仙呢？就是因为他显灵。我知道一个事，那个时候，我都醒世（懂事）了，80年代，湖北武汉有个团长，儿子突然死了，躺在木板上快要下葬了，团长很怄气（伤心），悲痛欲绝的时候，一个白胡子老头儿来了，看了他儿子，又摸了几下，给团长说你儿子没有死。团长不相信。团长也是个有知识有文化的人，看到儿子血脉心跳都没有了，身体也变冷了，怎么可能没死，白胡子老头又说没有死，又安慰了几句，就走了，老头儿走了之后，他儿子就醒了，团长马上命人去找老头，问是哪里的人，老头就说了自己是万源覃家坝的人，叫覃意，就走了。后来，等儿子病好了，团长就带上礼品开车来这边找他，到了我们街上，一打听，根本没有这个人，后来大家才想起，烟霞山上的覃大仙不就是叫覃意嘛。你去问街上的人嘛，大家都晓得这个事情呢。（2017年5月21日19：30餐桌采访父亲，地点：重庆）

民间信仰作为一种寄托，是一种神灵信仰下的契约或誓约，它提醒着人们要积极乐观，要勤奋向善。覃大仙作为川陕界临地区人们供奉的神灵，人们希望通过对覃大仙的礼敬和膜拜，能够消减心中的苦闷，化解人际关系的尴尬，恢复对生活的希望，保证利益不被损坏，祈祷身体能够康健。不仅调节个体的

---

[1] 仲富兰. 中国民俗学通论 1·民俗文化论 [M]. 上海：复旦大学出版社，2015：100.

身心功能，还调节了人际关系，调节了人们认识社会、认识自然的心态。这种调节功能，在人们的精神需求实现或是无法实现时，起到了一种"平衡器"的功能。人类的本能是避邪趋吉、避害趋吉，因而，整体来说，覃大仙信仰具有趋利避害的人心调节之功能。

（三）覃大仙信仰百余年发展梳理

庙宇的修建为覃大仙信仰的兴起和发展奠定了基础。百余年来，烟霞山道观共有三次大的调整。清末民初，由当时游方的道士陈仕阁主持修建，1933年因战乱，"仙宫付之一炬，只剩后殿，毁大仙像并及三届神像"[1]。1935年，陈仕阁等人主持重修，1939年重修石塔，塑覃意金身于塔内。20世纪50年代，"道散观败，丹炉灰冷"。1992年开始，政府意图打造烟霞山民俗旅游风景区，曾家乡村民自发修整道观。[2] 从2012年起，政府开始进行旅游开发，投入资金修建盘山公路至山顶，并每年阴历六月十九前夕，在广场上举行文艺晚会，以图扩大号召力和影响力。后来政府又于2015年2月与香港一投资集团签订了烟霞山综合旅游开发项目框架协议，获得达12亿元的投资金额，综合开发烟霞山旅游资源，包括修建石刻雕塑宗教文化群、"中国仙山"景区接待中心、文化休闲区以及其他配套设施等，建设工期为5年。

二、覃大仙信仰开发中的"官""民"互动

覃大仙信仰从发端之际到如今被纳入烟霞山民俗旅游开发的核心，百余年来从未真正中断过。在这百余年来的发展中，一直存在着国家符号与民间立场的互动。

（一）从家族祖先到地方神

尝云，山不在高有仙则名，烟霞山之所以驰名者，以其有覃仙也。仙名意，道号物外子。明嘉靖八年（1529年），生长覃家坝。其父伯汉公，授湘潭知县；兄恕，字卓安，授岳州别驾（同知）；仲兄懋，授馀姚县事；姪天珉；授兴安通判。仙又幼年登第，赴朝考，见权奸祸害忠良，固看破名利，返梓到山，烧丹炼汞，四十余载修道。于明末清初显应。[3]

---

[1] 潘锡三. 烟霞山碑刻《重修碑序》. 1935.
[2] 薛宗保. 烟霞山历史文化考——品读《神秘烟霞》与《重修碑序》[J]. 四川民族学院学报，2013（4）.
[3] 潘锡三. 烟霞山碑刻《重修碑序》. 1935.

从烟霞山道观里由邑人潘锡三于1935年冬月十九撰写的《重修碑序》里可以看出,覃意父兄多为朝廷命官,且从四川万源乾隆年间的《太平县志》里可以获知,覃氏家族,明清时期前后有覃柏汉(覃意父)、覃恕(兄)、覃懋(仲兄)、覃天珉(侄)、覃璞、覃步元等人为朝廷州、县级官员。其中有两条人物事迹,颇值得一提。

> 覃天珉(一作明),贡生,任兴安州(今安康)通判,致士归,闻李自成陷都城,流涕数日,不食,服官衣而死。
> 覃璞,生员,奉委守城(太平县,今万源市),流贼杨秉荫围城。百计御之,三阅月,城陷被执,大骂不屈,贼怒磔之。至死,骂不绝口。❶

由此两例足以彰显覃氏家族注重忠孝节义之家风。当地覃氏一族昌盛,整个家族的仕途选择势必会影响到覃意的人生走向。再者入朝为仕,在古代是读书人最常见的一种选择。覃意并不是一开始就是选择出家修道,其本人亦年少登第,本意也是走上官场,为朝廷效力。只不过仕途失意,见不惯官场黑暗返梓修道。做不成官吏,便悟道修真,显灵扶危救困,也能佑庇乡梓。清末民初,道士陈仕阁称覃大仙授意他筹建道观,并开坛讲道,引来四方朝拜。"人们创造'神灵'这些精神偶像,实际上是追求一种不受自然法则限制的超自然的存在。"❷覃大仙信仰也成为川陕界临地区人们的一种精神寄托,一种心理的慰藉和情感的出口。覃大仙也从覃氏家族的一位祖先,慢慢演变成一位"川楚秦陇香客,络绎不绝于道"的地方性神灵。

在历史的巨变过程中,国家很多时候成为影响民间信仰兴衰存亡的决定性力量。因为很多时候,"国家可以运用暴力工具捣毁民间仪式的场所和道具,也可以通过特定的知识和规范的灌输促使受众自动放弃这些仪式"❸。因此,不论民间与国家的距离多么疏远,"官""民"联系多么微弱,"官"与"民"都一直在互动着。在这场家族祖先到地方性神灵的演变过程中,国家的符号从未消失。就覃氏家族来讲,明清时期有多位族人出任朝廷命官,从"民"到官方的代言人,这种身份和地位的演变,也潜在地影响了覃意从家族祖先成为覃大仙这一地方性神灵的转变。从覃大仙信仰的形成时期,到毁于战火,再到

---

❶ 万源县志[Z].1996.
❷ 仲富兰.中国民俗学通论1·民俗文化论[M].上海:复旦大学出版社,2015:116.
❸ 郭于华.仪式与社会变迁[M].北京:社会科学文献出版社,2000:318.

重修，从上世纪50年代的"香火沉寂"，到90年代政府意欲打造民俗风景区，再到如今覃大仙信仰被纳入民俗旅游规划开发中作为整个景区的核心部分，成为历史文化的依托，都随处可见国家的符号。在整个民间信仰或仪式的发展史上，是不能不考虑国家的身影的，因为国家符号一直在场。

（二）从"官民"相依到"官民"冲突

烟霞山在川陕界临地区众多名山庙宇中，虽声名未曾大噪，但覃大仙信仰活动历经百年，仍然处于活态。烟霞山在明朝时称"塔子山"，有小庙。明末清初，覃意（人称覃大仙）在此修行悟道成仙后，改名烟霞山。清末民初，时任主持陈仕阁（字伯麟）称覃大仙化身授意他修建道观，于是周游四方进行募捐，建成了气势雄伟的十八大殿，四十八间厢房的寺庙。1933年4月，万源县民团总李家修在高壁寨被红军打败，向宣汉厂溪溃退，沿途放火，烟霞山庙宇也遭受灾难，仅余肉身石塔。因明末清初和上世纪80年代两次显灵，吸引了信众无数。1992年开始，政府意图打造烟霞山民俗旅游风景区，曾家乡村民自发修整道观。在民众的努力下，使得烟霞山重新进入了人们的视野。

烟霞山如今亦成为万源政府民俗旅游资源开发的重点项目之一。"国家的符号或国家作为符号会出现在民间仪式之中，或者出现在民间仪式的场所和道具里。"[1]覃大仙信仰在民俗旅游开发中，作为整个民俗景区的文化依托，政府在山顶建筑的大殿门口，挂上了一块"宗教场所"的牌子，给予了百余年来该民间信仰以"合法"的地位，明确表明了"国家的在场"，让国家的符号存在于民间的表达方式里。而从烟霞山覃大仙信仰的百余年发展历程来看，民间在与国家疏离的情况下，亦把国家的符号接纳了进来，尤其是近几年体现得非常明显。人们享受着政府修建的盘山公路上山朝拜，亦能欣赏由政府派来的演出队在山顶举办的文艺演出，享受着淳朴的民间信仰和现代文艺表演的双重感染。由于公路的修通、政府的鼓励，更多的人前来烧香朝拜，为当地的人们带来了一定的经济收入。

然而，"巨大的商业、娱乐语境下，开发中忽略了其中本身蕴含的文脉存续关系"[2]。"经济搭台，文化唱戏"已然成为流行，政府不断地追求政绩，导致了一些弊端。现实中，现有利益的分配不平衡也引发了人们的怨气。烟霞山旅游规划后，为扩大寺庙规模，将原来后殿里的观音菩萨像迁至他处，而供上

---

[1] 郭于华. 仪式与社会变迁[M]. 北京：社会科学文献出版社，2000：312.
[2] 仲富兰. 中国民俗学通论3·民俗资源论[M]. 上海：复旦大学出版社，2015：189.

了财神像。后殿门口贴上明码标价的开光法物流通价目表，并在寺庙内各处神像前放置有大大小小的功德箱。功德箱从无到有，在此值班负责的人们，又变着花样"邀"人们捐钱。人们为了求得心理安稳，捐了"功德"的人不在少数，有记录的最少有5元的、10元的，其余的都是100元、199元、200元、299元，甚至更多。这一现象，引起了大多数人的反感，甚至有捐了"功德"的人亦表示了无奈和无力感：

> 那个女人（在覃大仙石塔前敲钟的人）是三大队的妇女主任，她就喊捐钱，这些钱捐了都是他们几个自己得了。收得多，得得多。自己有些啥子心愿嘛，自己给覃大仙说了，大仙就会知道，会保佑我们，哪儿需得着他们在这儿收钱，帮忙（的）这些（人）都是政府搞来的人。（2017年7月12日10：20采访上山朝拜老者，地点：烟霞山）

与随行的一位老者聊天得知，这次他是来"还愿"的，因为前年上山来向覃大仙许的愿望实现了，这次来专程"感谢"。就在前年，被敲钟的妇人要求捐了200元的功德。

笔者认为，人们对覃大仙有着天然的信任和亲近感。当地的人们，甚至更远的人们，每年六月十九前来祭拜，是一种自发的民间信仰。就如同人们所说的"自己有什么心愿给覃大仙说了，覃大仙就知道了"。而现在政府的"强势介入"，以发展乡村旅游为名，意图打造一座"中国仙山"。道观里负责的人邀你捐功德，实质上暗示了"你单纯拜了覃大仙，是不行的，最好还要捐功德，你的心愿才更容易实现"。让人们感觉自己倍感亲近的覃大仙，似乎已经被政府征用，变成了经济变现的利器，打上了政府的标记；从以前的"信众—覃大仙"到"信众—政府—覃大仙"，人们的"自在"状态很大程度上受到了干涉甚至盘剥。从修建、重建、恢复烟霞山道观庙宇中的"官""民"相依的关系转变为近年来"官""民"的利益冲突，获益的永远只是少部分人，比如前文提到的妇女主任等政府的代表。这在一定程度上，进一步疏远了人民与国家的距离。

三、评价与建议

（一）"官""民"关系困境分析

在地方性民俗资源开发中，一直存在不少问题，诸如对传统民俗资源的争夺、对传统符号的过度消费、片面追求经济利益而忽视文化内涵等。在这些显性问题中一直隐含着"官""民"关系问题。国家控制人民的深度和力度本来就是有限的。在地方性民俗资源开发中,主持开发的国家力量的介入,本就是对于民间自由空间的一种干涉。民间人们对于身边的民俗资源是浸润其中的,是倍感亲切的,政府开发民俗资源,是将存在于民间的民俗资源及其符号纳入"合法化""标准化"体系的一种努力。其实,这是将人民与国家("官""民")的联系从疏远变为紧密的一种手段。

在商业化语境下,政府为发展本地经济,围绕覃大仙信仰对烟霞山进行民俗旅游开发,但在开发后,获利者却仍然是政府以及政府代表(比如收功德钱的妇女主任等人)。民众除了可以享受一条比以往上山方便的公路,并没有从中得到更多切实的经济利益。政府力图打造的乡村旅游,没有带给当地人民真正的实惠。民间信仰中人们的自在性、自主性被打破,"信众—覃大仙"直接的、天然的联系被"官"的介入打破。人们本可以更少的经济成本祈求覃大仙保佑愿望的实现,如今却要交出更多的钱来累积"功德"。再者,人们朝拜覃大仙时捐的功德钱,在民众看来,也都是由这些"负责人"瓜分到自己手里,从而引起了人们的不满甚至愤怒。而在烟霞山这一带仍偏传统型的社会里,民间大多数人对官方的态度本就比较疏离,开发中的一些矛盾处理得不当,更导致了"官""民"问题的显现。

(二) 建议与对策

笔者认为,要处理好地方性民俗资源开发中面临的"官""民"关系问题,可以借用20世纪90年代末开始流行起来的"治理"(帕格登,1999)模式。"治理意味着统治的含义有了新变化,意味着一种新的统治过程。与传统的自上而下的统治方式不同,治理模式在过程中体现为上下左右好说好商量,在结果上则达到互惠或双赢。"❶

川陕界临地区烟霞山覃大仙信仰的开发可以采用这种"治理"的管理模式。第一,尊重民间立场。政府应该和烟霞山当地的人们进行充分的协商,而不是自上而下地直接将其纳入政府旅游规划之中。政府应该充分尊重民间的覃大仙信仰,在开发时应该征集当地民众的建议,尽量避免破坏民间信仰的自在状态,不能粗暴地将民间自发的信仰变为经济变现的利器。在开发中,重视当地人们的意见以及旅游者的凝视。第二,学习先进经验,建立相应机制,适时获取民众对景区开发的反馈消息。人们对政府派来值守的负责人评价如何;人

---

❶ 郭于华. 仪式与社会变迁 [M]. 北京:社会科学文献出版社,2000:333.

们期待的管理模式是怎样的；当地人们的参与度如何；功德钱的用途在哪些方面，是否被村干部瓜分，至少要让当地民众知情，以便消减人们心中的疑虑以及对于官方的不满；对于目前景区管理方面的不合理的地方，要尽快进行调整。建立起一个有效的机制，监管整个民俗资源的开发过程，对政府监管，对民众负责。第三，民众利益至上。要将民俗旅游资源开发建设成为旅游产品并投入市场，商品化是无法避免的。因此，商业化语境下，一定要处理好官方和民间的利益关系，处理好文化发展和商业利益的关系。在规划发展乡村旅游时，要将民众的利益放在首位，而不是一味追求政府的政绩，要想方设法通过开发为当地人们带去实惠，让人们也能够积极主动地参与到民俗旅游开发中去。另外，商业开发的同时，鼓励当地人们重视文化的力量，积极努力建构一些地方文化。

在地方性民俗资源的开发过程中，只有充分尊重人民的精神信仰、情感状态、集体记忆和家园认同，只有在充分发动人民，尽量让他们都有所参与、有所承担也有所收获时，才能实现真正的互惠双赢，才能真正地做到国家符号与民间立场的融洽，才能更好地保持"官""民"之间的和谐、良性互动。

四、结语

国家的稳定靠制度来维系，社会的稳定靠民俗来维系。制度与民俗，从两个不同的侧面来共同维持这个国家的有效运转。比起国家、政府层面，民俗与社会的关系更为密切，但民俗也与国家有着千丝万缕的联系。国家或明或暗地影响着民俗的性质、内容甚至直接决定了某种民俗事象的存在与否；民俗的积淀和叠加、播布和传承，也影响着国家文化的广度与深度，民俗很大程度决定着国家的文化底蕴以及道德力量。地方性民俗资源开发中的"官""民"关系，是整个国家与民俗关系的一个缩影，尊重民间立场，建立有效机制，保持国家符号与民间立场的融洽，实现"官"与"民"的和谐互动。只有妥善处理民俗资源开发等一系列"官""民"关系问题，才能处理好国家与民俗的关系。

通讯地址：
李莉，重庆工商大学社会与公共管理学院，重庆 400067。

参会感想：

  非常荣幸能够参与此次论坛，见到了诸多学界大咖，同时也见到了许多来自全国各高校的优秀的研究生同学。忝列其中，深感惶恐。此次农业文化遗产学与民俗学视域下的乡土中国，与会者们就此发表了很多精彩的言论。在两天之中，享受了一场知识的盛宴。首先是 9 月 23 日上午的专家主题演讲，倪根金教授的娓娓道来，曾雄生教授的新颖立意，以及刘烨园教授的才情横溢，三位专家的演讲带给我很多启发。然后是每个参会研究生的主题报告。来自五湖四海的同学们的精彩讲述中，我了解了很多之前没有接触过的民俗，了解到祖国 960 万平方公里的土地上，不同的生活侧面，感受着民俗生活的美丽与魅力。同时，也看到每个同学不同的专业兴趣点，让我开阔了眼界，打开了思路。同时，也深深地明白了自己有很多不足之处，希望在将来的学习生活中，不断地提高。

重庆工商大学社会与公共管理学院　李莉

中华农耕文明的民俗风情

二十四节气民俗的误读与认知

张逸鑫

摘 要：二十四节气作为我国重要的非物质文化遗产，蕴藏着丰富多彩的农耕历史与民俗文化，是我国农民在长期观察和生产实践活动中逐渐形成的文化产物。二十四节气民俗的误读主要包括时空和信仰两个方面，重点在于俗信与迷信的混淆。本文将基于应用民俗学的视角，以对民俗误读的重释与认知为中心，根据二十四节气在不同地区的民俗事象，从农业哲学观念等角度对节气文化提出进一步思考。

关键词：二十四节气；民俗；误读；认知

二十四节气是我国古代劳动人民长期对天文、气象、物候进行观测、探索、总结的农业科技成果，它能反映季节变化，指导农事活动，是我国农耕文化的重要组成部分。[1] 2016 年，"二十四节气——中国人通过观察太阳周年运动而形成的时间知识体系及其实践"成功列入人类非物质文化遗产代表作名录。

二十四节气不仅是一种时间制度，还蕴含着丰富的民俗文化。人们赋予了每个节气特殊的含义，节气也对人们的物质和精神生活产生深远的影响。但在今天二十四节气民俗发展过程中存在一定的误读，如何进行重释产生全面的认知，成为一个亟待解决的现实问题。认识到这一点，对于我们今后如何更好地去进行二十四节气的活态传承，将具有极为重要的意义。

一、二十四节气内涵

二十四节气是我国先农通过观察太阳周年运动，认知一年中时令、气候、物候等变化规律所形成的知识体系和社会实践。二十四节气是根据自然季节循

---

[1] 刘晓峰．二十四节气的形成过程［J］．文化遗产，2017（2）．

环的节律划分农耕周期、安排农事劳作的补充历法,[1]是先农智慧的结晶和经验的总结,是极具农耕色彩的非物质文化遗产。[2]

二十四节气是根据太阳一年内在黄道上24个不同的运动位置命名的。其起源时间与过程,在学术界大多数人认为,中国古人在西周时期就已经测定了冬至、夏至、春分、秋分这四个最初的节气。春秋中叶,随着土圭的应用以及测量技术的提高,又确立了立春、立夏、立秋、立冬四个节气。战国时期完整的二十四节气已基本形成,秦汉时期更是臻于完善,汉武帝颁布历法,此后一直成为中国传统历法的重要组成部分。

二十四节气民俗既包括农业工具的使用和具体生产程序以及与之相关的谚语歌谣,也包括与节令密切相关的节日文化、生产仪式和民间风俗,以及中国人遵循自然、顺应自然、保护自然的处世之道。[3]

二、二十四节气民俗的误读

二十四节气民俗所涉及的地域广阔,内容丰富,历史悠久,极具东方农业文化特色。在长期的发展过程中,也存在很多的误读,主要表现为时空和信仰两个方面。

(一) 时空的误读

1. 节气与节日混淆

节气和节日都是历法的重要组成部分,并且节日是从节气中分化而来的,[4]所以节日与节气经常容易混淆。节气指导农业生产,安排农耕生活,极具东方农耕文化特色。而节日包括三个要素,即与天时物候的周期性转换相适应、在人们的社会约定俗成、具有某种风俗活动。由此看来,寻求节日的起源与意义还必须得从农耕文化中去求索。也就是说,中国传统节日文化中的庆典、仪式、信仰、禁忌等众多民俗事象,都与靠节气耕作的农业有关联,但节气并不等于节日。

2. 节气与农历混淆

节气并不完全等同于农历,或者说节气从属于农历。农历是我国的传统历

---

[1] 王丽. 二十四节气与农业生产 [J]. 安徽农学通报, 2012 (4).
[2] 崔玉霞. 二十四节气的文化底蕴 [J]. 农业考古, 2009 (3).
[3] 周红、刘东南. 谈传统民俗文化的继承与发扬——以二十四节气为例 [J]. 辽宁师专学报, 2015 (3).
[4] 刘宗迪. 二十四节气制度的历史及其现代传承 [J]. 文化遗产, 2017 (2).

法，是一种阴阳合历，是根据太阳和月亮两个天体运动而形成的时间制度。农历俗称"阴历"，实际上农历是阴阳历。据甲骨文记载，农历大概起源于轩辕黄帝时期，到汉武帝时期的太初历时期已经有了相当完善的历法规则。而二十四节气指二十四个时节、气象以及物候，是根据阳历划分用来指导农业生产的补充历法。汉武帝时期的太初历也正式把二十四节气订入历法。

3. 应用区域的混淆

二十四节气起源于四季分明的黄河中下游地区，这里人们能够准确地观察和总结出气候与物候变化特征。而我国幅员辽阔，各地气候、降水、温差等条件差异很大，各地对节气的运用也有所不同。二十四节气应用的混淆也就体现在其特色地域性，即人们总是习惯性地把某一地区节气的农耕程序和民俗文化应用到另一个条件差异很大的地区。二十四节气所反映出的农业生产经验也不是每个地方都适用，但我国古代各地广大人民群众却能依据自己的实践经验，通过农谚灵活地运用二十四节气来指导农业生产。比如种植棉花，区域不同，导致种植时间也各不相同。华北地区流传农谚"清明早、小满迟、谷雨种棉正当时"，而江南地区流传农谚"要穿棉，棉花种在立夏前"。

(二) 信仰的误读

1. 俗信与迷信混淆

"迷信"指非理性、反科学、对个人与社会有直接危害的极端信仰，它以迷狂为特征，是巫术、宗教中有害成分的强化，并往往诱发破财残身、伤风败俗、扰乱生活、荒废生产等不良后果，明显具有人为性、功利性，欺骗性。"俗信"是正常的或良性的民间信仰，它没有虔诚的仪式和敬畏的气氛，松散随意，仅表现为传统观念的自然沿袭和精神生活的补充调剂。[1]

俗信和迷信本身都是历史发展的产物，但是存在很多不同。第一，性质不同。俗信是历史沉淀下的积极信仰，是中华优秀传统民俗的文化资源，具有开发和利用的价值。"迷信"是病态的信仰，与陋俗有关，具有盲目性、虚伪性和极端性，对社会秩序有较大的破坏作用。第二，功利性不同。迷信以聚敛钱财为目的，通过一定的言行或仪式与神灵沟通获取恩惠，具有极强的功利追求，从而具有很大的迷惑性和危害性。"俗信"注重仪式和过程，其功利性往往已被淡化，参与本身成为主要的需要。第三，普泛性不同。迷信的操习者多

---

[1] 陶思炎. 迷信、俗信与移风易俗——一个应用民俗学的持久课题 [J]. 民俗研究, 1999 (3); 陶思炎, 何燕生. 迷信与俗信 [J]. 开放时代, 1998 (3).

为群众中某些人或某些组织。而俗信的信仰群体范围更大,是群众中的大部分。迷信与俗信相互间具有转化的关系。随着社会的不断进步,人民群众文化水平的不断提高,迷信可能逐步清除其不利成分从而转化为俗信,俗信也有可能向"迷信"转化甚至消失。❶

在二十四节气中,民间特别重视立春、清明和冬至三个节气,关于这几个节气的习俗也更多,其所蕴藏的文化底蕴也比其他节气更深刻。因此涉及二十四节气的俗信与迷信的误读,也尤以这三个节气为多。❷

(1) 开始农耕。

立春是二十四节气之首,是农业民俗正式的起点。迎春是立春活动主旨,全民迎接春天,祭祀句芒,祈求丰收。句芒,是中国古代民间神话中的春神,主管树木生长。芒神起源于鸟图腾,最初形象是人面鸟身,经过几千年的社会变迁和民俗流动,现如今的年画中芒神已经演变成手执柳鞭的牧童。送春与抢春也是立春的主要活动,指赠送芒神和土牛以及抢夺制作芒神与土牛的泥土。苏州地区人们认为春牛土涂在蚕室可以驱虫蚁避鼠蛇,而争抢春牛土能为家庭带来幸运。浙江地区认为将春牛土撒在牛栏内能够促进牛的繁殖。虽然神话人物在历史上根本不存在,土壤对牛的生育能力影响也非常小,但是人们崇拜春神抢夺春土的出发点是为了丰收,年画也是我国重要的文化遗产。

立春的"鞭春"习俗,即鞭打春牛。《礼记·月令》记载:"出土牛,以示农耕之早晚,谓为国之大计,不失农时。"古代农民通过鞭打春牛,看春牛头和尾所指位置来判断农时,带有迷信色彩。在当今科技发达的年代,人们通过天气预报等高新技术就能了解明天是否适合耕作,单纯依靠鞭打牛来掌握农事的做法是不科学的。但"鞭春"习俗是直接象征农耕的仪式,鞭春通常要唱歌,唱词为"一鞭风调雨顺、二鞭国泰民安、三鞭天子万年春"❸。当今社会,仍然有鞭春习俗的遗迹,但已从迷信转化为俗信,比如广东一带流行春牛舞的技艺表演,其用意就在于唤醒生灵,开始春耕和农事,以求五谷丰登。

尝春一直是最贴近老百姓生活的习俗,指立春日吃春盘、春饼、春卷,喝春酒等饮食习俗。春饼的馅料由芹、韭、笋组成,表示勤劳、长久、蓬勃之意。站在科学的角度,吃芹菜并不能使人勤快,吃韭菜也不能使人寿命长久,但是人们将美好的愿望寄托于饮食,已不再有明显的功利目的,享受节日欢快

---

❶ 宫小迪. 浅谈迷信与俗信 [J]. 审美视点,2009 (5).
❷ 尚超,周红. 浅谈二十四节气的文化内涵及文化传承 [J]. 大众文艺,2015 (7).
❸ 马惠玲. 从立春到撒豆节看中日文化交流中的传承与变异 [J]. 河南大学学报,2009 (3).

的氛围，就是节气俗信最好的传承。

　　立春习俗中还有一些与动物生长有关的，比如贴宜春贴，人们希望通过这样的方式，祝愿家人能够在春天这样疾病多发的季节身体健康。山东一代盛行立春日在孩子身上缝补春公鸡，鸡谐音吉，寓意吉祥，另外对于尚未出痘的孩子，鸡嘴巴上还要叼上一颗黄豆，寓意以鸡吃痘，预防天花等疾病。迎春、送春、抢春、鞭春、尝春和贴宜春贴等一系列民俗活动都贯穿着中国传统文化中根植于农业经济基础之上的重农思想和根植于乐感文化基础之上的祈福禳灾的民族心理。

　　（2）祭祀祖先。

　　《岁时百问》记载："万物生长此时，皆清洁而明净，故谓之清明。"清明节气最主要习俗是扫墓。"祖有功、崇有德"，人们祭拜祖先和那些对某种行业做出杰出贡献的先人，祈求得到他们的护佑。宋《武林旧事》记录："清明前三日寒食，人皆上冢，而野祭尤多。"清明节的起源"寒食节"有不动火的习俗，在有些地方要持续一个月甚至更长的时间，这严重影响了民众的正常生活，后来这样的陋俗逐渐取消。清明节的另一个起源上巳节有临水祓禊的习俗，后来演化成曲水流觞、踏青郊游。清明是在中国固有的文化土壤中孕育成长起来的国家法定假日，是集春耕、祭祀、春游、健身等活动于一身的复合型节日。❶

　　以扫墓为主要内容的清明节气，直到宋代才正式形成。道教讲清明时处三月，此时阴气散去，鬼魂要入居阴宅，人们要及时送冥币给祖先，否则阴宅一旦关闭，祖先就收不到纸钱了。此外，清明还要修补祖坟，因为清明鬼节到中元鬼节期间祖先一直住在墓中，而为了让祖先能够住得舒适平安，修坟补墓自然成为当务之急。比如江苏苏北一带，每个村庄都会有祖坟。每年清明，人们都要来到祖坟烧纸，祭祀过世的直系亲人，烧纸时候还会顺带烧点儿纸给坟墓的左邻右舍，希望他们在阴间和睦相处。纸钱作为俗信的物品，早在唐代就用于丧祭活动，成为铜币等陪葬物的替代品，使丧祭从靡费转向了节俭。纸钱虽不能简单称之为"迷信"，却也有因操作过当而向"迷信"转化的可能。比如出殡沿途抛撒纸钱，污染街市和路道；墓前大量焚化，弃之不顾，引发山火。这些行为因对社会生活有显著或潜在的危害，已转向了"迷信"的范畴。

---

❶ 高洪兴.中国鬼节与阴阳五行：从清明节和中元节说起［J］.复旦学报，2005（4）.

（3）储存过冬。

冬季北风呼啸，大地冰封，而冬至是最寒冷的节气，也是气温由寒变暖的转折点，就像"置之死地而后生""柳暗花明又一村"的处世之道，在近似绝望的环境中营造希望的心境，这也是节气带给我们的生活服务价值的特殊体现。

冬至时节，人们为了缓解生存的紧张情绪，储存食物过冬，同时举行祭祖仪式，祈求获取祖灵的护佑。清《清嘉录》记载："盖土俗，家祭以清明、七月半、十月朔为鬼节。端午、冬至、年夜为人节。"不仅皇帝在这天要到郊外举行祭天大典，百姓在这天也要合族聚会祠堂，祭祀祖先。站在现代科学的角度，祭祀祖先鬼神当然是荒谬的，但是人们如今依然盛行此类活动，主要目的已不再是祈福消灾，而是享受仪式，享受过程，并通过此类活动完成社交、经济等其他功能。

冬至附有独特的节令饮食和游戏民俗。"冬至饺子夏至面"，冬至之日，北方人吃饺子，南方人吃汤圆。饺子又名万万顺，寓意万事顺心，汤圆寓意团圆，寄托着人们对美好生活的期盼和向往。此外，北方还有数九的游戏民俗，即数九寒天。数九游戏，实质上是寒冬时节具有巫术性意义的召唤春天的仪式。

2. 禁忌的误读

古代社会，在农业生产中，由于人们不能充分认识自然规律，一年四季的天气等自然条件又会对农作物收成起决定性作用，因而会产生很多的禁忌事象。比如湖南宁远有惊蛰在墙角撒石灰，可以避虫蛇；立秋农家禁止家人在田间行走，否则秋收会减产的习俗；云南德宏傣族地区，冬至这天忌劳动，否则牛会死亡。尽管禁忌是一种消极的趋吉避邪的法术，但也反映了当地农民对农业生产的认识现状和经验积累。传统农业靠天吃饭的特性决定了禁忌在生产中的不可缺少性，人民通过对农业禁忌民俗的严格恪守，起到了自我保护的心理暗示作用。

三、二十四节气的认知

二十四节气是中华民族的原创文化，是农民在长期观察和生产实践活动中逐渐形成的文化产物，是生产经验的总结和指导生产的手段。"察悬象之运行，示人民以法守"，其所蕴涵的中华文明核心价值理念，是古老的东方农业文化，也是其区别于其他文明的重要方面。核心价值包括宇宙观知识体系、信仰追求、民俗功能等。

(一) 宇宙观认知

《淮南子》记载"天地之袭精为阴阳，阴阳之专精为四时，四时之散精为万物"，代表的就是阴阳五行理论，即在阴阳五行转化之下，天地万物就是一个统一的整体。天，是我国传统文化遗产中最重要的因素，是宇宙观的真实写照，也是农耕文明和农业伦理的构建基础。

农民在节气之日都会有占天象、测算农事、祈福消灾的习俗。比如陕西农民冬至向巴山看雪占验来年丰收情况，这种习俗虽然不一定绝对可靠，但也包含一定的科学因素，在我国古代农业科学不发达的情况下，对农业生产起着指导作用，只是已不再适用于当今科学技术发达的社会，但仍然能体现出几千年来我国农民经验的汇集，可以作为一种传统文化，激发现代人对传统农业大国历史的热爱。

(二) 信仰认知

二十四节气为全国各地区多民族所共享，在长期的生产生活实践中，各地的人们对于二十四节气进行因地制宜的创造性利用，形成了十分丰富的物质文化和精神文化，甚至成为文化认同的重要载体。比如白露节气，太湖人在此时祭拜禹王，祈求禹王佑护他们的美好生活。大暑节气，台州一代有送"大暑船"下海的海神祭奠仪式，祈求祛病消灾，事后以猪羊等供奉还愿。

(三) 功能认知

二十四节气作为一种民族的文化时间，它是我们把握农作物生长时间、认知自我生命规律、观测动植物生产活动规律的文化技术。遵循传统"天人合一，顺应四时"的理念，以二十四节气为中心，还形成了丰富的养生习俗，如立春补肝、立夏补水、立秋滋阴润燥、立冬补阴等，以求通过养精神、调饮食、练形体等途径达到强身益寿的目的。

(四) 审美认知

原始社会的艺术审美是与生存需求融为一体的。二十四节气的农业生产民俗来自劳动实践，伴随生产活动也会自然形成具有文娱性质的民俗文化。这种民俗文化，有的是在农业生产过程中进行创作，有的是在丰收以后节气时表演。比如夏至，浙江萧山的茶山会，农民举行竞渡赛会，穿儿服唱农歌。而很多节气都有庙会唱戏，比如立春的"迎春戏"、清明的"踏青戏"等戏曲表演。《数九歌》虽然说法各不相同，但离不开对一年季节的变化和耕作、生活情景的描绘，从中既可以判断寒暑更迭信息、农耕的时令和在生产、生活上如何适应的要求,又可以满足农民对民俗文化娱乐的需要。各地类似民俗,都与农民盼望生产丰收、农事耕作顺利和身体健壮的心理有关。

四、二十四节气蕴藏的哲学观念

中国自古以来一直是农业大国,农业一直是国民经济的命脉,农业发展直接影响社会的稳定与进步,因此上自皇帝下至普通百姓,都对农业生产极为重视。古农书《齐民要术》曾记载:"顺天时,量地利,则用力少而成功多,任情返道,劳而无获。"就是告诉我们要遵循自然规律,顺应自然的基础上去开发自然,可以节省很多劳力且得到好的收成。

农业的生产要求农民要了解太阳的运行轨迹,而我国的农历是一种阴阳合历,即根据太阳和月亮运行情况而制定的时间制度。因此便在历法中加入了根据太阳周年运动而制定的二十四节气制度。[1] 所谓"种田无定例,全靠看节气",二十四节气能够准确地反映气候、降水等变化情况,从而指导农业生产。

二十四节气虽然起初的作用是指导农业生产,但现在已经覆盖了社会的各个层面,是构建中华民族核心价值观念的重要精神资源之一。二十四节气在漫长的历史发展过程中,被赋予了丰富的哲学观念文化,所谓"究天人之际"。

(一)崇宗敬祖的伦理哲学观念

春社和秋社,立春和立秋后的第五个戊日,祭祀土地神的日子,中国历来就有春祈秋报的说法,社日祭祀土地神,以答谢祖宗神灵的上一年眷顾之恩和祈求来年风调雨顺、阖家欢乐。社日一般分为官社和民社,官社严肃且庄重,民社则充满了生活气息,有敲社鼓、食社饭、饮社酒、观社戏等各种娱乐活动。"社会"一词,就是起源于社日的民间聚会。虽然现代科技已经让我们知道世界上不存在神祇,但其并不存在危害性,还能集中传达农民对丰收的盼望、丰收后的喜悦、报恩的意识以及崇宗敬祖的礼仪伦常。节气中的祭祖习俗,使血亲家族能够聚在一起,从而产生强大的凝聚力,成为中国人根深蒂固的"乡土情怀"。

(二)应时守时的时间观念

农业生产具有强烈季节性和周期性,因此要求农民有很强的时间观念。俗话说:"耽误一节,损失一年。"每一个节气都有其固定的任务,农民需要按

---

[1] 徐旺生."二十四节气"在中国产生的原因及现实意义[J].古今农业,2016(4).

时完成，以保证来年农作物的丰收，"不违农时"是世代农民心中的"圣经"。

（三）民族认同的自我意识

二十四节气代表着一种传统文化的归属。在某个特殊的节气，参加共同的祭祀活动或者享用同一种食物，从而带来共同的感受，凝聚民族自我认同意识。比如江南苏州一带，在清明佳节，有食用青团的习俗，传达出对春天的依恋。而马来西亚华人以"二十四节令鼓"为族群的文化标志，由此传达浓厚的家国情怀。

（四）因地制宜的选择观念

二十四节气的应用具有地域性特色，江南古茶的生产与二十四节气具有重要关系。我国江南茶区有"明前茶"和"雨前茶"之说，即在清明和谷雨节气到来之前采摘的茶叶，明前茶茶叶细嫩，雨前茶滋味鲜浓。我国江南茶农采取因地制宜原则，依靠自己的经验和智慧选择采摘不同时期的茶叶。因地制宜的选择观念，后来也被应用到生产生活中，如婚嫁要选黄道吉日，以求婚姻幸福美满。虽然带点迷信色彩，但坚持因地制宜的处事原则值得肯定。

（五）人与自然和谐相处的妥协观念

农耕文化的核心观念就是处理好人与自然之间的关系，即尊重自然、顺应自然规律、适应可持续发展。几千年来，人们不断地修庙拜神，就是大自然能给予人类好的回报。例如《红楼梦》记载芒种时节有"送花神"的习俗，芒种之后，众花掉落，花神退位，人们要隆重地为她饯行。《葬花吟》也能表达出人们对自然的亲爱和对生命的重视。如今随着农业科技的发展，人们已经熟练掌握花草树木的种植方法，已经很少有人再去祭拜神仙，但这样的祭祀活动所传达的是人们对美好的向往，是对人与自然和谐相处的呼唤，在现代社会还是存在的。

五、结语

基于我国农业周期性、季节性的特点及其对节令、历法的要求，二十四节气以及与其产生背景相对应的农业民俗产生并覆盖了农事生产各个阶段、各个环节。二十四节气民俗的误读主要包括两个方面，即时空和信仰的误读。节气本身也属于节日，是我国农历的一部分，却在现代社会中被忽视，从而致使民众对二十四节气民俗的保护程度不够。不同地区节气的物候气象特点不同，从而导致生产程序和生产工具的不同，节气民俗也会有所差异。节气信仰民俗中的俗信与迷信混淆统称，良陋莫辩；禁忌被一概否定，从而失去文化价值。因此，有必要对二十四节气民俗进行重新认知，增强其文化内涵的现实意义。

当今社会农业科技高速发展，农村地区呈现加速城市化的趋势，传统的乡土生活已经和我们渐行渐远，二十四节气指导农业生产的功能也逐渐减弱，但作为我国劳动人民的宝贵精神财富，其社会功能在当代中国人的生活中依然具有多方面的文化意义。❶ 如今二十四节气成功进入人类非物质文化遗产名录，是对祖国传统文化地位和荣誉的肯定，是我们每个中国人的骄傲。

二十四节气将天文、农事和民俗巧妙地结合在一起，衍生出众多的岁时节令文化，蕴藏着神秘的宇宙观和民俗观以及深远的农业哲学观念，是中华民族传统文化的重要组成部分。二十四节气既是中国传统历法的重要组成部分，又包含着24个单体节气的生产和生活实践，因此它比其他许多非物质文化遗产项目更为宽泛，对它的保护行动也就更为复杂。而当今中国越来越多地站在世界舞台中心时，二十四节气作为中国文化的一个核心名片，体现出了人与自然和谐发展的宗旨，有利于让世界更多地了解中国。❷ 如何厘清传承和发展的思路，把握新时代农业民俗的发展规律，发掘二十四节气的当代价值，使其为现代社会服务，是我们面对的一个重要课题。

作者简介：

张逸鑫，男，南京农业大学人文与社会发展学院硕士在读。

通讯地址：

南京农业大学，江苏南京210095。

参会感想：

各位老师同学大家好，我是来自南京农业大学人文与社会发展学院的张逸鑫，非常高兴能够受邀参加2017年度研究生农业文化遗产与民俗论坛——农业文化遗产学与民俗学视域下的乡土中国。首先，非常感谢西南大学会务组的老师和同学们，能够创造这样一个平台让我们能够进行交流

---

❶ 张勃. 危机·转机·生机：二十四节气保护及其需要解决的两个重要问题[J]. 文化遗产，2017（2）.

❷ 周红. 二十四节气与现代文明传承的现实意义研究[J]. 吉林化工学院学报，2015（3）.

和学习。这次论坛的机会难得，学习氛围浓厚。通过这次论坛，我不仅认识了国内民俗学界以及科学技术史界的专家学者以及各高校的研究生同学们，还了解了农业文化遗产学、民俗学等众多领域的知识。其中最为感兴趣的是农业文化遗产保护三题，演讲者是中国艺术研究院的苑利老师。苑利老师在讲述农业文化遗产保护时，从什么是农业文化遗产、为什么保护它、怎样保护它三个维度去进行思考，究其本质是本体论、价值论和方法论三个问题。他指出保护农业文化遗产，强调的是活态传承，往后看，看祖先的智慧如何应用到以后的生活中去。苑利老师强调"非遗是用脚走出来的"，写好一篇民俗学类的文章，最重要的是进行田野调查。在做田野调查之前，我们要搞清楚非遗与田野之间的关系，为什么要搞田野，非遗的价值是什么，非遗保护的规律是什么，在保护非遗过程中发生了哪些问题。我们在做田野时，要有问题的意识，要有大纲、有计划、有原则、有程序地全面进行，问题要问到点子上去。参加完论坛，我也更加清楚地认识到自己的不足，在以后的学习中也会更加努力。

南京农业大学　张逸鑫

城乡过渡社区中的地域丧葬民俗研究

——基于对江苏南通施姓葬礼的调查

施雅慧

摘 要：葬礼是生者为去世亲人举行的告别仪式，被看作将死者的灵魂送往死者世界必经的手续。同时，丧葬仪式在沟通、重建家庭、宗族乃至村落关系中起着至关重要的作用。在当今社会的城乡一体化进程中，包括丧葬仪式在内的人生仪礼与民俗活动都随着社会发展而发生了演变，呈现出特殊的冲突与融合交错的状态。

关键词：区域；民俗；丧葬仪式；城乡一体化；家族关系

一、研究对象历史文化与社会背景

南通市是隶属江苏省的地级市，位于江苏东南部、长江三角洲北翼，东抵黄海，南望长江，下辖3区、2县，代管3个县级市。南通古称"小瀛洲"，是一个由沙洲与陆地相连形成的城市，黄海与长江的交互运动在江海之中形成了大大小小的沙岛，由于土壤肥沃、水网纵横，适宜农作物的生长，大批长江南岸的民众移居到岛上，把吴文化带到这里；在宋末金兵南下的战乱中，这些相互独立的孤岛成为理想的避难栖身之地，大批北方来的移民为南通本土注入了北方文化；同时，与世隔绝的孤岛也是理想的服刑之地，朝廷押送了一批批罪犯来岛上煮盐，这些罪犯在相互交流与融合的过程中又形成了一种新的文化。[1] 因此，南通的地域文化大致可分为东南片区启东与海门的吴文化、西北片区如皋与海安的江淮文化以及主城区、通州、如东等地区位于前两种文化过渡带的南通文化。本文的研究对象为其中南通文化中的丧葬仪式。观音山镇（现称观音山街道）隶属于南通市崇川区，是南通市主城区的副中心，下辖14

---

[1] 丰坤武.江海风情：南通特色文化之一[J].南通职业大学学报，2009（9）.

个行政村,2个居委会,人口5万余人。观音山镇自古以来就是南通纺织业的主要生产地,经济水平较高,人民生活较富裕,对外交往也较为密切。

近十年来,随着城乡一体化进程的加快,位于南通市区东郊的观音山镇农村土地被大面积收购,农村民居被有规划地拆除,村民被成批安排迁入拆迁安置社区,进入由乡村生活到城市生活的过渡状态。拆迁安置社区介于城市社区与农村社区之间,同时具有城市与乡村的双重特性,❶村民们的生活也随居住方式发生了相应改变。然而,这种改变主要集中在居住环境、出行方式、社区管理等物质生活层面,而非物质层面的生活习惯与思想观念仍旧较多保留了农村社会的状态。❷人们乡土观念较重,对原先的家族与伦理秩序都有较深的认同感,因此拆迁安置社区内依然维护着传统的社会关系,人们的人际交往仍处于原先的"半熟人社会"中,社会交往圈子较小,社区环境与状态保持得较为稳定。同时,迁入新居的观音山人还保留了大量的传统民间信仰,这些结合儒、释、道三教特质的民间信仰在消灾圣会、观音诞辰、僮子会等一系列的民间信仰仪式中得以体现。因此,观音山镇在传统节日、婚嫁、丧葬、建房等各方面的仪式中对传统文化与民间信仰都有着相对完整的保存与传承。

二、地域丧葬民俗与家族关系

中国人的人生仪礼不同于世界上的其他国家与民族,有着独特的仪式规范与内涵,又因为中国多民族背景和环境地域的复杂性而呈现出丰富多彩的形态。与诞生礼、婚礼等相似,中国人的丧葬仪礼也是民俗文化的重要组成部分,一方面满足了普通百姓的人生追求与需要,另一方面又作为儒家伦理系统的继承,发挥着对人生的规范与教化作用。死亡是人生命过程中的最后一步,是社会人离开自己生活的社会语境的仪式。由于在中国人传统的意识中,死不是生命的终结,而是从"阳界"过渡到"冥界"生活的转换,中国人的丧葬习俗一方面寄托了生者对死者的哀思,另一方面也表达了人们对灵魂的敬畏与祈求。❸笔者于丁酉年正月对观音山镇的一个汉族家庭举办的丧葬仪式进行了观察,对丧葬仪式过程及其民俗内涵进行了简单分析。

---

❶ 周晨虹. 城乡一体化进程中的"过渡性社区"研究 [J]. 济南大学学报(社会科学版), 2011 (1).

❷ 胡振光. 从村落到社区:"村改居"社区治理研究——以广东南海为例 [D]. 武汉:华中师范大学, 2012.

❸ 李汝宾. 丧葬仪式、信仰与村落关系构建 [J]. 民俗研究, 2015 (3).

1. 丧葬仪式调查记录

2016年2月2日，58岁的施姓老人因癌症与世长辞。亡者生前从事纺织业，是一家小型私企的拥有者，生活富裕，人脉较广。由于亡者去世时的年龄相对年轻，整场葬礼的基调较为沉重与悲痛；由于家庭经济条件较好，足够体面也是葬礼的基本要求之一。从亡者去世的那刻起，丧葬仪式便正式揭开了序幕。汉民族的丧葬仪礼有着复杂的程序，主要有初终、设床、更衣、报丧、大殓、选择墓地与落葬日等。

根据传统的"落叶归根"乡土观念，南通人认为人生的最后一刻应当是在自己家中离开人世的，因此亡者在弥留之际提出的唯一遗愿便是回家。在死亡当日凌晨4点，家人把弥留之际的亡者接回了城郊的新房，陪伴他走完人生的最后一程。上午9时20分，亡者断气，家属一起放声痛哭，亡者的儿子为他摆顺肢体，闭合双眼。由于新房位于城郊别墅区，环境幽静，不便于举办丧葬仪式，家属在亡者断气后联系了观音山镇东华塔陵园，由殡仪车将亡者遗体接到陵园停灵，之后三天的丧葬仪式都在陵园内的吊唁大厅举行。

将亡者遗体运到陵园后，陵园工作人员着手布置灵堂，为亡者化妆穿衣并将遗体运至冰棺中。冰棺安放在吊唁大厅中央，亡者头朝南，脚朝北，冰棺周围摆放了一圈菊花、扶郎、百合、剑兰等鲜花。据观音山镇的老人讲，由于亡者妻子健在，亡者在冰棺中枕头应垫高，使其能看到自己的脚；反之则将枕头放低。同时，工作人员在亡者身下垫了一块布，以防排泄物渗漏。根据当地风俗，亡者的寿衣应由干女儿购买，里、外、上、下共7件，以黑色为主，亡者妻子一再嘱咐干女儿，亡者生前好面子，一定要购置高档寿衣，让他风光地离世。在冰棺前设有一张灵桌，上摆亡者遗像、香烛、长明灯，以及侄子外甥等人购买的糕点水果等供品。在灵堂外设有一火炉，亡者的干女儿、干儿子、侄子、外甥以及孙辈们轮番不间断地焚烧纸钱，以便亡者在去往阴间的路上打点小鬼。

在南通的风俗中，死亡的第三天称"收殓"，即出殡，故主要仪式都集中在第三天，主要有"换服""谢恩""烧草""请看"等环节。

正式的丧葬仪式开始于午饭结束后，司仪将所有亲属集中到灵堂前的空地上，主持秩序并宣读了亡者生平的简要信息，代替亡者家属向前来参加葬礼的亲朋好友表示感谢。"换服"是指需为亡者服丧的晚辈依据关系亲疏穿戴孝服，直至除服。在观音山镇的丧礼中，亡者的直系及近亲后代（主要包括亡者子女、干儿子、干女儿、侄子、外甥以及他们的配偶子女）需身着白丧服，腰系白腰带；亡者子女需头戴由粗麻布缝制的帽子，其中女性还要在头发上别一根白色头绳，其余亲属则男性头戴白帽，女性头戴白头裙并别黄色头绳；在出殡前，亡者子女还需换上在鞋头上缝有一块麻布的布鞋，并将原先的鞋子统一放入一个被称作"聚宝盆"的篮筐中。在亡者亲属穿戴孝服完毕之后，在场的其余亲友戴上白色孝帽（白色孝帽已逐渐被黑色袖章代替）。"换服"风俗是对中国传统丧葬仪式中的丧服制度的延续，丧服制度在中国历史悠久，起源于原始社会先民畏惧鬼祟的心理，他们用穿着奇装异服、披头散发的方式来求得禳解，后来随着伦理观念的进步，丧服制度主要是穿着丧服的晚辈表达对亡者的悼念和失去亲人的悲痛心情的一种方式。随着时代的发展，现代丧服制度已全面简化，但它依旧寄托着对亡者的敬意及哀悼并营造着悲伤肃穆的氛围。

"谢恩"是指亡者的子女依据亲疏远近、长幼次序向在场的长辈行礼，感谢他们在生前对亡者的照顾与在逝后对丧事的协助，安抚他们与亡者死别的悲痛，并向他们表达今后将由自己代替亡父/母照顾他们的决心。在这场仪式中，亡者的儿子儿媳先后向亡者遗孀、亡者母亲、亡者岳母、亡者舅舅、亡者姑母等长辈行了跪礼。谢恩仪式是丧葬仪式中较富有人情味并具有现实意义的一个环节，对重塑家族秩序、稳固家族结构有着重要作用。

"烧草"是指亡者的家人将亡者生前的衣物用具整理好，在火化前拿到特定位置焚烧，以便亡者在另一个世界使用的仪式。在前往"烧草"地点的路上，亡者的家属根据亲疏关系排成长队，亡者长子排在队伍最前，肩挑包裹着亡者咽气时所穿衣物的包袱。在南通地区的传统葬礼中，用来引燃衣物用具的通常是晒干后的稻草，所以这个仪式被称作"烧草"。但随着城市化进程加快，农田锐减，越来越少的家庭种植水稻，稻草也变得罕见，所以在这场葬礼中，所有衣物用具都被放到特定的大焚烧炉中，寄送到亡者即将去往的另一个世界。

"请看"即瞻仰遗容。工作人员将棺盖打开，前来参加葬礼的宾客按亲疏关系排队依次进入灵堂，逆时针绕亡者遗体走一圈，见最后一面。在"请看"过程中亲属可放声号哭，以表达自己的悲痛与不舍，但切忌将眼泪滴落在亡者遗体上，否则亡者的灵魂将不能顺利去往另一个世界。

根据观音山镇的风俗，亡者遗体于收殓当日下午被送往市殡仪馆进行火化，家中后代与近亲送葬。由于殡仪馆具有"不洁"与"危险"的特性，死者的长辈及身体不佳者被劝留在陵园等候。前往殡仪馆的汽车去时有八辆，回时有七辆，其中灵车不与亲属及亡者骨灰一同回程；同时，车队来回路线不同，即"不走回头路"。"不走回头路"不仅预示着亡者的灵魂通过一系列的仪式去往了另一个世界，与现实世界作了永久告别，也象征着在世的亲人向再也不存在亡者的新生活的过渡。

通过葬礼，亡者的家庭向社会宣告了一位家庭成员作为社会成员的消失，葬礼也是亡者从阳界进入冥界的转移仪式。对于亡者来说，丧葬仪式的举办除了是生者对他的不舍与挽留，在更大程度上也寄托了生者对亡者逝世后在"另一个世界"平安、如意的期盼，因此，丧葬仪式以民间信仰为基础，为亡者的灵魂进行超度与祈福。在观音山镇，大众对佛教的信仰普遍且历史悠久，清乾隆年间的《直隶通州志》便记载道："近丧葬皆做佛事，无论齐民，即士大夫亦然。"镇内的大小佛教寺庙多达上百座，因此丧葬仪式中作为生者与亡者的沟通者通常是和尚。从亡者断气后第二天傍晚开始，和尚在灵堂为亡者进行超度仪式，他们通过念诵《往生咒》《大悲咒》《心经》等佛经来安抚亡灵，通过表演一套特定手势——用米粒投喂亡灵在去往阴间的路上可能会遇到的索食小鬼，来保护亡者灵魂，并通过宣读名单的方式召唤亡者宗族中的已故长辈，宣告这位后辈的到来。

在南通的丧葬习俗中，多数家庭都遵循着"烧七"习俗。"烧七"，即亡者出殡后，于"头七"起设立灵座，每日哭拜并供饭食，每隔七日做一次佛事，设斋祭奠，依次至第七个七日除灵为止。其中，"二七""三七""五七"由亡者儿子主办，"六七"由亡者女儿主办。在观音山镇，第七个七日除灵被称作"脱服"，即孝子孝女脱去孝服，换上吉服；而在亡者出殡时腰系白腰带的亲属要佩戴红腰带，别白色、黄色头绳的女性亲属要别红头绳，故"脱服"又称"换红"。"脱服"仪式寄托了家庭对亡者在另一个世界开始新生活的祈愿，以及家人过好现世生活的决心。然而，随着现在大规模城市化，人们生活速度加快，这种每七日做一次佛事的习俗实施起来有诸多不便，人们大多对此进行了简化。亡者的家人便选择当日换红，即亲属在送亡者火化、将骨灰葬入墓地之后便系上红腰带，别上红头绳，结束这场沉痛哀伤的葬礼。

2. 丧葬礼仪中的家族关系与社会秩序

在这场葬礼中，亡者在家中排行第二，家中有两个妹妹和一个同父异母的姐姐。亡者的母亲与妻子都健在，膝下有一个儿子，儿子育有一儿一女。亡者的儿子尚34岁，在家族众长辈的眼中是不谙世事的小辈，同时亡者遗孀也欠缺操办丧葬仪式的经验，家族中有见识的亲戚纷纷献计，为他们提供丧葬仪各环节的建议。

在南通地方风俗中，娘家舅舅在婚丧嫁娶等人生仪礼中具有较高的话语权，通常是仪式的主持人。亡者有两位舅舅，皆尚在，大舅舅由于年事已高，未能全程参与葬礼，故对丧葬仪式的过程没有作出指导与建议。亡者在生前与小舅舅的家庭关系发生过矛盾，来往不够密切，但作为亲属，小舅舅在亡者去世的第一时间赶到，亡者遗孀也拜托这位老长辈对葬礼的仪式进行指点与把关。同时，丧葬仪式的操办人是亡者的儿子，所以他的舅舅，即亡者的大舅子具有较高话语权，尽管这位舅舅个性谦和低调不愿多言，亡者儿子在进行丧葬仪式的重要流程之前还是会征询他的意见。

亡者是施姓家族众多"伯"字辈堂兄弟中的一员。在拆迁搬入新居之前，施姓家族在观音山镇学堂桥村聚居，既是亲戚，又是邻居，相处十分和睦。施姓家族"伯"字辈共有14位堂兄弟，排行13的亡者是堂兄弟中第一个离开人世的。在亡者断气后，一位关系较亲近的堂兄挨个打电话向堂兄弟们报丧，散居在南通不同地方的堂兄弟们都赶来磕头，瞻仰遗容，安抚遗属。

丧葬仪式不仅是告别亡者的仪式，更是作为社会构成部分的家族的秩序重建与能力展示。在亡者去世后，亡者的姐姐也安慰亡者遗孀：现在最重要的事情是把事情办好，让亡者体面、风光地走。在整个丧葬仪式中，亡者与妻子双方的家族成员都主动加入治丧队伍，协助亡者的儿子进行葬礼的各项工作。这种约定俗成的家族互惠制度在历史上的南通早有存在。《康熙通州志》中便记载道："盖丧礼事烦，人子哀痛惨怛之中不能纤悉中宜，托亲友行之，庶不至失礼。"互惠是亲族关系中一贯遵循的一种理念，体现着家族关系中朴素的互助理念与血缘意识。❶ 在现实的家族关系中，血脉、宗姓、氏族凭借强大的联结力量，给予亡者家庭最及时的帮助。

除了重塑家族关系、调整家族秩序外，丧葬仪式也架起了亡者家族与外界沟通的桥梁。由于亡者生前是一家企业的拥有者，在观音山镇较有名望，熟悉他的人较多，这场葬礼向当地社会宣告了这一个自然人的与世长辞。对于亡者所在的行业来说，葬礼也间接向他的合作者们宣告了他的产业及家庭地位都由唯一的儿子继承，人们所熟悉的一家之主身份发生了转移。

从这场葬礼中，我们可以得出这样的结论：丧葬仪式除了告别亡者、为其祈福之外，还承载了厚重的社会意义。在拆迁不久的观音山镇，传统的乡土意

---

❶ 李汝宾.丧葬仪式、信仰与村落关系构建[J].民俗研究，2015（3）.

识与伦理观念根植在人们认知中,以"自己"为中心构成的亲属关系网络仍旧是现代社会人际关系的重要组成部分。丧葬仪式将以亡者为中心的差序格局网络铺陈开,搭建了家族亲属间、当事人与围观者间的关联,并对人们彼此之间的关系进行了调整与重塑。❶ 传统的丧葬礼仪就是通过这样的人际互动,抚慰逝者亲属,和谐人际关系,促进隐秘在城市中的乡土社会的整合与发展。

三、城乡过渡社区中社会文化探究

上文已提到,包括施姓家族在内,观音山镇原本的农村居民的生活正处于乡村到城市的过渡之中。由于历史文化、产业结构、治理模式等因素的差异,中国传统的乡村与西式的现代化城市有着二元对立的文化模式,相对而言,乡村文化较为封闭、保守、单一,城市文化较为开放、包容、多元。在当今城乡一体化迅速发展的浪潮中,富有浓厚乡土社会特征的传统民俗正经历着城市化的冲击,并且面临着以自下而上的文化变迁,因此处于二者过渡期的城乡过渡社区中的人们,其社会文化具有较显著的特征。

1. 多元文化的碰撞形态

城乡过渡社区通常由多个拆迁安置小区构成,它们既不属于城市,也不属于乡村,与二者都没有明确的地理界限,但由于文化主体的特殊性,使得一面无形的文化壁垒出现,将城乡过渡社区与外界分隔开,呈现出相对独立的状态。在传统的乡村社会,居住得较接近的邻居通常同属一个家族,具有共同的文化记忆与较深的"同祖共宗"认同感,因此传统乡村社区的文化形态较为单一。在拆迁后搬入的城乡过渡社区中,文化主体由来自不同村落、不同氏族的人构成,此外还有搬迁至此的城市居民以及外来流动人口,因此城乡过渡社区的文化呈现出传统与现代、乡土与城市等多重二元对立特征。

在笔者所观察的这一场丧葬仪式中,传统与现代、乡土与城市的相互矛盾与融合得以充分体现。例如上文所述的"烧七"习俗,亡者家族选择了保留"换红"仪式,即这一习俗所追求的最终效果,而将与现代快节奏生活相冲突的"逢七做佛事"简化,这种在对传统习俗保留基础上的改动在城乡过渡社区的各种人生仪礼中已逐渐发展成主流,这样的包容与接纳既显示出现代文化的强大威力,又折射出传统文化的顽强生命力,从本质上来说,城乡过渡社区的文化体现的是本地村民、城市居民和外来流动人口在文化、行为方式、价值

---

❶ 费孝通. 乡土中国 [M]. 人民出版社,1984.

观念、社会地位等多方利益的冲突和融合。❶

2. 对传统乡土民俗的坚守

城乡过渡社区的文化主体是搬迁而来的村民，它们生长于传统的乡土社会，对乡村中的民俗文化有较深刻的文化记忆，因此体现在人生仪礼中的文化元素在他们的民俗实践中得以较完整保留。在现代化浪潮中，这些城乡过渡社区仍旧保留了醇厚朴实的民风，有着较深厚的乡土文化积淀，安土重迁、厚德载物的精神在这里得以体现，并融合在人们生活中的每一处。

一定程度上来说，城乡过渡社区的乡土文化并没有被动接受城市文化对它的冲击和涵化，反之，它们中一些传统坚固的成分，随着人际的交流实现了文化的逆向传播，即城中村遗留的那些传统乡村民俗获得了城市文化的认同。❷在当前的城市文化建设中，我们不难发现，很多传统的民俗文化元素被重新接纳并被加入到城市文化体系中来，传统的民俗文化是最广大群众的生活文化，它们构成了群众生活最主要的组成部分，这些文化元素在抵抗文化同质化、重建区域民间信仰、重塑文化体系等方面发挥着积极而独特的作用。

3. 民俗文化断层的困境

尽管在与现代城市文化的对抗中，传统的乡土民俗在融合中得以保留，但其未来的命运仍旧值得我们担忧。在由乡村至城市过渡的人群中，绝大多数中青年人不再从事农业生产，而是接受现代教育，从事第二、第三产业，生活方式也与城市居民并无两样，传统的文化结构与民俗信仰面临断层。以笔者自身为例，作为生长于传统乡土社会、长大后进入大城市接受现代教育的青年人，笔者在进行这场丧葬仪式的观察与记录时心存非常多的疑惑，开始时对大部分环节都不熟悉，对其中的文化与情感内涵也难以理解；若不是专业因素，很难会有年轻一代的过渡居民对传统的乡土民俗给予关注，而是在快节奏的现代生活中逐渐将他们忘却，直至遗弃。因此，在城乡过渡社区中，适应了城市生活的年轻人以及他们的后代，是否能够坚守住祖祖辈辈流传下来的、带有浓厚乡土印记的传统民俗，是否能让这些珍贵的文化遗产避免断层，是一个值得民俗学者关注与研究的问题。

---

❶ 谭媛媛，萧洪恩．都市中的"村落"：文化困境及其重建［J］．小城镇建设：2005（6）．
❷ 储冬爱．"城中村"的民俗记忆——广州珠村调查［M］．广东人民出版社，2012．

作者简介：

施雅慧（1994.8—），江苏南通人，重庆工商大学民俗学专业2016级硕士在读。

参会感想：

在研二开学后的第三个周末，我有幸参加了西南大学举办的"2017年度研究生农业文化遗产与民俗论坛"，由获得知识与见到学科大牛带来的欣喜，完全抵消掉了初秋的微寒与萧瑟。在进行研究生论坛之前，分别来自农业文化遗产、自然科学史和民间文化几个不同领域的专家学者进行了主题演讲，生动地给我们传递了最前沿的学术动态与思想。其中最令我印象深刻的是来自中国传媒大学的刘晔原教授，这位精神矍铄的老太太尽管是位影视艺术界的泰斗，对民间文化却有着非常深刻的理解和认识。她的演讲所展现出来的对民间文化的热爱与对保护、传承优秀文化的决心无疑给予了我们青年学生非常大的鼓励。周六下午和周日上午的研讨会都以"学生报告、老师评议"的方式进行，来自祖国不同地区、不同专业的青年学生济济一堂，就"农业文化遗产学与民俗学视域下的乡土中国"主题进行了分享，这些优秀的同学们的执着与聪敏使我相形见绌，也使我更明白了"见贤思齐"的内涵。在会议之前，我为自己调查记录般的论文担心了很久，但倪根金教授在评议阶段提出的中肯评价与宝贵意见使我豁然开朗，苑利教授在总结阶段提出的要求与展望也为我今后的学习与研究指明了方向。感谢西南大学为我们提供了这样一个学习与交流的平台，让我们在民俗学领域看得更多、更远。正如周星教授所说，"无论现代的科技世界多么发达，人们的日常生活世界仍旧会是民俗实践、生活意义和民俗主义充盈的世界"，民俗文化是永远伴随着人们的生活的，我们学习民俗、研究民俗的脚步也是永不能停止的。

重庆工商大学　施雅慧

侨资回流与浙南青田县龙现村居住民俗变迁

胡正裕

一、侨资作用下龙现村之乡土重建

(一) 侨资与侨乡的基础设施建设

冯骥才先生有一篇名为《神州遍地是洋楼》的小文,作为传统文化保护的呼吁者与行动者,冯先生所感叹的是"千城一面",感叹在现代化过程中传统文化的消亡,感叹中华民族在文化上的自我轻贱,从文化的角度而言的确如此。然而民俗学者高有鹏先生则反其意而用之,认为"神州遍地是洋楼"未必就是坏事。笔者亦有此感,事实上中国当下离"遍地洋楼"的时代还远得很,仅在经济发达地区且土地资源较宽裕等种种条件全都具备之下才能出现一些"洋楼",冯先生举了浙东以及杭州到金华沿途的例子,而这些例子恰恰正好是属于经济发达且土地资源较宽裕的地区。对于贫穷的山村而言,大体上洋楼只能是个美丽的梦,这样的山村若欲遍地洋楼,必须走出一条独特的发展之路,江浙地区的许多乡镇企业是条致富的大道,这有些近似于费孝通先生所说的"工业下乡",而位处浙南山区的青田县方山乡龙现村等地却极少乡镇企业,他们所选择的是另一条发展模式,即以"侨"来发展经济,增加家庭收入,促进社会发展。中华人民共和国成立以来,政府方面的投资一直较少惠及温州沿海一带,更不用说投资于浙南山村了。既然财政甘霖难以惠及,浙南侨乡唯有不等不靠,自力更生了,于是发展了"侨乡基建,侨资先行"的模式。费孝通先生在《自力更生的重建资本》里曾有一个较为有趣的提法,他写道:"资本的来源不出下列若干方式:(一)抢劫,(二)人家赠送,(三)借贷,(四)自己省出来。"❶ 费先生并没有明确提到"侨资",龙现村民自发地做

---

❶ 费孝通. 乡土重建 [M]. 长沙:岳麓书社,2011 (12):108.

到了。

据统计:"改革开放以来,全县共接受华侨捐赠折合人民币2亿多元……从20世纪90年代到21世纪初,从城镇到农村的交通、通信、教育、卫生、基础设施、旅游景点等皆因华侨的捐赠而大大改善。"❶ "方山乡华侨侨眷发扬爱国爱乡优良传统,捐资兴办家乡教育、卫生、交通事业及其他公益事业。1969—2002年共捐资1491万元(捐献宫殿、庙宇、基督教堂在外),其中,捐资1万元以上340人,1191万元。用于交通方面853万元,其中,造路760万元,建桥93万元;用于教育事业153万元;建爱乡楼、老人休闲活动文化娱乐场所234万元;建卫生院、改善饮用水118万元;其他公益事业10万元;捐助外地123万元。"❷

民生基建方面可分为三类,一是县域民生基建(主要指青田县城),二是与龙现村密切相关的民生基建(如县城到龙现所必经的山口镇与方山乡等地交通要道等方面的基建),三是龙现村村域内的民生基建。前二者与华侨相关的捐赠细目实在太多,无法详加罗列,捐赠者有本县各地的华侨或侨眷,其中自然不乏龙现村村民,如旅德华侨吴岩宣等。龙现村村口有一碑林,龙现村华侨或侨眷所捐赠用于本村民生基建的大多铭刻其上,竟有十八块石碑之多,碑上记载着龙现村华侨或侨眷捐资于本村道路交通、水利建设、老人亭及爱村楼等方方面面的公益事业。

(二)龙现村宜居性变迁

龙现村为纯汉系村,虽然在科举上的成绩远不如其迁出地泰顺库村以及其近支丽水庆元县的大济村,但它毕竟源自中原,相应地,其民居样式就自然带着传统汉族民居的烙印,简约的有一字形的单体民居,也有曲尺型的院落,规模再大些的为三合院或四合院式院落。其院落式的民居多为一进式庭院建筑,颇讲究中轴对称,通常就地取材,多以石砌外墙,整体结构以木构架为主,传统民居基本上为两层。

在龙现华侨肇始阶段的近代,其宜居度是低下的,人们不得不为生计奔波,虽艰苦万分,甚至冒着大风险,然仍难得温饱,根本没有什么宜居性可言。唯传奇人物吴乾奎在海外发财之后,回乡置地建新房,故乡之于他,相对而言是宜居的,因为他在海外赚了很多钱,发了大财之后,他的社会地位陡

---

❶《青田华侨史》编纂委员会.青田华侨史[M].杭州:浙江人民出版社,2011(7):239.
❷《方山乡志》编纂委员会.方山乡志[Z].北京:方志出版社,2004(6):125.

升，有钱有势在哪里都是很容易生活的，尤其是在自己的故土上。建筑为百年大计，其最大的支柱是经济，侨汇对龙现村的影响早在20世纪二三十年代就开始显现，吴乾奎所修建的延陵旧家，是民国时期龙现村乃至青田县最为豪华的民居之一。的确，莫说一般山村，就是较为富裕的县城也很难有这样的经济实力，而只有在一些大都市或通商口岸抑或某些民国要员的故乡，才会出现一些西式风格的建筑，如上海、天津、广州、厦门、温州等，一般的山村民居自然大体上只能是明清时期的自然延续。龙现村之所以能有此大手笔，完全赖于一个"侨"字。综观全国，也确实有许多较为著名的侨乡如广东的开平、云南的腾冲等有不少中西合璧的近代式侨化的民居。延陵旧家颇有"中体西用"的味道，深得其精髓。

龙现村的侨史可分为三个阶段：第一阶段主要贡献了精彩杰出的延陵旧家；第二阶段则主要因为政治原因几乎不能有任何较大的对于民居方面的贡献；而改革开放以来的第三个阶段终于将对于民居的贡献大众化、普遍化了，第二次出国高潮正出现于这第三个阶段。

中华人民共和国成立后到改革开放前，可称之为特殊时期，国家对农村的控制力度极大，此阶段全国农村大同小异，村民的居住条件乏善可陈。改革开放后，华侨兴起的新时期，宜居度急剧上升。首先是由于有巨额侨资投入家乡的基础设施建设，村民的日常生活更为方便，其次由于"以侨代企"，没有乡镇企业的龙现村环境质量极佳，空气清洁，水质优良，再加上悠久的稻田养鱼的历史传统，村容村貌堪称一流，颇有世外桃源之味。乡镇企业是中国农村现代化的"一大法宝"，然而其所造成的污染问题也甚为严重，侨乡之"侨"可谓极为特殊的"无烟工业"，在环境方面，龙现村深获其利，颇有"慢村"的味道。如此好环境，村民们根本不必再卜居他处，龙现村民已然身在福中，正所谓"此身已近桃花源"。

此外，中华人民共和国成立后，城乡户籍的二元分割制度将中国人分成了两类人，即市民与农民，农与非农的界限决不仅仅在于是否务农的区别，由于长年的影响，俨然形成了两类迥然不同的性格、两种截然不同的生活模式。致使许多农村人即使骤然发了大财，仍会很难适应城里的生活，所以对于侨眷而言，龙现村的宜居度是很高的，因为在村里能过得很自在。村子在富裕了之后，仍然具有很强的乡土性，对于老一辈的村民，龙现村仍然是一个熟人社会。

不仅如此，由于龙现村"人口过疏化"，以致家庭关系与邻里关系均大大简化。婆媳矛盾极少（儿媳一般都在国外），村民间的关系更为和谐（富裕之后不必再为日常生产生活的细节而起争端）。在龙现村，我们经常能看见一些中老年妇女聚在一起"做手工"，这些手工的"工资"很低，她们的目的也并非为了贴补家用，大多数是为了打发时间，由此亦可窥见她们的邻里关系还是"乡土式"的。所以即便有不少华侨在外地买了新房，他们仍具有"两栖"的性质，比如逢年过节或者暑期避暑时，他们常会返乡。

二、套房式洋楼与"联邦式家庭"[1]

（一）新式洋楼："落地房"的变体

笔者乃浙南文成县人氏，曾走访不少浙南村落，见许多老房子夹杂于新房之间，询及原因，大多是兄弟（或叔伯兄弟）众多而地基太少，故而一直拖着未翻建新居。因而，共用有限的地基，而向空中发展，不失为一种上好的选择。核之龙现村，的确有许多楼房是属于这种性质的。浙南农村，大多山多地少，地基数量是建新房首先要考虑的重大问题。

在吴乾奎的延陵旧家与新式洋楼之间，有一种过渡形态的民居样式，这与龙现周边县市的民居样式没有太大的区别，大体是以竖式的单间为单位（每间平均宽度为三米八左右，长十几米不等），地基"长条形"，一户一家，俗称"落地屋"，亦名落地房，其平面结构的特点是长宽比严重失衡，平面布局甚是单一，通常是一家有几兄弟就起几间房，兄弟们一起建房，一人一间，房屋除了因相邻而共用的"中墙"以外，几乎没有任何"公建"可言，父母往往不单独盖一间，因为地基有限，也为了节约支出，所以很难做到父母独立建新房，而是住在某一个儿子家里，有些家庭的养老模式甚至是"轮转制"，即由兄弟几家轮流赡养父母几个月，不断轮转，台湾庄英章教授命之为"轮吃型家庭"。而新式洋楼则风格迥异，整幢大楼的外形浑然一体，给人的第一感觉像是独栋别墅，实际上真正只属一户的洋楼很少，通常是几兄弟共同出资并共享的为多。第一层起居室在理论上是公用的，二楼以上皆设计成套房，二楼属年老的父母，三楼及其以上的楼层，一般是每个兄弟各分一层。这种新式住宅的优越性是很明显的，首先，对于父母而言，住得更为舒适自在，不必受"轮转"之苦，其次，兄弟间更容易产生亲近感，因为在理论上他们还处在"同一个屋檐下"，再次，虽然整栋大楼看似成本极高，通常近百万，但由于

---

[1] 乃台湾庄英章教授的分类方式。

兄弟分摊，故而其经济压力并不算大，并且，起高楼相对而言摆脱了地基所限，兄弟多的，多加几层便是。外人初至龙现，很容易惊讶于新民居过于奢华，叹之少数人住一整幢洋楼，甚至有学者提出"炫耀性消费"，笔者以为，其中实有误解之处，相反，这样建楼反而是一种节约型的经济行为。

中华人民共和国成立后，宗族势力受严重打压，聚族而居的模式便为"一户一居"所取代，在普通农村，兄弟反目或养老难的问题比较突出，兄弟间虽然有共同的"中墙"相连，但墙毕竟是墙，一堵堵的墙便慢慢地将兄弟间的情分给冲淡了。至于父母的养老，也极容易斤斤计较，难以均衡。侨乡的特殊性在于青年与壮年大多在国外发展，从而避开了长年累月的鸡毛蒜皮，但由于套房同在一栋楼里，且父母有独立的套间，所以很明显新式洋楼更利于家庭间的和谐。如果说民国时期吴乾奎的延陵旧家在村里算是一枝独秀的话，那么改革开放后第二次出国高潮便是结下累累硕果了，真可谓"满村遍地洋楼"。

侨乡居民中老年人比重很高，常会考虑到如何才能更方便办白事。龙现村民是极富智慧的，他们将落地房稍稍一变，便既能住得舒适而又能无妨于办白事，事实上之于办白事，这样的新楼房更有其便利之处，因为一楼的面积更大，利用起来更为方便，此外，更为重要的是它淡化了传统中国丧葬仪式中长房在丧礼中的重要地位，因为新楼房是兄弟们出资合建的，一楼公用，所以不必争议白事是在哪个兄弟家办的，大家尽可齐心办事而无嫌隙。龙现村的家庭关系并不属于"联合家庭"，联合家庭中子女已成家却不分家，而龙现村成家后的子家庭是独立的（兄弟间早已分家），因而它更类似于"联邦家庭"，子家庭相对独立，但又同在一个屋檐下，并且依然尊父母为名义上的一家之主。

改革开放之后，女性村民的出国人数不少于男性村民，所以民国时延陵旧家中还住着许多侨眷，而改革开放后所修建的新式洋楼中所住的就只是些许的"侨留"了。也就是说楼房的修建者与居住者出现了明显的分离现象，所以龙现村新楼房的利用率是较低的，尽管很豪华。虽然普通无不良嗜好的华侨几十年的收入通常置得起多处房产，但既然在老家所建的新房利用率相对而言很低，试问，又何必建得那么豪华呢？

（二）留根心理

浙南人民对于华侨的回国与出国有一种很特殊的叫法，他们称之为"进进、出出"，即回国叫"进来了"，出国则叫"出去了"，平日里，若偶见某熟人从海外回来，总是会先问"什么时候进来的"，寒暄数语之后，又会再问

"啥时候出去"，由此可见，在侨乡人的观念中，出国回国只是稀松平常之事，极具轻描淡写之能事，欧洲国家如西班牙、意大利、法国、荷兰、奥地利等国似乎仅仅只是类似于中国的"海外省"，提及某某亲人在哪国时往往如同提到国内某个边远省份一般。华侨们并无太多去国别乡之感，出国只不过是出去好好工作、好好赚钱，而回国也并不会感慨万千、涕泪横流。因为他们的根在故乡，而且随着科技的飞速发展，侨胞们与家乡的联系越来越方便，村民中即便是老年人都会用微信语音或视频聊天，海外的亲人实可用"天涯若比邻"来形容。此外，侨民们通常只求居留，不求国籍。鲜有更换国籍的强烈愿望，即使是在国外长大的小孩，当他们在18周岁可自选国籍时，他们也很少有选择加入海外国籍的。他们依然是中国人，姓中国的姓，有着中国心。他们通常称所在国之人为"番人"，族群意识非常鲜明。

随着国家墓葬政策的实施，乡间几乎已无再建大墓的可能性。因而，阴宅作为家庭凝聚力的可能性已经大大丧失，所以，阳宅（新民居）成了极为重要的家庭之核心，家庭凝聚力主要聚集在新住房之上了。许多村民都有这样的观念，他们觉得一个家总得有个根，总得有个维系物，而翻建新房大约是最重要的。中国东南原是宗族文化发达之地，然经过历次政治运动之后，宗族关系已大受影响，虽然有些地方仍花巨资修建大宗祠，然而其宗祠的神圣性与影响力早已大不如前，现如今，祠墓功能退化，很难再起凝聚家庭的作用，而唯一能担当此重任的似乎只有新住宅了。真有点"建新宅以怀旧"的味道。

传统汉民族自古就有所谓的"根文化"，衣锦还乡的意识异常强烈，生为人杰死为鬼雄的楚霸王项羽也未能免俗，正所谓"富贵不还乡，如锦衣夜行"。让后人能寻根问祖的实物曾有数类，比如宗祠、坟墓以及祖屋等，而最能唤起乡情的自然是祖屋，但以木质结构为主的祖屋到了21世纪后，即使并未摇摇欲坠，势必也早已不适应现代人的生活了，除非是作为有文物价值的古民居保存着，否则总还是翻新为上，因为宅基地有限，最好的办法就是将祖屋更新升级。由此，我们就不难理解龙现村新民居的豪华了。再者，作为农业时代有着极高地位的宗族文化，现今早已衰败不堪，虽然近年来某些南方地区包括一些侨乡在积极地修族谱、建祠堂（如文成县玉壶镇），但我们很明显地感觉到这只是徒有其表而已，农业时代祠堂的威严和族长的权威早已经不复存在，甚至到如今早就连"族长"的名号都没有了，更遑论寻根了，唯一的例外是某些历史名人的"后裔"，每当族谱牵涉到历史文化名人时，那是多远的祖祠都能追认上去的，而对于这些，其背后的心态不言自明。浙南地区自古重墓葬，至今还有不少春秋时期的石棚墓遗存，在政府的墓葬制度管制之前，浙南地区特别执着于修建"椅子坟"，改革开放后随着海外侨汇的不断增多，坟墓一度越来越奢华，但一纸禁令之后，虽然也偶有敢"冒天下之大不韪"者，通过打通各级关系或偷偷地兴建，但大部分民众还是不敢越雷池的，因而翻新祖屋几乎成了"把根留住"的唯一选择了。

三、龙现村古民居存续状态与村民的保护意识

（一）因侨而存的部分古民居

然而，当人们漫步龙现村时，仍然能见到许多传统的古民居，上文我们提到过正是华侨们以巨额侨资轻易翻新了很多老房子，但恰恰有一部分古民居也因华侨而得以保存下来。在很多农村地区，盖新房是为了子女结婚，如青田的邻县浙江永嘉县岩头镇苍坡村，该村乃楠溪江流域一著名古村落，村庄以"文房四宝"笔墨纸砚来布局，颇具特色，已有一千多年的历史，乃典型的"宋庄"，其旅游业曾"盛极一时"，不能说村民们没有从中获益。此外，也并非村民们全无审美观念或对传统建筑毫无感情，而是传统民居与村落居民现代生活诉求之间的矛盾难以调和，因而在其居住空间的认同上出现了障碍，村民们最典型的说法是年轻人很难娶媳妇，因为如今的姑娘很少愿意长期住老房子。

而在改革开放之后的龙现村，这是不必的，因为年轻人大多跑到国外去了，或者正准备去国外，婚礼都是在国外举办的，据村人回忆，村子里已经有几十年没办过婚礼了。而国内其他地区在异地打工的年轻人的婚礼却常常会在老家举行，至少也是会在接近老家的酒店里，而很少会在打工的城市里举行婚礼，因为会出于亲友数量以及经济因素等方面的考量。龙现村这种独特的"人房关系"使得村中某些老宅的翻新并没有太大的迫切性。再者，华侨其实是有很多类别的，他们在国外的发展也是层次分明的，有大老板，也有小员工，此外，还有"番邦烂"，这里有经济上的差别，也有个人观念以及具体操作上的差异。

龙现村的古民居颇有点庄子所谓"无用之用"的意味，正因其"无用"而致"天年"。因为村里的年轻人大都出国，之于老家的老房子，可谓人事远离。因而老房子的实用性严重萎缩，小孩子不是出生于此，亦非成长于此，婚姻大事更是不在村里举行，唯有丧礼还在村里，然而丧礼历时有限，且因其特殊性，在老房子里亦能应付。这属于可不拆的类型。

此外，还有子代难以均分地基、一时拆不了的类型，有一些老宅，因叔伯

弟兄众多，且各占一定的份额，再加上他们的经济发展情况大不相同，故而一时难以翻新。这类问题在泰顺库村也同样存在，并且情同此理，一些老宅虽欲开发成民宿，但阻于土地关系。但在一般的农村，即使有地基分配等矛盾的存在，由于日常生活所迫，村民总是会想出相应的对策的，不可能长期拖滞，可能在有限的地基上会出现新旧参半或其他类型的居式。

再次，许多华侨具有较强的异地购房能力或者迁居异地的愿望较为强烈，在外地安居之后便不着急处理老家的旧宅。这些居民除非在日后觉得有在老家建房的必要之后才会翻建，因而会有一定的时间差。

(二) 龙现村古民居命运展望

虽说一时难以翻建，但村干部与村民都认为它们终将被翻建，甚至包括已有三百多年历史的清代老宅，以及杨氏老宅，因为村民大多"不差钱"，能够比较轻松地自食其力地翻建，无须政府插手，所以虽然在该村庄成为全球重要农业遗产地之后，政府有加以规划古民居翻建的设想，但不少村民们并不买账，许多村民有一种"反规划性"，他们认为我反正有钱，爱怎么盖房子就怎么盖房子，不用你政府干涉、指导。据说许多老宅的村民已经递交了翻建申请，其中就含有前述那两座古宅。自龙现村被确认为全球重要农业遗产保护地之后，政府对于该村的翻建行为多有控制，"国家在场"使得翻建之风暂时停止，但村民们认为这终究只能是暂时性的被抑止，他们几十份的翻建申请早已说明其意向。当下，村民们并不太看重幸存的老宅之历史坐标功能，他们并无太多历史感，而更为关注的则是生活的舒适性、现代性。

唯有延陵旧家的宅主吴乾奎之曾孙吴广平先生颇具"侨领"眼光。吴先生不仅毫无拆旧宅之意，他更是愿意出资300万元以作维修之用。也许在不久的将来，龙现村的古宅除延陵旧家之外，终将消失殆尽。但在村民看来，这并无过多可指责之处，事实上村民们坚信他们有这样的权利。他们认为最多只是在某些专家看来有一些遗憾而已，毕竟生活是村民自己的，谁也无权禁止，除非能真正拿出令村民满意的方案，予以创造性的重构。在古村落保护上，浙江永嘉苍坡村曾出现不少困难与对抗，其症结主要体现在村落主体的居住空间拓展升级与政府的僵硬限制之上。然而苍坡村与龙现村是有着较大差别的。首先，苍坡是个古村落，具有整体性，它拥有的古建筑众多，相应地，要保护如此众多的古建筑，其保护成本也较高，虽有旅游业作一定的补偿，但收益有限，特别是直接到每个村民手里的钱更是仅像零花钱一般，抵不上大用处。而龙现村不同，它只是还拥有着较多的老宅子而已，因而，如果政府能拿出合适的方案，相对而言，它的保护会比苍坡村来得更加容易。其次，苍坡村不是一个华侨村，对于生活空间的拓展，比之于龙现村，苍坡村更显急迫，因为据村民们反映，许多适婚青年正是因为房子的问题而导致结婚难，外界的理想（政府、文保专家以及游客等）与当地的现实（村民的现代性生活诉求）较难协调。当古建筑成为村庄的文化包袱时，古村落保护是很难进行的，往往会无功而返。再者，苍坡村的村干部一般都只具备本土视野，而龙现村的村干部中已经出现了所谓的"华侨村官"，这些"华侨村官"在一定程度上具备了某些"国际视野"的成分，不仅如此，华侨侨眷的思想工作也相对较容易做通。在某种程度上，华侨们更通达，一旦老宅子成为村子的骄傲，那么其保护就容易得多了，诸如易地建房等措施未必不可通行。

如前所述，汉族自古以来就有着强烈的"留根文化"传统，然而要追问的是这"根"究竟该是怎样的根？真的只是将老宅翻新而把"祖基地"守住就堪称完美了吗？这样的根是否过于狭隘了？那么更大更深刻的"根"是什么呢？笔者认为，所应当留住的应该是村庄的历史之根，而古民居正是承载村落历史记忆的最好载体。如若村民能悟得此理，那么龙现村古民居的命运将会大有转机，几十年之后龙现村的古宅也许不止延陵旧家一处。事实上华侨是最容易有乡愁感的，古民居保护若能以历史记忆与乡愁为出发点，或许更容易有成果。

通讯地址：

胡正裕，男，温州大学人文学院，浙江温州325035。

参会感想：

在农业文化遗产的视角下，国内学界对于农业遗产的体认有了长足的进步，开始回望传统农业经验，以期将来能加以现代化的提升，正所谓"向后看，往前走"。历史是螺旋式发展的，农业亦然，现代化农业所伴生的环境危机提高了人们对于粮食安全的警觉，后现代的农业将需要问计于前现代农业，比如"地力常新壮"的理念与方法亟待大力贯彻与弘扬，可持续发展的循环农业当是上佳的出路。由西南大学历史文化学院田阡教授领衔的会务组近乎完美地操办了本次论坛，知名学者如苑利、曾雄生、田阡、黄涛、倪根金、刘晔原、胡燕等或作学术分享示范或进行精彩的点评指导，令来自全国各地的28位青年学者受益匪浅。诸如苑利老师以"系扣子"作比，强调了农业文化遗产研究的逻辑起点。倪根金老师的分享令我们深深向往海南黎族的旱稻"山兰"及其相关美食。曾雄生老师对于"古之葬法与生态"的反思对我们有很大的学术启发。刘晔原老师的点拨让我们惊叹于日本的海洋领土面积之广阔。胡燕老师则指出了梭罗前往瓦尔登湖的时间正好是美国独立日7月4日，断言其必有深意，引起了我们强烈的认同感。几日的相互学习与相处，还让全国各地的青年学子增进了对彼此的了解，包括所在高校概况、个人学术水平、为人处事及个性特征等，在不知不觉中结识了一批新学友，因而不仅扩大了学术朋友圈，还兼有多学科的碰撞，正如田阡老师所强调的共享、跨界、协同以及传播等。经此盛会，确实让从事农业文化遗产相关研究的青年学子觉得不再孤单了！

温州大学　胡正裕

林业文化遗产中的饮椒柏酒民俗

任燕青

摘　要：本文从饮椒柏酒民俗作为林业文化遗产的基本点出发，从饮椒柏酒民俗的历史源流考证、它作为林业文化、中医文化和民俗文化的结晶及与它相同的林药结合林业文化遗产的当代意义三方面探讨饮椒柏酒林业文化遗产。

关键词：林业文化遗产；饮椒柏酒；民俗；健康中国；文化与科学

中国林业文化遗产，是我国人民在与环境的长期协同发展中，立足森林、林地、林木资源创造并传承至今的独特林业物种、林业生产系统、技术体系和林业景观。具体来说，它包含精神与物质成果两个方面，物质方面，如森林树木、茶果药竹、园林景观；精神方面，则包含（狭义的）林业文化、民俗等。[1] 根据这一定义，与森林利用相关的民俗，是林业文化景观的重要组成部分。在当代生态文明建设的背景下，研究具有鲜明地域特色的山区、林区森林利用民俗，能够加深人们对林业文化遗产当代社会效益的认知，有利于林业文化遗产的保护。

饮椒柏酒民俗，是诞生于荆楚地区的岁时食俗，在自东汉至清代漫长的历史长河中，它经久不衰，广为传播。它所依托的物质文物椒柏酒，是古人利用木本植物花椒的花朵或果实、针叶植物侧柏树的侧柏叶浸在酒中制成的，凝结了它诞生之时古代中医学的最新理论成果，具有强身健体的功效，对上自皇室宫廷，下至民间百姓在春节物候节气里维持身体健康、寄托新年美好希冀起到了重要作用。考察作为林业文化遗产的饮椒柏酒民俗，可以增进人们对民俗类林业文化遗产历史文化意义的理解，有利于保护民俗类林业文化遗产。

目前，与饮椒柏酒民俗相关的研究，主要来自三种视角。第一种视角是农

---

[1] 李飞．基于 China–NIAHS 框架下的林业文化遗产保护探讨［J］．北京林业大学学报（社会科学版），2016（2）．

业考古。研究者在考察魏晋南北朝时期的众多的节日礼仪食俗时,也关注到饮椒柏酒食俗,指出节日饮食习俗对于减少民间疾疫起到了作用,承载了民众对幸福安康生活的美好愿望。❶ 第二种视角是民俗研究。研究者在中日传统节日传承对比的视角下提到中国古代有饮椒柏酒的民俗。❷ 第三种视角是酿酒科技。研究者旨在挖掘中国古代的包括椒柏酒在内的药酒,开发酒产品。❸ 或从酒文化的功能探讨角度出发,谈到了包括椒柏酒在内的时令酒。❹ 这些研究都注意到中国古代有饮椒柏酒的民俗,但目前看,学界对饮椒柏酒的民俗的历史源流考证还没有专门研究,同时,也没有从林业文化角度阐发饮椒柏酒民俗的研究,为本研究留下推进空间。

一、"椒柏酒"与"饮椒柏酒"的历史源流

(一) 从《荆楚岁时记》谈起

"饮椒柏酒"的民俗属于中国传统岁时食俗。椒柏酒,与屠苏酒、雄黄酒、艾叶酒、茱萸酒等在特定岁时节日饮用的酒,统称为"时令酒",它们在中国传统节日的庆祝中扮演着举足轻重的角色。❺ 我国古代最有代表性的地域岁时民俗志、南朝梁宗懔的《荆楚岁时记》对于饮椒柏酒就有记载,该书提到,正月初一:"长幼悉正衣冠,以次拜贺。进椒柏酒,饮桃汤。"❻

由此我们知道,在南北朝时,荆楚地区的人们在正月初一这天,一家老少都端正衣冠,按次序向尊长敬礼贺年,并敬奉"椒柏酒"。

除了拜贺新年,古人"饮椒柏酒"还为了强身健体、预防疾病。古人认为,花椒、侧柏树植物的特定部位具有保健功效,通过饮椒柏酒,可以增强体质,免除疾病。❼

其实,早在西汉末年,椒酒就在宫廷中被皇室成员饮用。自东汉起,椒酒的饮用扩展至民间,荆楚地区的士农工商开始在元正饮用椒酒。柏酒的兴起大概稍晚于椒酒,但也是从东汉起开始为民间人士饮用。

---

❶ 刘春香. 魏晋南北朝时期的节日礼仪食俗 [J]. 农业考古, 2015 (04): 195.
❷ 贾莉. 从中日新年习俗看两国传统节日的传承 [J]. 中国民族, 2011, (11): 58.
❸ 刘源才, 单义民, 赖富丽, 等. 酒的作用与现代医学应用 [M]. 酿酒科技, 2014 (12).
❹ 张茜. 中国传统岁时食俗中酒文化的功能 [J]. 酿酒科技, 2014 (12): 109.
❺ 张茜. 中国传统岁时食俗中酒文化的功能 [J]. 酿酒科技, 2014 (12): 109.
❻ 谭麟. 荆楚岁时记译注 [M]. 宗懔原著. 武汉: 湖北人民出版社, 1985: 5.
❼ 谭麟. 荆楚岁时记译注 [M]. 宗懔原著. 武汉: 湖北人民出版社, 1985: 5.

从《荆楚岁时记》对"饮椒柏酒"的记载出发，可以追寻饮椒柏酒民俗的历史源流。

(二) 饮椒柏酒的兴起与传承

在历代文献中，椒柏酒有两种含义，第一种是椒酒与柏酒两种酒的合称。从现有的药酒研究来看，无论是椒酒或柏酒，或将椒、柏叶一瓶饮下的椒柏酒，作为基质的"酒"是白酒或黄酒。❶

椒酒是用花椒的花朵或果实浸泡在酒中制成的酒。现有的中医药及食品行业对药酒的研究，认为椒酒又称椒浆。❷ 其实，椒浆是椒酒的前身，最早诞生于战国时期的楚国。它的制作与椒酒一致，就是将花椒置放在浆中，但椒浆主要用于祭祀。直至西汉末年，皇室成员才开始饮用椒酒。自东汉以来，椒酒真正成为民间的士农工商饮用。

古人将椒浆作为祭祀用品，可见古人珍视这种用花椒植物特定部位制作的酒。战国、西汉、唐代，都有古人用椒浆祭祀神灵的历史。战国时，楚人对太一天神的祭礼仪式，就用桂酒与椒浆。❸ 西汉时，汉武帝行幸东海，捕获赤雁，写了一首祈求神灵降福四方的诗歌，其中，也提到用椒浆使神灵沉醉。❹ 西汉末年，王莽用放了毒药的椒酒毒死了孝平皇帝。❺ 唐朝时，诗人李嘉佑见闻了楚地的赛神仪式沿用椒浆祭神的古风俗。❻ 自东汉起，饮椒酒真正成为士农工商的春节食俗。❼ 三国时期，这一风俗在魏国延续，相关记载明确了椒酒是用椒花浸泡在酒中制成的。❽ 北朝时，北周的庾信在元旦这天也受到赵王赐饮椒柏酒。❾ 南宋时，"淮南夫子"陈造在元旦时饮椒酒，寄托了迎接新春的喜悦。❿ 总而言之，东汉以来元正饮椒酒的食俗，大多在荆楚地区及其周边地区。

花椒的花朵、果实都可以制作椒酒。三国、北朝时，人们饮用的椒酒通常

---

❶ 陈熠. 中国药酒的起源于发展 [J]. 江西中医药, 1994 (2)：48.
❷ 黎莹. 话说中国药酒 [J]. 食品与健康, 2002 (3)：8-9.
❸ 洪兴祖. 楚辞补注 [M]. 北京：中华书局, 1983：56.
❹ 洪兴祖. 楚辞补注 [M]. 北京：中华书局, 1983：56.
❺ 班固. 汉书 [M]. 北京：中华书局, 1962：360.
❻ 李嘉佑. 夜闻江南人家赛神 [A]. 全唐诗 [G]. 北京：中华书局, 1960：2144.
❼ 崔寔. 四民月令 [M]. 北京：中华书局, 1965：14.
❽ 谭麟. 荆楚岁时记译注 [M]. 宗懔原著. 武汉：湖北人民出版社, 1985：5.
❾ 倪璠. 庾子山集注 [M]. 庾信撰. 北京：中华书局, 1980：343.
❿ 陈造. 闻师文过钱塘. 江湖长翁集 [A]. 文渊阁四库全书 [G]. 台北：台湾商务印书馆, 138.

以椒花为成分。魏朝的董勋成公绥的《椒华铭》就称赞了椒花，说椒花的味道精美，吃了它能免除百病。魏朝的董勋也说，椒花很香，所以采摘来浸入酒中，贡献给长者。❶ 他们是椒花说的代表。但东汉崔寔《四民月令》、明代李时珍《本草纲目》在提到椒柏酒时，都用单一的"椒"字形容其成分。《四民月令》谓："椒是玉衡星精。"❷《本草纲目》在提到椒柏酒的制作时说："椒柏酒，元旦饮之，辟一切疫疠不正之气。除夕以椒三七粒，东向侧柏叶七枝，浸酒一瓶饮之。"❸ 崔寔和李时珍所指的"椒"，很有可能是花椒的果实。同时，根据李时珍的记载，椒柏酒不仅可以是椒酒、柏酒两种酒的合称，也可以是同时含有椒实和侧柏叶的一种酒。

柏酒是用侧柏叶浸泡于酒中制成的酒，与饮椒酒一样，饮柏酒也是自东汉起成为士农工商的元日食俗。

唐代，诗人孟浩然在一次元日宴席上与同座传饮柏酒。❹ 清代，四朝文臣祁寯藻在羁旅时与客人酩酊痛饮柏酒，以慰藉浓厚的乡愁。❺ 元日饮椒柏酒的食俗传到了北京，拜献椒盘和斟柏酒成了北京元日食俗的一部分。❻

由此可见，饮椒柏酒的元日食俗，从东汉一直因袭至清代，它跨越了历史长河，上自宫廷皇室，下至士农工商，都在椒柏酒上寄托了岁月更迭的悲喜。它诞生在楚地，又扩散到荆楚周边的广泛地区，成为正旦元日美好生活的永恒回忆。

二、饮椒柏酒民俗是林业文化、中医文化和民俗文化的结晶

（一）古人笃信饮椒柏酒的保健功效

自开始饮椒柏酒起，古人就笃信椒柏酒具有很强的对抗衰老、强健体魄、预防疾病的药用功能。崔寔说，椒是天上玉衡星的精华，服用了它能延缓衰老，柏叶有神力。❼ 庾信则称椒柏酒是"辟恶酒""长命杯"，❽ 说椒柏酒有辟

---

❶ 谭麟. 荆楚岁时记译注 [M]. 宗懔原著. 武汉：湖北人民出版社，1985：12.
❷ 石声汉. 四民月令校注 [M]. 崔寔原著. 北京：中华书局，1965：14.
❸ 李时珍. 陈贵廷等点校. 本草纲目 [M]. 北京：中医古籍出版社，1994：665.
❹ 孟浩然. 孟浩然集 [A]. 文渊阁四库全书（集部）[G]. 台北：台湾商务印书馆，466.
❺ 祁寯藻. 曹柳溪寄示近作即和其答友人诗四首谷集 [A]. 续修四库全书 [G]. 上海：上海古籍出版社，184.
❻ 帝京岁时记胜 [EB/OL]. 中国基本古籍库. 2017-12-07.
❼ 谭麟. 荆楚岁时记译注 [M]. 宗懔原著. 武汉：湖北人民出版社，1985：5.
❽ 倪璠注，许逸民校点. 庾子山集注 [M]. 庾信撰. 北京：中华书局，1980：343.

邪祛恶、使人长寿的功效。李时珍说椒柏酒能够预防一切不正之气，❶ 将椒柏酒预防各种疾病和邪气的作用强调到极点。事实上，椒柏酒确实具有保健功效，古人的智慧已经被现代科学确证。而且，考察中医学药酒剂型的发展史、魏晋时期的疾病史，会发现药酒的蓬勃兴起、魏晋的疠疫频仍的爆发，在时间上与饮椒柏酒民俗兴起的时间都是一致的。

（二）现代医学确证包括椒柏酒在内药酒的医药功能

现有的药酒研究，使用现代医学的科学理论与研究成果，对包括椒柏酒在内的传统药酒的医药功能进行了确证。现代医学研究表明，适量饮酒能够有效预防心血管疾病、糖尿病、炎症，并有抗焦虑和抗抑郁的效果。该研究指出，包括《黄帝内经》《金匮要略》《太平圣惠方》《饮膳正要》《本草纲目》等有代表性的古代医药文献对药酒都有记载，且汉代以后的医药文献记载篇幅尤胜。❷

梳理传统药酒的起源与发展历史的研究，肯定了药酒作为中医学最为悠久的剂型在中国医药史上不可替代的地位，并给出中国药酒定义："中国药酒是选配适当中药，经过必要的加工，用度数适宜的白酒或黄酒为溶媒，浸出其有效成分而制成的澄明液体。"❸ 根据该定义，椒柏酒是典型的药酒。它选配花椒的果实或花朵、侧柏叶，经过浸泡，以白酒或黄酒为溶媒制成。

我国第一部药物学著作东汉《神农本草经》，将秦椒列为上品药记载其"久服轻身，好颜色，耐老增年，通神"❹。民俗著作《四民月令》中所记载的"椒是玉衡星精，服之令人能（耐）老"❺ 完全与《神农本草经》对秦椒的药理性作用记载相吻合。李时珍在《本草纲目》中记载，柏叶与酒相宜，能轻身益气，令人耐寒暑，去湿痹，正因为"柏性后凋而耐久，禀坚凝之质，乃多寿之木，所以可入服食"❻。可见，中医研究者在理解药材时，采用了中国哲学特有天人合一思维方式，对于他们，柏木的耐寒与坚挺就意味着柏木能够帮助人获得类似的健康体魄。虽然这种思维有别于西方的思维方式，但事实证明，由这种思维产生的理论成果，也能够得到现代理性科学的确证。由此，我

---

❶ 李时珍. 本草纲目［M］. 陈贵廷等点校. 北京：中医古籍出版社，1994年：665.
❷ 李时珍. 本草纲目［M］. 陈贵廷等点校. 北京：中医古籍出版社，1994年：665.
❸ 陈熠. 中国药酒的起源于发展［J］. 江西中医药，1994（2）：48.
❹ 尚志钧校注. 钱超臣主编. 神农本草经校注［M］. 北京：学苑出版社，2008：77.
❺ 石声汉校注. 四民月令校注［M］. 崔寔原著. 北京：中华书局，1965：14.
❻ 李时珍. 本草纲目［M］. 陈贵廷等点校. 北京：中医古籍出版社，1994：817.

们更加深了对古人智慧的尊敬。

（三）饮椒柏酒民俗是林业智慧、中医智慧与民俗智慧的结晶

饮椒柏酒诞生的东汉至魏晋时期，是我国疠疫爆发最频仍、社会影响最恶劣的时期之一。[1] 社会生活有对预防疾病、强身健体的强烈需要。也正是在这一时期，中医药文献对包括椒柏酒在内的药酒的记载篇幅逐渐增多。[2] 饮椒柏酒民俗的兴起与作为古代中医学成果的药酒之勃兴，具有相伴发生的时间特点。饮椒柏酒民俗正是古代最新的医学理论成果渗透人们的日常生活，发挥抵御疾病、维持身体健康功能的结果。

饮椒柏酒民俗作为民族的风俗，不仅凝结了中医研究者天人合一的思维智慧，迎合了立春节气中"人之生态"的需要，发挥了人与自然协调发展的生态功能，是我国古代森林利用智慧、中医智慧与民俗智慧的结晶。

在这一意义上，饮椒柏酒民俗不仅是一般的林业文化遗产，而且凝结了传统文化中的中医文化、民俗文化，是当之无愧的、传统智慧交融的文化遗产。

三、从饮椒柏酒民俗思考林业文化遗产的当代意义

（一）林业文化遗产能够贡献人之生态与健康中国

在实践意义的层面，与饮椒柏酒民俗类似的林业文化遗产，具有林药结合的特征。在历史上，这种林药结合的森林利用文化传统，对维护中华儿女的身心健康起到了积极作用，并得到了现代科学的确证。这意味着，在当代弘扬林药结合的林业文化遗产，能够产生巨大的社会与经济价值。在当代生态文化建设的大背景下，人们时常谈论的生态文化，就是以人与自然的和谐共处、生态系统的完整、稳定、统一为目标的，以林药结合为特点的林业文化遗产，正具有极强的生态性。因为，人作为高等动物，也是生物，是生态的一部分，人的健康，就是人的活泼生态。林药结合的文化遗产，恰恰就在维护人的健康意义上，维护了人之生态。无论在弘扬传统民俗文化走进现代都市日常生活的文化意义上，还是在开发区域品牌林药产品的经济意义上，林业文化遗产都拥有巨大的潜力。

---

[1] 李传军，金霞．疠疫与汉唐元日民俗——以屠苏酒为中心的考察．民俗研究［J］．2010（4）：69-76. 该文认为，东汉至魏晋时期频仍暴发的疠疫促使与椒柏酒类似的屠苏酒成为元日食俗的一部分。

[2] 陈熠．中国药酒的起源与发展［J］．江西中医药，1994（2）：48.

（二）林业文化遗产的研究或可加深对传统文化与科学关系的理解

民俗形态的林业文化遗产，是林业文化传统的组成部分。在文化是特定民族、特定时期、特定地域的生活方式与生存样法这个意义上，民俗形态的林业文化尤其发挥了维持中华民族社会生活健康的文化意义。然而，这种传统文化与中国古代广义上的科学博物学不无联系。从饮椒柏酒民俗林业文化遗产的考察中，我们看到中医学著作《神农本草经》《本草纲目》等，都包含相当丰富的博物学内容。这些与中医药有关的博物学内容是对森林植物的收集、鉴别、描述、命名、分类编目，构成我国古代广义的科学传统。这种科学传统，又称自然志（natural history）传统，与理性科学传统的源头自然哲学传统（natrual philosophy）相对。❶ 饮椒柏酒林业文化遗产的研究，或可提醒我们引入科学史与文化哲学的理论视野，思考林业文化遗产与中国古代广义科学博物学传统的关系。

参考文献：

[1] 李飞. 基于 China – NIAHS 框架下的林业文化遗产保护探讨［J］. 北京林业大学学报. 2016（2）.

[2] 李传君，金霞. 疠疫与汉唐元日民俗——以屠苏酒为中心的考察［J］. 民俗研究，2010（4）.

[3] 刘源才，单义民，赖富丽，等. 酒的作用于现代医学应用［J］. 酿酒科技，2014（12）.

[4] 张茜. 中国传统岁时食俗中酒文化的功能［J］. 酿酒科技，2014（12）.

[5] 陈熠. 中国药酒的起源于发展［J］. 江西中医药. 1994（2）.

[6] 宗懔. 荆楚岁时记译注［M］. 谭麟译注. 武汉：湖北人民出版社，1985.

[7] 崔寔. 四民月令［M］. 北京：中华书局，1965.

[8] 曹寅. 全唐诗［G］. 北京：中华书局，1960.

[9] 洪兴祖. 楚辞补注［M］. 北京：中华书局，1983.

[10] 班固. 汉书［M］. 北京：中华书局，1962.

[11] 李时珍. 本草纲目［M］. 陈贵廷等点校. 北京：中医古籍出版社，1994.

[12] 李嘉佑. 夜闻江南人家赛神［A］. 全唐诗［G］.

[13] 庾信. 庾子山集注［M］. 倪璠注. 北京：中华书局，1980.

[14] 钦定四库全书［G］. 台北：台湾商务印书馆.

---

❶ 吴国盛. 什么是科学［M］. 广州：广东人民出版社，2016：216 – 225.

［15］文渊阁四库全书［G］. 台北：台湾商务印书馆.

［16］续修四库全书［G］. 上海：上海古籍出版社.

［17］潘荣陛. 帝京岁时记胜［EB/OL］. 中国基本古籍库. 2017 – 12 – 07.

作者简介：

任燕青，1992年出生，女，籍贯陕西，现为北京林业大学人文与社会科学学院哲学专业研二学生，历史学学士，研究方向为林业史。

基金项目：

该研究受北京林业大学青年教师科学研究中长期项目"中国林业史研究"支持，课题号2015ZCQ—RW—02。

满族服饰图案植物纹样的传承与发展

魏淼鸿 曾 慧

一、满族服饰图案植物纹样概述

满族人口众多，在中国 55 个少数民族中居第二位。满族是勤劳、勇敢、智慧的民族，在其长期的历史发展过程中积极汲取优秀的外来文化并进行融合创新，创造了独具特色的民族文化。其中满族的服饰文化尤为璀璨，服饰图案种类丰富，植物纹样更是作为主要图案鲜活地生长在服饰之上。

图1 满族服饰中的莲花纹[1]　　**图2 满族服饰中的牡丹纹**[2]

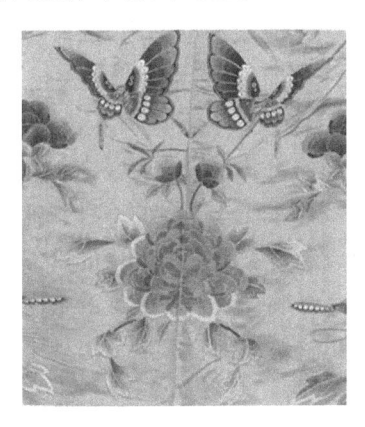

植物纹样是以植物的花、枝叶、果实等作为题材的图案，是满族传统服饰图案重要的组成部分。[3]满族植物类的纹样主要和东北的植物有关，后来又逐渐融入了其他植物纹样。在满族入关前，满族的服饰图案植物纹样有葫芦、喇叭花、莲花等，入关后逐渐融入了汉文化，梅花、竹、兰花、灵芝、牡丹等也

---

[1] 殷安妮. 清代后妃氅衣图典 [M]. 北京：故宫出版社，2014：102.
[2] 殷安妮. 清代后妃氅衣图典 [M]. 北京：故宫出版社，2014：50.
[3] 茚先云. 宋元时期植物装饰纹样的文化解读 [J]. 中国美术，2010：126 - 127.

成为满族服饰图案中常见的植物纹样。

满族先祖首先对这些植物进行细致入微的观察，初步绘制植物形象，进而对其进行夸张、变形、组合，最终创造出多种多样的植物图案。肃慎时期，满族先民最初的服饰是用来遮寒蔽体，人们取材于自然，将动物皮毛或植物叶子围在身上。在满足了遮寒蔽体的实用功能后，动物皮毛和植物的装饰功能也被挖掘出来。因为用猪皮、鱼皮和兽皮等做衣服不易刺绣，所以最初皮革上出现的植物纹样是用动物的血液和植物提取的染料绘画出来的。挹娄时期出现了麻布，挹娄人掌握了早期的毛纺织技术，还学会了将植物纤维纺织成布的技术。❶ 勿吉时期他们进一步用植物纤维纺织，增加面料的种类。靺鞨时期纺织业相当发达，盛产锦罗、绸、缎、纱绢等面料。挹娄、勿吉、靺鞨时期，满族服装面料得以改良，但还是以皮为主，人们通过编织、刺绣的方法将植物纹样装饰在服饰上。金代女真进入中原，桑产业、纺织业、手工业进一步发展，女真人以擅长织布而著称，植物纹样在服饰上应用广泛。"其从春水之服则多鹘补鹅，杂以花卉之饰。其从秋山之服，则以熊鹿山林为文，其长中骭，取便于骑也。"❷ 这时服饰也作为身份地位的象征。金代女真时期，制作精美的服饰只有贵族才能穿戴，而"庶人止许服狨䌷、绢布、毛褐、花纱、无纹素罗、丝绵"❸。

满族入关后，独有的服饰制度逐渐完善，满族的服饰体系也逐渐形成。清代官定服饰体现着严格的等级制度，地位越高服饰用料及工艺就越高级。清代后宫氅衣和衬衣上应用大量的南方花草，并形成其特有的组织方式：二方连续或者是边缘纹样、通身装饰的自由组织纹样和特定位置上的适合纹样。❹ 在大量使用机械纺织面料以后，出现了织物上继续刺绣花草纹样的装饰形式，极尽奢华。

以图3为例，荷花、葡萄、变形的蝴蝶以及全身间绣的梅花、海棠、菊花等四季花卉通过合理的布局，组合出华美的植物纹样图案。其中每种植物形象并不严格遵循合乎常理的大小比例，这是对某些植物形象夸张化的处理，使得图案整体更具有美感。植物纹样造型多变，种类繁多，并被充满智慧的人们赋予了吉祥美好的寓意。民间服饰虽没有宫廷服饰华丽，但也多在服饰上装饰植

---

❶ 曾慧.满族服饰文化研究［M］.沈阳：辽宁民族出版社，2010：6.
❷ ［元］脱脱.金史·舆服志卷（四十三）［M］.北京：中华书局，1975：984.
❸ ［元］脱脱.金史·舆服志卷（四十三）［M］.北京：中华书局，1975：986-987.
❹ 满懿."旗"装"奕"服：满族服饰艺术［M］.北京：人民美术出版社，2011：154.

物花卉纹样，与接纳南方加工者柔美精细刺绣不同的是，清朝满族民间服饰上的立体花卉植物刺绣更具北方豪情。如图4花卉和凤凰的刺绣纹样，刺绣用色纯度高，与服装底色形成鲜明对比。在清末满族服饰形成了植物纹样为主的服饰特点。

图3　绿色缎彩绣花蝶纹夹氅衣（局部）[1]　　　　**图4　服饰（局部 私人藏品）**[2]

笔者认为，植物纹样之所以能成为满族服饰图案中的主要纹样，并一直活跃至今，历久弥新，是有其深刻原因的。

二、满族服饰图案植物纹样历久弥新的原因

（一）满族生活环境对于植物纹样发展的影响

一个民族早期的生活环境是其服饰文化形成的重要影响因素。

满族是一个具有深厚历史的民族，其起源可以追溯到东北的古老民族肃慎，后来的挹娄、勿吉、靺鞨、女真其实也都是由此发展来的。满族服饰与女真人的服饰是一脉相承的，与肃慎到女真这一时期的服饰文化有着千丝万缕的关系，但又不等同于女真时期的服饰文化。[3] 满族服饰继承和发展了女真的优

---

[1] 殷安妮主编．清代后妃氅衣图典［M］．北京：故宫出版社，2014：44．
[2] 满懿．"旗"装"奕"服：满族服饰艺术［M］．北京：人民美术出版社，2011：151．
[3] 曾慧．满族服饰文化研究［M］．沈阳：辽宁民族出版社，2010：3．

秀服饰文化。满族的先祖世代居住在长白山、黑龙江和乌苏里江流域的广大地区，并且将这片"白山黑水"视为自己民族的发祥地。❶

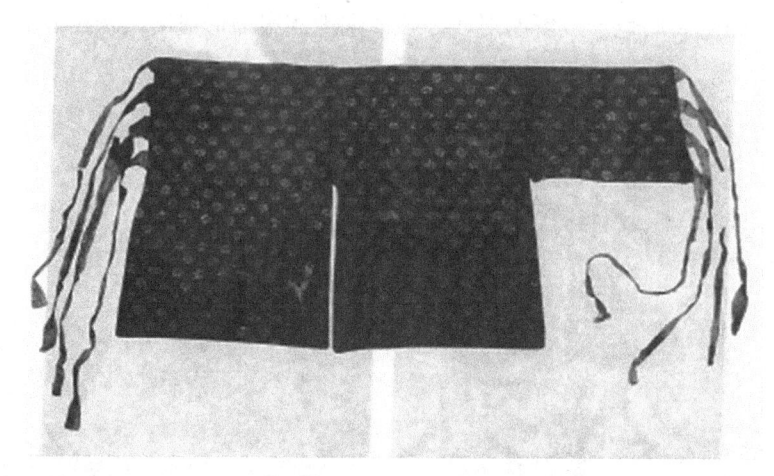

图5　女真的蔽衣（金上京博物馆）❷

背靠大山，丰富的森林资源与水资源为满族先人提供了住所与充足的食物——他们以捕鱼和打猎作为获取生存资源的方式。在肃慎时期生产力普遍低下的时代背景下，这样的生活方式就决定了满族先人的服饰特点。人们取材于自然，将动物皮毛或植物叶子围在身上，用来遮寒蔽体。渐渐地，在服装满足了遮寒蔽体的实用功能后，这些动物毛皮和植物叶子的装饰作用也被满族先人们发掘出来。他们开始注重对自身的装饰，而到处可见、采集方便的植物就成为满族先人们服饰纹样的重要取材来源。大量研究表明，女真人的服饰普遍装饰植物纹样。在由黑龙江省文物考古研究所撰写的《黑龙江阿城巨源金代齐国王墓发掘简报》中写到1988年黑龙江省阿城市齐国王墓出土了丝织品30余件。这篇简报对这些服饰作出了详细的描述，关于服饰图案，朵梅、团花等植物纹样被多次提及。

由此可见，独特的生活环境决定了满族服饰最初的特点，大量的植物纹样出现在他们的服装中。可以说，这体现了满族先人早期对美的追求。

（二）文化交流对于植物纹样发展的影响

满族文化是在多民族文化融合基础上形成的，其中女真文化是其发展的主

---

❶ 段梅. 东方霓裳：解读中国少数民族服饰 [M]. 北京：民族出版社，2004：114.
❷ 满懿. "旗"装"奕"服：满族服饰艺术 [M]. 北京：人民美术出版社，2011：13.

满族服饰图案植物纹样的传承与发展

体和基础，而吸收最多的是汉文化。而满族服饰文化作为满族文化的重要组成部分，在文化变迁的过程中，满族服饰始终保持自身的民族特色，吸取其他各民族的优秀文化，逐渐从最初的服饰系统发展成完善的满族服饰体系。大量的学术研究表明，满族服饰应用的植物纹样逐渐丰富起来，在清晚期形成了以植物纹样为主的服饰特点。

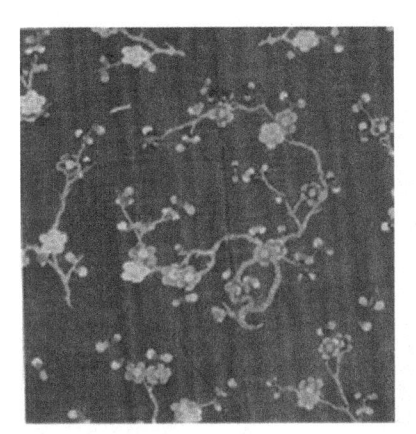

图6 满族服饰中的梅花纹❶　　图7 满族服饰中的兰花纹❷

比如"梅兰竹菊"四君子纹在满族服饰上的应用就是满族吸收汉族文化的典型代表。"四君子"本是汉族文人画中常表现的题材，这也和满族原始部落文化无法衔接。❸梅花原产中国南方，清朝苏州、南京、杭州等地以植梅花成林为风。南北方的兰也不同，南方的兰多是水墨画中兰草。竹类大都喜欢温暖潮湿，而满族北方的民族，地处寒冷地带，这种植物在北方较少。常见的菊花图案，则是源自慈禧喜爱长寿菊花而成为时尚图案形象。❹随着满族先民南迁，女真进入中原，女真文化与汉族文化互相渗透，"四君子"也摆脱了地域的限制，开始出现在满族服饰的植物纹样中。

此外，满族服饰文化还积极学习西方的新鲜元素。在清代后期满族服饰上的图案还出现了类似西方新古典主义的特征，这使植物纹样在构图、装饰、色彩、风格等方面再出新意。

---

❶ 殷安妮. 清代后妃氅衣图典［M］. 北京：故宫出版社，2014：302.
❷ 殷安妮. 清代后妃氅衣图典［M］. 北京：故宫出版社，2014：72.
❸ 满懿. "旗"装"奕"服：满族服饰艺术［M］. 北京：人民美术出版社，2011：115.
❹ 满懿. "旗"装"奕"服：满族服饰艺术［M］. 北京：人民美术出版社，2011：151.

(三) 宗教对植物纹样发展的影响

萨满教具有深厚的文化内涵，是女真人一种比较原始的神灵信仰，同时也是对满族文化最具影响力的宗教。

萨满教的宗教观念是万物有灵，万物滋养人类，依存于自然，萨满教将自然与自身联系起来，将自然作为有灵性的存在。萨满教崇拜自然，以自然为神，祈求自然保佑大地。正是由于满族信仰萨满宗教，才使植物纹样大量地出现在满族服饰中。

(四) 审美对植物纹样发展的影响

随着时代的变迁、地理环境的改变、经济的发展与文化的不断融合，满族形成了其独特的服饰审美文化。在满族人民审美文化的转变过程中，植物纹样的种类、形式及其寓意都得到了极大的丰富。

图8　对称式木兰花纹❶　　　图9　边缘式牡丹纹❷

在晚清，满族服饰文化呈现出以天然植物纹样为主的总特点。在清代后宫华丽的氅衣和衬衣上都有大量的花草植物纹样。服饰上常常被用到的花型纹样有牡丹纹、莲花纹、兰草纹、木兰花纹等，种类繁多，色彩丰富。这些花卉植物纹样以单独式或连续式的组织形式出现，在构图形式上则可分为主题式、对称式、平铺式和边缘式。同时，心灵手巧的满族人民在精神层次上丰富着各种植物纹样的内涵。如牡丹被誉为"花中之王"，代表富贵团圆；纯洁的莲花代

---

❶ 殷安妮主编. 清代后妃氅衣图典 [M]. 北京：故宫出版社，2014：38.
❷ 殷安妮主编. 清代后妃氅衣图典 [M]. 北京：故宫出版社，2014：198.

表"净土"，常绣于未出阁少女服饰中。

毫无疑问，这些都体现了中国古代重装饰轻人体的服装设计理念，传达着对人的美好祝福。满族服饰图案植物纹样正是在保持原有民族特色上，追随时代变化的脚步，迎合大众的审美理念，从而传承下来。

（五）生产方式对植物纹样发展的影响

肃慎时期，生产力低下，满族先民以渔猎作为主要的生产方式。皮毛、鱼皮和兽皮因为不易刺绣，所以皮革上最初出现的花纹是用动物的血液和植物提取的染料绘画出来的。

随着满族先民南迁，农耕成为满族人民主要的生产方式。金代女真进入中原后，桑产业、纺织业、手工业飞速发展。这时候满族服饰中动物筋线变成了金银丝线，皮革材料变成了棉布与丝绸，大量的花纹织物出现在这个时期的出土文物中。

满族入关后，建立起了清政权，逐渐完善了独有的服饰制度，形成了完善的服饰体系。清朝宫廷用的丝织品都来自江南三织造，丝织品的图案按照宫廷画师画的纹样刺绣，用中式构图的形式，由江南绣娘的纤纤玉指，灵动地将南方的柔情、北方的粗犷，穿过或柔美或华贵的面料，将富有灵性的植物纹样刺绣之上，形成独具一格的满族风情。在民间刺绣品中则有大量的立体花刺绣，这源于满族先人初期的装饰风格。历史把满族服饰带到了工业文明的前列，使晚清满族服饰在具有传统手工技艺美感的同时也有了机械工业的美感。[1] 比如，与很多少数民族的手工刺绣不同，晚清满族服饰上的花绦子是用机械提花制造出来的。故宫典藏的宫廷服饰中，还可以发现满族服饰"锦上添花"的特点，即在提花织物上继续进行刺绣（见图10）。

生产方式决定着满族服饰的材料及植物纹样的制作工艺。工业技术极大地提高了生产的效率，将满族的植物纹样引向历史新阶段。

---

[1] 满懿."旗"装"奕"服：满族服饰艺术［M］．北京：人民美术出版社，2011：126.

图10　清代后妃绣花蝶纹夹氅衣[1]

三、关于满族服饰图案植物纹样传承与发展的思考

满族植物纹样就像一颗种子，从发芽到长成参天大树，经受住时间的洗礼，岁月的冲刷，如今依然活跃在国人的视野，甚至走上了世界舞台。满族植物纹样之所以能够历久弥新，传承下来，是因为它有深厚的文化背景作支撑，有人们对自然的崇敬作情感基础，有充分的文化交流作养分。可以说，满族植物纹样是人们顺应历史的发展，智慧与情感的结晶。

工业化生产一方面丰富了满族服饰植物纹样的生产工艺，同时不可避免地对传统工艺产生冲击。机器制造整齐划一，规范均匀；手工制作则自由随意，韵味独特，寓意深厚。笔者认为，机器制造是使其适应时代需要，走向世界，发扬光大的必由之路，同时，传统手工艺作为中华民族服饰文化精神的典型代表，也必须完好地传承下来。在这个过程中，也应当大力发掘新材料、新工艺。可以尝试将一件具有神韵的服装设计作品在结合传统工艺的基础上，使用新材料和新工艺。笔者的另一个担忧在于，当今国际上，设计师虽大力发掘中

---

[1] 殷安妮. 清代后妃氅衣图典[M]. 北京：故宫出版社，2014：51.

国元素，但只用其"形"，却未必理解其神韵所在。❶ 我们希望满族植物纹样能成为一个文化的载体，让全世界去了解中国风的文化内核，让全世界喜爱中国元素的人们在选择美丽服饰的同时感受里面承载的美好祝愿。

作者简介：

魏淼鸿，大连工业大学服装学院硕士在读。专业为艺术设计服装。研究方向为满族服饰研究、满族服饰创新应用设计研究。

曾慧（1971—），女，满族，教授，博士，硕士生导师，服装博物馆副馆长、服装学院副院长。中国民族学会丝绸之路文化产业专业委员会副秘书长、全国满族企业家协会副秘书长。主要学术研究方向为服饰史论研究、民族服饰创新应用设计研究、文化创意产业及其文化创意产品研究。

通讯地址：

大连工业大学服装学院，辽宁大连116033。

参会感想：

首先，感谢我的导师曾慧老师对我的悉心教导，感谢田阡老师及会务组同学对此次论坛的辛勤付出，感谢参加论坛的各位前辈和同学的分享和指导。在西南大学的三天，是充实的三天。这是我第一次参加研究生论坛，收获颇丰。很有幸能见到和蔼可亲的学术界前辈们。让我感觉到，真正有文化底蕴的人，气质是由内散发出来的。前辈们的演讲风格严肃活泼，探讨的内容给人以深刻的思考，给出的指导让我受益匪浅。在听同学们作报告时，我产生了很多体会。其一，研究内容紧跟时代，在21世纪这个高速发展的时代，非物质文化遗产面临着机遇和挑战。在同学们的演讲中，一部分同学的选题是对民间非遗追溯式的探究或是对其现状的调查，另一部分则是关于非遗众创的探讨及设想。这引发了我对于传统手工技艺、文创产品及互联网思维的思考。其二，演讲者大多脱稿，从他们自信的神采中，可以看出在来参加论坛前，这些年轻的学者对自己研究的课

---

❶ 曾慧. 满族服饰文化研究［M］. 沈阳：辽宁民族出版社，2010：196.

题付出了大量的时间和精力。他们的态度深深影响了我。当自己上台演讲后，较少的演讲经历使我有些紧张，还好有小伙伴的支持鼓励。在论坛结束后，我回想着自己及其他学者的演讲、老师们的建议和总结，觉得有几点是今后要践行的。一是应该多读书，导师总提醒我们要多读书，原来只有多看书了才能脑子里有东西，才能思考，才能写得出来，说得出来。二是对自己研究的课题要用心，只有真实地去调查了，才会产生更深刻的思考。三是多锻炼自己，增加演讲和写作的经验，一次比一次进步。

大连工业大学服装学院　魏淼鸿

满族旗鞋的形制与文化内涵研究

安依雯　曾　慧

摘　要：满族作为清朝最后的统治民族，在受到中原汉文化影响的同时，也坚守着本民族的文化特色。满族人民强烈的民族归属感和民族认同感，使其服饰有着明显区别于其他民族服饰的特点。本文以满族女子的旗鞋为例，通过对旗鞋鞋底、鞋帮、色彩、纹样的总结，分析旗鞋产生的自然环境、历史背景、民族心理、社会形态等文化内涵，从而把握服饰文化的发展演变规律，为少数民族服饰的传承和创新提供借鉴。

关键词：满族；旗鞋；文化内涵

满族作为人口超过千万的中国少数民族，主要分布在我国的东三省地区以及北京、天津、河北等地区。民族分布属于大杂居小聚居的形式。满族有自己的语言和文字、宗教信仰、传统节日以及民族文化。在满族的众多文化中，语言、服饰、风俗、骑射、萨满教五个方面成为满族最为重要的文化特征。

一、满族的历史发展

满族是我国统一的多民族大家庭中的一员，在满族长期发展过程中，其对祖国各方面的发展起到了重要的作用。在统一多民族国家的形成、奠定中国的版图、抗拒外来的侵略、维护祖国统一诸方面都曾做出了重大贡献。满族劳动人民勤劳勇敢，富于进取精神，勇于摒弃自身落后的陋习，积极地向其他先进民族学习，较少保守思想，奋发而开放，是一个既古老又崭新、充满勃勃生机与活力的民族。

满族是公元前16世纪初开始形成的一个民族，它的名称是在明代末年（17世纪初）才出现的，是以明代建州女真为核心发展形成的民族，天聪九年（1635年）定名为满洲。但是满族有着悠久的历史，追根溯源，可上溯到三千年前的肃慎人。先秦古籍中所记载的生活在商周时期的肃慎人（公元前16世纪—公元前3世纪），就是满族的最早先人。汉代以后，不同朝代的史书上分别记载的挹娄（汉、三国、晋）、勿吉（南北朝）、靺鞨（隋、唐）、女真（辽、宋、元、明），是肃慎的后裔，也是满族的先人。满族族名的发展过程最初为肃慎，一变称挹娄，再变称勿吉，三变而称靺鞨，四变而称女真，五变而称为满洲族，中华人民共和国成立后，经过民族识别确定族名名称为满族，是我国56个民族之一。

二、满族鞋饰特点概述

满族的祖先属于游牧民族，一生戎马，由于其特有的民族文化背景，其服饰也相应地成为本民族成员间相互认同的象征，它可以折射出该民族的生存环境、生产方式、历史背景、民族心理、宗教信仰、文化特征等。就满族鞋饰而言，入关前与入关后相比较，既有本民族特点又有融合其他民族文化元素的迹象。

（一）男子鞋饰种类及特征

入关前，满族男子多穿着靰鞡，一种捆绑于腿上的防寒鞋，材料有鱼皮、玉米皮、兽皮几种，其中最具代表的是兽皮靰鞡（图1）。鞋底用一整块生牛皮或猪皮、马皮压制而成，使得鞋底与鞋帮成为一个整体，缝合的位置位于脚背的鞋面处，通过捏褶的方式调节鞋料的余量，将干乌拉草垫于鞋中，柔软保暖。《香余诗钞》中记载"缝皮为鞋，附以皮环，纫以麻绳，最利跋涉"[1]。

图1 靰鞡（私人藏品）[2]

---

[1] 李澍田. 吉林纪事诗［M］. 长春：吉林文史出版社，1988.
[2] 满懿. 旗装奕服——满族服饰艺术［M］. 北京：人民美术出版社，2013：178.

入关后，由于经济条件的改善和社会环境的变化，男子的足饰细化为靴、鞋两种。靴，有厚底方靴、官快靴。厚底方靴，靿长（图2），多为君臣朝会、达官贵族以及骑射狩猎时选用，正式又平稳；官快靴（图3），靿短，多日常穿着，男子打猎时穿着。靴鞋结构基本上相似于蒙古靴，相比而言，所用皮革少于蒙古族，取而代之的是丝质物品的应用。鞋，款式也丰富多样，有云头鞋、扁头鞋、单梁鞋、双梁鞋等。男子足饰的材料也由入关前的兽皮改为缎、绸、绒、布等。金上京的出土文物中，有许多着靴鞋的人物造型，由此可见，满族所用的靴鞋习俗传承了金国女真人的生活习俗，并且将蒙古族的靴鞋特点加以融合，形成了本民族的独特风格。

图2　黄云缎缉米珠绣朝靴❶　　　　　**图3　黑靴鞋❷**

（二）女子鞋饰种类及特征

入关前，满族女子讲究穿木底鞋，中老年妇女及一般劳动妇女多穿平底绣花鞋，也称"网云子鞋"，以平木为底。也有自制的以布面为底的俗称"千层底"，普通人家鞋底的高度一般在1~2厘米，鞋表面绣有吉祥纹样，前端着地处稍翘，便于行走。入关后，由于与汉族文化发生了前所未有的联系和交往，高底鞋应运而生，也叫"寸子鞋"。常见的有马蹄底、花盆底、元宝底、厚平底几种。大多为宫中嫔妃及中青年满族贵族女子穿着，一般少女从十二三岁时便可穿着高底鞋。木质平底鞋多为老年妇女、女子百姓或宫中侍女穿着。

（三）儿童及其他鞋饰

虎头鞋，满族女子专为儿童制作的一种布鞋，鞋底绣有蜈蚣、蛇等图案，

---

❶　故宫博物院编．清宫服饰图典［M］．北京：故宫出版社，2006：62．
❷　满懿．旗装奕服——满族服饰艺术［M］．北京：人民美术出版社，2013：178．

寓意将毒害踩在脚下，使儿童免于侵害；鞋面绣有虎头，鞋后帮拴有虎尾。早期经常用狩猎的狍子等小型动物的皮张为材料制鞋。虎头鞋是萨满神偶的物化表现，它寄托大人对孩子的美好祝福，是神灵的一种象征。毡窝，旧时满族妇女及儿童冬季穿着的一种御寒鞋。跑冰鞋，东北地区的冬季可长达半年之久，为便于在冰天雪地里行走，满族人民还创造了一种跑冰鞋，即滑冰鞋。起先是将一两截较细的兽骨纵向捆在鞋底，后来改为铁棍，进而演变为冰刀。清太祖努尔哈赤冬季征战时，常令官兵在冰面上拴上冰鞋板快速滑行。

综上所述，满族鞋饰在入关前显现出明显的地域性，注重其实用性和功能性，入关后，鞋饰的审美性加强，更显装饰性的作用。

三、旗鞋的形制

（一）鞋底

旗鞋的鞋底是使旗鞋能够独树一帜的关键所在。旗鞋的鞋底非常厚，用木头制成，位于脚心中部，四周包裹白布，或涂以白漆，高度从寸许到五六寸不等。《沈阳故宫珍宝》中记载"高8~14厘米（2.3~3.9寸），最高的20余厘米（5.6寸）"❶。旗鞋往往是以鞋底的形状来命名的，常见的有厚平底、元宝底、花盆底、马蹄底等样式。马蹄底（图4），中间细，下端宽，鞋底中部凿成马蹄式，踏地脚底印痕形似马蹄。徐珂《清稗类钞·服饰类》："八旗妇女皆天足，鞋之底以木为之。其法于木底中部（即足之重心处）。凿其两端，为马蹄形，故呼曰马蹄底。……其式不一，而着地之处则皆如马蹄也。"花盆底（图5），上宽而下窄，形似花盆。夏仁虎《旧京琐记》："旗下妇装……履底高至四、五寸，上宽而下圆，俗谓之花盆底。"元宝底（图6），底上宽下窄，外形似元宝。厚平底（图7），鞋底低矮而平。徐珂《清稗类钞·服饰类》："年老者则仅以平木为底，曰平底。其前端着地处稍削，以便于步履也。"❷

---

❶ 李理. 沈阳故宫珍宝［M］. 沈阳：沈阳出版社，2004.
❷ 徐珂. 清稗类钞·服饰类［M］. 北京：中华书局，1986.

图4　月白色缎绣花卉料石花盆底鞋❶ 　　图5　红色缎绣花卉高底鞋❷

图6　月白色缎绣竹子元宝底鞋❸ 　　图7　兰缎辑线绣凤头鞋（故宫博物院）❹

（二）鞋身

鞋身的造型也十分丰富，有的在造型上模仿动物，颇具情趣。鞋头有尖形和圆形，高帮和矮帮，材料多为锦缎，绣以花纹。随季节不同有单鞋和棉鞋之分。

（三）色彩

满族服饰的色彩向华丽与单纯两极分化。白色在满族服饰中是一个重要的颜色，满族尚白，认为白色代表着高贵纯洁，象征着如意吉祥，因而白色在旗鞋中广有应用。入关之初，服饰上的花纹刺绣多由苏杭提供，因而色彩选用上取其清淡、柔和，随着清王朝定鼎中原、政权稳固后，色彩开始鲜活绚丽、温文高雅。晚清时期的面料多为暗底提花织物，总体色彩反差大，对比强烈。综上，宫廷服饰面料色彩多以明黄、杏黄、大红、赭石、青、藏青为主，另有朱红、淡黄、湖蓝、篮紫、粉绿、雪灰、玄黑等，炫彩斑斓。民间所用色彩除婚庆外，大多为深色，以蓝色、黑色、青色为主体色，另有花纹装饰。

---

❶ 故宫博物院编. 清宫服饰图典［M］. 北京：故宫出版社，2006：304.
❷ 故宫博物院编. 清宫服饰图典［M］. 北京：故宫出版社，2006：304.
❸ 故宫博物院编. 清宫服饰图典［M］. 北京：故宫出版社，2006：305.
❹ 满懿. 旗装奕服——满族服饰艺术［M］. 北京：人民美术出版社，2013：174.

(四) 纹样

"锦上添花"是满族服饰的另一特色。在中国历代的传统服饰中唯有满族是在底纹明显布料上继续刺绣花纹，使面料的花色同刺绣的花色形成对比。满族忌讳素而无花的鞋，旗鞋的主要装饰区域是在鞋头的位置，宫廷及御用的旗鞋装饰还会扩展到花盆底的四周，装饰材料也丰富为亮片、珠宝、玉石等。满族传统的服饰图案集中表现为文字、动物、植物、花卉、昆虫等几类。应用到鞋身的花饰纹样常用的是自然界各种美丽的鲜花和丰硕的果实，有桂花、牡丹、海棠、兰花、梅花、玉兰、荷花、萱草、灵芝、佛手、仙桃等；动物形态也属常见，像蝴蝶、蝙蝠、金鱼、长寿、八仙等寓意吉祥。这些图案的象征意义代表了中国古代伦理、民族文化及宗教信仰。巧妙地运用会意、谐音、借代等方法将祈福纳祥、驱恶辟邪的思想观念融会贯通，以视觉符号的形式表现出来。满族旗鞋千姿百态，色彩艳丽、异彩纷呈，这些精品鞋饰是满族人民智慧的结晶，是民族服饰的珍品。

四、旗鞋产生的文化因素

(一) 自然环境

关于文化的含义理解是"人不同于动物的生活方式"，"是民族生活的样法"。只因先有了人才有了文化。但是人类创造历史绝不能是随心所欲的，既要受到已有的客观条件限制，又要先创造保证生存的物质生活条件。正如马克思所说："人们为了能够'创造历史'，必须能够生活。但是为了生活，首先就要衣、食、住、行以及其他东西。因此第一个历史活动就是满足这些需要的资料，即生产物质生活本身。"[1]

这要追溯到满族先祖女真族的服饰文化，女真是我国东北的古老民族之一，生活在寒冷的北方边境，属于温带湿润半湿润大陆性气候，冬季漫长而严寒，夏季炎热而潮湿。因此，为适应这样的气候，对服饰的第一个要求便是保暖。当时女真女子常入山林采药，林中不仅湿冷且虫蛇繁多，为了防止足部冻伤和被虫蛇侵害，女真女子巧将鞋底加上厚厚的木屐，体现出强大的实用性与功能性，由此高底鞋流传开来。究其如此制鞋之因，皆由环境使然，正所谓"衣冠无语，演绎大千"。

---

[1] 马克思, 恩格斯. 费尔巴哈 [A]. 马克思恩格斯选集（第一卷）[C]. 北京：人民出版社，1972.

(二) 历史背景——与汉文化中和的产物

满族文化是在多民族文化融合的基础上形成的，其中女真文化是其发展的主体和基础，而吸收最多的无疑是汉文化。满族入关后，正处于经历了一场由政治形势变革所带来的生活环境乃至生活方式的转变。此时的满族人在思想上也经历着两种不同文化和观念的对峙，面对这种局面，满族人一方面迅速地接受中原传统的政治文化，将儒家思想作为治国之本。另一方面，又采用各种强制手段极力拥护本民族的传统习俗。比如，传说在清早期，孝庄皇后将"有以缠足女子入宫者斩"的谕旨悬于神武门内，警示满族女子。

孙彦贞在《缠足风习与满族马蹄底鞋源起考述》一文中提到：马蹄底鞋（即"花盆底鞋"）一方面承袭了满族鞋履服饰的文化传统，在缠足盛行的社会气氛之中，仍保持了自身鲜明的民族性；另一方面又受到汉文化与审美观念的影响，在不违圣谕，保护妇女天足的基础上，改造并吸收了汉族传统习俗中可为己用的内容，使追崇缠足的满族妇女在穿着此鞋后，双足显得纤小秀丽。[1]

有学者认为："清朝作为统一的多民族国家，各民族之间相互联系交往、彼此融合，又使得清代官民士庶的服饰文化呈现出前所未有的多样化特征……从总体上看，清政府制定的官民服饰制度，既保留了汉族传统服饰中的某些特点，又吸收了满族的风俗习惯，满汉习俗互融互渗，体现了清代服饰文化满汉交融'多元一体'的时代特征。"[2]

(三) 民族心理影响下的审美需求

满族是马背上的民族，满族男子一生戎马，满族女子在民族文化的影响下，从小也善于骑射，拥有浓厚游牧文化的满族人生活相对自由奔放，在满人的审美文化中，女性更加崇尚自然天性。入关后这种审美风尚依旧延续，随着社会性质、经济结构发生变化，人们逐渐从服饰的实用功能转向审美功能。满族女子尚穿旗袍，但清旗袍宽大冗长，袍身长及脚背，腰部直线裁剪，宽阔无形，整体上看，易使穿着者低矮不挺拔，气质尽无。此时"高底鞋"的穿着就有效地解决了审美的需求，将人体纵向延伸，使人挺拔高挑。同时由于鞋的特殊造型，使女子走起路来双臂前后摆动幅度较大，身材更加婀娜、轻盈娴雅。《儿女英雄传》第三十回中，对着花盆底鞋的女子形态有生动的描述：穿

---

[1] 孙彦贞. 缠足风习与满族马蹄底鞋起源考述 [J]. 中国历史文物, 2005 (3): 53-60.
[2] 杨超. 霓裳 [M]. 天津: 天津翻译出版公司, 2006: 176.

这种鞋走起来"扬着个脸儿，振着个胸脯儿，挺着个腰板走"。旗鞋不仅是女性为自己增加的一种奢侈和浮华，更是女性心灵中自然焕发的一种生命与活力，更是人类思考与智慧的延续。

（四）社会形态需求

在一定经济基础之上形成的社会意识形态，是影响衣冠服饰的重要因素。服饰对于每个具体的穿着者来说，都在一定的社会形态下具有普遍意义。旗鞋是在一种大的社会制度下形成存在的，必将被那个时代赋予特殊的内涵。由它可以看出一个人的民族成分、政治地位、婚姻状况、年龄层次贫富差距乃至审美情趣等。

旗鞋的产生除了与地理、风俗、经济、文化密切相关之外，还具有政治意义，是区别社会等级、巩固等级制度、维护男权的一种手段。封建社会即男权社会，就像统治者必将要使自己的臣民屈服于自己，男子也需要让女子屈服于自己，甚至成为附属。因而除了礼教对女子的思想束缚之外，还需要有现行的规制对女子的行动进行约束，就像缠足一样，笔者认为，旗鞋亦是另一种形式，高而重的鞋底注定行走不便，是对于身居宫中的满族贵族女子的行动限制。无疑是为了维护男权与统治者权威的产物。

五、乡土中国的满族服饰传承

服饰的演变与自然生态格局息息相关，与生产生活方式密不可分，与民族文化变迁紧密结合。窥一斑而知全豹，满族的服饰文化丰富发展了中国民俗文化，促进了各民族服饰文化共存、共荣，同时带动了他族服饰文化的流变，推进中华民族服饰走向世界。在清朝女子的鞋饰上，我们所看到的是民族文化的兼收并蓄，领略到的是多民族文化的博大精深，旗鞋将"服"之需求与"饰"之功能融会贯通。在强调文化"软实力"的国际社会，我们更有必要来探讨满族文化振兴的问题，在巨大的全球化浪潮中，世界各地的传统文化都在被弱化甚至被同化，我们要做的是重视本民族文化，尊重异域文化，在民族融合和文化交流中弘扬民族精神，兼收并蓄与时俱进，通过民族文化的振兴也为少数民族的服饰传承助力。

参考文献：

[1] 杨圣敏. 中国民族志 [M]. 北京：中央民族大学出版社，2003.

[2] 曾慧. 满族服饰文化研究 [M]. 沈阳：辽宁民族出版社，2010.

[3] 常莎娜. 中国织绣服饰全集·少数民族服饰卷（上）[M]. 天津：天津美术出版社, 2014.

[4] 满懿. 旗装奕服——满族服饰艺术[M]. 北京：人民美术出版社, 2013.

[5] 张佳生. 满族文化与宗教研究[M]. 沈阳：辽宁民族出版社, 1993.

[6] 段梅. 东方霓裳[M]//解读中国少数民族服饰. 北京：民族出版社, 2014.

[7] 李澍田. 吉林纪事诗[M]. 长春：吉林文史出版社, 1988.

[8] 李理. 沈阳故宫珍宝[M]. 沈阳：沈阳出版社, 2004.

[9] 徐珂. 清稗类钞[M]. 北京：中华书局, 1986.

[10] 孙彦贞. 缠足风习与满族马蹄底鞋源起考述[M]. 北京：中国历史文物, 2005.

[11] 恩格斯. 反杜林论[M]. 北京：人民出版社, 1956.

[12] 杨超. 霓裳[M]. 天津：天津翻译出版公司, 2006.

[13] 钟敬文. 民俗学概论[M]. 上海：上海文艺出版社, 1998.

[14] 故宫博物院山东博物馆曲阜文物局齐鲁书社编. 大羽华裳明清服饰特展[M].

[15] 沈从文. 中国古代服饰研究[M]. 上海：上海书店出版社, 1997.

作者简介：

安依雯（1993—），女，汉族，辽宁省大连市人，大连工业大学服装学院硕士在读。专业为艺术设计服装。研究方向为满族服饰研究、满族服饰创新应用设计研究。

曾慧（1971—），女，满族，教授，博士，硕士生导师，服装博物馆副馆长、服装学院副院长。中国民族学会丝绸之路文化产业专业委员会副秘书长、全国满族企业家协会副秘书长。主要学术研究方向为服饰史论研究、民族服饰创新应用设计研究、文化创意产业及其文化创意产品研究。

通讯地址：

大连工业大学服装学院，辽宁大连116033。

参会感想：

2017年9月，我有幸收到了西南民族大学会务组的邀请，参加由中国农业历史协会和西南大学联合主办的2017年度研究生农业文化遗产与民俗学论坛——农业文化遗产学与民俗学视野下的乡土中国。本次论坛历时两天，却收获颇丰。首先，各位专家教授们亲自为参会的学者们作了精彩的讲授，为会议奠定了极高的格调，从"农业文化遗产保护三题"到

"丧葬习俗"再到"中国民间文化的多样性",向我们多维度地展示了此次论坛的视角,将我们的视野与思路豁然打开;其次,来自各高校的研究生学者们相互交流、分享自己的研究成果,让我再次感受到信息整合与学术跨界的魅力;最后,向田阡教授带队的会议幕后工作者们致以衷心的感谢,他们的细心、周到、耐心与友善让我们深刻感受到西南大学淳厚的校风,望日后有缘大家还能相聚。

大连工业大学服装学院　安依雯

东北地区农业生产谚语的民俗文化价值探析

孙佳丰

谚语是我们生活中喜闻乐见的语汇，它节奏明快，易读易记，语言简洁而又不失寓意深远。农业生产谚语是民间谚语中最大的一个分支，通常被称为"农谚"，历史也最为悠久。《新华汉语词典》将"农谚"一词定义为"有关农业生产的谚语，通常是由农民长期经验积累所得，对农业生产有一定指导作用"。

我国东北地区气候寒冷，早期人烟稀少，荒野面积居全国之首，常被人们称为"北大荒"。但是在广阔而肥沃的平原土地和丰富的三江水系等得天独厚的自然条件下以及人民勤劳智慧的生产劳动中，东北地区的农业逐渐发展起来，成为一个具有悠久农业文明的粮食产地——"北大仓"。所以，东北地区的农业生产谚语更是当地劳动人民在独特的自然条件中积累和创造的文化财富。它语言简洁而生动，记载了农耕的经验与技巧，其所体现民俗文化内涵更是具有重要的研究意义。

一、总结生产经验，传承劳动技能

谚语源于最底层人民的劳动，从本质上来说就是劳动人民不断地与自然界进行斗争并从中积累和创造的语言财富。语言的精练性和内容的实用性，使它能口口相传沿用至今。谚语所传授的生产经验和劳动技能，不仅有效节约了生产时间，提高了生产效率，并且不断地把各项生产向科学化推进，使劳动达到事半功倍的效果。[1]

东北地区作为具有鲜明地方特色的农耕区，人们在长期农业生产的实践中，通过观察和记录，总结出了各种种植经验。从文化价值的角度讲，人们在

---

[1] 姚远. 黑龙江地区谚语的民俗内涵探究[D]. 哈尔滨师范大学硕士学位论文，2012：37.

劳动中总结出生产经验，是为了将农业生产的技巧广泛传播，世代传承。这样，东北地区的农业生产谚语就具有了传承劳动技能实用价值。

(一) 对土地的有效利用

河沙掺黑土，一亩顶两亩。(黑龙江)

沙土地发小不发老，黑土地发老不发小。(黑龙江)❶

黄土掺黑土，多打二石五。(辽宁)❷

土地是农业的基础，一个地区的土质是影响该地作物种类和收成的关键因素之一。东北地区肥沃的黑土地是自然赐予的财富，而"沙土""黄土"的肥力自然不如黑土好，但将它们与黑土结合利用，就能使土壤的肥力最大化，体现了农民科学种田的智慧。然而，东北地区处于季风气候区，湿季丰沛的降水虽然保证了土地的水分，但是易发的旱涝灾害常导致土地盐碱化。但是"碱地怕勤人"，东北地区农民对盐碱地的治理同样是有经验的：

覆盖能防碱，倒垄能窖盐。(吉林)❸

挖沟排水，种稻洗碱。(黑龙江)

粪大不怕碱。(黑龙江)❹

地面覆草，能够减少水分蒸发，防止返盐；倒垄将盐分压在下面，可以减轻盐碱害。挖沟排水同样是减轻土地盐碱灾害的好方法，而土壤的肥沃更是保证土地健康的基础。

(二) 对气候规律的把握

天气和气候是影响农业生产的另一大自然因素。正如季风气候下的降雨情况能够影响土地的盐碱度一样，单纯地关注于对土地的治理是远远不够的。所以农民在生产实践中不断总结经验，摸索规律，以躲避气象灾害，利用最佳时机。

白露早，寒露迟，秋分种麦正当时。(黑龙江)

惊蛰早，清明迟，春分种麦正当时。(黑龙江)❺

---

❶ 中国民间文学集成全国编辑委员会. 中国谚语集成·黑龙江卷 [M]. 中国 ISBN 中心, 1998.
❷ 中国民间文学集成全国编辑委员会. 中国谚语集成·辽宁卷 [M]. 中国 ISBN 中心, 1998.
❸ 中国民间文学集成全国编辑委员会. 中国谚语集成·吉林卷 [M]. 中国 ISBN 中心, 1998.
❹ 中国民间文学集成全国编辑委员会. 中国谚语集成·黑龙江卷 [M]. 中国 ISBN 中心, 1998.
❺ 中国民间文学集成全国编辑委员会. 中国谚语集成·黑龙江卷 [M]. 中国 ISBN 中心, 1998.

这两条谚语分别说的是冬小麦和春小麦的具体播种时节，冬小麦于十月播种，次年五六月份成熟，春小麦四月播种，当年八月即可成熟。在东北很多地区，种植春小麦比较普遍，因为春小麦成熟周期短，成活率高，东北地区冬季寒冷，昼夜温差大，种植冬小麦如遇寒潮、霜冻天气则会颗粒无收，农民的损失巨大。

对于东北地区来说，春、夏、秋三季的气候情况对于作物的生长来说并不能构成太大的威胁，冬季寒冷而漫长这一显著的气候特征，才是对作物生长和农民智慧的考验。独特的气候特征孕育了独特的冰雪文化，更对农业生产产生了重要的影响。"平常不出工，十冬腊月呛北风"；"立了冬，麦不生"。十月凛冽的北风、立冬以后逐渐降低的气温，冬季寒冷的气候给农业生产造成了一定的困难。然而，寒冷的气候在东北农民眼中却并非只有负面影响：

> 千金难买淤冰水，冬季积水如积金。（吉林）❶
> 一冬没有雪，明年无收成。（黑龙江）
> 霜降到冬至，翻地冻死虫。（黑龙江）❷

冬季的积雪其实是水资源的另一种形式，在寒冷冬季形成的冰雪就是为春季播种做的准备。虽然在冬季会形成冻土，但是低温的环境可以冻死地里的害虫，降低粮食的病虫害。因此，农民只有掌握节气变化，不违农时地安排农事活动，科学地认识自然条件的变化规律，遵循"因地制宜""因时制宜"这一发展农业生产的重要原则，收获的季节才能五谷丰登粮满仓。

（三）对庄稼的科学管理

东北地区农谚在总结生产经验与传授劳动技能方面的价值不仅体现在对于土地条件的总结和对天气气候规律的把握上，它更具体地体现在农业种植过程中的具体技巧和方法：

> 麦不离豆，豆不离麦。（黑龙江）❸
> 谷宜稀，麦宜稠，到头保丰收。（吉林）❹
> 浸种出苗早，干种苗不齐。（辽宁）❺

---

❶ 中国民间文学集成全国编辑委员会．中国谚语集成·吉林卷［M］．中国ISBN中心，1998．
❷ 中国民间文学集成全国编辑委员会．中国谚语集成·黑龙江卷［M］．中国ISBN中心，1998．
❸ 中国民间文学集成全国编辑委员会．中国谚语集成·黑龙江卷［M］．中国ISBN中心，1998．
❹ 中国民间文学集成全国编辑委员会．中国谚语集成·吉林卷［M］．中国ISBN中心，1998．
❺ 中国民间文学集成全国编辑委员会．中国谚语集成·辽宁卷［M］．中国ISBN中心，1998．

这些谚语都表现的是农业种植的具体方法技巧。如小麦和大豆的病虫害不能互相传播，因此这两种作物换茬可以调节土壤肥力，减少杂草和病虫害，使产量提高。不同作物的株行距也有不同，谷子相对较稀疏，麦子则相对较密集。播种后，注意保持种子的水分才能使秧苗茁壮。所以耕地并非简单机械的劳动，而是需要经验与技巧的技术活。只有不断地总结经验教训才能保证粮食的丰收。

在长期农耕生活的实践当中，东北地区农民根据当地的实际情况，总结出最为广大群众所熟知、理解的农业生产谚语。他们将利用二十四节气进行耕种和收获、治理盐碱地、科学管理庄稼等生产经验总结为宝贵的农耕谚语并传授于子孙后代。而世世代代的东北人民又利用这些生产规律和技巧，掌握生产捷径，应对自然灾害，从而提高了农业生产效率，使东北地区的农业不断发展。所以，正是这些宝贵的农业生产谚语指导着东北地区劳动者因时制宜、因地制宜地科学合理耕作，才有了今天的"北大仓"。

二、了解民俗传统，保护民间文化

谚语是民族语言和民间文化的重要组成部分，从内容丰富的农业生产谚语中，我们可以读出各个地域具有特色的生产历史。正是由于生产方式的地域性文化差异，我们才可以从不同地区人民的生产谚中，了解和探究其民俗文化传统。而农业生产谚语作为民间文化传承的载体之一，它所体现的生活化的内容和艺术性的表达都为民俗文化的传承作出了不可替代的贡献。

（一）谚语中的民俗传统

麦田舞龙灯，小麦同样长。（黑龙江）[1]

"龙灯"，顾名思义，即有龙形的灯，"舞龙灯"俗称"耍龙"，是流行在民间的一种传统社火形式。每逢盛大的喜庆节日，如元宵节，人们就会敲锣打鼓，戏龙作舞，以此展示和发扬降龙伏虎的英雄气概，抒发欢欣鼓舞、激越奔放的心情。在东北地区，旧时元宵节舞龙灯正值麦田结冻以后土壤发松之时，践踏或镇压可使土壤和根部密接，对小麦生长有利。这句谚语虽是在说明小麦在拔节前后不怕践踏和镇压的耕种经验，却表现了东北地区元宵节舞龙灯的民俗传统。

---

[1] 中国民间文学集成全国编辑委员会. 中国谚语集成·黑龙江卷[M]. 中国ISBN中心, 1998.

社前种麦争回牛，社后种麦争回耧。（黑龙江）❶

这是东北地区的一句古农谚，载于《士农必用》。"社"即指社日，古代农民祭祀社神（土地神）的节日。汉以后以立春后第五个戊日为春社，时当春分前后，所以"社前"可理解为春分前，"社后"可理解为春分后。此农谚在说明种麦时节的同时，体现了东北人民祭祀土地神的民俗传统，从侧面表现出了农人们的民间信仰和对农耕的重视。

插秧季节连拨火棍也在跳。（吉林）❷

这是一句朝鲜民族的农谚。"拨火棍"，就是一条装手柄、另一头弯曲或带钩、用来调整或翻动燃烧的木柴或煤炭（如在壁炉）或类似的燃烧材料的工具。由于东北地区冬季天气寒冷，东北地区的朝鲜族人民就形成了屋内设平底炕的居住传统，炕底有火道，即使是严冬，室内也温暖如春。因此"拨火棍"就成了他们必不可少的生活工具。这句农谚就是用拨火棍拨弄柴火的样子形容插秧时节水田中农民忙碌耕作的样子。

（二）谚语的民间语言特色

农业生产对民间文化的保护作用还体现在它作为民间语言的艺术性方面。农业谚语的作者绝大多数是广大的农民群众，其存在的关键在于口头传颂。广大劳动人民不同于知识分子，他们更加注重务实劳动。被我们视作民间文学的农业生产谚语在他们眼里更多是为农业生产劳动服务的一种工具。所以在保证其内容具有科学性的前提下，农谚往往是经过反复提炼达到最简明通俗、方便记忆的形式。

粮是人的命，水是粮的命。（黑龙江）❸
水是金，草是根。（辽宁）❹
地是无价宝，祖祖辈辈离不了。（吉林）❺

这样通俗易懂、简单明确的农业生产谚语十分常见，但是从语言的角度

---

❶ 中国民间文学集成全国编辑委员会. 中国谚语集成·黑龙江卷 [M]. 中国ISBN中心, 1998.
❷ 中国民间文学集成全国编辑委员会. 中国谚语集成·吉林卷 [M]. 中国ISBN中心, 1998.
❸ 中国民间文学集成全国编辑委员会. 中国谚语集成·黑龙江卷 [M]. 中国ISBN中心, 1998.
❹ 中国民间文学集成全国编辑委员会. 中国谚语集成·辽宁卷 [M]. 中国ISBN中心, 1998.
❺ 中国民间文学集成全国编辑委员会. 中国谚语集成·吉林卷 [M]. 中国ISBN中心, 1998.

看，农业生产谚语之所以广为流传一方面因为其通俗易懂，另一方面在于生动形象。农业生产谚语的通俗性和艺术性是相辅相成的。在农谚的创作过程中，为了突出其易懂、易记性，力争做到入耳不忘，有些农谚往往采用夸张的手法，使之生动形象。[1]

> 黑油土，老鸹翎，担旱涝，保收成。(吉林)[2]
> 有田无塘，好比婴儿无娘。(黑龙江)[3]
> 小满雨，粒粒似珍珠。(吉林)[4]

"鸹"是乌鸦的俗称，形容东北的黑土地像老鸹翎毛一样油黑，十分形象。"田"对"塘"的依赖就好比"婴儿"依赖于"娘"的乳汁。小满时节的雨水十分利于作物的生长，在农民眼里，这雨水就珍贵得如同珍珠一般。这样的谚语都是将农业生产的事象通过生活化的语言生动形象地表现出来。这样风趣幽默的比喻和生动形象的描述在东北地区的农业生产谚语中都十分常见。而更能体现东北地区谚语艺术特色的方言词和口语词在农谚中也十分常见：

> 种好管到，丰收没帽。(黑龙江)
> 锄杠过了顶，一天累个挺儿。(黑龙江)
> 狗搭拉舌头不干活，鸡翘脚着了慌。(黑龙江)[5]

"没帽"的意思就是"没问题"；"挺儿"就是"放挺"，即过多劳累，直到挺身大躺的程度；"着了慌"意思就是"傻了眼"等。这些词庄稼人说起来都像顺口溜一样流利顺嘴。

这些生动形象而又充满生活气息的农业生产谚语不仅能够将农民总结出的农耕经验世代传承，也能体现出农民在辛勤劳作中保持的乐观精神，更能够让我们在研究农谚的同时体会这一民间口头文学的艺术魅力。

> 雪盖三床被，麦苗蒙头睡。(辽宁)[6]

---

[1] 殷书柏. 浅谈农谚的发展及其特征 [J]. 荆州师专学报（自然科学版），1994，17（5）：95.
[2] 中国民间文学集成全国编辑委员会. 中国谚语集成·吉林卷 [M]. 中国 ISBN 中心，1998.
[3] 中国民间文学集成全国编辑委员会. 中国谚语集成·黑龙江卷 [M]. 中国 ISBN 中心，1998.
[4] 中国民间文学集成全国编辑委员会. 中国谚语集成·吉林卷 [M]. 中国 ISBN 中心，1998.
[5] 中国民间文学集成全国编辑委员会. 中国谚语集成·黑龙江卷 [M]. 中国 ISBN 中心，1998.
[6] 中国民间文学集成全国编辑委员会. 中国谚语集成·辽宁卷 [M]. 中国 ISBN 中心，1998.

庄稼一朵花，水是它的妈。（吉林）❶

野果熟了自会脱落，人长大了自会生活。（黑龙江）❷

东北地区农业生产谚语的这一文化价值与本文之前所述的其艺术性的特点相同。农谚的作用虽然是说明农业生产的经验，指导人们正确高效地耕作，但是农谚之所以能够流传至今而经久不衰，很大一部分原因就在于它语言上的自然通俗和表达上的生动、风趣和形象。这些语言上的艺术特色就是民间文化特色，对农谚的研究保护正是对民间文化的传承与保护。

三、弘扬农耕精神，继承优秀品质

农业生产谚语是广大劳动人民劳动情景的再现，在农业生产谚语的字里行间，我们可以深切地感受到劳动人民勤劳勇敢、自强不息的农耕精神。

（一）智慧顽强

东北地区严寒的冬季让许多生产活动无法继续，但自然环境的险恶和生产环境的艰苦却并没有使这里的劳动人民屈服。"天寒不冻勤织女，荒年不饿苦耕人"，天寒地冻、灾害威胁并不能使勤劳勇敢的东北人民畏惧，他们经受住了严峻的考验，在困难中探索着生存的希望。勤劳顽强的品质造就出东北人民的无畏性格。

与西方人力求"征服"自然的态度相反，中国人自古以来更期望自己能够与天地万物协调共生。东北人民相信万物有灵，更深知自然万物是人们的衣食之源。这种朴实的智慧在农谚中多有体现：

靠山吃山，靠水吃水。（吉林）

山上多开一亩荒，山下少打一石粮。（吉林）❸

东北地区农人顺应自然的农业生产精神并不是东北人民对自然条件的"听天由命""逆来顺受"，相反，它体现了人民在生产经验方面的智慧和抵御寒冷天气的顽强勇敢。正所谓"命由天定，事在人为"，自然环境虽然是人类难以改变的，但是能够合理利用自然条件，趋利避害，将不利因素最小化，就是东北地区农民智慧和顽强的表现。

---

❶ 中国民间文学集成全国编辑委员会. 中国谚语集成·吉林卷 [M]. 中国 ISBN 中心, 1998.
❷ 中国民间文学集成全国编辑委员会. 中国谚语集成·黑龙江卷 [M]. 中国 ISBN 中心, 1998.
❸ 中国民间文学集成全国编辑委员会. 中国谚语集成·吉林卷 [M]. 中国 ISBN 中心, 1998.

> 冷天不冻出力汉，黄土不亏勤快人。（吉林）❶
> 不怕荒年，就怕靠天。（辽宁）❷

纵使东北地区冬季严寒，人们相信，只要付出勤劳与努力，就会有令人满意的收成。纵使天气变幻莫测，只要灵活应对，凭自己的双手精心耕作，就会克服生产中的各种困难。这更体现了东北地区人民不畏艰难的勇敢和重视实际劳动的顽强精神。

（二）勤劳务实

勤劳节俭、脚踏实地是中华民族的传统美德，在中华民族文化精神中占据重要一席。中华文化起源于农业文明，而农业生产各门各类、各个环节都离不开一个"勤"字：

> 抬头求人，不如低头求土。（黑龙江）❸
> 事在人为，地在人种。（吉林）❹
> 求人不如求土。（辽宁）❺

仅仅依靠天地的赠与眷顾是等不来食粮的，结合天时地利，更要充分发挥人的主观能动性，也就是要务实劳动。东北人民深知事在人为的道理，所以与其依靠别人不如自己踏实劳作。

> 肥源到处有，就怕不动手。（黑龙江）
> 土地不亏勤快人。（吉林）
> 只靠双手不靠天，兴修水利一世甜。（吉林）❻

农家人鄙视懒惰，反对不劳而获，以勤劳为美德，以勤劳为农业丰收的必然条件。"一分耕耘，一分收成""一粒粮食，一滴汗""出多少汗，吃多少饭"。勤劳务实永远是农民获得丰收的根本条件，也是人们获取财富、成就功业的必须具备的意志品质，更被农家人看作做人之根本。

---

❶ 中国民间文学集成全国编辑委员会. 中国谚语集成·吉林卷 [M]. 中国 ISBN 中心, 1998.
❷ 中国民间文学集成全国编辑委员会. 中国谚语集成·辽宁卷 [M]. 中国 ISBN 中心, 1998.
❸ 中国民间文学集成全国编辑委员会. 中国谚语集成·黑龙江卷 [M]. 中国 ISBN 中心, 1998.
❹ 中国民间文学集成全国编辑委员会. 中国谚语集成·吉林卷 [M]. 中国 ISBN 中心, 1998.
❺ 中国民间文学集成全国编辑委员会. 中国谚语集成·辽宁卷 [M]. 中国 ISBN 中心, 1998.
❻ 中国民间文学集成全国编辑委员会. 中国谚语集成·吉林卷 [M]. 中国 ISBN 中心, 1998.

（三）知足常乐

长期以来，东北地区农民顺应自然，精耕细作，勤劳务实，由此养成了知足隐忍、自力更生的民族心理。他们不奢求大富大贵，穿金戴银，但求衣食无忧，家庭合乐。❶ 这种精神在东北地区农谚中多有体现：

> 种地不图钱，只求肚子圆。（黑龙江）
> 两垧地，一头牛，老婆孩子热炕头。（黑龙江）❷
> 好地不用多，一亩顶一坡。（吉林）❸

这些谚语来自农人们朴实无华的心声。东北地区农民对物质生活要求并不高，种地并不力求发家致富，而是自给自足。只要衣食无忧便是令人感到满足的，能够通过劳动养活家人便是幸福美满的。

农民以种田为本，它们对于自己所种植作物和植物的喜爱更是在农谚中得到了体现：

> 见苗三分喜，有苗不愁长。（辽宁）❹
> 冰凌花，顶雪开，达子香开花报春来。（黑龙江）❺
> 种瓜人吃瓜瓜更甜，养花人赏花花更香。（吉林）❻

看到种子发芽就由衷的喜悦，春暖花开就心生愉悦，有利的天气一到便充满希望。农业生产劳动固然辛苦，但是东北地区农民乐观的性格让他们能够在辛勤的劳作中寻找劳动的乐趣。在辛苦的耕作后看到丰收的成果更是令农民喜悦的事情。这些农业生产谚语都带有一种轻松愉悦的格调，使人不禁忘记烦恼忧愁，让人们感受到东北地区农民知足常乐的农业精神。

（四）真诚和谐

东北地区农业生产谚语中所体现的农耕人民的优秀品质不仅表现在辛勤劳动方面，也体现在他们的思想态度之中：

---

❶ 刘子妤. 汉语农谚及其文化精神探究［D］. 东北师范大学硕士学位论文，2014：22.
❷ 中国民间文学集成全国编辑委员会. 中国谚语集成·黑龙江卷［M］. 中国ISBN中心，1998.
❸ 中国民间文学集成全国编辑委员会. 中国谚语集成·吉林卷［M］. 中国ISBN中心，1998.
❹ 中国民间文学集成全国编辑委员会. 中国谚语集成·辽宁卷［M］. 中国ISBN中心，1998.
❺ 中国民间文学集成全国编辑委员会. 中国谚语集成·黑龙江卷［M］. 中国ISBN中心，1998.
❻ 中国民间文学集成全国编辑委员会. 中国谚语集成·吉林卷［M］. 中国ISBN中心，1998.

浇花浇根，交人交心。（黑龙江）❶
女勤鞋袜新，男勤手出金。（辽宁）
要想收成好，需问八十老。（辽宁）❷

东北人民真诚朴实，与人交往总是真心诚意，所以他们将浇花比作交人，来说明浇花要浇最关键的部位，就像人的内心一样。东北地区有男耕女织的小农经济传统，他们以女人的织艺和男人的耕种技术为基本素质并以此为荣，体现出小农经济背景下一个东北家庭的共同努力与和谐劳动。而农业生产的经验和技术是要通过反复的实践总结出来的，因此年长的老农往往在耕作方面更具有经验，所以要想保证农业收成，就需要向经验丰富的老农请教。这就从侧面体现了东北农民尊重老人、谦虚好学的精神品质。

四、总结

不论是从实际价值、文学价值还是精神价值来说，东北地区农业生产谚语都是中华文化中十分宝贵的财富，它以简短生动的语言形式凝聚着广大劳动人民丰富的智慧，具有不可替代的文化价值。农业谚语是农业生产经验与技巧的传播与传承载体，更是劳动人民劳动生活的再现与劳动精神的表现。虽然随着我国经济和科技水平的不断提升，农民收入方式不断丰富，对抗不利自然条件的手段也不断进步，农业生产谚语的丰富性和使用率逐渐淡化，但是作为经过人民的实践反复检验的、具有实用价值的、生活化的农谚依然十分具有其存在、流传和研究的必要性。

东北地区的农业与东北地区的发展和当地人民的生活是密不可分的，农业生产谚语在东北地区所体现出的鲜明的地域文化特征也使农谚的研究具有了独特的重要意义。而这种研究不仅是一种对民间文化的探索，而且也是一种对民间文化的保护。通过对东北地区农业生产谚语的民俗文化价值探析，在了解当地的自然地理环境、历史文化环境和农业生产习俗的同时，也提高了对谚语的重视程度，并加深了对这种口头文学的热爱与珍惜。

通讯地址：

孙佳丰，中央民族大学文学与新闻传播学院，北京100081。

---

❶ 中国民间文学集成全国编辑委员会．中国谚语集成·黑龙江卷［M］．中国 ISBN 中心，1998.
❷ 中国民间文学集成全国编辑委员会．中国谚语集成·黑龙江卷［M］．中国 ISBN 中心，1998.

参会感想：

  作为一名刚刚考入民俗学专业的研一硕士生，这是我第一次参加与专业相关的学术会议。这次会议不仅让我在学术上收获颇丰，也让我见识到作为主办方的中国农业历史学会和西南大学历史文化学院的学术风采。在会议的整个过程中，各位老师和同学都严格按照会议安排，出席会议各个部分的活动，这让我感受到这次会议的规范性，感受到老师和同学们认真的态度以及会务组井井有条的安排。会议期间，同学们的报告让我学到不同学科在农业文化研究方面的不同知识，老师的点评更使我受到许多启发。对于自己的论文和报告内容，我也有一些不足需要反思。一方面，由于我本科是汉语言文学专业，在向民俗学过渡阶段，我以民间文学这一介于文学与民俗学之间的学科为写作基础，并以民间文学的视角研究农业文化中的农业谚语问题，对民俗学科相关知识利用不足；另一方面，由于刚刚踏入民俗学专业不久，习惯于本科时期的文本研究方法，也没有经过田野调查的训练，缺乏田野经验，这也给以农业为主题的研究带来局限。但是我相信这次会议对我来说是一个好的开始。随着专业知识的不断丰富，我一定会在学术研究方面取得进步。而本次会议所给我带来的农业文化等方面的知识，也对我以后的研究有所启发。希望能够通过自己的努力，参与到更多像这次会议一样优秀的学术会议当中。

中央民族大学 孙佳丰

河南民谣的分类及其传承

——以长垣县为例

周园朝

摘　要：民谣是人民大众的智慧结晶，它是广大民众抒发感情的载体，丰富了人们的精神生活，增添了人们的生活乐趣。然而，时至今日，随着现代化进程的加快，我国农村传统的劳作方式逐渐被现代化的生产方式所取代，人们的精神文化生活更趋多样化，以人为媒、口耳相传的民谣传承显得无以为继，对民谣的抢救性收集和整理对保护民族传统文化显得非常必要。

关键词：民谣；传承；文明；农业

一、调研地概述

该调研地位于河南省长垣县，河南，古称中原、中州、豫州，简称"豫"，因历史上大部分位于黄河以南，故名河南。河南位于中国中东部、黄河中下游。天然的气候和地理形势决定了中原大地以农耕为主。中原地大物博，物产丰厚，有着千年积淀的华夏文明，自古就有"得中原者得天下"之说。广大劳动人民是农业文明的主要创作者，在积淀丰厚的农业文明中，民谣是农业文明不可分割的一部分，为探究民谣的发展现状，笔者对河南省新乡长垣县进行了实地调研，该县居于郑州、开封、濮阳之间，是河南境内南北的中间地段，与山东省交临，广大民众的生活方式以农业生产为主，是河南省较为典型的农业地区，所以笔者将河南省长垣县作为调研对象，希望以此窥探河南民谣的发展全貌。

长垣最早的历史可追溯到六千多年前，属于山东的仰韶文化遗址（在浮丘店），春秋时期长垣属于卫国管辖，孔子的弟子子路曾在此为官，当时称为蒲邑（县城边界有子路的雕像），战国时期，卫国被魏国兼并，在满村陈墙村置首垣邑，遂有长垣之名。根据杨宽所著的《战国史》载："魏在沿黄河地区还有无郭流通,铸造的城市主要有共、垣、长垣等城。"❶ 以后长垣的名称时有变化,但基本沿用下去,直到现在。在长垣有一个有名的旅游景点是孔子讲学碑,据说孔子在周游列国的时候多次到过这里,在前满村的学堂讲学,为了纪念孔子讲学特在此地竖立了一个石碑。

笔者的调查地点以长垣县满村乡的毛庄村、小李庄、唐洼村为中心展开,调研对象主要以老年妇女为主,也涉及少数中年妇女。通过对一乡三村的调研,共收集到不重复的民谣共计四十余首,同时,也对临近县城山东省的东明县进行了调查,因为两地相距较近,方言大同小异,所以收集的民谣基本相似。

二、民谣的历史发展与传承

(一) 民谣的历史渊源

"民俗,即民间风俗,指一个国家或民族中广大民众所创造、享用和传承的生活文化。民俗起源于人类社会群体生活的需要,在特定的民族、时代和地域中不断形成、扩布和演变,为民众的日常生活服务。"❷ 民谣作为民间口头文学,它属于民俗的一部分,广泛流传于广大民众之中,是人们生产生活和精神文化生活的反映。早期人类的祖先,在生产劳动中,创造了音乐,唱出了最早的民间歌谣——劳动号子。原始的民谣,同人们的生存斗争密切相关,或表达征服自然的愿望,或再现猎获野兽的欢快,或祈祷万物神灵的保佑,它成了人们生活的重要组成部分。随着人类历史的发展、阶级的分化和社会制度的更新,民谣涉及的层面越来越广,其社会作用也显得愈来愈重要了。

在中国数千年的历史发展中,民谣始终与农耕生产相伴而生,广大民众是民谣的创作主体和传承主体,同时,民谣也是不同时代底层的人们生活和思想情感的体现物。在日常的劳作过程中,民谣实现了代代传承,始终发挥着表达民众心声的作用。

(二) 民谣的传承

中国是农业大国,农民是农业劳作的实际操作者,所以农业也与农民的日常生活息息相关。这种相互关联的关系也包括民谣,民谣是劳动人民智慧的结晶,人民在劳作中创作出了与劳动相关的歌谣,从而表达出劳作的规律和艰辛

---

❶ 杨宽.战国史[M].上海:上海人民出版社,2003:35.
❷ 钟敬文.民俗学概论[M].上海:上海文艺出版社,1998:1-2.

的情感。如："筛，筛，筛粗糠，琉璃蛋儿，滚砂糖。你卖烟，我卖水儿，咱俩打个溜利滚儿。"❶ 这首民谣是借筛粮食的情景而作的小儿游戏，也说明民谣的创作与劳作的相关。民谣属于民间大众化的文化范畴："下层文化，大都是过去广大人民、特别是劳动人民的产物。由于他们所处的经济、政治以及文化上的地位，他们的文化特点，大都与他们的现实生活（基本生活）密切地相贴着。"❷ 民谣通常创造于农业生产劳作中，与人们日常生活息息相关。民谣在传承的过程中扮演着重要的角色，具有一定的性别特色。在笔者调查过程中发现民谣的演唱和传承大多以少数老年妇女为主，中年妇女只掌握少量的民谣曲目，随着人们年龄的增长，能记住的民谣越来越少，使民谣的传承出现了无以为继的现象。

通过对调研地老年妇女的走访调查，笔者发现调研对象的文化程度相当，很多老年妇女没有上过学。然而，就是这些没有文化知识的老年妇女却是民谣发展与传承的重要载体。由于民谣的传承者文化程度较低，加之各地方言有很大的差异，口语化色彩浓厚，如："潘潘盘姐姐，❸ 石榴骨朵对留叶，❹ 留叶东留叶南，河里漂个大花船，京京寨寨，蛤蟆卖菜。庶干带儿一丈一，❺ 看谁哩小脚盘一只。"所以关于民谣的文字记载就特别少，甚至根本没有文字记载民谣的资料。由于无文字记载的特殊性，决定了民谣的传承以口口相传为主。老一辈人在生活劳作中创造出了与生活相关的民谣，在潜移默化中对下一代进行教化，民谣的传承就是在这种润物无声的环境中传承的。

然而，民谣的创造与传承在当今社会可谓是举步维艰，现代文化和电子传媒的飞速发展对民谣的生存造成了严重的影响。长垣县的农业生产于20世纪90年代底至21世纪初开始出现大型机械化生产。直至20世纪90年代，该地的农业生产还是以人力为主，不过此时也正处于向现代大型机械化生产的过渡时期，也是传统的二牛抬杠生产方式的晚期，笔者在调研期间还能在农民家中见到传统的耕作工具——铁犁。随着向现代化大型机械化的发展，传统的人力耕作方式逐渐没落，这也是现代文明发展的体现，民谣也开始随着传统劳作方

---

❶ 小儿游戏，二人捉手戏，边做筛糠状，边念此谣，念毕，即翻滚一周，重复如初。
❷ 钟敬文. 民俗文化学：梗概与兴起［M］. 北京：中华书局，1996：41.
❸ 应作"盘，盘，盘莲莲"。
❹ 骨朵，脚踝，此谓脚，今豫东、豫北尚有脚骨朵的称法，元代称"孤拐"《西游记》第三十二回："若是先吃脚，他啃了孤拐，嚼了腿亭，吃到腰截骨，我还急忙不死，却不是零零碎碎受苦？"
❺ 疑作"扯根带儿一丈一"（扯，断，谓裁剪一根一丈一的丝带）。

式的没落走向下坡。笔者发现长垣县的很多中年妇女对民谣的认识逐步模糊化，一些年轻人对民谣的认知更少，所以，假以时日，这些民谣将逐步消亡。"一个国家里的每位公民，特别是年轻的公民，他的日常的思想和行动，必须植根在本国的国情和历史的土壤上，不了解国家社会的现状，不了解民族的过去，他的思想和行动，就缺乏可靠的根据和难以取得正确的方向。"❶ 鉴于此，对民谣的发掘和传承应当受到必要的重视。

三、民谣的分类

中国民谣从远古时期一路走来，既记录了生活的点点滴滴，又紧扣着时代的脉搏，所以中国民谣的内容是丰富多彩的。"民间歌谣泛指产生并流传于民间社会的各种篇幅较小的民间演唱或吟咏形式，包括民间歌谣，尽管篇幅短小，但数量巨大，在民间文学中占有重要地位。它涉及范围极广，按其所涉猎的内容又可分为劳动歌、仪式歌、时政歌、生活歌、情歌、儿歌等多个方面。"❷ 由于民谣涉及的范围比较广泛，对民谣整理和分类要有科学的方法和普遍认同的理论依据。"分类工作是考察对象的一种认识手段。它是科学工作者依据不同的目的，对于考察对象的总体区分其性质、形态与表现形式的异同而作出的分类处理。考察对象的种种特征，表现着事物本身的客观属性，它为科学的分类提供了可能。而分类工作正在于探求这种客观属性。并使其结果符合这种客观属性。应尽力排除不符合实际的主观色彩。"❸ 笔者以《中国民间歌谣集成》的标准为分类依据，对所收集民谣进行科学、合理的分类。

（一）劳作歌

中原大地以农耕经济为主，在农耕劳作中，为不使劳作过于枯燥，所以劳动人民便创作了简单易懂又朗朗上口的歌谣，该类歌谣也充分体现出劳动与生活的密切关系。

筛糠，箩糠，麦子下来喝汤，/筛糠，箩糠，麦子下来吃馍。❹
点点豆豆，老鼠做窝，/豇豆鳖豆，黑豆黄豆，一搦（nuò）一葛斗。

---

❶ 钟敬文. 民俗文化学：梗概与兴起 [M]. 北京：中华书局，1996：68.
❷ 苑利，顾军. 非物质文化遗产学 [M]. 北京：高等教育出版社，2009：106.
❸ 张紫晨. 张紫晨民间文艺学民俗学论文集 [M]，北京：北京师范大学出版社，1993：269.
❹ 念此谣时，大人双手握幼儿手来往反复做筛糠状。

筛糠箩糠就是把小麦和麦糠分离开，小麦磨面做成馍，麦糠即可烧锅熬汤，又可以和泥砌墙，笔者在调研中还可以见到遗留下来的用麦糠和泥砌成的土房。

(二) 生活歌

1. 苦歌

(1) 黄花叶，就地生，我是外婆亲外甥，/外公出来叫"请坐！"外婆出来叫"心肝！"/舅舅出来不作声，舅母出来努眼睛。/一碗饭，冷冰冰，一双筷，水淋淋，一盘菜，两三根，/打碎舅母莲花碗，一世不上舅家门！

(2) 小白菜，就地长，/两生三岁离了娘，弟弟吃稠我喝汤，/端起碗，泪汪汪，后娘问我哭啥哩，俺说碗底烧哩慌。

苦歌主要是表述离异家庭的孩子，这些孩子往往缺少父母的疼爱，在心理上有着悲苦的阴影，而时至今日，在经济发展滞缓的农村，留守儿童成为农村的普遍现象，这些孩子大多和自己的爷爷奶奶或外公外婆生活，缺少父母之爱，老人也通常为孩子唱这些苦歌，所唱者往往有感于怀，因此苦歌的歌唱更具生动性，常常使聆听者潸然泪下。至2016年，长垣县共有人口88万，有12万常年在外务工人员，农村普遍出现空巢老人和留守儿童的现象，这种现象使苦歌得以延续，苦歌演唱融入情感更加生动。

2. 戏谑歌

(1) 某某某❶卖皮绷，一屁崩到南北京。/南北京，刮大风，一屁崩回淇阳城。

(2) 老六皮赶南集，弯腰捡个西瓜皮，/还想吃还想卖还想给老婆留一半。❷

(3) 某某某，开某花，/某胳膊某腿某尾巴，/某不出，枯索蛋儿。❸

农村人有自己的精神娱乐，农民较为朴实率真，彼此互相打诨和相互戏谑，无论怎样戏谑，都是玩笑之言，一笑过之，不记恨于心，但是这种戏谑歌

---

❶ 戏谑谣，某某某为任一人名。
❷ 老六，此人在家中兄弟中排行第六。
❸ 某某某位为小儿姓名，后某为姓。

谣也有辈分之分，通常是平辈之间互相玩笑，或是长辈对晚辈的笑嘲，而晚辈对长辈绝不能有此戏谑。

3. 哄孩歌

（1）小屁孩儿，坐门墩儿，哭哭啼啼要媳妇儿，／问你要媳妇做啥哩？点灯，说话儿，吹灯，做伴儿，／明个早上起来梳个小辫儿。

（2）跳跳长长，比麦还长。

下雨下雪，冻死老鳖。

吃豆豆，长肉肉，不吃豆豆干瘦瘦。❶

（3）老槐树，槐又槐，槐树底下搭戏台，人家闺女都来了，俺家闺女咋没来？

哄孩歌这类歌谣在农村中较为普遍，小孩是家族的新生代，老人对子孙一辈更是较为疼爱。在带孩子时，为了避免小孩淘气，老人便以这种简易而又带有方言的歌谣来哄孩子，边唱边带以动作，主要是使小孩开心，同时也使歌唱者身心愉悦。

4. 酒歌

《划拳歌》：

一点点，一心敬。两指头，两相好。三桃园，三星照。四季财。五魁手，魁五金。六顺风，六顺喜。巧上赢，巧气梅。八大仙，八仙寿。快九州，快喝酒。满堂兴，满十福。

逢年过节，长垣县人聚会时必要喝酒划拳，烘托出喜庆的气氛，这首民谣就是当地人的酒令。然而这种酒令现在只有中年男子以及老年人才会，在年轻人聚会时已经很少听到。

（三）儿歌

（1）小白兔儿白又白，两只耳朵竖起来，爱吃萝卜和青菜，蹦蹦跳跳真可爱。

（2）小皮球，香蕉梨，马兰开花二十一，二五六，二五七，二八二九三十一，三五六，三五七，三八三九四十一，……

---

❶ 喂小儿饭时念。

儿歌主要是小孩初入学时老师所教的歌谣，这种儿歌由于是经过老师的科学教导，它的方言不是那么浓厚，一般多是依据课本教材而教学，与传统的民间歌谣略有不同，受到孩子们的喜爱。

（四）情歌

（1）《姐有心》：

姐有心，郎有心，不怕山寒水又深。/山高也有人走路，水深也有摆渡人。

（2）《家里的活儿我照应》：

石榴叶，叶儿青，十八岁的相公去应征。/骑白马，戴红缨，挥大刀，向前冲，看看俺的丈夫战场多英雄，/你放心应征当兵走，家里的活儿我照应。

农村人民的感情是朴实的，他们虽然没有文学家优美的文笔，却有着自己表达感情的方式，以民谣表达情爱，是青年男女普遍的表白方式，词语朗朗上口，情真意切。"中国人在感情上，尤其是在两性间的矜持和保留，不肯像西洋人一般的在表面上流露，也是在这种社会圜局中养成的性格。"[1] 在农村中，青年男女还保留着传统思想观念，即使是已订婚或者结婚的男女，在村民面前都不会有亲密的表现，只有在傍晚和天黑时，在田野小路上才会响起诉表爱意的情歌。现在，随着信息时代的高速发展，这种表露情爱的民谣已是很难听到了。同时，如今当地的青年男女普遍出现早婚现象，青年男女一旦辍学，便面临着相亲结婚，农村人普遍认为青年男女年龄过了 25 岁便很难再定亲，而大多数青年男女也认同这一观点，大多都在 20 岁左右的时候结婚，即使没有结婚也要在这个年龄段的时候定亲。

（五）游戏歌

（1）偏戴帽，狗材料，/一抬抬到城隍庙，/扔到南山也没人要。（小儿游戏，以手架轿，共递相抬时念此谣。）

（2）筛，筛，筛粗糠，/琉璃蛋儿，滚砂糖。你卖烟，我卖水儿，/

---

[1] 费孝通. 费孝通全集 [M]. 呼和浩特：内蒙古人民出版社，2010：142.

咱俩打个溜利滚儿。(小儿游戏,二人捉手戏,边做筛糠状,边念此谣,念毕,即翻滚一周,重复如初。)

(3) 蚂蚁蚂蚁别走,/你给俺洗洗手,/俺给你孩儿剃剃头。(小儿玩泥巴后,在灰土中边搓手,边念此谣。)

(4) 公鸡头,/母鸡头,/不在这头在那头。(小儿猜掌中物在左右手时念。)

"历世不移的结果,人不但在熟人中长大,而且在熟悉的地方上长大。熟悉的地方可以包括极长时间的人和土的混合。祖先们在这地方混熟了,他们的经验也必然就是子孙们所会得到的经验。"❶ 与城市的异质性文化特征相比,农村人相互熟悉,组成一个熟人社会,延续着中国人多子多孙的传统思想,孩子的人数较多,相对于城市儿童而言,农村儿童接触现代化信息比较迟缓,娱乐方式往往具有乡土性的特点,游戏民谣就是一种以人为媒、突出群体性的方式,强调人与人之间的互动性的自然娱乐。随着农村信息化的推进,越来越多的儿童对手机、电脑和网络产生了依赖,民间的这种游戏民谣也呈现出逐渐衰微的趋势。

(六) 时政歌

《茅茅根》:

茅茅根,甜又甜,俺家住个工作员;/晚上开会到半夜,早上鸡叫又下田。/同俺一样抢锄头,休息宣讲"持久战"。/茅茅根,甜又甜,俺家住个工作员,/叫他睡,他不睡,召开群众开大会。/斗地主,斗恶霸,斗得老财夹尾巴。

民谣是时代发展的旗帜,通过民谣我们可以看到时代发展的脉络,《茅茅根》这首民谣就充分展现了20世纪四五十年代社会发展的面貌。然而,随着农村生产方式的改变和经济面貌的革新,时政民谣也失去了创造力。

(七) 谜语歌

(1) 青石板,板石青,青石板上钉银钉。(谜语谣,谜底为星星。)
(2) 佝偻树,佝偻槐,佝偻树上挂名牌。(谜语谣,谜底为耧车。)

---

❶ 费孝通. 费孝通全集 [M]. 呼和浩特:内蒙古人民出版社,2010:122.

(3) 南边来甲猴，鼻子大过头。头在前头走，鼻子在后头。（谜语谣，谜底为针。）

(4) 南边来了个光屁股猴，虱子蛇蚤往下流。俺又不是卖饭哩，你咋问俺稀还是稠？（谜语谣，谜底为耩地。）

谜语类的歌谣多是依据某一物体的形貌而创造的，反映出广大劳动人民的创造智慧。该类民谣的主要作用是增添生活乐趣，一般在大人哄孩子时或者儿童玩乐时歌唱。

（八）仪式歌

(1) 祭祀歌。

《龙王爷》：

石榴花儿朵朵鲜，龙王老爷住深山。/一年四季淋淋下，谁来深山望望我。/我挪住雨布不下雨，一二月旱个焦毛干。/吹大社，进庙院，过去庙院进黎山，过去黎山双双跪，/上挂匾，下挂幔，锣鼓喧天把愿还。

在我国民间信仰中，龙王占据着非常重要的地位，因为风调雨顺、五谷丰登都要依赖于龙王，长垣县也不例外，每逢干旱的季节，就要祭祀龙王以求降雨，随着时代的发展，人们逐渐舍弃了民间信仰，将希望寄托于科学技术，用人工降雨解决了农业旱灾这种传统的祭祀方式也走向消亡。

(2) 节令歌。

《十"九"歌》：

一九二九不出手，三九四九冰上走，五九六九抬头看柳。

节气在农业生产中扮演着非常重要的角色，直接关系着农业生产的丰收与否，为了更好地掌握节气，人们就创造出了这首节令歌来指导人们的生产活动。

相对于其他几类民谣来说，农村的仪式民谣的生命力更为持久些，主要源于它表演载体的宽泛性，仪式歌谣，多为农村年纪较大的老人掌握，老人多注重礼仪，年轻人也被要求参加，这使得仪式民谣能够继续延续下去。

通过对所收集民谣的整理分类，可以发现到各类民谣的传承状况不尽相同，对于劳作歌，由于农村生产方式的改变，机械化生产取代了二牛抬杠，随着劳动效率的提高，劳动力在不断减少，劳作歌也失去了存活的空间；而生活歌、儿歌、祭祀歌还有生存的空间，例如影视作品《武侠》中："吃豆豆，长肉肉，不吃豆豆干瘦瘦。"以及2017年央视春晚小品《姥说》中："拉大锯，扯大锯，姥姥家唱大戏。""小小子，坐门墩，哭着喊着要媳妇。"都对民谣有不同程度的引用，使民谣又回到人民大众的视线中，同时也使得影视作品内容更加丰富，更为民众所接受；而情歌、游戏歌、时政歌已慢慢淡出历史舞台，随着农村网络信息化的普及，手机、电脑和网络对儿童和青少年的吸引力更大，手机游戏、网络游戏已取代传统的游戏歌谣，农村男女恋爱有了更为方便的手机聊天软件，对娱乐和影视的关注也逐步取代对时政的关注，这些现象表明传统的情歌、游戏歌、时政歌已开始慢慢消失。

四、民谣的未来

中国民谣历史悠久，民谣发展至今，既有时代特色，也有新的内容和形式。在广大农村，民谣的创作与传承始终与基本的生产劳作相随行，随着传统劳作方式的消退和现代文明的发展，传统的民间民谣也开始走向了没落。

中国的发展是迅速的，是卓有成效的。现代文明的飞速发展，也给农村生活带来了新鲜的血液。随着电视、手机、互联网的不断普及，农村的生活也开始发生了翻天覆地的变化。首先，农业耕作方式发生改变，农业的耕作由最初的铁犁牛耕到半机械化再到今天的完全机械化耕作，使农村劳动力从土地上解脱出来，也提高了工作效率。其次，现代文明的发展也丰富了广大农民的精神生活，电视、手机、互联网在广大农村逐渐普及，人民的日常生活也开始逐步依靠现代传媒，通过电视、手机等获得外界信息和对外交流，这些种种的变化是社会发展进步的变化。现代文明对广大农村的影响是深刻的、积极的，然而对于土生土长的大众化的民谣而言，却有着不一样的影响。

随着现代文明的迅猛发展，农村二牛抬杠的传统的耕作方式已完全被现代大型机械化耕作方式所取代。近年来，长垣县大力发展经济，在县城郊区大力发展重工业，积极招商引资，为经济发展创造优良的条件，在城市经济迅速发展同时，农村却出现了土地大量抛荒的局面，青年劳动力大多外出务工，老年和儿童无力经营土地，导致土地无人耕作，传统的农业生产逐步凋零。生产方式的改变使民谣与传统的农业耕作方式发生分离，以前以劳作为题材的民谣失去了创作的母体，民谣的创作逐步衰微。另外，电视、手机和互联网的大量普及，使民谣的传承也出现了断层，民谣是以口口相传的方式传承发展的，然而在长垣县，这种口口相传的传承方式已难以再现，人们已经有了新的精神寄托载体，老年人通常以看电视代替了之前的互相围坐絮叨家常，年轻人则对手机等网络工具更是着迷，在调研中，老年妇女还能知道少数的民谣，而大多中年妇女已经不关心这些，对民谣知之甚少，儿童更是着迷于动画片，使得民谣的传承失去了生存的土壤，面对这种情况，对于民谣的发掘和收集已成为当务之急。

五、结语

人类社会是不断发展的，推陈出新是非常必要的，民谣在现代文明的迅猛发展中已开始走向衰落，我们要开展发掘和搜集整理工作，使传统民谣得以保留，为保持人类文化的多样性作出贡献。

作者简介：

周园朝（1991—），男，河南驻马店人，西藏民族大学硕士在读，研究方向为民族学。

通讯地址：

西藏民族大学民族研究院，陕西咸阳712082。

参会感想：

导师马宁先生推荐我参加了"2017年度研究生农业文化遗产与民俗论坛"，在为期两天的学习中，有幸聆听了苑利老师、倪根生老师、曾雄生老师和刘晔原老师的专题讲座，同时也结识了来自四面八方的学者，大家一起坐而论道，受益颇深。在本次的学习中，各位老师以己所学尽授于人，对同学们所提出的问题细心解答，体现出大学者的大家风范，使同学们倍感亲切。通过这次会议，我结识了来自全国各地的朋友，从他们身上我学习了不同领域的文化知识，对文化的跨界学习有了最初的认识。同时苑利老师所提出的"合并同类项""学会用减法"等论文写作方式使我受益匪浅，明白论文写作一定要有问题意识，要突出文章主题。这次会议给了我精神上的洗礼，也使得自己认识到了学习上的不足之处，在以后了学习中，要查漏补缺，努力完善自己。感谢西南大学给了我一次学习的机会，同时也对几天来一直忙碌的会务人员给予感谢，期待有机会再见。

西藏民族大学民族研究院　周园朝

汉益沅地区丧俗美术研究

李 程

一、引言

汉益沅是指汉寿县、益阳县、沅江县（益阳县今已拆县置市，此处主要指资阳区与赫山区；沅江县今为沅江市，属县级市归益阳地区管辖），此处沿用民间说法。汉益沅三县（图1）由于互相接壤，人口流动、文化交流频繁，所以三县在该区域经常一并提出。三县位于湖南北部洞庭湖流域，属楚文化圈。从行政区域划分以及历史典籍上记载我们也能看出该三县的文化相似度之高。

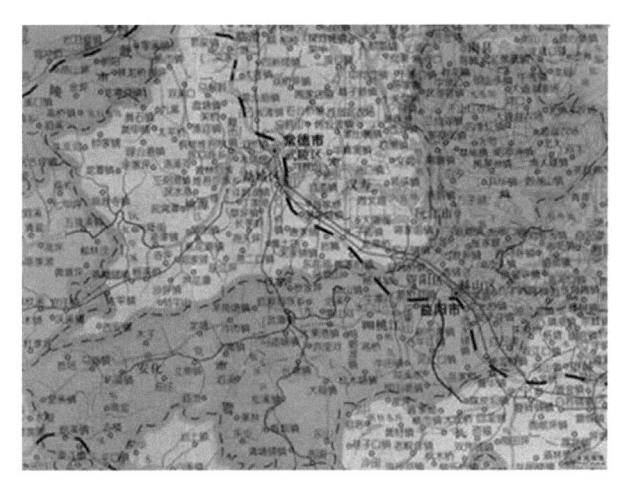

图1

"益阳秦置县时，拥有今益阳（县、市）、桃江、安化、沅江、新华、冷水江市全部，宁乡、湘阴、望城、汉寿、新邵、涟源之一部，境域范围广大，总面积约2.18万平方公里。"❶ "汉寿县古称龙阳县，元天宝元年（1295年），

---

❶《益阳县志》编纂委员会编. 益阳县志［Z］. 湖南省益阳县印刷厂印刷，1992：62.

辖沅江。"❶ 民国元年更名汉寿县。1949年8月4日县境和平解放，隶属益阳专区。"土地革命时期，中共洞庭特区委在县创立组织……中共洞庭特区委，在县境军山铺建立第一个红色政权——汉寿、益阳、沅江联县苏维埃政府。"❷ "昔楚南之邑，沅湘之间，其俗信鬼而好祠，其祠必作歌乐舞以乐诸神。"❸ 而汉益沅地区正位于湘沅之间，足以见得该区域自古以来鬼神思想盛行，直至今日这些思想还存在。如屈原所作《招魂》中招魂活动如今还有巫师会。

伴随着佛道的传入，原始巫术退之为次要地位。"（佛教）东晋宁康年间（373—375年）传入益阳，民国时佛教进入高峰，有祀神处所325座，僧民2600余人。"❹ "道教于南朝宋传入。"❺ 沅江与汉寿佛道传入的时间基本也是魏晋南北朝时期。如此，祭奠仪式逐渐以佛道"道场"为中心，并且儒释道进行了融合，这样就形成了具有地方特色的汉益沅丧俗美术圈。

二、道场中心——"功德""神位"

1."功德""神位"的形制及内涵

功德，指功业与德行。"有功德于民者，加地进律。"❻ "功谓功能，能破生死，能得涅槃，能度众生，名之为功。此功是其善行家德，故云功德。"❼ 汉益沅地区的道场中心——"功德"与上述内涵是一致的。由于该地道场中作为礼拜对象以及死者忘魂去往的场所佛像是由特定之人为修福特意出钱供养的，为称赞其德行所以此佛像称之为"功德"（见图2）。

功德的长短大小不定，但是垂直高度是大于宽度的，在组合上一般是三幅为一组，画面中中央形象以三世佛组合、

图2

---

❶ 汉寿县志［M］.北京：人民出版社，1993：8.
❷ 汉寿县志［M］.北京：人民出版社，1993：3.
❸ （南宋）朱熹.楚辞集注［M］.长沙：岳麓书社，2013：54.
❹ 《益阳县志》编纂委员会编.益阳县志［M］.1992：623.
❺ 《益阳县志》编纂委员会编.益阳县志［M］.1992：624.
❻ 《礼记·王制》.
❼ （晋）慧远.大乘义章.十功德义［M］.

一佛二菩萨组合为主，也有一佛与二位道家神仙组合（佛处于中央地位），在功德的下端位置一般有较小的供养人形象，在各种组合中基本上都有道教神仙的存在，只是处于次要地位。功德原本为手绘本，但是随着复印技术的发展，复印品开始占重要地位。原因在于复印品便宜且易于保存，普通大众对于形象的重要性不甚关注。尤其是在"80年代后（此处指20世纪80年代），操办丧事讲排场、摆阔气……且屡禁不止。"❶ 在这三县中在为死者操办道场的前一到两天要请人唱"孝歌"，以歌曲、戏剧等方式来悼念死者，无论是城市乡村、贫穷富贵皆为之。我们可以看出，如今的丧葬仪式某些方面是从生者的角度来考虑的，视觉形象的美观度已并不重要，重要的是排场的大小，因为排场的大小能体现死者后人的社会地位以及孝敬程度。

如此，功德的存在对于死者而言是异次元世界的大门，而对于生者而言则是他们为死者幸福生活做的最后的努力，通过此程序死者的生命永恒地存在于生者的心中成为可能，是死者与悼念者永恒对话必须经过的方式，而这种方式只是象征性的存在，是"礼教"文化影响下、民间信仰驱使下所形成的，人们所关注的是是否有这样东西的存在，而非其样式。

道教神位亦如上述，但是我们对于神位的关注还有其他一些问题。

神位，是指宗教界神仙的牌位。"是月命太祝祷祀神位，占龟策，审卦兆，以察吉凶。"❷ 神位简单来说就是供人礼拜、许愿的对象。在汉益沅地区的道教道场中并不是简单用字表现的"某某神位"，而是用图像代替，以图像代替严谨意义上来说是不能称之为神位的，但是用图像代替应该是从视觉冲击与内心情感体验来说的。

神位在组合上一般是道教主神三清，也有三清位于中部，两旁为二菩萨的组合，八仙组合也存在。无论是哪种组合都是人们所熟知的，功德形象亦是如此，这种形象已成为丧俗礼仪中不可缺少的部分，人们内心已对其生成了概念，当熟知的形象再次出现时，即能唤起内心的无限感召。我们可以把这个称为"角色图式"❸（角色图式是把人们社会角色的恰当的规范和行为的知识组织起来的认知结构），对于当地人而言图像的视觉冲击更有情感号召力，它能激发出生者与死者以及画中神仙进行潜意识的交流。当死者的遗体躺在灵堂中，人们对于神位形象的认识是不变的，但是对于形象的存在方式就会被环境

---

❶《益阳县志》编纂委员会编. 益阳县志 [Z]. 湖南省益阳县印刷厂印刷，1992：602.
❷ 陈广忠译注. 淮南子·时则训 [M]. 北京：中华书局，2013：275.
❸ 李梦，胡志海. 角色图式对情绪影响研究 [J]. 重庆工商大学学报（自然科学版）.

所渲染，有求必应的神仙就变成了制造幸福世界的主。这就说明图像出现在道场中能激发起人们不同于道观中的情感体验，用其激发出生者对神异世界的组构，产生精神上的迷离以融入整场法事中去。

如今的"功德""神位"，虽然在形式上多为复印品，但是通过遗存手制"功德"与"神位"对比来看，两者基本相似。从这点分析，复印品形象的来源与手绘的形象是有很大关系的。总体而论两者的表现方式具有以下特征。

汉益沅地区继承了楚文化传统，具有很强的创造性、神秘性与浪漫主义情怀。

所谓创造性在"功德""神位"上主要体现在人物创造力上。在该地区除了宗教神祇之外还有许多本土的神灵，比如"关嗲嗲""年饭老爷"，许多地方还会在发生灵异事件的地方建庙，自古以来该地区就有神祇多样化的特点。"自三苗国于洞庭始创巫教，颛顼正之而其流不息，亦多神教之一种。"[1] 由于神祇十分众多，所以"功德"与"神位"的构图一般较为复杂，往往众多神灵出现在一幅画面当中。而这种构图有两种形式，一类是有故事情节的，一类是供养式情态出现的。故事情节性的一般世俗人物、地位等级较低的神祇出现较多，所以在摆放时一般放在侧墙上，如图2、图3所示。

图3

---

[1] （清）湖南调查局编印. 湖南民情风俗报告书［M］. 长沙：湖南教育出版社，161.

文化的神秘性是该地文化非常重要的特点。神秘性其实具有两种内涵，一种是由对神祇产生敬畏的神圣性，一类是由害怕而产生的隐秘与畏惧。在汉益沅地区人们试图去解释一些"神秘"的现象，但是越解释却越神秘，并且人们也相信这种神秘的存在。在这种文化气氛里的神祇的形象一般都是充满神秘的气氛，而这种神秘气氛并不是对神敬畏而产生的神圣感，而是充满着隐秘的气氛，尤其是神祇形象那阴沉的红绿黑为主体的色调与沉静的人物造型，挂在墙壁上后整个空间都透露出阴森与沉寂的气氛。

浪漫性一直是楚文化的重要特征，这种文化特质一般是天马行空、富有想象力的。这种文化特质在如今的"功德""神位"中也有体现。在汉益沅地区的"功德"与"神位"虽然在表现形式上是以工笔的形式表现，但是作品中形象表达是趋于符号化的抽象性精神外化，非写实性表达方式。在这种表达方式上当地的工匠们以纯度较高的色彩表达人物形象，在组合上也是天马行空，佛教人物形象、道教人物形象、本土神灵形象等合为一体。

2. "功德""神位"中的人物组合

关于"功德"与"神位"人物形象的组合基本上是以各自的教派祖宗为中心，但是两个教派的人物又是混合而出现的，一般没有完全是传统佛教或道教人物形象出现的。在上一小节已涉及此问题，所以在判断是什么教派的法事时，我们除通过形象判断外还要通过法事所涉及的内容，但是在判断时还有一个难点就是从业人员基本上没有纯粹的信仰问题，他们只是在"利我"原因驱使下所进行的一种"商业性"活动，所以在谈人物组合时必不可少的涉及这个问题。

关于佛道中形象的混合，在史料中就有相应的记载。"刘宋道士潘逸远在浮邱山（位于益阳市）建立道观，后改道观为佛寺，儒家的祖师、道教的无量尊者、佛教的菩萨同为一家，开创了神仙、菩萨共居一室的先河。"❶ "昔时，祀佛者曰'寺'，祀仙者曰'观'，以此作为辨别释、仙、僧、道的标志。后来庵、庙、宫、殿、祠、坛、公、阁、禅林勃兴，且'百神杂祀'，便无以寺、观区分道释。"❷ 在《汉寿县志》中也有关于不同教派融合的记载，在时间上且更早。从材料中我们可知在魏晋南北朝时，就有神像混杂的情形，原因是与"百神杂祀"有关。至于"百神杂祀"的原因是一个很复杂的问题，但

---

❶ 雷德高，曹辰阶. 汉传佛教圣地［M］. 长沙：岳麓书社出版，2008：91.
❷ 《益阳县志》编纂委员会编. 益阳县志［M］. 1992：623.

是我们可以作以下几点推测。

（1）不同宗教间的相互争占。"后道教将观让与佛教，更名浮邱寺，遂成佛教圣地。"❶ "佛教势力大、僧占道观。"❷ 这也证明了"无以寺观区分释、道"。

（2）民间信仰功利性。"在民众与神的关系中，神祇的建构、神祇的职能与功利以及人与神祇沟通交流的方式是人们最为关注的领域，而信仰的功利性的心态在这三个领域中表现得最为突出。"❸ 这就形成了送子求观音，下雨求龙王的景象。在汉寿县的百禄桥镇的龙王庙中出现了佛祖、观音、龙王、龙母等形象，这样也就形成了如果都朝拜，那么各路神灵就以各种方式和渠道来保佑你。由于应验事件的显灵，这更加激起了民众的功利心。如汉寿县百路桥镇孔家湖村流传有这样一个故事：

时有渔民于龙王庙后洞庭湖泛舟捕鱼，忽然波涛汹涌，并发现有一似龙形之物于水中翻滚，此时渔民深信这是龙王为之，上岸后遂往龙王庙朝拜龙王、龙母，而后同类事情再未发生。

此事故充满离奇色彩，但在渔民中广为流传，每到龙王诞辰遂有大量渔民与其他人等来此朝拜。这则故事虽然可靠性并不高，但是普通百姓却对此深信不疑，认为这是龙王显灵，龙王庙的管理人员也是经常对人讲起此则故事，这也就越发激发出对龙王的信仰。

（3）从事道释工作人员"利我"因素的刺激。对于从事宗教活动者来说，有利于自己宗教并且通过其赢得利益是最主要的。菩萨信仰对于当地人来说是最普遍的信仰之一，那么他的形象也就普遍存在于道教人物形象中，并有其特定称谓。这就证明谁的信仰对象多，那么其他宗教就会吸收其形象，以增加自己信仰之徒。

如此，就形成了宗教人物形象的相互混合，自然在"功德"与"神位"中的人物形象也就相为一谈了。

三、引魂升天——引魂幡

1. 引魂幡的形制及其内涵

"引魂幡"（图3）在汉益沅地区也叫"引路幡子"，意为引领亡灵进入

---

❶《益阳县志》编纂委员会编．益阳县志[M]．1992：623.
❷《益阳县志》编纂委员会编．益阳县志[M]．1992：624.
❸ 马新，贾艳红，李浩．中国古代民间信仰[M]．上海：上海人民出版社，2010：269.

道场中摆放的"功德""神位"的世界（两教混用）。由于该地文化趋于一致性，所以各地的引魂幡在形制上面基本上没有多大差别。其剪制方法比较简单，也比较单一，却是该地的道场中必不可少的物品。该物品形制为一细长竹竿上系上用白色、红色、绿色纸剪成的条状纹路，下端为三角形，内部为一纸，写上死者姓名。仔细观察引魂幡会发现其形制类似幢幡，应是起到对灵魂的"净化"与保护作用。"建立幢幡，悬诸宝铃……皆由彼时供养佛故，无量世中不堕地狱畜生饿鬼。"❶ "造于黄幡悬于刹上，使祸福德离八难苦，得生十方诸佛净土。幡盖供养随心所愿至成菩提，幡随风转，破碎都尽至成微尘……"❷ 关于灵魂的保护作用与当地的思想观念有关。有这样一个例子：在中元节那天要为亡灵烧去冥钱，为了保障自己亲属亡灵的安全，经常要用饭散在烧纸钱的四周，供孤魂野鬼享用，同时也给孤魂野鬼烧去一些零钱。在史料中也有关于灵魂可能会受到迫害的记载："魂兮归来，君无上天些，虎豹九关，啄害下人些。一夫九首，拔木九千些。豺狼从目，往来侁侁些，悬人以嬉，投之深渊些；致命于帝，然后得瞑些。归来归来，往恐危身些！"❸ "道士"做法事时手持引魂幡招魂归来，进行礼拜，一般由长子、长孙手持，如此应该是"净化"亡灵及怕刚死的亡灵受到其他凶猛物体的迫害。

关于引魂幡的出现应该与人们对死亡的恐惧有关，人们否定绝对的死亡。正如卡西尔所说："死亡不再是冥灭，而是通过存在的另一种形式。"❹ 这样人虽死，但是主导人的精气却游弋于身体上空。《礼记·祭义》："众生必死，死必归土，此之谓鬼……其气发扬于上为昭明……此百物之精也，神之著也。"❺ "礼即葬而返，以虞易奠为送形，而往迎精而返。"❻ 如此，引魂幡的出现是伴随着"灵魂不死"观念出现的，为了"净化"与保护灵魂、引领灵魂进入"功德""神位"的世界。

2. 引魂幡与佛教幢幡的关系

关于汉益沅地区"道士"用"引魂幡"这一现象的形成应该是多种文化

---

❶ 吴月支优婆塞支谦译．撰集百缘经［M］．
❷ （晋）帛尸梨密多罗译．灌顶随愿往生十方净土经［M］．
❸ （战国）屈原，林家骊编译．楚辞［M］．北京：中华书局，2014：207．
❹ 恩斯特·卡西尔，黄龙保等译．神话思维［M］．北京：中国社会科学出版社，1992：178．
❺ （汉）郑玄注．礼记·汉魏古注十三经［M］．北京：中华书局，1998：171．
❻ （民国）湖南法制院编印，（清）湖南调查局编印．湖南民情风俗报告书［M］．长沙：湖南教育出版社，2010：138．

交融的结果，要想解析其形成过程确实是一个困难的问题。

在《湖南民情风俗报告书》中记载了儒家用幡："俗于夜间以鼓吹肩舆至野外呼其名而归，孝子执引魂幡为前导，一人鸣锣，一人以风球子、钱纸濡洋油燃于道上，每燃一风球子则鸣锣一声，谓之引魂火。"❶虽然在用途上也谓之"引魂"，但是与汉益沅地区"道士"用法不一。在该地引魂幡只要是"道士"为死者做礼拜时都要用到。这证明引魂幡与儒教有一定联系，并且在汉益沅地区的引魂幡中写有"故显考某公某某大人之位"或"故显妣某母某某儒人之位"(《尔雅·释亲》："父曰考，母曰妣。")，这更加坚信它并不是一种文化影响下产生的结果。

在前面提到过引魂幡的形制与佛教幢幡类似，是否真的存在关系呢？在唐、五代丧葬仪式中出土了一种接引亡灵的旗帜，这种旗帜称之为"引魂幡"❷（图4、图5），在敦煌出土的"引魂幡"也为"引路幡"，其系竿部位为三角形，竿部细长由菩萨手持，幡中心为方形，两侧有飘带，身下有尾带。其功能是接引亡魂往生净土世界。❸如此，我们可知汉益沅地区的引魂幡的功能是与敦煌中引魂幡的用途与意义是一致的，只是在形式上有一定差异。佛家道场中的引魂幡中一纸上正面写死者姓名，而反面则写"南无阿弥陀佛"。"益阳于死者气绝时，不许哭泣，子孙咸跪念阿弥陀佛，历一小时方举哀焚楮，曰'起声盘缠'。意谓气绝，魂始离舍，若骤哭则魂将惊乱窜，故念阿弥陀佛，使之闻经得解脱……谓能上西天登极乐云。"❹是此，它与敦煌引魂幡一样属于净土信仰。而道家所用引魂幡则是借用的佛家之物，但是这是在何时借用的已是一个很难探讨的问题，需要更多材料去发现，但是我们可以确定的是这是"百神杂祀""僧占道观"之后的事情了。

---

❶ （民国）湖南法制院编印，（清）湖南调查局编印.湖南民情风俗报告书［M］.长沙：湖南教育出版社，2010，140.
❷ 王铭.菩萨引路：唐宋时期丧葬仪式中的引魂幡［J］.敦煌研究，2014（1）.
❸ 王铭.菩萨引路：唐宋时期丧葬仪式中的引魂幡［J］.敦煌研究，2014（1）.
❹ （民国）湖南法制院编印，（清）湖南调查局编印.湖南民情风俗报告书［M］.长沙：湖南教育出版社，2010：122.

图4　　　　　　　　　图5

汉益沅地区的"引魂幡"与佛教的关系也是很明显了，那么它还与幢幡存在多少关系呢？幢幡（图6）是指佛教用来供奉之物。"幡幢皆为旌旗之属，竿柱高秀，头安宝珠，以种种彩帛庄严之者曰幢。长下垂者曰幡。又自幢竿垂幡曰幢幡。"[1] 在各类佛教经典中，都有关于幢幡的记载。《法华经·序品第一》："一一塔庙，各千幢幡，珠交露幔，宝铃和鸣。诸天龙神，人及非人，香华伎乐，常以供养。"[2] "以金、银琉璃……缯盖、幢幡，供养塔庙。"[3] "若有净信善男子善女子等。欲供养彼世尊药师琉璃光如来者。应先造立彼佛形象敷清净座而安之。散种种花烧种种香。以种种幢幡庄严其处。"[4] 那么供养幡幢的好处又是如何？对于不同人来说是不一样的，但是总体来说是"利我"的利益关系所致。唐代释门类书《法苑珠林·悬幡篇》云："夫因事悟理，必藉相以导真；瞻仰圣容，敬神旛以荐奉。是以育王创遗身之塔，架迥浮空；魏主起通天之台，仁祠切汉。于是华旛飘扬，冀腾翥于大千；朱紫相映，吐辉焕于百亿。惠风或动，清升之业有征；微吹时来，轮王之报无尽也。供养是诸佛已，具菩萨道，当得作佛，号曰阎浮那提金光如来……"如此说来，幢幡是供养之物，是供养者与被供养者之间的纽带，通过供养以达到供养者的某些目的。但是幢幡并不一定是为生者服务。宋代佛门规条《禅苑清规·尊宿迁化》记载，在高僧圆寂之后，"送葬之仪，合备大龛，结饰临时，并真亭、香亭、

---

[1] 赖永海主编，王彬译注. 法华经·序品第一 [M]. 北京：中华书局，2010：36.
[2] 赖永海主编，王彬译注. 法华经·序品第一 [M]. 北京：中华书局，2010：31.
[3] 赖永海主编，王彬译注. 法华经·序品第一 [M]. 北京：中华书局，2010：190.
[4] 《药师琉璃光如来本愿经》。

法事花幡"。"所谓法事花幡，即佛门丧葬所用的各种幢幡供养，在丧葬法事中为亡僧引魂祈福。"❶ 如此说来幢幡的用途是死者与活人通用的。

图 6

从形制上看汉益沅地区的引魂幡与幡幢的形式也相似，其中部为桶状似幢，中部一条状似幡。综上，汉益沅地区的引魂幡形制应是模仿的佛教幢幡。

四、幸福家园——纸灵屋

1. 纸灵屋的制作及其特征

在益阳县志中有记载："用纸扎灵屋、金银山等，为死魂落户享福，待'出殡'后焚化。❷ 为死者扎纸灵屋是该地稳定流传的习俗，意思是让死者亡灵在异次元世界有居所，从而幸福生活。

汉益沅地区的纸灵屋（图7）的面貌基本接近，是以竹子为骨架，把竹子削细长，以减轻其重量，用竹子组构成灵屋的骨架，棍与棍的交接处一般采用麻绳系住，骨架结构以横纵为主，结构稳定。骨架所用竹子一般人很难破成粗细一致，都是由有经验的工匠完成的。骨架完成后，用浆糊把各色彩纸粘在骨架上，纸的色彩一般以白、红、绿、黄为主。不同地方的区别一般只是在颜色的搭配上。色彩的搭配一般分两类：一是白、绿、红等鲜艳色彩搭配，这类灵屋显得清新；二是黑、白等色彩搭配，这类灵屋显得十分阴森、压抑，较前者较为少见。

---

❶ 王铭. 菩萨引路：唐宋时期丧葬仪式中的引魂幡[J]. 敦煌研究，2014（1）.
❷ 《益阳县志》编纂委员会编. 益阳县志[M]. 1992：602.

图7

纸灵屋的设计吸收了当地二层楼房的样式，屋前是仿围墙结构，用白纸与竹骨架围成，有大门，门前一般用剪纸剪出一只狗的形状放置大门后，前庭有两座用金色纸与银色纸制作的金山与银山，"山上"一般用竹子插在上面。关于山上插植物的解释根据推测有好几种。

在前文中已谈到亡灵所生活的世界也应该和现实世界一样，具有"金、木、水、火、土"五种元素，而用竹枝等植物插在金山、银山上代表"木"元素。

金山、银山象征着无穷的财富，而"树"插在山上意为"摇钱树"，证明死者有用不完的财富，制作者也经常在树枝上挂上纸条或类似"铜钱"的纸制物品。这种形式与四川彭山双江崖墓出土的青铜摇钱树类似，是否它们有文化上的联系很难证明，但是它们的形制与财富的功能是一致的。与四川出土的青铜摇钱树不同的是，汉益沅地区的摇钱树并没有赋予升天的含义，可能是与"引魂幡"的出现有关。

主建筑分两层，一层有大厅以及插间，二层有客厅以及卧室，基本设施与生人住所相似，按照死者家属的要求可在屋内放置各类物品及服侍人物。这些形象一般呈剪影式效果，以这种手法出现应该是与制作的简易程度以及象征性的人物心理构造有关。

总体上看纸灵屋是按照现实世界建筑样式而缩小比例来建造的，在材料上与现实世界不同，这与其简易程度以及象征性存在于生者内心世界有关。

2. 纸灵屋的文化内涵

为亡灵营造家园早在新石器时期就已出现，仰韶文化遗址中的瓮棺均留有一个小孔，这个小孔便是当时的人们用来作为死者灵魂出入的孔道。战国时期曾侯乙墓中出土的棺椁中的门窗也是供灵魂出入的。❶ 以及秦汉时期的陪葬品等。如此，我们能看出在当时灵魂居住场所与尸首居住场所都是处于地底下，并非以一种纯粹精神性的存在，这种亡魂作为生者纯粹性的精神性的存在，应该是随着亡魂居住地下转变成纸扎灵屋的转变而转变的。关于陪葬品的转变的原因，所具备的因素应该是：（1）材料的普及是纸扎艺术发展的首要条件。❷（2）世俗文化的发展，世人更加关注生人活动。《旧唐书·音乐志》记载："窟垒子，亦云魁垒子，作偶人以嬉剧歌舞，本丧家之乐。"宋代世俗文化更为发展，出现了世俗文化中心"瓦子勾栏"。在汉益沅地区也有用歌舞来祭奠死者，俗称"孝歌"。这种方式与其说是娱"鬼"，还不如说是娱"人"。这样生人的地位在丧俗文化中得到显现，这样简易象征性的物品以及纯粹精神性的理念开始增多。"其实这种形式已失去其鬼魂崇拜的原始内涵，而主要是人情寄托的因素，是消除悲伤情绪的一种自我安慰形式，因而从某种意义上说，它又具有克服心理压抑的作用。"❸（3）佛道等宗教文化影响下的结果。当佛道等宗教文化深入人心后，人们开始认识到了"功德"世界与"神位"世界的"幸福"，并且"道士"们只要通过简单的法事，通过引魂幡的作用把灵魂引向"功德"世界与"神位"的世界。这样灵魂的住所就不用在阳世间建造，而是用"火"把它送去。

纸灵屋的出现，是亡灵住所从地下转移到了地上，是从建筑绝对性的存在到烧毁后纯粹理念性的存在的转变，是从娱鬼到娱人的转变。

五、结论

汉益沅地区的丧俗美术是以"礼"为核心，以"孝"为出发点的。在这些基础之上又融入了当地民间信仰以及大量佛道思想内涵，使该地区丧俗美术呈现出混杂的面貌，在这种影响下，汉益沅地区丧葬仪式形成了以佛道"道场"为中心的局面。

在整个道场仪式中又是以"功德"与"神位"为中心。"功德"与"神位"的存在，是世俗人眼中理想化的国度，是生者对死者作的最后的努力，也是死者生前对美好愿望的追逐。而"功德""神位"中的形象是谁并不重

---

❶ 巫鸿，郑岩；王睿编，郑岩等译.礼仪中的美术.上卷[M].北京：生活·读书·新知三联书店，2005：119.

❷ 潘鲁生.民间丧俗中的纸扎艺术[J].民族艺术，1988（1）.

❸ 潘鲁生.民间丧俗中的纸扎艺术[J].民族艺术，1988（1）.

要，只要是对生者有利就行。这样佛教"功德"与道教"神位"人物经常混合在一起，形成你中有我、我中有你的局面。为引领亡灵进入"幸福家园"就需要引魂幡的引导，在当地引魂幡的形制与功能是与佛教幢幡有莫大关系的。纸灵屋是死者在"幸福家园"的居住之所。纸灵屋的出现，使亡灵住所从地下转移到了地上，是从建筑绝对性的存在到烧毁后纯粹理念性的存在的转变，是道士对亡灵引领方式的改变，是从娱鬼到娱人的转变。

通讯地址：
李程，鲁迅美术学院，辽宁沈阳110004。

中华农耕文明的传承保护

京津冀协同发展背景下的宣化城市传统葡萄园文化遗产地保护

常　然　杨鹏威

摘　要：作为城市传统葡萄园文化的遗产地，宣化"控朔漠，屏燕京"，拥有厚重的历史底蕴。在京津冀协同发展背景下，葡萄园文化遗产地的保护面临着与钢铁产业发展的矛盾日益显现、忽略对城市历史文化的保护与传承、文化遗产地从事葡萄种植的劳动力外流、对传统栽培方式保护意识不强等问题。作为全球首个、也是目前唯一的城市农业文化遗产地，宣化应当着力保护城市传统葡萄园文化遗产地的历史文化，发展葡萄生态旅游，增强种植户对文化遗产地的主动保护意识，加强基础设施建设，打造京津冀文化遗产旅游品牌。

关键词：宣化；传统葡萄园；文化遗产地

2013 年，宣化城市传统葡萄园被 FAO 正式列为全球重要农业文化遗产保护试点。作为全球首个、也是目前唯一的城市农业文化遗产，宣化城市传统葡萄园栽培历史悠久，葡萄园景观旖旎，品种资源与栽培管理方式独特，得到了业界的广泛关注。

一、宣化城市传统葡萄园文化遗产地的历史文脉

作为城市传统葡萄园文化的遗产地，宣化位于华北平原与蒙古高原之间的过渡地带，是中原农耕民族和北方游牧民族军事交战、文化交融十分频繁的地带，各民族多元文化在这里共同生存和发展。

战国秦汉时，宣化属上谷郡辖区，上谷郡的管辖范围包括今张家口市中部各区县及北京市昌平、延庆县等地，明代建筑"古上谷郡"牌楼原址就位于今宣化区钟楼西南侧。公元 10 世纪上半叶，辽代耶律德光统治时期，取得了石敬瑭奉送的幽云十六州，其中的武州即是宣化。宣化在金代、元代时称宣德府，属中书省直辖区，是北方重要的商业城市和地方政治中心，也是金中都、

元大都至蒙古草原途径的最重要的城市。据《元史·耶律楚材传》记载："（元太宗年间）中贵可思不花奏采金银役夫及种田西域与栽葡萄户，帝（指窝阔台汗）令于西京、宣德徙万余户充之。楚材曰：'先帝（指成吉思汗）遗诏，山后民质朴，无异国人，缓急可用，不宜轻动。今将征河南，请无残民以给此役。'帝可其奏。"❶ 元太宗拟将宣化当地成千上万的农民移民西域种植葡萄，足见当时宣化葡萄种植面积之广、从事葡萄种植的人员规模之多以及宣化葡萄的名气之大。

明朝建立后，宣德州易名为宣府镇，明朝廷为防御残存的蒙古族部落侵扰，在长城沿线设置了军事防区，宣府镇即为当时的九边重镇之一。明军将宣府镇原有居民迁走，调集士兵屯田防守，一度由明太祖朱元璋第十九子谷王朱橞驻藩于此。朱橞积极贯彻朱元璋提出的"高筑墙，广积粮，缓称王"的治国方略，新建宣府镇城池见方24里，规模在当时的洛阳和西安以上。

朱橞在元代宣德州的基础上修成了方方正正的明朝宣府镇城。谷王府居宣府镇城中央，实际上的中轴线是：北门广陵门至南门昌平门的北南大道是全城的中轴线，东门安定门至西门泰新门则是最重要的东西通衢。昌平门城楼即拱极楼，向北走有鼓楼镇朔楼和钟楼清远楼。其中清远楼修成于成化十八年（1482年），楼台下的十字拱门贯通四方，台上是空心十字形的三层楼阁，通高约25米。经勘测研究，其结构与外形酷似长江畔的黄鹤楼，楼内悬万斤巨钟。"声通天籁""震靖边氛"，据说夜间洪亮的钟声可远播百里之外，清远楼于1988年被列为全国重点文物保护单位。鼓楼是木结构重檐歇山瓦顶二层楼台，连墩台通高约22米，清乾隆帝亲笔题写的"神京屏翰"巨匾展现着明代宣府这一军事重镇的雄风。

在明代宣府镇辖区，有镇城、路城、卫城、州、县城和堡城的区别，其中驻军城堡39座，具有军事防御功能的堡城1000多个。镇城就是宣府城，宣府镇总兵及其副手、万全都司的都指挥、巡抚、镇守太监等中央派员都驻在宣府。辖区内长城1200多华里，是由镇城与南关、演武厅、龙神祠等附属城堡组成的北方特大军城，❷ 它与密布的城、关、堡、塞构成了中国古代罕见的防御体系。宣府镇的城墙底宽四丈五尺，高三丈五尺，全部用砖石包砌。四门之外有瓮城，又筑墙作门设吊桥，土石方总量约在200万立方米。城的周围有数

---

❶ 吴宏歧. 金元时期所谓的"山前""山后" [J]. 中国历史地理论丛, 1988 (7).
❷ 杨润平. 明宣府镇的长城防务 [J]. 张家口职业技术学院学报, 2000 (4).

十座护城台，都是砖石包砌可战可守的堡垒。

二、宣化城市传统葡萄园的遗产价值

（一）食用价值

宣化的牛奶葡萄栽培至今仍大量沿用传统的"漏斗形"栽培方式，这一方式传承至今已有一千多年的历史，其历时之长在世界范围内实属罕见。通过"漏斗形"栽培方式培育的白葡萄果实呈长椭圆形，酷似奶牛乳头，皮薄质脆肉厚，紧密多汁，可剥皮切片，刀切分瓣，具有粒大、皮薄、肉厚、味甜等特点，素有"刀切牛奶不流汁"的美誉，"宣化牛奶葡萄"也因此成为国家工商总局地理标志证明商标。这种高品质的牛奶葡萄籽粒少、味甘甜、香气浓、耐存放、营养价值极高，既可以鲜食，同时也是酿酒、制葡萄汁、蜜饯、罐头、葡萄干的上等原料，甚至能够作为治疗贫血的辅助剂。

（二）种植理念价值

宣化位于河北省西北部的燕山腹地，北靠泰顶山，南临洋河，地势南低北高，平均海拔高度约615米，该地区由于处于大陆内部，位于北纬39°~41°之间，在气候上深受大陆性气候和季风性气候的影响，气温年较差和日较差十分明显，降水稀少，从东南向西北依次递减，地貌形态分布差别明显，多高原、山地和丘陵，地表流量较小，土壤沙石多，漏水漏肥。在上述气候条件的影响和制约下，牛奶葡萄传统的栽培方式适应了当地土质偏沙、降水稀少、风沙凛冽的气候特点，发挥了宣化地区四季分明、光照充足、无霜期短、光照时间比较集中、昼夜温差较大的优势。同时，当地种植户通过马兰草来捆绑葡萄架，收获季节干枯的马兰草一拉即开，极大便利了葡萄的整株采摘，实现了绿色的种植理念。

（三）景观价值

宣化的传统葡萄园并非密植，虽然表面上看似浪费了空间，但实际上当地居民在庭院的葡萄架周围套种了大量蔬菜、水果以及花卉等，增加了地区的生物多样性，同时呈现出多样化、多层次的立体景观特征，形成了独具特色的庭院农业。在快速发展的城市化进程中，这种独特的庭院农业不仅仅是城市居民夏日乘凉休闲的好去处，也是城市特色文化的重要组成部分，其示范作用十分突出，这也应当是FAO将其列为全球首个城市农业文化遗产的重要参照。

（四）文化价值

宣化葡萄可追溯至汉代，相传张骞出使西域时，通过"丝绸之路"从大宛引来葡萄品种。明、清时期，白葡萄被视为"珍果"，列为皇家贡品，1905年曾在巴拿马国际物产博览会上获奖，经过宣化果农世代精心栽种，繁衍至今。宣化古葡萄园"内方外圆"优美独特的漏斗架，体现了"天圆地方"的文化内涵，是先人为后代留下的宝贵文化遗产，这一举世独有的农业景观成为城市的文化名片。

三、宣化城市传统葡萄园文化遗产地保护面临的主要问题

（一）文化遗产地忽略对城市历史文化的整体保护

动态保护宣化城市传统葡萄园就是要保留包括古葡萄园在内的整个文化遗产地的原生态基因，就是要烘托整个宣化古城的文化氛围。古城与庭院景观共同构成了宣化独特的城市葡萄园，如果没有文化遗产地作为背景，葡萄园的保护就成了孤单的个体。作为拥有上千年历史文化的"京西第一府"，宣化独特的历史文化以众多的城垣、卫所建筑和民居为载体，通过空间上的延续分布及时间上的积累沉淀，构成城市历史文化的象征。然而宣化深厚的历史文化底蕴在历经了"文革"时期的"破四旧"运动和近年来所谓的"一年一大步、三年大变样"的大规模城市建设后变得支离破碎，这种"以拆促建、以拆促改"的方式不仅没有有效地复原文化遗产地的城市历史脉络，反而打破了原有的城市历史文化肌理，应当说这对于农业文化遗产的整体保护是相当不利的。

例如，宣化古城墙于 2006 年 6 月被列为国家重点文物保护单位，在随后启动的"爱我宣化、修我古城"活动中，府城南大街、东城墙北路翻新的城墙从规划施工到建设竣工总耗时不过 2 年 5 个月，修复后的西城墙中段、北段、南城墙中段共计 2352 米，无论是在规模、形制上，还是在修复手段上，同文献记载的作为"九边重镇"之一的明代宣府镇城墙大相径庭，城墙外围还充斥着批发市场等各式各样的经营场所，城墙的日常维护更是无从谈起，当地媒体居然称其"既融合了古朴的建筑风格，又充分体现了现代的建筑技巧，可谓巧夺天工"，完全无视最小干预、可识别、可逆性等古建筑保护和修复原则。这种"保护性拆除"的荒唐闹剧集中反映了地方政府某些领导急功近利的政绩观念，"大拆大建、推倒重来"的"造城运动"随着原张家口市市长郑

雪碧接受组织调查[1]、原宣化区委书记岑万俊自杀[2]而偃旗息鼓，但是可以估测的结果却是宣化古城墙的历史风貌大打折扣，宣化古镇"京师锁钥"的历史旧颜只能通过文字记述再现了。

（二）文化遗产地从事葡萄种植的劳动力外流，对传统栽培方式保护意识不强

与一般意义上的文化遗产不同，农业文化遗产不仅仅是一种文化形态，还是一种活态遗产。具体来说，宣化城市传统葡萄园应当以活态的形式将"漏斗形"栽培方式原汁原味地传承下去。然而，随着劳动力机会成本的不断增加，当地那些掌握农业遗产技术而又专心种植葡萄的人正在迅速减少，祖祖辈辈传下来的老传统已经一点点地淡出他们的生活，农村劳动力特别是年轻劳动力向城市流动或是出国务工，以获得更大的经济收益。根据对宣化从事葡萄种植的农户调查表明，年长的葡萄农户对葡萄有深厚的感情，有人直到70多岁甚至80多岁还在种植葡萄，然而年轻人却对葡萄园的感情并不深，很多人不愿再种植葡萄，认为种葡萄没有前途，无法满足生活需求。[3]

同时，一些农业专家认为，"漏斗形"栽培方式不利于葡萄通风透光。特别是漏斗架中心的圆台，往往萌蘖丛生，严重荫蔽、潮湿、通风透光不良，成为病虫害滋长中心；此外，漏斗架需用大量木杆，每年上下架很费工，除草、喷药、植株管理等也很不方便，而且这种适应稀植的大型棚架也不利于早期丰产。[4] 由于传统栽培方式极易导致葡萄产量的丰歉不定，加之农户为了赶在中秋节前上市以增加收入，这些因素直接导致了大部分农户都没有充分意识到传统葡萄园种植方式的重要意义，种植户们对传统的"漏斗形"栽培方式的保护意识不强，忽略了传统葡萄园的历史价值和文化价值，不惜违背作物生长规律，改良葡萄的种植方式，舍弃了外形颇为美观、曾获得过"凤凰台"美称的传统"漏斗形"栽培方式。受此影响，葡萄的品质呈现出逐年下降的趋势。

（三）农业文化遗产保护与钢铁产业发展的矛盾日益显现

宣化素有"半城葡萄半城钢"之称，钢铁产业对宣化乃至整个张家口地

---

[1] 中央纪委监察部网. http://www.ccdi.gov.cn/jlsc/201510/t20151014_63436.html.
[2] 新华网. http://news.xinhuanet.com/local/2014-12-15/c_1113636762.htm.
[3] 魏云洁，孙业红，闵庆文，何露. 基于农业多功能性的可持续农业生态旅游研究——以河北宣化传统葡萄园为例 [G]. 第十六届中国科协年会——分4 民族文化保护与生态文明建设学术研讨会论文集. 2014：4.
[4] 罗国光，刘丽曦. 宣化葡萄栽培现状和发展途径探讨 [J]. 葡萄栽培与酿酒，1984 (3)：25-26.

区的经济贡献巨大，作为新中国"一五"期间建成的现代化钢铁产业，在加快产业发展的过程中，其占地面积不断扩展，水资源消费总量较大，这些因素严重制约了宣化城市传统葡萄园的可持续发展。近年来，地处城区的葡萄园面积不断缩小，据当地春光乡的一位负责人坦言，宣化牛奶葡萄种植的区域性很强，其最适宜种植的区域全都处于工业建设、城际铁路、环城路等建设用地规划中，原来春光乡的古葡萄园有近6000架，短短几年仅剩2600多架。[1] 工业化的步伐正在大踏步地侵蚀古葡萄园，农业文化遗产地保护与工业开发建设间的矛盾日益暴露。

工业建设对农业文化遗产地的关键影响在于使之趋于破碎化、孤立化。钢铁产业建设可能会割断连续的农业文化遗产保护区，使其内部生存环境趋于边缘化，[2] 使文化与农业景观有机融合的特色濒于退化和消逝。如何才能协调好保护传统农业文化遗产与钢铁产业发展之间的矛盾一直是困扰宣化农业文化遗产地保护的难题。

四、京津冀协同发展背景下宣化城市传统葡萄园文化遗产地的保护对策

（一）记住乡愁，保护城市传统葡萄园文化遗产地的历史文化

"望得见山、看得见水、记得住乡愁"，这是习近平总书记在2013年12月中央城镇化工作会议上提出的要求。这诗情画意的语言为农业文化遗产地保护过程中正确处理人与自然、人与历史、人与文化的关系指引了方向。乡愁的重要情感源头是乡土记忆和地方文脉，保护乡土记忆和地方文脉的重点是保护传统聚居地的原真性和文化景观基因。[3] 具体来说，就是要正确认识和处理城市建设和文化遗产地保护的关系，保护宣化城市传统葡萄园文化遗产地的整体格局和建筑风格，特别是农业文化遗产的原真性和独特性。

政府在保护葡萄园遗产地的过程中应当发挥引导作用，一方面是要提供

---

[1] 魏云洁，孙业红，闵庆文，何露. 基于农业多功能性的可持续农业生态旅游研究——以河北宣化传统葡萄园为例 [G]. 第十六届中国科协年会——分4 民族文化保护与生态文明建设学术研讨会论文集. 2014：4.

[2] 刘海龙，杨锐. 对构建中国自然文化遗产地整合保护网络的思考 [J]. 中国园林，2009（1）：1612.

[3] 刘沛林. 论"中国历史文化名村"保护制度的建立 [J]. 北京大学学报（哲学社会科学版）1998（1）：81-88.

政策和制度保障，另一方面又要结合实际解决葡萄种植户的居住和发展问题。诸如适当给予葡萄基地种植补贴，让农户对种植葡萄的感情传承下去，促使当地的年轻人转变观念，继续从事葡萄种植；政府还要减缓工业建设和开拓道路对传统葡萄园的影响，给传统葡萄园一个良好的生存环境。同时，保护葡萄园就是要保留传统的"漏斗形"栽培方式，留住葡萄园的原生态基因。

（二）发展葡萄生态旅游，增强种植户对文化遗产地的主动保护意识

根据中共中央政治局《京津冀协同发展规划纲要》和《河北省委、省政府关于推进新型城镇化的意见》有关精神，对于充分发挥宣化的生态优势、打造服务首都特色功能城市的战略定位，并在京津冀协同发展和京张联合举办2022年冬奥会的大背景下，宣化传统葡萄园发展的方向应该尝试突破观光果园和简单采摘的传统做法，不断拓展牛奶葡萄作为农业生态旅游区的核心产品卖点所产生的生态效益，大力发展休闲观光型农业生态旅游区，遵循休闲庄园的第三代乡村旅游发展模式，❶ 满足京津冀地区城市居民休闲度假的需求。葡萄休闲庄园应突出葡萄主题，融入葡萄文化，形成果园观光、主题住宿、主题餐饮、主题娱乐、主题购物、个性化主题定制等多种服务，同时突出生态低碳原则，尽量采用当地的产品，或通过葡萄园丰富的生物多样性进行个性化产品的开发，形成独具特色的葡萄休闲体验。

从组织形式上，应该通过"政府+合作社"模式，前期区政府应提供政策支持和基础设施支持，地方政府组织成立以葡萄种植为主题的合作社，由村委会管辖，形成完善的组织形式。初期通过积极性比较高的典型农户树立葡萄休闲庄园的榜样，然后逐步推进到全体葡萄种植户，带动整个宣化城市传统葡萄园主题旅游。在牛奶葡萄特色种植庄园基础上，通过葡萄、其他农作物和花卉构成大规模的立体景观，集休闲娱乐、休憩度假、农事体验为一体，拓展多元功能而建成的功能齐全、文化浓郁、环境友好的农业生态旅游形式。葡萄种植户不仅仅可以从农业生态旅游开发中获益，又与农业遗产保护需求和当地经济发展目标相一致；而种植户增收的同时，也提高了对传统农业文化价值的重新认识和主动保护意识，为宣化传统葡萄园保护提供新的理念。

---

❶ 邹统钎. 乡村旅游：理论·案例［M］. 天津：南开大学出版社，2012：126.

（三）加强基础设施建设，打造京津冀文化遗产旅游品牌

2014年8月国务院发布的《国务院关于促进旅游业改革发展的若干意见》明确提出：加强对国家重点旅游区域的指导，抓好集中连片特困地区旅游资源整体开发，引导生态旅游健康发展。宣化所在的张家口地区的国家级贫困县数量在全国排名第一，应当充分利用京津冀协同发展的契机，打造京津冀文化遗产旅游品牌，进一步拓宽京津冀三地的沟通交流，实现由贫困落后走上发展快车道。根据2015年铁科院发布的《新建北京至张家口铁路环境影响报告书》，宣化将新建宣化北站作为京张高铁车站，这将有力地推进京张在交通领域的接轨，为发展宣化农业生态旅游夯实基础。除交通领域外，还应当积极建立交流合作平台，实现宣化葡萄园文化遗产地由交通向经济、文化等领域进一步合作，互通有无，让人才、资源和信息等要素充分调动起来，从而实现地区之间流动畅通无阻。

加强文化遗产地的基础设施建设是深化合作的前提，在基建过程中要坚持宣化城市传统葡萄园文化遗产地保护的整体性原则，摒弃大跃进式的"造城运动"，统筹规划，科学管理，将宣化城市传统葡萄园的保护放在宣化古城保护的整体规划中。在推动宣化古城墙和南京、西安等城市联合申报世界文化遗产的过程中，保持传统葡萄园的原真性和种植栽培方式的独特性。如果没有内涵厚重的传统葡萄园作为支撑，那么整个古城的保护也就失去了生命力，成了无源之水、无本之木。作为京津冀文化遗产旅游品牌中的农业遗产地之一，宣化城市传统葡萄园应当尽快融入京津冀不同的文化遗产旅游线路中，借鉴长三角推出的"华东五市游""江南水乡"这样的区域性精品旅游品牌，依托京津冀协同发展的制度定位，建立三者之间的文化协调组织，以市场为手段，以政府引导为重点，推出京津冀文化遗产旅游精品线路，借助于传统媒体和新媒体，将其联合发布，向区域内外宣传，形成品牌，丰富三地的旅游线路产品内容，不断扩大市场范围。

苑利先生提出农业文化遗产是特指那些人类在历史上创造并以活态形式原汁原味传承至今的各种优秀的农业生产知识和农业生活知识。[1] 与一般意义上的文化遗产不同，农业文化遗产不仅仅是一种文化形态，还是一种活态遗产。具体来说，宣化城市传统葡萄园文化遗产应当以活态的形式将"漏

---

[1] 苑利，顾军. 农业文化遗产遴选标准初探[J]. 中国农业大学学报（社会科学版），2012（3）.

斗形""老鸦爪形"的栽培方式和多种多样的葡萄品种原汁原味地传承下去。

根据唐朝的一则传说，葡萄有黄、白、黑三个品种，[1] 宣化葡萄基本上囊括了这其中的两类，不过宣化葡萄不称其为黑葡萄，而称之为紫葡萄。宣化白葡萄分"白牛奶""白香蕉""大马牙"等品种；紫葡萄又分"老虎眼"（一名龙眼葡萄）、"秋紫"（一名"圆心"）、"玫瑰香""李子香""马奶子""马热子""肉丁香"等，共计约10个小品种。[2] 这10个品种各具特色和风味，其中的"白牛奶"葡萄则最享誉盛名。但是，有些专家认为"白牛奶"葡萄的品质和产量好、"老虎眼"葡萄品质好、"秋紫"葡萄耐储存，至于其他品种的葡萄应逐步淘汰。笔者认为上述这些做法从农学的角度来讲具有一定的合理性，但是着眼于文化遗产学，这种单纯为提高葡萄产量或品质而改良葡萄传统培育方式的做法无异于饮鸩止渴，破坏了宣化城市传统葡萄园文化遗产的品种多样性、种植方式独特性等特征，值得引起足够的重视。

被称为"中国的莎士比亚"的戏剧大师曹禺先生曾视宣化为第二故乡，他在回忆《北京人》时写过这样一段话："由远远城墙上断续传来归营的号手吹着的号声，在凄凉的空气中寂寞的荡漾。我这种印象并不是在北京得到的，而是在宣化。"儿时的曹禺就坐在宣化的古城墙上，军号吹来，犹绕耳边，音凄日落，不能自已，然犹怀口中葡萄颗颗甘鲜。笔者期待宣化城市传统葡萄园文化遗产的文脉和历史能够薪火相传，历久弥香。

作者简介：

常然（1990—），男，河北怀来人。首都师范大学历史学院博士研究生，主要从事区域社会文化史和文化遗产学研究。

杨鹏威（1991—），男，河南周口人。北京联合大学应用文理学院硕士研究生，主要从事文化遗产学研究。

---

[1] （唐）段成式. 酉阳杂俎（卷18）[M]. 上海：上海古籍出版社，2012：148.
[2] 冯冠扬. 宣化葡萄 [J]. 中国工商，1988（9）.

参会感想：

  本次论坛融合了跨学科研究视域，为本次论坛的举办注入了多元基因。论坛主办方极具战略眼光，把论坛主题同国际研究前沿巧妙地结合起来，把全国各地不同学科的研究生召集起来，响亮地打造了论坛品牌。在论坛召开前，我对宣化城市传统葡萄园文化遗产地进行了较为翔实地实地踏查和口述史调研，对宣化葡萄园农业文化遗产有了一定程度的了解，并在检索了部分论著和文献的基础上完成了本次论坛文章的提交。希望通过本次会议，进一步深化我对跨学科视域下的农业文化遗产的认识和领悟，为毕业论文的开题做好必要的准备。

首都师范大学历史学院　常然

基于中国国民性视角下非物质
文化遗产的保护与开发探究

王成尧

摘　要：非物质文化遗产的保护与开发离不开人民群众的参与。国民性在反映人民群众的行为上有很大代表性。由此，通过研究中国国民性，探究非物质文化遗产的保护和开发的过程中可能遇到的问题。其中，国民性中的因循守旧、功利实际、重形式等特点，虽然在一定程度上能够起到积极影响，然而其带来的潜在问题也不容忽视。一方面可能会使非物质文化遗产流于形式而僵化，另一方面可能会使非物质文化遗产在开发中丢失其文化内核。

关键词：非物质文化遗产；国民性；保护；开发

一、引言

（一）非物质文化遗产概述

近些年来，随着时代的发展和社会的进步，非物质文化遗产的保护和开发越来越受到重视。非物质文化遗产是各族人民世代相承、与群众生活密切相关的各种传统文化表现形式和文化空间。❶ 对非物质文化遗产进行保护和开发，不仅能够保护和传承我国各族人民的传统文化财富，而且也有助于实现我国文化多样化发展，从而提升我国文化软实力与国家综合国力。

虽然目前非物质文化遗产的传习活动主要是由"代表性传承人"来进行。❷ 而从广义上来讲，任何参与相关文化传承的个人或群体，都可以被称为"传承人"。❸ 而且，非物质文化遗产本身的性质也决定了，要想使其能够恢复

---

❶ 国务院办公厅：《国务院办公厅关于加强我国非物质文化遗产保护工作的意见》，国办发〔2005〕18号，2005年3月26日。

❷ 中华人民共和国文化部，《国家级非物质文化遗产项目代表性传承人认定与管理暂行办法》，文化部令第45号，2008年5月14日。

❸ 徐富平. 非物质文化遗产传承人身份认定及其意义［J］. 大众文艺，2010（02）：202.

强大的生命力与影响力，离不开普通群众的参与，可以说，要想使非物质文化遗产真正地传承下去，其传承的主体是全社会的人民。对于传承群体进行性格和文化传统等方面的分析，有助于分析和预测传承活动中可能的趋势与潜在的问题等。由此，借由探究我国"国民性"，分析其对非物质文化遗产的保护与开发可能产生的影响，是本文的主要思路。

（二）国民性概述

历来对国民性概念的普遍认识为："国民性指的是一个民族在长期的历史发展过程中形成的表现于民族共同文化特点上的习惯、态度、情感等比较稳定持久的精神状态，心理特征。"[1] 国民性是同一民族所普遍存在的一些精神或心理特征，代表了大部分社会成员的特点，因此，以国民性为对象的研究是具有很大代表性的。

二、研究发现

（一）文献综述

对于国民性，从近代开始至今都有很多学者进行这方面的研究。新文化运动后，中国学者有很多对中国国民性进行了分析，如梁漱溟、林语堂、冯天瑜[2]、鲁迅、梁启超等。国外很多学者也有此方面的研究，以西方和日本为代表，如美国传教士阿瑟·亨·史密斯、日本的内山完造、渡边秀芳[3]等。随着时代发展，相关的研究有所减少，但依旧有不少成果，如雒新艳对中国国民性从近代到当代在马克思主义影响下的发展变化进行了研究[4]，俞祖华对近代日本人对中国国民性的研究的总结[5]等。

（二）中国国民性总结

通过对多方文献的总结，可以对中国国民性总结出一些共性。如从生产方式上来看，是农耕文明下发展出来的尚农重农的特点；从人伦关系的角度，可

---

[1] 冯玉文，李宜蓬. 中国国民性真的存在吗 [J]. 船山学刊，2006（01）：153 - 154.
[2] 王保国. 中原人的文化品格 [J]. 文艺争鸣，2008（03）：157 - 158.
[3] 俞祖华，赵慧峰. 旁观·比较·自省：近代中外人士三重视野下的中国国民性 [J]. 烟台大学学报（哲学社会科学版），2006（02）：212 - 217.
[4] 雒新艳. 马克思主义对中国国民性的影响及未来引领 [J]. 山西大学学报（哲学社会科学版），2011（03）：105 - 109.
[5] 俞祖华. 近代日本人对中国国民性的评说 [J]. 烟台师范学院学报（哲学社会科学版），2002（01）：21 - 28.

以发现家族主义的特点；政治体制的角度，可以发现封建主义影响下的官本位、崇尚权力的特点；此外，还有思想上崇尚天命思想等。角度的不同，得到的对国民性的总结也不尽相同。由此，笔者舍弃了些许对本文探讨方向无太大关系的内容，重点分析能够对非物质文化遗产的保护和开发有所影响的方面。

经笔者筛选，能够对非物质文化遗产的保护和开发产生影响的国民性主要有以下方面。

1. 因循守旧

因循守旧是中国人很显著的一个特点。最明显的例子就是从春秋时期已经出现的诸子百家学派，虽然那时社会上人们的思想已经达到了高度的活跃，然而之后的人们，却固守着所谓的经典，一味学习春秋时期古人的东西，少有创新发展可言，春秋时期的东西能够延续两千多年依旧被人们奉为经典，实在是因循守旧的一个典型的例子。这个特点导致了虽然可以传承下来很多历史久远的文化传统，但是，一方面对于文化的创新力度不足，另一方面容易导致所传承文化的僵化刻板。

2. 功利实际

内山完造称中国人只追逐"彻头彻尾的实际生活"中的福禄寿。古语"食色性也"也很好地体现了这一种心态。中国人重视实际利益。甚至于在宗教方面，中国能够做到多宗教并存乃至都能被国人接受，也是基于追求功利实际的缘由，只要被认为有用的神仙，都可以对其供奉拜祭，中国多教并存的状态与此当是有很大关联。而在近现代，尤其是改革开放以后，在市场经济的冲击下，中国人功利实际的特点被放大。越来越多的人追求个人财富，由此导致了一系列社会现象如制假贩假、拜金主义、讹人、不守诚信、贪图享乐等。

中国人功利实际的特点，一方面促进了社会经济的发展，另一方面也造成了精神空虚、信仰虚无等负面影响。

3. 重形式

中国人重形式的特点由来已久，很多地方都有体现。比如很多乡下亲朋好友做客时候的送礼行为就表现出很明显的重形式的特点，送礼的物品很多时候都是固定的，这就是一种形式上的体现，同时收礼跟回礼这些烦琐客套甚至有些浪费时间的礼节，又是另一种形式上的体现。此外像酒席之上，所谓的"饭桌文化""酒文化"等也是重形式的很好体现。

（三）中国国民性对于非物质文化遗产的保护与开发的影响

1. 对非物质文化遗产的保护的影响

对于非物质文化遗产的保护又可以分为两方面，即保存与传承。

中国人因循守旧、重形式的特点，不难推测非物质文化遗产在保护和传承上基本都可以得到一定的保证，实现代代相传。

但是从另一方面而言，我们会发现因循守旧、重形式的特点也存在很大的消极影响。以春秋之时的儒家学说两千多年的发展不难看出，虽然儒家学派得以延续传承，但是一方面缺乏创新，使得学派学说得不到进步，另一方面流于形式的情况下，如八股文等徒有其表、形式化的流弊也不少见。由此类推回到非物质文化遗产的传承上，不得不担忧因循守旧、重形式作用下的非物质文化遗产会面临流于形式、缺乏创新与活力、形式与内容僵化等困境。

2. 对于非物质文化遗产的开发的影响

对于非物质文化遗产的开发很大程度上会受到功利实际、重形式等特点的影响。结合近些年出现的一系列社会乱象如地沟油、毒奶粉等，只追求经济利益而罔顾社会道德的例子不胜枚举，不得不悲观地预测，在非物质文化遗产的开发过程中，若一味以追求经济效益，而不重视非物质文化遗产的文化核心，所开发出的成果也只能是失去灵魂而徒有形式的空壳。经济利益浸染文化本身，将对非物质文化遗产的文化核心造成严重打击。

三、结语

中国国民性中的因循守旧、功利实际、重形式等特点，可能会对非物质文化遗产的保护与开发带来一系列影响。一方面能够起到保护非物质文化遗产的积极影响，另一方面其潜在的消极影响也不容忽视。在非物质文化遗产的保护与开发过程中，一方面要保证文化的活力，使其能够得到健康的发展成长，而不是故步自封，流于形式而内容僵化；另一方面要保证其文化内核，使得在对其开发的过程中，不至于因为过度追求经济效益而偏离其文化本质，影响非物质文化遗产的生态环境。做到了以上两点，方能在非物质文化遗产的保护与开发过程中，尽量避免由于以上中国国民性的特点所可能造成的消极影响。

另外，需要注意的是，虽然借由探究国民性可以研究大部分社会成员的精神或心理特征，但是，这只是从一个宏观的角度来看的，借助的是国民性所体现的社会成员普遍存在的一些共性。但是，由于也有不少的非物质文化遗产的传承主体是特定地方或者特定群体的人群，对于这样的非物质文化遗产的保护与开发的探究而言,自然是以当地或特定群体的成员为研究对象更具有代表性。虽然这些群体的成员也会存在一些所概括出来的国民性的特质,但是也可能有其特有的一些特征,因此,在对这些地方性或特定群体的非物质文化遗产的探究中,应该再对于其特定的传承群体进行一个具体的分析,这样才能做到更好的研究。

作者简介:

王成尧,男,澳门城市大学人文社会科学学院硕士研究生。

参会感想:

有幸能够参加此次"2017年农业文化遗产与民俗论坛",诚惶诚恐。感谢主办方中国农业历史学会与西南大学给我们这些研究生们一个学习交流的平台,也感谢田阡老师与苑利老师等多位老师们对我们的指导与教育,还要感谢西南大学的会务们,辛苦忙碌让我们的重庆之行如此便利愉快。感谢我的母校澳门城市大学,以及学校的所有老师们对我的培养和教育,方能让我有此机会来到重庆参与此次论坛。此行收获颇丰。很高兴能够有机会认识到学术界的老师们以及来自全国各地的研究生同学,与大家的交流分享让我获得了更多知识和提高,同时也让我认识到自己的不足,以后应该更加虚心努力学习才是。此次重庆之行甚是难忘,感谢,有缘再见!

澳门城市大学人文社会科学学院　王成尧

民国农业文化遗产调查与保护研究

高国金

摘　要：民国时期农业文化遗产是中国农业历史文化遗产中的重要组成部分。随着近现代化农业科技普遍传入并应用，中国农业历史出现新特点。文章主要阐述了民国时期农业文化遗产分类与利用，各地相关农业遗产调查与现状，民国时期农业教育遗产继承与谱系，以及当前亟须开展的民国时期老专家声像档案保存工程等内容。籍此重新定义民国时期农业文化遗产概念，提出农业文化遗产保护继承与开发路径。

关键词：农业文献；农业遗址；老专家记忆工程

学界普遍认为广义的农业文化遗产包括：农业景观、农业遗址、农业工具、农业习俗、农业历史文献、名贵物产等内容，目前来看，范围上与民国时期农业遗产并不能完全切合。目前国内外学者主要集中在古代农业文化遗产，且具备特定的形成历史过程，遗产价值较高，传承性较强，特别是申报世界与全国农业文化遗产，必须要具备较强的现实存在性和观赏性，亦有部分学者关注传统农业文化遗产价值文化挖掘与旅游开发措施等领域。民国时期农业遗产长期以来并未受到较高的关注，尤其是其保护与开发途径上尤为单一，这并不能否认其独特价值，民国农业文化遗产兼具普遍存在、种类繁多、利用率最高、开发价值最强的特点。文章将从民国农业文献遗产分类与保护、民国各类农业文化遗址调查与保护、民国农业教育继承与老专家声像档案保存三部分进行阐述。文章通过对现存民国农业遗产的分类与调查，提出了区别于以往的农业文化遗产研究方法与视野，针对不同遗产提出可行的保护措施与传承路径。

清末，从中央到地方开始设立各类农业机构，兴办农业学堂、农创办事试验场，有识之士兴办公司、公社，创设农学会。宣统年间，中国农业由传统向近代的转型趋势已经明确。官方机构、科研机构、农业公司等逐渐涌现；系统化、专业化、市场化的近代农业体系开始形成。《政治官报》刊发，宣统三年三月初八日，农工商部奏汇《各省已办农林工艺实业开具清单》，❶ 标志着清末全国范围内近代农业体系的基本建立。这些措施为民国时期农业科技进步提供了基础，也为农业文化遗产的保护提供了来源。

一、民国农业文献遗产分类与保护

民国时期是中国社会近现代化转型的特殊历史时期，西方农业知识与教育大量传入并应用，以至产生大量文献资料。民国农业文献延续清末古农书、方志、文集、笔记、日记、报纸、期刊等资料的来源渠道，具有内容更加丰富、种类繁多、语种多样、领域广泛等特点，是研究民国时期农业历史的重要资料，具有重要的历史价值、学术价值和现实意义。民国期间国内外的农业文献具有重要的农业历史与文化价值，是当前重要农业文化遗产。

民国时期农业文献彻底改变了清末传统农业科技著作与近现代农业科技著作并存的面貌，诸多以近现代技术为撰写内容的民国时期农业类教科书、期刊、报纸、专著等流传于世。《民国时期总书目》共收录民国时期农业类图书2455种，涉及农业领域十个大类。❷ 毛邕、万国鼎编辑金陵大学图书馆丛刊第一种《中国农书目录汇编》，全书根据最新农学与旧时农书分为：总记、时令、占候、农具、水利、灾荒、名物诠释、博物、物产、作物、茶、园艺、森林、畜牧、蚕桑、水产、农产制造、农业经济、家庭经济、杂论、杂等十几个大类。民国时期蚕丝业改良持续推进，发展迅速，社会对教科书等著作需求量很大，各地出版蚕丝领域书籍数量繁多，有贺康《蚕丝学概论》，钱江春、侯绍裘译《蚕丝概论》，乐嗣炳、胡山源《中国蚕丝》，钟崇敏、朱寿仁《四川蚕丝产销调查报告》，万国鼎《中国蚕业概况》，山西省农矿厅《蚕桑浅说》，郭葆琳《栽桑图说》，奚楚明《实验蚕桑全书》，姜庆湘、李守尧《四川蚕丝业》，尹良莹《四川蚕业改进史》《普通栽桑学》，殷秋松《蚕业指导》，曾同春《中国丝业》，缪毓辉《中国蚕丝问题》，夏诒彬《种桑法》，朱美予《世界蚕丝业概观》《栽桑学》，沈文纬《中国蚕丝业与社会化经营》，合众蚕业改良会《改良中国蚕业之计划及其方法》，以蚕桑学科见长的蚕学专家郑辟疆编纂出版的《桑树栽培》《蚕体生理》《养蚕法》《蚕体解剖》《蚕体病理》《制

---

❶ 政治官报（折奏类）[M]//农工商部奏汇核各省农林工艺情形折．宣统三年三月初八日—千二百三十一号，文海出版社印行，151．

❷ 朱晓琴．民国时期农业文献的类别、价值与保护对策[J]．江西农业学报，2011（7）：194－196．

丝学》《蚕丝概论》和《土壤肥料论》等诸多教科书。这还不包括国外语种撰写中国蚕丝业的文献，尤其是以日语著作在中国流传亦或发行印制的著作，例如梅谷兴七郎《蚕种学》、石森直人《蚕》，以及《蚕的遗传讲话》《蚕体解剖及生理学》《日本蚕丝业之概况》。

1920年以来各领域农业教育学家和农业科学家开始编著近现代实验科学为基本内容的农学教科书。至1937年之前，中国各地院校已经在西方技术教授与传播领域取得巨大进展。各地科研院所与学校公开出版的农学教材数量骤增，多达几百种，尤其以农学与植物学相关著作最为普遍。农学类《作物学》《作物害虫学》《作物育种学》《作物病理学》《工艺作物》《作物学各论》《重要作物》《绿肥作物》《作物学泛论》《油类作物全书》《油料作物栽培法》《特用作物学》《作物学实验教程》《稻作学》《植棉学》；植物类《高等植物学》《植物学》《应用植物学》《植物病理学》《植物生理学》《植物育种学》《普通植物检索表》《植物的世界》《植物的分布》《昆虫学》《种烟学》《实验烟草种植法》；林学与果树类《测树学》《造林学》《造林学各论》《造林法》《高等果树园艺学》《果树园艺》《花卉园艺》《果树园艺学》；土壤化学类《农业化学》《土壤学》《土壤新编》《土壤学概要》《土壤深耕设计》《土壤改良法》；蚕种类《普通养蚕学》《蚕种学》《家蚕生理学》《蚕体生理学》《蚕体遗传学》《蚕体解剖论》《最新养蚕学》《蚕种制造》《实用生丝检验学》《实用养蚕法》《养蚕法讲义》《实验养蚕问答》《实地养蚕法》《蚕业概论讲义》《人工孵化育种学》《蚕桑害虫学》《蚕业丛书·第五编桑树虫害论》《家蚕微粒子病检查法与防除法》《新学制适用·中等养蚕法》《柞蚕饲养法》《动物解剖丛书·卷9蚕》》。❶民国时期其他相关种类教科书也普遍出现，以至现存民国农学著作存世数量众多，但是，目前学界仍未见民国时期农业专著与教科书综合检索目录的问世，有待于系统收集、整理与研究。

民国时期农业期刊，在300种左右，所有与农业相关的期刊论文大约在10万篇，约数十亿汉字。❷1933年金陵大学农学院农业经济系农业历史组编《农业论文索引》收录了前清咸丰八年至民国二十年底（1858—1931年）发表的农业相关论文，包括中西文，其中中文杂志320种，丛刊，在华出版之西文6000多条。金陵大学图书馆杂志小册部编，1936年出版《农业论文索引续

---

❶ 曹幸穗. 从引进到本土化：民国时期的农业科技[J]. 古今农业，2004：48.
❷ 曹幸穗. 民国时期的农业[G]. 江苏文史资料第51辑. 1993.

编》，作为工具书，包括民国二十一年一月至二十三年（1932—1934年），收录了三年间出版杂志553种，丛刊6种，西文部30种，两部书皆包括农业中棉、蚕、丝、水、土、农造、稻、粮等诸多大类。民国时期的各地出版的农业报纸内容丰富，目前仍未得到有效利用与挖掘，各地大型图书馆与院校图书馆，馆藏颇丰，由于农业领域关注度不算很高，资料利用并不充分。全国范围内档案和调查资料非常丰富，比如1930年由金陵大学农业经济系教授卜凯发起，调查长江流域、黄河流域及淮河流域的土壤，1936年梭颇汇集数年来的调查结果著成《中国之土壤》，是我国第一部系统全面介绍中国土壤的学术专著。

民国时期满铁资料、《民国史料丛刊》及《续编》《中国馆藏满铁资料联合目录》所见史料；各类期刊报纸，诸如蚕业中的《蚕声》《中国蚕丝》《中蚕通讯》中农业知识；各地农业实验报告书与农业改进史料；各类农业学会创办与工作资料、西文调查与报告；天野元之助等日本学者所藏农业相关调查资料；农业与农村社会相关书籍等十分丰富。地方志中农业资料、农业类广告与商标、各地区农业谚语、农业生产与生活习俗等丰富的内容。尽管如此，当前民国农业文献的保护与开发仍不尽完善，重视程度不够，以时间为衡量标准，认为民国文献并非古籍观点目前已经得到很大程度的纠正。最早的民国文献已有百余年，其价值与清末古籍类文献无异。各大藏书单位针对民国文献，做好整理与开发工作，不断进行民国文献大类丛书的出版与纸质文献电子化工程，便于研究工作者的使用，例如，王雅戈《民国农业文献数字化整理及信息组织研究》，对农业文献数字化进行探索，华南农业大学图书馆馆藏民国文献全文数据库建设主要是农业方面的文献，目前开发了馆藏的民国时期的期刊、图书和毕业论文，数据库具有浓郁的民国时期的文化特色和岭南特色，是研究岭南农业教育、技术、发展不可多得的文献资料。❶南京农业大学图书馆建立了民国资料使用平台，各高校普遍使用的大成老旧刊全文数据库中的民国农业期刊，各大综合性图书馆以及各院校所藏民国资料检索系统开发，各地档案馆所藏民国时期农业文献数字化工程，这些都是民国时期农业历史深入研究与开发利用非常有益的工作。

---

❶ 何建新.馆藏民国文献的全文数据库的建设——以华南农业大学图书馆馆藏民国文献全文数据库为例［J］.信息资源建设与管理，2014：64.

二、民国农业遗址调查与保护

农业遗址涉及试验场、学校工业遗址、水利工程、农田耕作系统等，都具有很强的历史与文化价值，目前全国各地已经开始普遍重视，尤其是在价值开发领域。

清末各地农事试验场已经成为重要的遗址类文物，北京动物园的所在地即为清末兴建的农事试验场旧址。民国时期延续了农学传统和实验方式，各地试验场数量更多，大量的农事试验场是其时代的代表性农业机构，同时也是当前各类农业遗址中比较丰富的类型。民国十五年（1926年），中国合众蚕桑改良会创立镇江合众蚕种场，蚕种场旧址分别位于现今市郊四摆渡蚕种场和江苏科技大学西校区内，被批准为江苏省第七批省级文物保护单位。现存的蚕种场建筑有缫丝试验室、冷藏库、储茧库、岗楼、办公楼、水塔、检种室、蚕室等，这些建筑见证了镇江蚕桑业发展的历史与辉煌，也是中国近代蚕桑史的重要组成符号，有着重要的历史与科学价值。此外，广西柳州市郊沙塘是近代广西农业科学技术的发祥地，抗日战争时期设有广西农事试验场、中央农业实验所广西工作站、农林部广西省推广繁殖站和国立广西大学农学院等科研、教学机关和公共设施，被称誉为抗战时期的中国"农都""战时后方唯一仅存的农业实验中心"。[1] 此外，其他各类农业机构也有保留大量民国时期农业科学仪器、工具、农业经营与管理记录、遗址，目前博物馆与民俗馆收藏了此类重要农业文化遗产。

民国农业学校遗址也是保存较多的文化遗产。金华市金东区塘雅镇有浙江省立实验农业学校旧址，保留了民国时期典型的学校建筑风格，包括1933年初修建的教学楼、行政楼、学生宿舍、礼堂、食堂、实验楼、粮食仓库、农社、气象观测站、邮政所、操场等各类建筑，具有极高的历史和文物价值。安徽省立第三甲种农业学校旧址于2005年12月被列为六安市重点文物保护单位。除此之外，民国时期高等农业院校遗址至今保存的并不太多，主要是由于民国时期农业院校一般合并在综合类院校之中，中华人民共和国成立后院系调整，以及农业院校搬迁频繁所致。目前看来，华南农业大学校内的原中山大学的建筑较多，西北农林科技大学保存国立西北农林专科学校教学大楼，现北校区三号教学楼。

---

[1] 李文星. 广西沙塘"农都"的农业遗产价值研究［D］. 广西民族大学硕士论文，2012.

工业类农业遗址主要集中在为农业生产提供工具与肥料等领域。例如化肥传入中国所带来的农业工厂遗址。1904年化肥首次输入中国，1906年，上海进口的第一批化肥即为硫酸铵。1925年，化肥在广东、福建等地得以推广使用。英商卜内门公司还在上海西郊设"肥田粉农事试验场"。❶ 1937年中国第一家化学肥料厂永利公司卸甲甸硫酸铵厂在邹秉文等协助下在南京建成，简称南京永利铔厂，是国内首屈一指的化工企业，号称"远东第一"。现今，永利铔厂系列遗址包括：1936年启用的西式办公楼及别墅五幢、1936年从德国ABORSIG公司购进的循环压缩机一台、1936年从美国进口原料建造的硝酸吸收塔及厂房等。南京市第三次文物普查结果称：六合区南京化学工业公司内及南化三村、六村，都属永利铔厂旧址，完全可将其归入农业工业遗址。诸如此类涉及民国农业生产的工业遗址数量，目前来看并没有系统调查，需要我们做一个全国性普查工作，进而提出有效的保护措施，进而挖掘民国时期农业生产工业遗址历史价值。

随着化肥销售和施用问题的增多，以及其他社会经济因素的影响，肥料问题引起关注。"今年广东西部，钦廉八属之农民，施用各种肥田粉栽培稻，粟，蔬菜者，益形增加。及至秋收后，竟有出于意料之悲剧发生，农民之用肥田粉培壅之稻，粟，蔬菜，食之竟有毒死者，投之狗，狗亦死，计钦廉八属农民因此死者，已达千余人。现闻有钦州商人贱价收买此种粮食，运入广西南宁各处出售，以获厚利，近闻广西战区人民之购买此种粮食而致丧亡者，亦时有所闻，肥田粉之杀人，可惨亦可异矣。"❷ 浙江东阳县稻热病损失甚据，主要是舶来肥田粉所诱致。认为肥田粉贻害太大，希望建设厅取缔肥田粉。1933年，浙江省建设庭曾经指示取缔肥田粉广告，认为浙江"石田"就是滥施肥田粉所致，可见论争分歧之大。这种多是由于农民施用不当，施用过量，竭尽地力，导致害虫被杀，有益的动物也被杀死，作物病害严重，土质失调，贻害民食。肥田粉施用要得法，确实能改良作物之品质，增加收入，同时也要面临经济上的巨大损失。20世纪20至40年代初，关于化肥与有机肥优劣的争论不断，加深了人们对于近代肥料变革的认识，促进了有机肥与化肥配合施用方针的形成。❸

---

❶ 章楷. 农业改进史话［M］. 北京：社会科学文献出版社，2012：89.
❷ 肥田粉杀人之传闻［N］. 农业周报，1930（61）.
❸ 惠富平，过慈明. 近代中国关于化肥利弊的争论［J］. 南京农业大学学报（社科版），2015：114-122.

目前，农业类水利工程遗址保存数量较多，在广袤的农村大地，较为多见，尤其是传统农业耕作区域，遗留的民国时期水利遗址更多，而且具有遗址、博物馆、民俗馆、旅游产业等开发价值，例如，挖掘与调查民国时期诸多南北方旱作、稻作、梯田、林作、山林、水系等多类型农耕系统，探索多路径开发。2002年联合国农粮组织等多个国际组织开展"全球重要农业文化遗产保护项目"，国际社会对农业遗产价值的认识程度和保护意识普遍加深。这些是符合世界与全国重要农业文化遗产申报资质的民国农业文化遗产申报重点领域。当前，民国时期农业类遗址保护已经引起了国内外专家学者的重视，也开始了进一步的研究，各地政府部门制定了保护政策。

三、民国农业教育传承与老专家的记忆工程

民国农业教育遗存当属高等院校的农学科系的继承和发展，当前很多院校仍然有民国时期农业科学研究积淀的影响。中华人民共和国成立后，中央农业科研机构主要包括农业实验所、畜牧实验所、林业实验所、水产实验所、农业经济研究所、以及各省农业改进所，以及地方的试验农场或工作站、原老解放区建立的一些农业试验场。民国时期全国农学教育发展迅速，尤其是高等农业教育，包括中央大学农学院、金陵大学农学院、浙江大学农学院、四川大学农学院、中山大学农学院、广西大学农学院等。[1] 中华人民共和国成立后，我国高等农业教育院校经过改造与调整。改革开放后，全国基本确立新的农业教育体系，学科建设得到长足发展。民国时期农业教育与学科建设至今影响深远，基本确立了当前各院校农业教育水平与传统学科实力。例如1952年全国院系调整，山东农业大学调入金陵大学园艺系和南京大学园艺系果树组，最终成立了山东农学院园艺系乃至园艺学院，至今果树学仍然是山东农业大学最强学科专业之一，科研水平名列国内前茅，可见民国学科传承影响之深远。目前来看，农业教育传承是做得最为出色地方，部分农业相关院校颇为重视传统学科建设，打造自己的学科平台，继承了民国时期农业教育，逐步形成独具特色的学科分支，走向"双一流"工程建设。

以往院校单位与学者重视农学家资料的收集与整理，诸如万国鼎、金善宝等老一代专家相关资料的挖掘，取得了一定的进展。而有着民国时期经历的农学专家，俨然成为当今社会珍贵财富，将其经历、故事等以口述、影像、著作

---

[1] 朱世桂. 中国农业科技体制百年变迁研究[D]. 南京农业大学博士论文, 2012.

等采访形式记录下来,显得尤为迫切。随着时间的推移,依然活跃在工作一线的老专家数量逐渐减少,需要抓紧时间启动保存记忆工程。目前,国内多所院校、科研单位正在从事此类农业老专家采访工作,已经取得了重要进展,例如山东农业大学"齐鲁时代楷模"余松烈院士的资料收集与整理工作取得了很大进展。中国科学技术协会启动"老科学家学术成长资料采集工程",分为口述资料、实物资料和音像资料三种,采集工程系统全面搜集和保存老科学家学术成长过程中资料,向公众展示、宣传科学家精神。

然而,民国老专家记忆工程并未引起足够重视,仅简单进行了资料整理,对部分农业院校院士开展了声像与口述记录,大多数老农学家并未进行相关记录与广泛宣传。全国各相关农业院校需要积极参与,根据民国时期出生时限界定老专家标准,组织团队人员,投入精力资金,尽快采集信息,编制老专家目录等资料。目前来看,各院校正在积极筹备校史馆,并将其作为院校名片是其中一个重要途径和平台。此外,老专家命名的奖学金、老专家雕像、农业院校学报专刊撰稿、媒体声像材料的发布等老专家宣传与纪念工作也在普遍进行与推进。由于并没有制定农业遗产采集工作标准,今后随着对老专家工作的重视,农业遗产标准制定也将随老专家遗产部分推进而改变,系统科学的声像等数字化与信息化技术也需要迫切应用到民国老专家遗产保护上。目前,现存民国时期声像档案并不十分丰富,随着数字档案工程的推进,老专家记忆工程越来越得到重视,老专家作为珍贵的农业遗产必将得到保护和利用。民国农业老专家为民国时期与中华人民共和国成立后农业科学发展都作出了巨大贡献,对于这类群体的研究,也将对今后农业科学发展、院校学科谱系构架、农业科学精神的塑造、爱国爱校奉献精神的传承产生深远影响。

四、余论

随着农业文化遗产研究领域不断向民国时期扩展与延伸,民国农业文献遗产具备文献保存、档案保护、数据库建设等领域的遗产价值,今后应逐步扩大此类遗产的挖掘与保护工作,例如民国时期农业谚语、农业标语、农业商标、农业民俗各类相关研究成果早已问世,且研究范畴越发深入,涉及学科多样,起到了贯穿古今且延续与连接中国传统农业文化的作用。目前各类院校与科研院所普遍开展类似老专家记忆工程等老专家相关资料整理与研究工作,弘扬老专家的农业思想与科学精神,传承农业教育与学科谱系继承性。民国时期农业文化遗产区别于古代农业文化遗产,其具有种类多、数量大、形式多样的特点，且个别遗址仍在使用之中，遗址开发和利用较为便利，图片影像利于保存与整理，具备较强的文物保护、文化遗产、遗址保护等诸多领域价值。目前，各地区掀起了农业文化遗产申报热，普遍深入开展农业遗产普查，加大对农业遗址保护与开发力度，民国农业遗产调查、整理和研究不断推进，这些工作有利于深入挖掘其在旅游规划与文化产业等领域价值，为今后农村社会发展与文化建设提供新的路径。

作者简介：

高国金（1983—），男，河北遵化人，科学技术史博士，山东农业大学文法学院讲师，农学院作物学博士后研究人员，主要从事农业古籍、蚕桑技术史、物产史志研究。

从八千年粟黍到当今农业产业化的传承与发展

——以中国旱作农业文明起源地内蒙古敖汉旗为例

斯钦巴图 乌日嘎

摘 要：旱作农业系统是中国传统农耕文明发展的基础。本文试图从在内蒙古敖汉旗发现的八千年前黍粟以及当今小米产业讲述农耕文化的传承与发展，勾勒出敖汉地区农耕文明发展的脉络。

关键词：八千年前的黍粟；农耕文明；敖汉旗

一、内蒙古敖汉旗自然地理与历史沿革

敖汉旗[1]位于内蒙古自治区赤峰市东部，地处燕山山地向西辽河平原过渡地带，地势由东南向西北逐渐倾斜。地貌类型由南到北依次为南部努鲁尔虎山石质低山丘陵区、中部黄土丘陵区和北部沙质坨甸区；南部山区和中部丘陵区均占敖汉总面积的34%；北部沙质坨甸区占32%，其中叫来河、孟克河的中下游，老哈河一、二级台地为沿河平川区，地势平坦，土质肥沃，水源丰富，是敖汉旗主要产粮区。

敖汉旗地处中温带，属于大陆性季风气候，四季分明，太阳辐射强烈，日照丰富，气温日差较大。冬季漫长而寒冷，春季回暖快，夏季短而酷热，秋季气温骤降。降水集中，雨热同季，积温有效性高。敖汉各地降水量分布趋势是从南向北逐渐减少，年降水量在310～460毫米之间。敖汉境内主要河流有5条，老哈河、叫来河、孟克河属西辽河水系，牤牛河、老虎山河属于大凌河水系。

---

[1] 旗：内蒙古自治区特有的行政机构名称，与县级相等。旗是满清时期军事编制统称，后沿用为行政辖区。

全旗总面积8316平方公里，辖8个镇，7个乡，1苏木，3个办事处，人口60万，其中蒙古族人口3.3万。敖汉地区历史上曾有多个民族，先后在这里繁衍生息。据《蒙古游牧记》卷三载，今敖汉地区（包括今翁牛特旗南部，松山区波罗胡同以东地区），古为鲜卑地，隋为契丹地，唐属营州都督府，后入奚。辽金为兴中府北境，元为辽王（牙纳失里）封地，属辽阳行省大宁路。明初为大宁卫地。元太祖十五世孙达延车臣汗长子图鲁博罗特有子二，其次子纳密克，生贝玛土谢图，贝玛土谢图有子五，长曰岱青杜棱，号所部曰敖汉[1]，蒙古语意为"长子、大汗"。清代（指爱新国）崇德元年（1636年）编定敖汉部为55佐领，置敖汉旗，敖汉部落名称成为行政建制名称。清康熙四十三年（1704年）敖汉旗归八沟厅辖；乾隆四十三年（1778年）归建昌县辖；光绪二十九年（1903年）归建平县辖。"满洲国"康德四年（1937年）旗境内置新惠县，与敖汉旗并存，实行蒙汉分治。

1945年9月在敖汉地建新惠县政府，翌年增置新东县。此时新惠、新东与敖汉旗并存，均属热辽地委所辖。1948年3月新惠县、新东县合并为新惠县，同年6月敖汉旗、新惠县合并为敖汉旗新惠县联合政府。1949年3月取消旗县联合形式，复称敖汉旗，属热河省管辖。1956年1月敖汉旗划归内蒙古自治区，隶属昭乌达盟。1969—1978年归辽宁省管辖。从1979年到至今归内蒙古自治区赤峰市（1983年原昭乌达盟撤盟建市为赤峰市）管辖。

二、敖汉地区历史文化底蕴深厚

敖汉地区历史悠久，物华天宝，人杰地灵。敖汉地区处在燕山山脉向松辽平原过渡，平原、丘陵、沙漠等自然地理环境孕育了古老的农业文明，也是农业文明与草原文明交汇区域。敖汉旗是全国著名的文物大旗（县），全旗境内分布有不同文化时期的古代遗址4000余处，其中，敖汉旗史前考古成果显著，经过中国社会科学院考古研究所、内蒙古自治区文物考古研究所等科研机构近50年的田野考古调查和发掘工作，建立起西辽河流域新石器时代至早期青铜时代的考古学文化年代序列和谱系关系，依次为小河西文化（距今8500年以远）、兴隆洼文化（距今8200～7200年）、赵宝沟文化（距今7000～6400年）、红山文化（距今6500～5000年）、小河沿文化（距今5000～4000年）、夏家店下层文化（距今4000～3500年）。其中，以敖汉旗境内遗址命名的史前

---

[1] 敖汉：蒙古语，意为"长子"，一说为"伟大的大汗"。

考古学文化有四种，分别为小河西文化、兴隆洼文化、赵宝沟文化、小河沿文化。一个旗县拥有如此完整的史前考古学文化年代序列，在全国独树一帜。

（一）小河西文化

位于敖汉旗木头营子乡小河西村西南 1000 米的山梁上。1984 年文物普查时发现，1987 年和 1988 年由中国社会科学院考古研究所对其进行考古发掘。遗址总面积 2 万平方米，揭露古代房址 40 余座，经碳 14 测定为九千年以前，小河西遗址出土的陶器大多以叶脉纹为主，说明当时的经济形态是以采摘野果和狩猎为主。该遗址在敖汉旗共发现 30 余处。

（二）兴隆洼文化

位于敖汉旗宝国吐乡（今兴隆洼镇）兴隆洼村东 1000 米的缓坡地上。1982 年文物普查时发现。1983—1994 年由中国社会科学院考古研究所和敖汉旗博物馆历时 8 年，经过 7 次大规模考古发掘，获得了重要考古发现。由于面积大、保存好、时代早，被学术界誉为"华夏第一村"。兴隆洼遗址总面积 6 万平方米，发掘面积 5 万平方米，揭露古代房址 188 座，出土了世界上最早的玉器，由此敖汉旗被学术界确立为中国玉文化源头。碳 14 测定为距今八千年，发现了奇特的服饰"蚌裙"和奇特的葬俗"人猪合葬居室墓"，这一系列重要的考古发现，分别被评为 1992 年"中国十大考古发现"之一，"八五"期间"中国二十世纪百项考古大发现"之一。兴隆洼文化兴隆沟遗址浮选出土的碳化粟和黍颗粒，证明这里是横跨欧亚大陆旱作农业的发源地，比欧洲早 2700余年。

（三）赵宝沟文化

位于敖汉旗高家窝铺乡赵宝沟村西北 2000 米的缓坡地上。1982 年敖汉旗文物普查时发现，1986 年由中国社会科学院考古研究所和敖汉旗博物馆进行联合考古发掘。遗址总面积 9 万平方米，发掘面积 2000 平方米，揭露房址 17 座，出土了一批较为珍贵的文物，碳 14 测定为距今七千年，特别是陶器以三灵物纹尊形器弥足珍贵。在尊形器的腹部刻画有鹿、猪、鸟作为头饰，身躯为蛇身，被学术界誉为"中国第一艺术神器"和"中国画坛之祖"，专家们认为这是七千年前人类的原始图腾崇拜。1996 年由科学出版社出版的反映赵宝沟文化的学术专著《敖汉赵宝沟》向世界发行。

（四）红山文化

敖汉旗是红山文化的核心区域，在敖汉境内共发现 530 处红山文化遗址和

5处祭祀遗址。敖汉旗博物馆于2001年清理的四家子镇草帽山红山文化祭祀遗址，出土了中国第一件红山文化石雕神像，被学术界誉为是"史前艺术宝库的珍品"。

（五）小河沿文化

位于敖汉旗四道湾子镇白斯郎营子村，遗址总面积1万平方米，共清理古代房址4座，经碳14测定年代为4500~5000年前，获取了一批新的考古资料。特别是彩陶器上绘以三角形、八角形图案，十分精彩。中国社会科学院考古研究所研究员、敖汉史前考古研究基地主任刘国祥从敖汉地区是北方旱作农业的起源地、是中华玉文化的起源地、是中华龙文化的起源地、是中华祖先崇拜的发端地四个方面得出结论："敖汉地区是中华五千年文明的重要起源地之一。"

三、敖汉旗农耕文明传承八千年

敖汉旗的农耕文化起步很早。在许多考古文化的遗址地，都发现了与旱作农业相关的生产工具，有锄形器、铲形器、刀、磨盘、磨棒、斧形器等，它们的发现见证了敖汉旗的农业起源和农业发展历程。

（一）小河西文化时期

在小河西文化遗址地出土的石器有打制敲砸器、双肩锄形器、磨制细柄石斧、凿、环刃器、磨盘、磨棒等，从而推断出狩猎、捕捞、采集是该时期的主要经济活动，原始农业可能还处于萌芽状态。

（二）兴隆洼文化时期

兴隆洼文化遗址出土了大量掘土工具（石锄、石铲）、谷物类加工工具（石磨盘、石磨棒）等，这些石器大多为当时农耕的原始生产工具。先民们以石斧砍伐树木，清理耕地，用石锄和石铲等掘土工具翻地播种，去除杂草，用磨盘和磨棒来从事谷物加工，用陶质器具来蒸煮食物。可以推断，兴隆洼文化的农业已经脱离了最原始状态，进步到了锄耕农业阶段，而且已经存在加工系统，并形成了初步的产业形态。此外，还在兴隆洼遗址的房屋居住面上出土有较多的捕捞工具（骨梗石刃镖）和植物果核等，说明农业、捕捞、采集经济作为补充也同时存在。

2002—2003年，中国社会科学院考古研究所内蒙古工作队在敖汉旗兴隆沟遗址进行了大规模发掘，出土了粟和黍的碳化颗粒，证明了农耕文明在这片古老的土地上放射出的璀璨光芒。考古工作者从三个地点先后采集复选土样1500份左右，然后在实验室对浮选结果进行识别、鉴定，从中发现了1500多粒碳化谷粒，其中黍占90%，粟占10%。经过鉴定，这些谷物完全是人工栽培形态。加拿大多伦多大学进行了碳14鉴定后认为这些谷物距今7700~8000年，比中欧地区发现的谷子早2000~2700年，比我国河北武安磁山遗址出土的粟的遗存（距今7000~7500年）也早1000~1500年。专家们由此推断，西辽河上游地区是粟和黍的起源地和中国古代北方旱作农业的起源地之一，也是横跨欧亚大陆旱作农业的发源地。

（三）赵宝沟文化时期

在赵宝沟遗址中，几乎每座房址内都同时出土有石斧和石耜，成套出土的磨棒和磨盘数量也较多，还有石刀和复合石刀出土。这些与农业生产相关的生严工具的出土表明，当时的农业较兴隆洼文化时期有了较大的发展，农业经济在赵宝沟文化经济结构中已占有举足轻重的地位。

（四）红山文化时期

红山文化遗址出土的农业生产工具较赵宝沟文化有了较大的改进，其显著标志便是用于深翻土地的大型掘土工具和收获谷物的刀具的普遍出现。新型掘土工具的出现意味着西辽河流域的原始农业进入了一个前所未有的土地大开垦时期，石刀和蚌刀等新型收割工具的出现极大地提高了农业生产效率，说明西辽河流域远古农业出现了重要发展，谷物种植面积扩大。而温暖偏湿的自然环境又为农业的发展提供了必备的客观条件。红山文化的农业得到空前发展，其经济形态以农业经济为主，狩猎、采集、捕捞经济作为补充。

（五）小河沿文化时期

小河沿文化遗址挖掘的房址内，除出土有陶瓮、罐、尊、器座、钵、豆、盘等生活用具外，还出土有石斧、锛、铲、刀、圆形有孔器、磨盘、杵、细石器和陶纺轮等生产工具，以及猪、狗头陶塑等。小河沿文化中的石、骨、蚌、陶等不同质料、不同用途的生产工具以及相关遗存表明当时的社会经济形式呈现出多样化，狩猎、捕捞、采集、农业、家畜饲养以及手工工业等多种经济共同构成了其经济形态。

在漫长的人类发展历史中，农业是人们维系生存的重要产业之一，从原始农业的起源，到现代农业的发展过程，也是一个生产工具传承演变的过程。即使在现代社会的一些地区，农业生产工具中还留存着石器时代的影子，虽然有些工具已经发展进化，但本质的东西还没有大的改变，它将对我们加深认识远古的农耕文化带来深刻的启示。

敖汉旗作为典型的旱作农业的代表，农业生产历史悠久。从兴隆沟遗址浮选出碳化粟颗粒，证明是最早人工种植的谷物。从大甸子墓群出土的麦粒、谷壳，可以证明早在商代这里就有了一定规模的农耕活动。及至清代，康熙皇帝认为这里"田土甚佳，百谷可种"，若农牧并举"自两不相妨"，遂有大批移民涌入垦荒，敖汉地区逐渐形成了大面积的农区。

此外，敖汉保持着完善的旱作农耕技术体系。先民们在生产生活过程中积累了大量的技能和经验，通过总结提炼，在栽培技术上也形成了系统的种植措施，形成一套完整的农业生产生活和民间文化知识体系。特别是粟和黍的种植，千百年来保持着牛耕人锄的传统耕作方式。从先民们使用的石铲、石耜、石刀、石磨盘等，到今天春种、夏锄、秋收等使用的生产工具，其模式基本相同，由此确保了粟和黍的绿色天然本质。

粟和黍种植的田间管理比较复杂，从春播前的耙压保墒到开犁播种再到出苗后的耙压抗旱、人工间苗、除草追肥、成苗后的铲耘灌糒及灭虫等，直到收割入场，这一系列的生产过程中，随处可以看到传承数千年的农耕文化。春种、夏耘、秋收、冬藏，先民们积累了一整套农业生产经验。以敖汉谷子种植为代表的旱作农业系统，始终保持了连续的传承，时至今日还保存着古老的耕作方式和耕作机制，与所处环境长期协同进化和动态适应，千百年来支撑着敖汉经济社会的发展和百姓的生存需要。

四、新发展、新未来

（一）召开三次世界小米大会，"小米粒，撬动大世界"

2002 年，在敖汉旗兴隆洼镇兴隆沟遗址考古挖掘中，专家们在一遗址内发现了 1500 多粒黍和粟碳化颗粒标本，其中米占 90%，谷子占 10%，经加拿大多伦多大学、美国哈佛大学及中国社会科学院考古研究所用 C14 等手段鉴定后，认为是人工培育形态最早的谷物，距今已有 8000 年，比中欧地区发现的谷子早 2000~2700 年，是中国北方旱作农业谷物的唯一实证，由此推断敖汉旗兴隆洼地区是中国古代旱作农业的起源地，也是横跨欧亚大陆旱作农业的发源地。在兴隆洼遗址出土的大量石器、骨器，其中石杵、石斧、石铲、石刀等，是与旱作农业相关的原始生产工具，不仅见证了农耕文化的起源，也证明了敖汉最具旱作农业系统的典型性和代表性。

经过旗委、旗政府不懈努力地申遗，2012年8月18日，联合国粮农组织正式将敖汉旗旱作农业系统列为"全球重要农业文化遗产"。2012年9月5日，联合国粮农组织、国家农业部和中国社会科学院考古研究所在北京人民大会堂授牌，敖汉旗旱作农业系统被联合国粮农组织正式列为"全球重要农业文化遗产"，并命名为"全球重要农业文化遗产保护试点"，这是全国第六个、全区唯一一个农业文化遗产地。2013年5月，敖汉旗旱作农业系统被国家农业部列为"中国重要农业文化遗产"，敖汉小米被国家质检总局批准为国家地理标志保护产品。

1. 第一届会议

2014年9月3日至5日，由中国社会科学院考古研究所、英国剑桥大学麦克唐纳考古研究所、中国作物协会粟类作物专业委员会和敖汉旗人民政府联合主办的世界小米起源与发展国际会议在敖汉旗召开。经过世界各国考古、农业文化遗产、谷子体系等方面顶级专家的充分论证，敖汉旗是世界小米之乡。

2. 第二届会议

2015年9月17日、18日中国社科院考古所、敖汉旗等单位联合支持召开了第二届世界小米起源与发展会议。在"第二届小米起源与发展会议"上，经内蒙古科技厅批准，由内蒙古金沟农业发展有限公司牵头，联合中国农业科学院作物研究所、内蒙古农业大学农学院、内蒙古农科院等19家单位共同发起组建内蒙古谷子（小米）产业技术创新战略联盟。

3. 第三届会议

2016年9月20日、21日第三届世界小米与发展国际会议在赤峰市敖汉旗召开，来自包括俄罗斯、韩国、以色列等百余位国内外高校和研究机构的专家学者、30余家各级媒体齐聚敖汉，共同开发敖汉旱作农业系统的当代价值，引领小米产业健康发展。

（二）技术依托支撑产业发展

在第二届世界小米起源与发展大会上成立了内蒙古谷子（小米）产业技术创新战略联盟。内蒙古谷子（小米）产业技术创新战略联盟将按照"自愿、平等、合作"的原则，遵循市场经济规律，深化产学研合作机制，突破谷子（小米）产业发展战略及关键技术瓶颈，集成和共享技术创新资源，搭建联合攻关研发平台，引领行业建设标准，强化谷子（小米）产业体系建设。通过开展技术创新、管理创新、业务创新等方面的协作，实现资源共享和有效利用，增强谷子（小米）产业抵御市场风险能力，提高内蒙古谷子（小米）产业在全国的知名度和话语权，推动谷子产业再上新台阶，实现谷子产业由资源优势向经济优势转变。在第三届会议上敖汉旗人民政府与中国农业科学院作物科学研究所签订农牧业发展战略合作框架协议，敖汉小米（谷子）研究院揭牌。

（三）传承与发展相结合，走出产业化的路子，为民致富

2016年敖汉旗委旗政府全面启动了创建国家有机产品认证示范区工作，计划到2018年，敖汉全旗8万亩有机小米示范基地进入结果期，年有机小米2万吨，产值达到2亿元，由此让消费者食用小米不仅是吃文化，吃口感，更是吃安全，吃品质。有机小米示范基地坚持传统耕作方式与现代管理方式相结合，传统优良品种与高产优质品种相搭配，依托产业化龙头企业，推行"公司+基地+农户"的经营模式，实行规模化种植、集约化经营、标准化生产，建设具有地方特色的旱作雨养区优质谷子示范产业带，谷子生产实行"七统一"，即统一整地、统一机播、统一品种、统一管理、统一收获、统一加工、统一销售的管理方式，形成"生产—加工—销售"三位一体的产业体系，着力打造优势小米品牌，提高小米的知名度和市场占有率，做大做强以谷子为主的优质绿色杂粮产业，使"全球黍粟之源"源远流长，让以小米为主的杂粮走进高端市场，开辟杂粮产业快速健康发展的新途径。内蒙古敖汉旗谷子种植面积达到85万亩，已成为全国面积最大的优质谷子生产基地，基本形成"技术装备先进、组织方式优化、产业体系完善、综合效益明显"的谷子产业格局。

作者简介：

斯钦巴图，内蒙古赤峰卫生学校校长、内蒙古大学历史学博士，邮编：024500。

乌日嘎，内蒙古赤峰卫生学校教师。

关于非遗文创问题的几点讨论

梁 颖

摘 要：文化创意产业作为一个以创造力为核心的新兴产业，近年来得到空前发展，文创产品层出不穷，文化艺术市场空前繁荣。但我国文创产业与发达国家相比还是具有很大的差距，总体表现为设计水平较低，缺乏设计创意，特别是关于传统的文化创意特别容易受到忽视。在此阶段，作为历代人民智慧结晶的非物质文化遗产受到越来越多的关注，人们也开始寻找更多的保护非遗的路径，寻求非遗与其他产业的结合。首先，笔者在文中对非物质文化遗产与文创结合进行可行性分析，笔者认为两者结合不仅为保护非遗事业提供新的途径，众多的非遗项目也为文创产业提供了丰富的范本和素材。此外，笔者发现虽然非遗与文创产业的结合具有美好的前景，但在具体的开发过程中出现了颇多的问题。笔者主要从非物质文化遗产与文化创意产业的界限问题和非遗的开发及商业化运作问题两方面给予讨论，具体分析非遗与文创融合过程中的问题，提出相关的建议，并列举他国产业融合成功的案例，从而为文创产业与非遗的融合提供更多的借鉴。

关键词：非物质文化遗产；文创产业；融合

一、非遗与文创结合是两者发展的必然趋势

随着2003年联合国教科文组织颁布的《保护非物质文化遗产公约》，世界各地也开始给予非物质文化遗产更多的关注。进入21世纪后，我国的非物质文化遗产保护事业也正如火如荼地进行，保护方式也经历着由最初的单纯的保护到用非遗进行文化发展与利用的重大转折。国家相关部门也在积极号召生产性保护，在具有生产性质的实践过程中，以保持非物质文化遗产的真实性、整体性和传承性为核心，借助生产、流通、销售等手段，将非物质文化遗产及其资源转化为文化产品的保护方式。其旨在以保护带动发展，以发展促进保护。同时要坚持可持续性原则，正确处理好保护与开发，继承与创新的关系。

在保护方式转变的影响下，非物质文化遗产也经历了从"遗产"到"资源"的概念的转变。无论是概念的转变、保护理念的发展还是国家政策的支持，这些都为非物质文化遗产与文化创意产业的融合提供了良好的契机。

非物质文化遗产与文创产业的结合对双方来说是互利共赢，两者的融合带来的不仅仅是经济方面的回报，文化方面的回报更是无法量化的。对于文化创意产业而言，这些蕴含着先人的智慧并与当代生产生活息息相关的遗产，具有重要的历史、文化、科学价值。这些在历史中扮演了重要的角色，在当代也为文创产业的发展提供了很好的素材的文化遗产，能够帮助文创产业开发者创造出更具有本土的文化内涵和文化标志的产品。对于非物质文化遗产而言，非遗与文创的融合无疑为非遗的保护与开发提供了新的路径。将这些具有千百年历史的非物质文化遗产融入当代人的生活，设计出一款融入了"非遗"元素的文创产品，能让更多人走进非遗，了解非遗，并最终爱上非遗。在保护非物质文化遗产"原真性"的前提下，将非遗元素融入现代设计、现代市场和现代生活，让非遗的保护传承与文化产业的发展相互依托，相互促进。这些都为非遗与文创产业的融合提供了可行性依据。

二、非遗与文创结合所出现的问题及相关建议

众所周知，我国文化资源极其丰富，但是与文化资源相关的文化产业发展却并不理想。纵观国内的文创作品，针砭时弊的极其少有，无关痛痒的劣质品却层出不穷，总的来说缺乏创意，没有抓住产品所具有的独特性文化标志。近年来，我国也出现了一批勇于挑战和创新的企业，他们从非遗中提取元素，进行文化再创造，设计生产出了一批引人注目的文化创意产品，但是在开发的过程中也不可避免地出现了一些问题。因此，笔者则针对非遗与文创融合过程中出现的一系列问题，从以下两个方面进行讨论。

一方面，我们要清楚非物质文化遗产与文化创意产业的界限，分清传承人与文创产业开发者的职责分工。关于非物质文化遗产与文化创意产业的界限问题，我们知道，非物质文化遗传的传承人在实际的传承过程中不可能单纯地只生产迎合市场需求的产品，这样做会使非物质文化遗产丧失其背后的文化属性，非遗也就不能称之为"非遗"。同时，市场也不可能为了方便传承人记忆的传承而为其创造出专门的市场体系，这种做法也违背了市场规律。非物质文化遗产与文化创意产业有诸多的相通之处，两者相互交融，相互依赖，因此区分两者之间的界限是一件难事。但是通过非物质文化遗产自身的特性我们可以

对两者加以区分。非物质文化遗产所具有的活态性、传承性的特点就要求我们在非物质文化遗产与文化创意产业融合的过程中，要特别注意非物质文化遗产传承、发展和创新的问题。在笔者看来，非物质文化遗产与其他文化遗产最大的不同就是它的活态性、流变性和传承性。非遗的传承工作必然需要传承主体的实际参与，表现出一种特定时空下主体复活的能动性活动。毫无疑问上一代必须把自己的知识、技艺和技能毫无保留地授予下一代，这是非遗"传"的问题，下一代是否要在原有的基础上融入时代的特色进行创新，这是非遗"承"的问题。非物质文化遗产最大的特点便是其活态流变性，它是鲜活的文化，是文化的活化石，是原生态的文化基因，因此我们要尽可能地保留其固有的原貌。对于对非物质文化遗产进行创新是否会伤害到其原真性的这个问题，笔者认为我们应当具体问题具体分析。有些非遗项目可以创新，如瓷器，随着科技的发展，我们找到了一些可以替代之前原有的材料，使原来的瓷器在韧性、色泽等方面达到更高的效果，这种做法值得提倡。但一些损害非遗所蕴含的价值、把非遗改得面目全非的做法就不敢苟同。非物质文化遗产重要就重要在它有深厚的历史价值、文化价值，我们可以在不伤害其价值和技艺的重点不变的情况下有选择地创新，胡乱地进行改变和创新，使非物质文化遗产失去其文化价值，对非遗的伤害则是不可估量的。如苗族的舞蹈起源于皇帝大败蚩尤、苗族人戴着沉重的手铐脚镣心情悲痛地送蚩尤下葬时所作的舞蹈。所以苗族舞乐调缓慢，步伐沉重。如果把它改编成欢快愉悦的舞蹈，那么它背后所承载的历史文化则通通变味。❶ 同时对于非物质文化遗产的创新与发展我们必须要清楚什么是发展、为什么发展、发展的模式是什么、发展最终的结果是什么，不能一刀切，一概而论。我们要做到崇洋与崇古并重、保存与创新同在、保护与发展并行的大格局。

此外，笔者认为，在非遗与文创融合的过程中，要特别注意非物质文化遗产传承人和文化创意产业工作者职责分工的问题。传承人需要原汁原味地把老祖宗留下来的东西传承下来，但是对于文化创意产业的开发者则没有这个要求。文化创意是以文化为元素、融合多元文化、整理相关学科、利用不同载体而构建的再造与创新的文化现象。文化创意产业的核心就是"创造力"，即最大限度地发挥人的主观能动性，同时这种创意必须是独特的、原创的、以及有意义的。非物质文化遗产是民族文化的印记，是以人为核心、以生活为载体的

---

❶ 苑利，顾军. 非物质文化遗产保护干部必读 [M]. 北京：社会科学文献出版社，2013.

活态传承实践。从非物质文化遗产的本源来看，传统工艺制品大多数是先人的日常生活用品。在当下国家文化大发展战略和文化消费需求高涨的背景下，非物质文化遗产与文化产业的结合已是顺应时代发展的必由之路。利用好自己独特的文化资源，打好特色文化牌，开发出各类文化产品，并让大家记住一个符号，一段历史，一段文明。

另外，非物质文化遗产与文创产业的融合过程中需要处理好非遗的开发及商业化运作的问题。笔者认为，非物质文化遗产自身具有双重价值，首先是遗存价值，即要确保能够存活而不消亡，才可能被传承、开发、研究，这是根本因素，也是前提条件。其次是非物质文化遗产的经济价值，但这只有在非物质文化遗产存活的前提条件下才有可能实现。非物质文化遗产是否可以进行开发，这个取决于非物质文化遗产自身的传承规律，而非取决于我们的主观意志。历史上走市场的非遗项目在当代就可以走市场，历史上没有走市场的项目就尽量不要走市场。但是经过这十多年的非遗保护实践，经验告诉我们，想要通过纯而又纯的保护来维系非物质文化遗产固有的传承是很难的，靠政府投入的方式来保护和传承非物质文化遗产，在很大程度上会淡化非物质文化遗产所具有的活态性，使非物质文化遗产逐渐变成凝固、静态的文物。

在实际的保护过程中，我们应对一些在历史上走市场、在当代仍具有市场潜能和开发价值的非遗项目进行产业化发展。要在遵循非遗项目固有传承规律的基础上，通过符合市场经济规律的开发，吸引更多的社会资源参与到保护非物质文化遗产的事业中来，同时也要深挖非遗的文化内涵，提炼其文化精髓，通过非遗与文创产业的融合，找到创意开发的突破点，从而增加产品的文化属性，增强其文化的吸引力，形成独特的文化标志。当然，市场也是一把双刃剑，处理不好，则会对非遗造成致命的伤害。在市场化的过程中，我们尤其要注意防止商业的滥用对非物质文化遗产背后所蕴含的价值所造成的伤害。在非遗项目开发的过程中，特别是一些表演类的非遗项目，尤其要注意保护该非遗项目所处的文化空间，保护其固有的民族特色，尊重社区居民的风俗习惯，切勿将外来的生活方式和意志强加到当地人身上。

目前，我们尚未意识到文化遗产资源开发的深入性，很多人把文化遗产当做精神财富，而忌谈与之相关的经济价值，我国在将文化资源转化为文化创意产品这方面做得远远不够。同时，企业开发者也并未清楚非物质文化遗产与文化创意产品的界限，甚至有些开发者为符合市场的需求，要求传承人摒弃传统，这种做法极大地损害了非物质文化遗产所蕴含的历史、文化价值。因此，分清传承人与文化创意产业开发者的界限就显得尤为重要。我们需要明白，传承人原汁原味地传承好老祖宗留下来的东西是其职责所在，但作为文化创意产业的从业者则没有必要担当这一使命。以剪纸为例，剪纸的传承人必须传承好先辈们留下来的技艺、范本，但作为文化创意产业的从业者，则没有必要担任这一使命。如果从业者认为某个元素有开发价值，完全可以通过放大缩小印到工艺品上，如当下流行的剪纸台灯。这种创意无限，没有太多禁忌。❶我国丰富的民族文化遗产和传统文化资源，特别是非物质文化遗产是中国文化产业的优势所在，学会利用非遗孕育新的经济增长点，把古典与现代、文化与经济结合起来，使传统文化在现代语境中焕发新的生机，是文化创意产业的职责所在。

三、从他国借鉴产业融合的经验，从而更好地实现非遗与文创产业的跨界整合

对于非物质文化遗产与其他产业的融合问题，韩国则提供了很好的范本。受日本的影响，韩国于1962年颁布了《文化财产保护法》，并将保护非物质文化遗产的理念在知识分子与大学生中传播，发动了一场复兴韩国的民族文化运动，大量开设传统民族文化遗产学习班和民俗博物馆。同时在一年四季内举办各种各样的活动，提倡各种民俗文化节，有意识地保护传统文化，并通过传承、演出，增强人民热情。除了政策的有效实施和政府的大力运作，韩国非遗的保护与发展还得益于商业的运作和旅游业的参与，韩国的非物质文化遗产保护活动已经有序地纳入商业运转体系，多姿多彩的非物质文化遗产已经成为吸引游客的重要旅游资源。

加强对民族文化的挖掘和保护，是民族文化发展的强根之本，也是文化创新的必由之路。对于非物质文化遗产来说，需要保护与传承，但是更需要影响力。除了对传承人的保护，还设立文化生态保护区，借助文化产业的发展之力，用更加活泼的面貌提升非物质文化遗产的知名度和感染力。文化产业作为一个新兴的产业，具有独特性的非物质文化遗产也为文化创意产业开发者提供了无限的灵感，提升了文化产业的实力和竞争力，让丰厚的历史文化资源转化为丰富的文创资源。非遗的"保护"不要仅止于保护，要想获得更加持久的生命力，必须要和当代生活紧密联系。通过文化创意，将非物质文化遗产与现

---

❶ 苑利. 文化遗产资源为何难以转成创意产品［J］. 中国文化报，2014-03.

当代艺术进行资源的相互促进，让非物质文化遗产转化为更加生活化、设计化和艺术化的文化衍生品，让非物质文化遗产走进千家万户、让非物质文化遗产在文化传承、项目开发、品牌拓展和旅游带动上形成完整的产业链，从而有效地促进技艺的保护传承。

通讯地址：

梁颖，中国艺术研究院，北京朝阳100029。

参会感想：

9月有幸去参加西南大学主办的农业文化遗产与民俗学论坛。这次研讨会让人耳目一新，受益匪浅。通过这次会议，我听取了国内知名学者在农业文化遗产领域的研究方向，对这个领域有了更深入的了解。同时，在这次会议上与更高层次的人交流也提高了自己的学习能力和认知水平。在这次会议上，不仅仅是有学习方面的收获，更重要的是其他学者对学术的热爱和严谨的治学态度也让我反思到自己目前治学方面的不足。十分感谢西南大学提供的学术交流的机会，也希望以后有更多的机会参加此类研讨会。

中国艺术研究院　梁颖

论农耕文化的传承

张 莹 龙文军

摘 要：农耕文化是中华民族农业耕作智慧的结晶，是中华传统文化的重要组成部分，时至今日依然具有重要的传承价值。然而，随着社会经济的发展，一些农耕文化正面临着衰落和流失的危险，保护和传承农耕文化迫在眉睫。本文分析了农耕文化的内涵和演进特征，阐述了传承农耕文化的现实意义，探讨了传承农耕文化的主要方式。

关键词：农耕文化；传承；内涵；演进特征；现实意义

中国以农立国，我们的祖辈世世代代在这片土地上撒下种子，收获产品，拥有上万年的农业历史。土地根据气候节律和自然条件每一年都会经历春种、夏耕、秋收、冬藏，人们的生活顺应土地的产出规律，不断获得幸福感，我们的文化也在这片土地上生发出来，而这样的文化也慢慢演变成了人民的精神家园，成为中华民族发展壮大的强大精神力量。农耕文化是中华文化的根基，就像农业是国民经济发展的基础一样重要。2007年中央一号文件指出："农业不仅具有食品保障功能，而且具有原料供给、就业增收、生态保护、观光旅游、文化传承等功能。"现代农业发展与农耕文化的传承是密不可分的整体。2009年9月，中国（庆阳）农耕文化节强调了农耕文化与现代农业的密切关系。

然而，在城乡一体化发展进程中，传统农业向现代农业转型升级，农耕文化却面临着衰落的危险。守住农耕文化中那些活的中华民族的基因，守住土地中的伦理，守住中国文化的信仰，守住中国人在天地四时中建立起来的秩序，显得十分迫切。习近平总书记在2014年中央农村工作会议上指出："农耕文化是我国农业的宝贵财富，是中华文化的重要组成部分，不仅不能丢，而且要不断发扬光大。"挖掘农耕文化内涵和探索农耕文化传承方式具有重要的现实意义。

一、农耕文化的内涵

在漫长的农业耕作实践中,先人们创造了灿烂辉煌的农耕文化,并代代积累传承。农耕文化内涵丰富,学术界对农耕文化内涵的界定尚不统一,有的学者将农耕文化等同于农业文化,认为两者基本同义,是区别于游牧文化、海洋文化、工业文化,以农业生产为中心的文化总称。[1]有的学者认为农耕文化是农业文化的一个分支,将农耕文化定义为人类在农业耕作实践活动中形成的、与农业社会有关的物质财富和精神财富的总和。[2-3]还有的学者从哲学视角理解农耕文化,认为它的内涵可以用"应时、取宜、守则、和谐"八个字来概括。[4-5]笔者认为,农耕文化是在以小农生产为基础的传统农业社会形成的、在农耕生产实践活动中创造、积累和传承的、与农耕以及农耕社会有关的文化总和,既包括农作物、农耕器具、生活用具、传统村落和民居等实体文化,也包括与农事、农耕有关的礼仪、民俗风情、传统习惯等精神文化,如节气夏历、祭祀礼仪、诗词谚语、民歌民谣、神话传说等。"应时、取宜、守则、和谐"是农耕文化内涵的核心。

——"应时"。即"不违农时"。农业生产季节性很强,人们只有顺应天时,根据自然界的四季变换规律安排农业生产,才能过上幸福愉快的生活,因此,"不违农时"是农民从事农事活动的基本准则。根据农时安排,人们创造了大量与之相关的岁时节令文化。

——"取宜"。即根据不同的土地状况、不同的物候条件、不同的时间节点从事农业生产。我国从原始社会开始,就有了"取宜"的思想,农耕文化中的"相地之宜"和"相其阴阳"理念就是"取宜"的实践经验总结,在指导人们认识自然和从事农业生产中发挥了重大作用。黄河流域的旱作农业、长江流域的稻作农业以及北方的草原农业都是取宜的结果。

——"守则"。即恪守准则、规范。我们的祖先在与大自然的长期互动中形成了用以协调人与自然关系的准则,并逐渐渗透到社会生活的方方面面。农耕文化蕴含的"以农为本、以德为荣、以礼为重"等优秀文化品格,都体现了守则的内容。

——"和谐"。即天、地、人的和谐。我们的祖先在长期的农业生产实践中认识到,人和自然不是对抗关系,而是和谐共生的关系,并由此孕育了"天人合一"的思想,讲求天、地、人的和谐共生。和谐理念塑造了中华民族的价值趋向和行为规范,[5]支撑着农业走上可持续发展道路。

二、农耕文化的演进特征

中华民族有着悠久的农耕历史,在距今1万年前的新石器时代人们就开始从事农业生产,到公元前两千多年的夏朝,我国黄河流域由原始农业向传统农业过渡,逐步形成了精耕细作的传统,伴随着传统农业的发展,农耕文化也在不断演进,并呈现出鲜明的发展特征。

(一)顺应天时形成了科学的节气体系

早在东周时期,中国劳动人民中就有了日南至、日北至的概念。随后人们根据月初、月中的日月运行位置和天气及动植物生长等自然现象,形成了系统的二十四节气知识体系。时至今日,"二十四节气"已经成为指导农业生产实践的重要工具,并深刻影响着中国人的思想和行动。劳动人民把有关节气的内容总结、提炼,编排成许多对仗工整、生动活泼的民谚,便于安排农事,比如"立春晴一日,耕田不费力;立春打了霜,当春会烂秧;雨打雨水节,二月落不歇;雨打清明前,洼地好种田;清明高粱接种谷,谷雨棉花再种薯"等。

(二)迎合生产演化出传统的节庆习俗

在农耕文化的发展演进中,传统农事习俗逐渐演化为固定的农业礼仪和节日,成为中华民族传统文化的重要组成部分。"迎春"是民间的一项重要活动,并逐渐形成了"班春劝农""石阡说春""九华立春祭""打春牛""春倌说春"等民俗文化。在甘肃省西和、礼县一带,至今还有"春倌说春"的习俗,一到春节,春倌们便游乡串户,用说唱的形式告诉人们要不违农时;江苏盐城阜宁县"打春牛"的习俗也流传下来,人们用彩鞭鞭打春牛,提醒人们春耕即将开始,莫误农时,寓意来年五谷丰登,国泰民安。

(三)因地制宜创造了适应的技术手段

我国先民在劳动过程中,因地制宜创造了大量的种质资源培育、生物资源利用、水土资源管理、农业景观保持等方面的知识和适应性技术。如哈尼族先民经过艰辛的梯田农耕生产生活历练,积累了大量丰富的关于自然山水、动植物、生产生活的技能和经验,形成了《哈尼族四季生产调》,并将这些经验总结提炼为通俗易懂的歌谣,在师徒、母女和父子中通过口传心授、言传身教的方式传授,成为这个民族独特的文化现象。农民在实践中总结了多种农副产品加工技术,包括肉蛋制品、蔬菜加工品、水产加工品、茶、酒、调味品和发酵制品、其他农副产品等。适应各地地理、地质、气候条件,农民创造、发明和改良形成了各种农具，既有以曲辕犁、龙骨车、耙、耖为代表的适合水田稻作的工具，也有耧车、耙耱等适合旱作的工具；有稻床、连枷等收获农具，还有磨、碓为代表的加工农具；有适应滨海地域风力资源丰富等自然条件的风车机械，也有与水网密集相适应的筒车灌溉工具；有与淡水养殖、捕捞、水上运输等生产相适应的渔船、渔网等渔业生产工具，也有适合陆地运输的板车等。农耕文化以实物文化、精神文化的方式将这些技术手段延续下来。

（四）安心生产构筑了稳定的传统村落

固定农耕是农民安心生产的重要标志，也是村落形成的基础，村落成为农耕文化传承的重要载体，带动人们一起生产和生活，形成了具有地方特色的传统习俗、生活方式、行为规范和价值观念，以及诸如尊老爱幼、邻里互助、诚实守信等一系列优秀的品质。在农耕文化的演进过程中，许多农耕文化遗产依托传统村落留存下来。如浙江永嘉县古村落，至今仍遗存着新石器时代的文化遗址以及宋、明、清历代的古桥、古塔、古牌坊、古牌楼和古战场，且大多以"天人合一""八卦"以及阴阳五行风水思想构建，遗留着大批完整的宗谱、族谱等历史文化遗产。在不同宗族聚合的村落，乡贤治理成为促进农村社会和谐稳定的重要力量。乡贤所拥有的知识、信仰、道德标准和习俗习惯等逐渐衍生出见贤思齐、崇德向善、诚信友爱的乡贤文化，并成为教化乡里、引领乡风良俗的精神支撑。

三、传承农耕文化的现实意义

农耕文化是中华文化的根基，[6]在朴素的哲学思想指导下，中华农耕文化长久不息，传承农耕文化，既是发展现代农业的迫切需要，也是丰富人们精神家园的现实需求。

（一）传承农耕文化有利于农业生产经营，保障粮食安全

人多地少、耕地稀缺是我国的基本国情，要保障粮食安全，需要秉承精耕细作的耕作制度，加强土地的集约化利用。我们的先人早在夏朝就萌发了精耕细作的理念，并逐渐形成了精耕细作的农业生产技术体系。《氾胜之书》记载："凡耕之本，在于趋时，和土，务粪泽，早锄，早获。"十几个字就将精耕细作的农业生产模式较为完整地表述出来。传承农耕文化，首先就要传承这种精耕细作的理念，促进农业生产发展，保障粮食等主要农产品的有效供给。

（二）传承农耕文化有利于发展循环农业理念，改善生态环境

农耕文化强调天地人的和谐共生，我们的祖先创造的"杂五种，以备灾

害"的作物轮作、间作、套种等种植方式，桑基鱼塘、稻鱼共生、水域立体养殖、病虫害生物防治等农业生产技术，无不体现了生态循环、环境友好、资源保护的理念。传承历代保护资源环境的优秀文化，对于当今解决地力衰竭、农业面源污染等问题，具有重要借鉴意义，同时还有利于增强人们自觉保护资源环境的意识。

（三）传承农耕文化有利于拓展农业多功能，培育发展新动能

在当前我国新旧发展动能转换的关键时期，传承农耕文化有利于推进农业与文化、旅游等产业的融合发展，发掘农耕文化旅游等新型业态，拓展农业功能，培育农业农村发展新动能。当前，休闲农业与乡村旅游已经成为农村经济新的增长点。古朴的乡村农耕情调是农耕文化的载体，其韵味独特，风光怡人，独具田园情调，是发展休闲农业与乡村旅游的重要基础。[7]

（四）传承农耕文化有利于提高民族凝聚力，增强国际认同感

我国每个民族根据所处自然条件和拥有资源的特点，因地制宜地从事农业生产，并由此创造了自己的农耕文化，如哈尼族的梯田文化、壮族霜降节、苗族赶秋、安仁赶分社等。这些农耕文化具有鲜明的民族特色和风格，是维系民族生存和发展的精神纽带。传承农耕文化，就要传承这些民族特色文化，增强民族凝聚力，提高世界其他民族对中华民族传统文化的认同感。云南元阳利用哈尼梯田资源，每两年举办一次"中国红河元阳哈尼梯田文化旅游节"，向海内外游客展示当地悠久的梯田文化，不断扩大国际影响力。

四、传承农耕文化的主要方式

我国作为一个历史悠久的文明古国，几千年形成和发展的农耕文化，是中华文化、美丽乡愁的根与魂。要留住我们的根与魂，就要多方式、多渠道地传承农耕文化。2017年1月，中共中央办公厅、国务院办公厅印发的《关于实施中华优秀传统文化传承发展工程的意见》中提出，大力发展文化旅游，充分利用历史文化资源优势，规划设计推出一批专题研学旅游线路，引导游客在文化旅游中感知中华文化。[8]农耕文化作为中华文化的重要组成部分，开发农耕文化旅游资源，也是传承的一种方式。吉林梨树县蔡家村依托浓厚的历史文化底蕴和区位优势，重视农耕文化传承，以农耕文化为魂，全力打造关东农耕文化乡村，借此发展乡村旅游。

（一）挖掘整理农耕文化

充分挖掘农耕文化，开展农业生产生活民风民俗的调查搜集工作，对节气

夏历、祭祀礼仪、诗词谚语、民歌民谣、神话传说等与农事、农耕有关的各类礼仪、民俗风情、传统习惯进行溯源与整理，通过出版典籍、树碑刻字等方式将农耕文化传承下去，留住"乡愁"记忆。如陕西西乡县五丰社区，通过采访熟知当地风俗习惯和人文历史的老人，对五丰农耕历史、风俗、传说典故等进行系统挖掘，整理出《话五丰》典籍，编写了快板《夸夸咱的五丰》，为传承农耕文化留下了宝贵财富。[9]黑龙江辞赋家王泽生主动搜集整理呼兰河谚语，编写了《呼兰河民谚小词典》，为传承寒地黑土农耕文化贡献了一己之力。

（二）场所展示农耕文化

建设农耕文化博物馆、展览馆、展览室等文化展示场所，既可以保护散落在民间的传统农耕文物，也可以传承农耕文化精髓。通过展示传统农耕用具，还原农耕生活场景，述说风土人情，可以增加对农耕文化的直观认识。目前，国内已有一些地区建成此类设施。其中，既有公立博物馆、展览馆，如内蒙古鄂尔多斯广稷农耕博物馆、黑龙江拜泉的生态文化博物馆、吉林梨树东北农耕文化博物馆、河南许昌中原农耕文化博物馆、湖南耒阳农耕文化博物馆、江西南康客家农耕文化博物馆、安徽石台皖南民俗博物馆、周祖农耕文化展览馆等，也有民营博物馆、展览馆，诸如河南开封黄河农耕文化博物馆、湖北孝感农耕民俗文化博物馆、安徽蚌埠金色农家民俗博物馆、河北清河农耕文化展览馆等。建立农耕文化展示场所不是最终目的，要以这些博物馆、展览馆为依托开展宣传教育，尤其是加强对青少年的教育，促进农耕文化的代际传承。

（三）参与体验农耕文化

让心底藏有乡愁、渴望亲近泥土的城市人群体验田园生活，参与农事活动，品尝劳动滋味，通过参与体验，感受乡村生产生活方式，了解背后的历史故事、风俗习惯，享受农耕文化对精神的熏陶。江苏省苏州江南农耕文化园，按照"缩小比例的江南水乡，功能丰富的休闲农庄，农耕主题的文化走廊"的设想，设有农耕历史区、土地整理区、江南养殖区、农家休闲区、乡村能源区、江南作坊区、农耕谚语区、农户设施区、十二生肖区等九个农耕文化功能区域，可以让人们切身感受到江南水乡的传统农耕文化。张家港永联村把中国传统文化融入到村民的活动广场中去，《梦溪笔谈》《天工开物》等著作被刻在石板上，这说明，经济越发展，越需要有文化的支撑。四川省达州市通川区建设川东北首家农耕文化亲子乐园，城市的孩子可以来这里亲近大自然，体验农耕文化，感受农村生活，有效促进了城乡青少年的交流互动。[10]

（四）工艺再现农耕文化

农耕文化衍生出许多颇具特色的民间传统手工艺，如刺绣、剪纸、竹编、草编等。然而，受当今大工业机械化制造的影响，传统手工艺生存空间越来越窄，部分工艺甚至面临失传的危险。据调查，我国86%的传统手工从业者分布在农村，近七成年收入在2万元以下，近六成尚未找到继承人，近七成受访者对传统手工的学习意愿不高。[11] 保护这些衍生手工艺，让它们融入"一县一品""一乡一品""一村一品"的创立和发展之中，实现品牌化生产，也是农耕文化的传承方式之一。

五、结语

我国千百年的发展造就了丰富的农耕文化，顺应天时形成了科学的节气体系，迎合生产演化出传统的节庆习俗，因地制宜创造了适宜的技术手段，安心生产构筑了稳定的传统村落。传承农耕文化，既是发展现代农业农村的迫切需要，也是丰富人们精神家园的现实需求。传承农耕文化有利于农业生产经营，保障粮食安全，有利于发展循环农业理念，改善生态环境，有利于拓展农业功能，培育发展新动能，还有利于提高民族凝聚力和国际认同感。因此，我们要重视传承农耕文化，通过挖掘整理农耕文化、场所展示农耕文化、参与体验农耕文化、工艺再现农耕文化等方式，维护农耕文化的存续力和生命力。

参考文献：

[1] 郜扬. 论传承农耕文明的必要性［J］. 北方文学旬刊, 2012（9）.

[2] 罗建军, 雷锦霞. 山西省农耕文化及观光休闲农业发展浅析［J］. 山西农业科学, 2009, 37（11）.

[3] 薛荣, 贾兵强. 先秦中原农耕文化的内涵与再生机制［J］. 安徽农业科学, 2009, 37（30）.

[4] 彭金山. 农耕文化的内涵及对现代农业之意义［J］. 西北民族研究, 2011（1）.

[5] 夏学禹. 论中国农耕文化的价值及传承途径［J］. 古今农业, 2010（3）.

[6] 张莹, 龙文军, 刘洋. 农村社会文化问题研究综述［J］. 农业经济问题, 2017（4）.

[7] 郑文堂, 等. 休闲农业发展中的农耕文化挖掘［M］. 北京：中国农业出版社, 2015.

[8] 新华社. 中共中央办公厅国务院办公厅印发《关于实施中华优秀传统文化传承发展工程的意见》［EB/OL］. http：//news.xinhuanet.com/politics/2017 - 01/25/c_ 1120383155.htm,

2017 -01 -25.

［9］汉中市文明办．西乡县五丰社区：挖掘农耕文化建设文明家园［EB/OL］．中国文明网．http：//wenminghanzhong. cn/Article. aspx？ page = 1&webid = 76，2015 - 10 - 30.

［10］孟静．通川区将建川东北首家农耕文化亲子乐园［EB/OL］．达州日报网．http：//www. dzrbs. com/html/2016 - 03/01/content_ 177489. htm，2016 - 03 - 01.

［11］佚名．传统手工艺濒危？买卖是最好的保护，使用是最好的传承［EB/OL］．http://mt. sohu. com/20161022/n471033209. shtml，2016 - 10 - 22.

作者简介：

张莹（1987—），女，山东曲阜人，农业部农村经济研究中心助理研究员，博士；研究方向：农村政策研究。

龙文军（1971—），男，湖北人，农业部农村经济研究中心研究员，博士；研究方向：农村政策、农业投资、农业保险、农村社会文化等。

基金项目：

农业部软科学课题"创意农业推动农业供给侧结构性改革"（编号：Z201613）。

浅谈非遗众筹

侯林英

非物质文化遗产是指人类在历史上创造，并以活态形式原汁原味传承至今的，具有重要历史价值、文化价值、科学价值与社会价值，足以代表一方文化，并为当地社会所认可的，具有普世价值的知识类、技术类与技能类传统文化事项。[1] 非遗作为民族文化的 DNA，是一个民族文化的延续，见证着中华民族生生不息的奋斗史，是民族精神和民族特质的集中体现。

近年来，随着国家对非遗保护事业的高度重视，我国非遗保护也取得了前所未有的成就，摸索出了一套具有中国特色的非遗保护方法，尤其是在非遗代表性传承人保护上，更是给予了一定的资金支持，有效地促进了传承人传承活动的开展。如国家级代表性传承人的资助从最初的每年 8000 元，升至如今的 20000 元。但是，我国非遗项目基数大，国家不能关注到每个项目；虽然国家也在不断增加对传承人的资金补贴，但相对于非遗项目的传承传习而言，这些资金仍然是微乎其微，杯水车薪；由于大多数传承人缺乏市场营销意识，不会运用互联网优势，使得其所生产的非遗产品销售无门或销售范围小，资金的补贴也远没有达到协助传承人"造血"的目的；非遗的传承与传习也同样出现断层的问题，好的非遗项目找不到合适的后继人才，而想学习某项技艺的年轻人又寻不到学习的途径，造成"求徒无径，拜师无门"的尴尬局面。一些非遗项目传承人居住在偏远地区，由于自身文化水平和传播方式等所限，不能把非遗项目传播出去，让更多的人了解自身的传承，影响力很难传得更远。面对非遗保护所面临的各个困境，非遗众筹现身当代，我们能否利用互联网这个当代平台，来解决非遗保护中的资金难、传承难和传播难的难题呢？

---

[1] 苑利，顾军. 非物质文化遗产学 [M]. 北京：高等教育出版社，2009：12.

一、非遗众筹的概念

众筹是指众人筹资。通常是指用赞助+回报的形式，向网友募集项目资金的一种模式。❶ 众筹利用互联网传播的特性，让许多有梦想的人可以向公众展示自己的创意，发起项目众筹以争取别人的支持与帮助，进而获得所需资金。支持者则会获得实物、服务等不同形式的回报。项目发起人通过这个平台向大家汇报众筹项目的进展情况。

非遗众筹是非遗项目与众筹的结合，它采用"赞助+回报"的形式，通过互联网的平台，向大众介绍非遗，并将某些可以以产品形态或者文化形态呈现出来的非遗项目推广给大众，进而取得人力、物力和财力支持，这也是解决非遗传承和融资难的一种新尝试。

二、非遗众筹项目的内容

一个非遗众筹项目，通常要包括以下内容：

1. 非遗项目介绍

介绍该非遗项目。目的是让观众通过众筹平台了解发起的非遗项目是什么，以便使更多的人在最短的时间内对发起项目有一个大概的了解。

2. 非遗文化产品介绍

通过文字和图片让观众对发起项目有一个更为全面的了解。如使用原材料、产品规格等，这也是吸引观众眼球的重要一部，感兴趣的观众正是通过这个环节，从单纯的围观者转化为支持者。

3. 制作流程展示

以图片、文字或视频的形式对该项目的制作流程加以展示，让观众更直观地了解到该项目是如何操作的、其制作过程本身魅力之所在，应该说，这个过程也是对传承人手艺与匠心的最好展现。

4. 提出回报，作出承诺

回报多为传承人制作的非遗产品或是非遗衍生品。赠品的大小、数量、款式等由支持者投资金额决定。另外，传承人的提名、参与制作或是高级定制等，都可以作为资金支持的回报。

---

❶ 资料来源：百度百科。

5. 明确众筹理由

众筹理由是为了让观众明了项目发起者的目的，一个有说服力的理由是众筹成功的一半。非遗众筹的理由大多有以下几种：（1）随着高新科技和机械化的迅猛发展，传统手工技艺受到冲击；（2）为筹集非遗传承经费以及筹集非遗传习馆、博物馆、培训班等建设经费；（3）在浮躁的社会中，传统手工技艺可以沉淀我们的心灵，让我们暂时远离喧嚣；（4）非遗是一个民族最重要的历史见证者，也是一个民族最优秀的文化精华，我们有责任有义务去保护它，传承它；（5）借助"互联网＋"的平台，让更多的年轻人参与到非遗制作中来，体验传统手工技艺的精妙，让传统文化焕发出新的活力。

如由中国手工坊发起的《让绣娘回家》的非遗众筹，就是希望通过众筹民族刺绣博物馆的方式，让生活穷困或者在外务工的绣娘回到家乡，充分发挥其刺绣特长，传承民族优秀文化，造福一方百姓。

6. 项目发起团队/者介绍

对项目发起者人品、手艺以及社会知名度的介绍，可增进支持者对该项目的信心，让围观群体放心并愿意支持。

7. 常见问题答疑

该环节由项目发起人在众筹平台上对围观者或支持者的困惑进行解疑。如产品寄出的时间、质量、规格等问题。

三、非遗众筹的特点

非遗众筹除了具备一般众筹模式之外，也有自己的独特之处：

1. 抓住大众的情感心理，文字编辑充满情怀

情怀是一个人所拥有的一种高尚心境，是一个人的内在气质和格局的反映。非遗众筹的文字充满情怀，语言直击人的内心，以情感人，往往能抓住大众的情感心理，让观众自愿为文化传承尽力，为情怀埋单。文字宣传开头一般特别注明该项目是国家级或省级非遗项目，以开门见山的方式夺人眼球，争取围观。

2. 作品文化内涵丰富，善于运用吉祥图案

吉祥图案是我国劳动人民创造的一种艺术表现形式，表达了人们对美好生活的期盼，具有其他艺术形式所不能比拟的特点，它经常被运用在非遗产品中。发起人往往抓住这一特点进行宣传推广。如在淘宝众筹上，黑陶作品系列之"蝉韵"中，雕刻着蝉的图案，寓意"一鸣惊人""重筑大业"。这是因为

古人认为蝉是靠餐风饮露为生的，是高洁的象征。再比如淘宝众筹上有一方端砚，做的是"一统天下"虎符笔搁。虎符是古代帝王调动军队的信物，《一统天下》寓意生意兴隆，步步高升，祖国统一。

四、非遗众筹容易成功的原因

一个众筹项目，需要项目发起人、众筹平台以及支持者之间经常沟通交流，彼此高度配合。众筹平台会对发起项目及发起人进行考察，对作为回报的物品进行鉴定。[1] 同样，发起人以积极的态度对待支持者的提问，认真思考支持者的建议，给支持者留下正面印象，使众筹成功的概率更高。而非遗众筹可以在短时间内圈粉无数，主要是出于以下原因。

1. 手工技艺的独特性

众筹平台用非标准化的产品解决非标准化的需求，这点和非遗本身"采用传统手工技艺，非批量加工生产"的特性不谋而合。[2] 而某些非遗项目所具有的公益特点，也往往更能吸引公众。

2. 民族情怀和文化自觉

在提倡文化多样性的今天，大家都会为本民族文化的丰富多彩感到骄傲，非遗以众筹的形式出现在平常的百姓生活中，很容易激起大家的民族情怀和潜在的文化自信与文化自觉意识，使其愿意通过支持项目为我国非遗保护事业尽一己之力，项目也更容易成功。

3. 唤起人们的记忆和乡愁，以情怀打动受众

我国众多传统手工技艺源于民间，活在民间，发展在民间，是民众生活史的重要见证。随着人民生活水平的提高，机械化生产的冲击以及西方流行文化的影响，很多传统手工技艺逐渐消失在我们的生活中。我们再很难听到铁匠咣咣当当的敲打声，很少看到摆摊编织竹筐的身影，也难寻到小巷里走街串巷叫卖东西的吆喝声……而非遗众筹把那些逐渐消失的手艺人和他们的手工艺产品搬上互联网平台，重新唤起人们对儿时的生活记忆，唤起内心割舍不掉的乡愁，无须刻意包装，便已水到渠成。因此，非遗众筹是有情怀有故事的众筹项目，而情怀是吸引支持者进行投资的最为直接的因素，非遗众筹如果能很好地抓住受众的这一心理，用情怀打动受众，刺激投资，众筹便不再是遥不可及的

---

[1] 谢静. "粉丝"最珍贵 [J]. 中华手工，2015 (11).
[2] 边思玮. 非遗借力"互联网+" [M]. 中国文化报，2015-07-23.

事情。

淘宝众筹平台上泸州毕六福分水油纸伞项目是这样设计广告的：画面上，一位身着旗袍的女子，撑着一把油纸伞，走在白墙黑瓦青石板的小巷中，分外夺人眼球。下面的文字这样写道：一把桐油纸伞，是一座江南千年古镇的缩影，是非物质文化遗产技艺的传承。撑起一把伞，细看历史长河……❶此情此景，怎能不勾起观众美好的童年记忆呢？

4. 非遗众筹门槛低，参与面广，传播效果好

非遗众筹作为全民性的大众筹资平台，无论身份如何，地位高低，年龄长幼，只要有想法，有好的非遗项目，都可以参与其中。非遗通过互联网众筹平台，可以实现"筹财，筹人，筹智"的目的。❷"筹财"是指通过众筹平台，可以有效地宣传介绍非遗项目，让非遗通过照片、文字、视频等方式，将项目全方位展现在大家面前，吸引更多受众的关注，并进行投资；"筹人"是指非遗项目在众筹平台展示时，可以为非遗的传承吸引更多感兴趣并愿意学习的人，为非遗传承培养后继人才和潜在传承人，发掘更多的人力资源；"筹智"是指借助互联网平台聚集更多与非遗项目有关的专业人才和感兴趣的群众，大家集思广益，为非遗未来发展和传播提供"金点子"。

非遗传统的传承方式多为师傅带徒弟或家族内部传承，这种一对一的传授方式在很大程度上缩小了传承范围。而通过众筹，可以聚集一批真正的非遗爱好者，他们虽然不一定能成为这些项目的传人，但却是百分之百的非遗传播者。非遗众筹依靠的是大众的力量，支持者通常都是最普通的草根民众，故而，众筹更有利于非遗的深入民心，更有利于让非遗真正走进民众的生活，更容易让更多的人认识非遗，了解非遗，并为保护非遗献计献策。

五、非遗众筹需要注意的问题

（1）非遗众筹作为文化产业的新兴领域，并没有完全普及开来，也并未被大众群体所熟知。在筹备一个非遗众筹项目时，要对非遗项目的受众群体进行必要的调查，因为并不是所有的非遗项目都适合众筹。作为一个互联网平台，它的观众多为年轻人、上班族、知识分子等。若众筹是一个以老年人或家庭主妇为受众主体的项目，必然会减少浏览量，众筹就很难获得成功。

---

❶ 资料来源：淘宝众筹平台，泸州毕六福分水油纸伞众筹项目。
❷ 李强. 众筹实践［M］. 北京：北京联合出版公司.

(2)项目发起人要了解观众选择或者参与众筹的标准是什么,做到"知己知彼,百战不殆"。中国式众筹观众选择项目的标准多为以下几种情况:一是利益最大化。观众选择任何一个项目,都会考虑到回报问题。在不考虑其他因素的情况下,利益能否达到最大化,是观众能否伸出橄榄枝的决定性因素;二是熟人圈子。这是中国式众筹最明显的特点。无论是碍于面子还是情感牵绊,众筹都更容易获得熟人的支持。熟人可能会为了支持亲朋好友的项目而参与其中,并为其进行宣传,成为项目的支持者。相较于其他观众而言,熟人圈子是最容易获得众筹的受众群体,在某种程度上也是该项目的铁粉;三是为情怀买单。在这个浮躁、到处被机器生产弥漫的社会,很多人会选择为情怀买单,寻求内心最初的记忆,这也是吸引观众眼球的最直接的因素;四是公益事业。世界上不乏有爱心的人,支持众筹也是他们献爱心的一种方式。对于发起者承诺的将年销售额的一定比例用来投入公益事业或是用来帮助当地其他传统文化传承的众筹项目,更容易获得观众的支持。当一个众筹项目能够激发观众的社会责任感,能够为社会、为需要帮助的人做一些贡献时,那么,对这个项目的支持者来说就更有价值,项目本身也更易成功。

(3)在合适的时间做合适的项目。项目发起人选择发布非遗众筹项目的时间很关键。在合适的时间或节日发起相关的众筹,更能引起观众的注意,满足他们在这个时间段或当下节日的需求。比如选择在春节前夕众筹木版年画、生肖泥塑等项目,由于比较应景,更容易增加参与者的节日气氛,也能满足观众置办年货的需求,让投资获得最直接的回报。尤其对于处在投资边缘、犹豫不决的观众来说,可以很好地博人眼球,吸引投资。如在2016年春节前,朱仙镇木板年画联合故宫淘宝,在阿里年货节期间发起众筹项目,不到一周的时间,年画众筹的达成率已达到500%,筹到款项近60000元,单张售价也较传统销售方式有所增加。支持者中,多数为30~45岁人群,但18~29岁的年轻群体是潜在的庞大群体。既筹得了资金,同时也增加了"粉丝"量。因此,在相对合适的时间发起与之相关的项目,也是需要考虑的重要因素。

六、结语

技艺的传承,产业的发展,除了需要脚踏实地地默默耕耘,更需要全社会对匠心共同的支持。在"互联网+"时代,非遗的传承与保护除了传统方式外,也应充分利用好互联网平台,开拓保护非遗新路径。非遗众筹是对非遗发展方式的一种有效补充,因为非遗众筹借助互联网的平台,与市场挂钩,形成较完整的"产品+市场"的产业销售链,弥补过去非遗难融入市场和生活的困境。守护、繁荣非遗,不仅需要全方位的保护,也需要开拓更多受众和更多的年轻一代的支持,以非遗众筹平台为桥梁,让非遗以新形势走进生活,避免非遗文化产品在传承的道路上脱离生活,远离群体。

作者简介:

侯林英,中国艺术研究院硕士研究生,研究方向为非物质文化遗产保护。

参会感想:

作为非遗保护与研究方向的研究生,对于平时学习而言,很少接触农业文化遗产。由于今年我的毕业论文研究方向定为农业文化遗产,这才开始慢慢接触农业文化遗产。尽管如此,由于学科专业理论的欠缺,以及平时对农学知识涉略较少,在农业文化遗产研究方面也是一知半解。本次论坛为我们搭建了一个专业、轻松的学习、交流平台,尤其是对于像我一样的农学新手来说,是一次极为难得的学习机会,是对自己农学理论的补充。这次论坛所邀请的专家学者均是在该领域的大家,对于我国农业文化遗产的现状都有着自己独特的观点。开幕式上,几位专家老师的发言让我受益匪浅,他们的一些观点或者是他们研究的论文、农遗项目,很多地方值得我们去借鉴。尤其是倪根金教授讲述的关于山兰稻的研究,其中的很多想法是我之前所没有想到的,对于日后我研究毕业论文——京西稻,有着重要的借鉴意义。另外,参会同学来自不同的学科领域,论文研究视角新颖、宽阔,充分展示了农业文化遗产在不同学科领域中的碰撞与融合。两天的论坛,结识了一些关于农学研究的小伙伴,希望日后的交流中能碰撞出更多新的想法,农遗研究路上,我们不孤单。最后谢谢会务组的小伙伴们,让我们吃好、住好、学习好,感恩。

中国艺术研究院　侯林英

乡村振兴战略与乌江流域民族地区农业文化遗产保护利用研究

王 剑[1]

摘 要：实施乡村振兴战略、促进城乡融合发展是中央对新时代"三农"工作提出的明确要求。如何通过重要农业文化遗产项目的发掘、保护与利用，发挥农业的多功能性，促进遗产地的经济发展，从而推动乡村振兴战略在中国广大农村地区的落实，成为关系中华传统农耕文明推广、传统农业文化传承和实现中华民族永续发展的重大命题。从乌江流域民族地区农业文化遗产在乡村振兴战略中的意义出发，在搭建农业文化遗产理论分析框架基础上，进行新时代语境下的农业文化遗产多重价值分析，探索建立中国特色的乌江流域民族地区农业文化遗产的保护利用方式。

关键词：乌江流域；乡村振兴；农业文化遗产；保护利用

一、时代新声：新时代乡村振兴战略中农业文化遗产价值的彰显

农业文化是中华文明立足传承之根基，党的十九大作出了实施乡村振兴战略的重大决策部署，绘就了"三农"事业新征程的宏伟蓝图，具有划时代的里程碑式意义，标志着中国特色社会主义的农业农村发展步入新的历史阶段。在这一背景下，怎样发挥农业文化遗产在乡村振兴战略中的价值，对建设生态文明、实现美丽中国和中华民族永续发展的宏伟目标具有重要的战略意义。

农业部部长韩长赋指出："在建设中国特色社会主义理论引领下的新时代，乡村振兴不仅是乡村经济的振兴，也是乡村生态、社会、文化、教育、科技的振兴，以及农民素质的提升。乡村振兴的内在要求是统筹推进农村经济建设、政治建设、文化建设、社会建设、生态文明建设，在'五位一体'推进

---

[1] 截稿日期：2018年1月25日。

中，建立健全城乡融合发展的体制机制和政策体系，加快推进农业农村现代化。推进乡村振兴，既要积极又要稳妥，要在制度设计和政策支撑上精准供给。必须把大力发展农村生产力放在首位，拓宽农民就业创业和增收渠道。必须坚持城乡一体化发展，体现农业农村优先的原则。必须遵循乡村自身发展规律，保留乡村特色风貌。"❶

乡村振兴战略中，农业文化遗产的发掘、保护、开发与利用具有重要的价值，能够起到关键的作用。其中，在产业兴旺方面，实现农业文化遗产价值的突破点，是一二三产业融合发展，即在农业文化遗产地，以农业文化遗产保护为前提，在充分考虑产业集聚效应和地域分工的条件下，在深入研究农村现有且与农业相关的资源的时空分布、类型、质量等级、数量特征和产业发展基础等因素的基础上，进行创造性的资源开发，通过建立合理的组织形式和经营机制，实现一二三产业有机融合和协同发展。❷

在生态宜居方面，实现农业文化遗产价值的切入点，是农业遗产地的景观保护与生态开发，即以农业文化遗产在长期的历史发展与现代社会变迁中积累形成的人与自然和谐演进的生存理念，及其先天的具有美轮美奂的视觉冲击力的景观生态特征为主要对象，提供发展集农业文化景观欣赏、农耕文化沉浸式体验和农业文明宣传教育于一体的休闲农业和乡村旅游的资源和契机。

在乡风文明方面，实现农业文化遗产的价值着力点，是深入挖掘农业文化遗产的农耕文明内涵，即深入挖掘农业文化遗产在物质与产品、生态系统服务、知识与技术体系，以及精神与文化上的系统性价值，实现遗产地文化、生态、经济、社会全面协调可持续发展，为促进农业可持续发展、带动遗产地农民就业增收、传承农耕文明、建设美丽中国提供可行的路径。

在治理有效方面，实现农业文化遗产价值的落脚点，是继承弘扬农耕社会中的传统治理智慧。在自然适应方面，通过挖掘农业文化遗产自身调节机制所表现出的对气候变化和自然灾害影响的恢复能力，以及在人文发展方面，就农业文化遗产保障区域内基本生计安全，通过其多功能特性表现出的在食物、就业、增收等方面满足人们日益增长的需求的能力，最终实现传统农耕文明基础上的社会治理。

---

❶ 高云才. 乡村振兴，决胜全面小康的重大部署（政策解读·聚焦现代化经济体系）——专访农业部部长韩长赋［N］. 人民日报，2017-11-16（2）.

❷ 李明，王思明. 多维度视角下的农业文化遗产价值构成研究［J］. 中国农史，2015（2）.

在生活富裕方面，实现农业文化遗产价值的着眼点，是在精准脱贫基础上走向共同富裕，即通过"农业功能拓展的动态保护机制""五位一体的多方参与机制"来实现农业文化遗产的经济价值。其中，"农业功能拓展的动态保护机制"是借助市场调节的力量实现最优配置，发展多功能产业，如特色高品质农产品、生态旅游产业和文化产业；"五位一体的多方参与机制"是指以遗产地居民为核心收益群体的多方参与机制和合理的惠益分享机制。

因此，如何通过重要农业文化遗产项目的发掘、保护与利用，发挥农业的多功能性，促进遗产地的经济发展，从而推动乡村振兴战略在中国广大农村地区的落实，成为关系中华传统农耕文明推广、传统农业文化传承和实现中华民族永续发展的重大命题。❶ 我们从乌江流域民族地区农业文化遗产在乡村振兴战略中的意义出发，在搭建农业文化遗产乡村人类学的理论分析框架基础上，进行新时代语境下的农业文化遗产多重价值分析，探索建立中国特色的农业文化遗产的保护发展体系，具有较强的时代意义和重要的学术意义。

二、金碗乞丐：乌江流域农业文化遗产保护与发展现状分析

"乌江发源于云贵高原乌蒙山东麓三岔河，流经云南、贵州、湖北、重庆4省市，55个区、县（包括自治县、市），在重庆市涪陵城东汇入长江，全长1050公里，流域总面积达到87920平方公里。乌江流域是我国西南少数民族的主要聚居区，境内世代杂居着土家、苗、侗、彝、白、布依、哈尼等30多个少数民族，人口1800余万。由于山高林深、道路险阻，乌江流域的少数民族自古就处于相对封闭的环境之中。从总体分布情况看，苗族主要居于乌江流域中下游，布依、彝、白、满、回、蒙各族主要分布于乌江流域上游，土家族主要分布乌江流域下游，仡佬族则分布于乌江流域中游的狭长地带。"❷

自2012年中国重要农业文化遗产项目启动以来，乌江流域农业文化遗产也进行了申报和立项，从图1和表1中展示的情况可以发现一些问题。

---

❶ 徐旺生，闵庆文. 农业文化遗产与"三农"[M]. 北京：中国环境科学出版社，2008.
❷ 李良品，等. 乌江流域民族史[M]. 北京：中央文献出版社，2007.

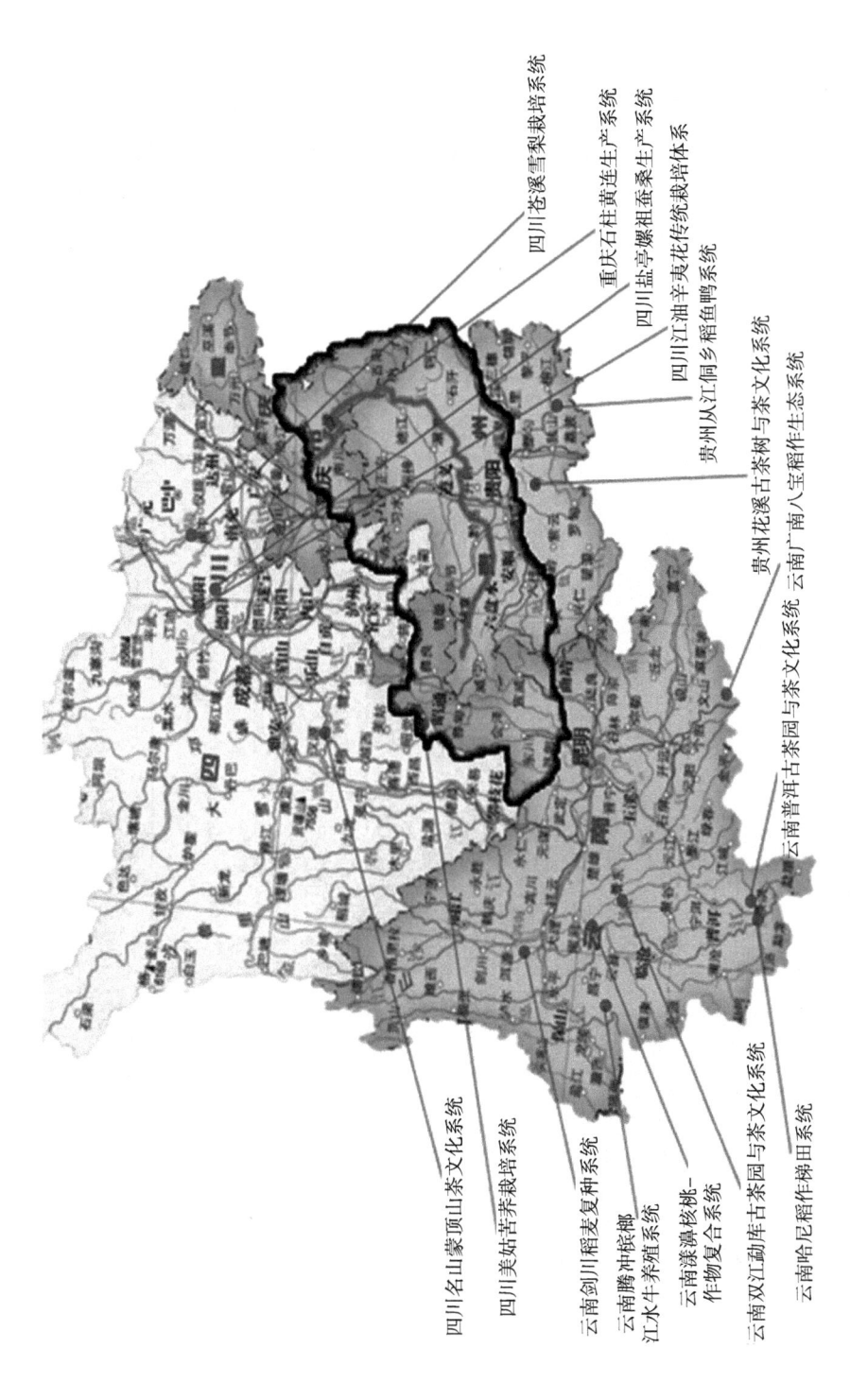

图 1 乌江流域现有中国重要农业文化遗产项目分布图

表1　乌江流经省（市）中国重要农业文化遗产项目概况表
（其中阴影部分为乌江流域已获立项的重要农业文化遗产项目）

乌江流经四省（市）	农业文化遗产项目名称	农业文化遗产地	遗产地主要世居民族	批次/级别	是否为扶贫开发工作重点县	是否为集中连片特困县
云南（共7项）	云南哈尼稻作梯田系统	元阳县	哈尼族、彝族	第一/全球	是	是
	云南普洱古茶园与茶文化	普洱市	哈尼族、彝族、傣族、拉祜族、佤族、布朗族、瑶族等	第一/全球	下辖8县是	下辖9县是
	云南漾濞核桃-作物复合系统	漾濞县	彝族	第一/中国	是	是
	云南广南八宝稻作生态系统	广南县	壮族、苗族	第二/中国	是	是
	云南剑川稻麦复种系统	剑川县	白族	第二/中国	是	是
	云南双江勐库古茶园与茶文化系统	双江县	拉祜族、佤族、布朗族、傣族	第三/中国	是	是
	云南腾冲槟榔江水牛养殖系统	腾冲市	傣族、回族、傈僳族、佤族、白族、阿昌族等	第四/中国	非	非
湖北（共2项）	湖北羊楼洞砖茶文化系统	赤壁市	汉族	第二/中国	非	非
	湖北恩施玉露茶文化系统	恩施市	土家族、苗族、侗族	第三/中国	是	是
贵州（共2项）	贵州从江侗乡稻鱼鸭系统	从江县	苗族、侗族、瑶族	第一/全球	是	是
	贵州花溪古茶树与茶文化系统	贵阳市花溪区	苗族、布依族	第三/中国	非	非
重庆（共1项）	重庆石柱黄连生产系统	石柱县	土家族	第四/中国	是	是
合计共12项			涉及少数民族16个		贫困县占比77%	特困县占比78%

从图1和表1中，我们可以看出乌江流域民族地区农业文化遗产保护与发展还存在一些问题。

（一）意识失位

与先行先试的其他农业文化遗产项目地相比，乌江流域民族地区的农业文化遗产项目的发掘工作尚未有意识地开启。在图1中可以明显看出，在乌江流域民族地区，除了乌江支流区域的贵州贵阳市花溪区和重庆石柱土家族自治县的两项中国重要农业文化遗产项目外，全长1050公里、流域面积近9万平方公里、在历史和现在主要以农业为生计方式的乌江流域民族地区，还没有发掘出其他更多的农业文化遗产，究其原因，主要还是与乌江流域沿线各省、市、区、县和少数民族自治县对农业文化遗产的理解程度不到位有关，直接后果就是难以认识到农业文化遗产对民族地区社会、经济、文化发展的价值。

（二）观念陈旧

与其他集中连片特困地区相比，乌江流域民族地区的农业文化遗产在开发观念上还远落后于相关要求，脱贫攻坚中的作用还未得到充分发挥。乌江流域民族地区作为武陵山区、乌蒙山区和滇桂黔石漠化区三个集中连片特困地区的交叉地带，从表1中可以看出，国家扶贫开发工作重点县和集中连片特困县的比例分别占到了77%和78%。因此，在乌江流域甚至整个西南民族地区，大部分县市的主要工作还是脱贫攻坚，是想办法怎样完成2020年实现全面建成小康社会的任务。农业对于这些地区来说，还只是谋生的行业和维生的手段，对于历史传承的农业生产方式和农耕文明的价值，难以产生农业遗产和农业文化的价值观念。

（三）行动落后

与周边民族地区相比，乌江流域民族地区的农业文化遗产的发掘、保护和利用的行动远远落后。从表1中可以看出，乌江流域民族地区的农业文化遗产项目不仅数量少，而且只有中国重要农业文化遗产项目，没有全球重要农业文化遗产项目，更加值得注意的是，该地区的两项农业文化遗产项目分别是在第三批和第四批才被列为中国重要农业文化遗产，即在2015年10月和2017年11月才获得立项，这一进度已经落后首个全球农业文化遗产项目——浙江青田稻鱼共生系统，分别为10年和12年时间，落后首批认定的中国重要农业文化遗产项目，分别已有3年和5年时间。不难看出，如果再不加大力度实现超越发展，只会被其他地区越拉越远。

（四）力度不足

与乌江流域民族地区丰富的农业文化遗产资源禀赋相比，乌江流域民族地区农业文化遗产的发展速度和开发力度非常不足。在乌江流域民族地区，可供发掘的农业文化遗产项目非常丰富，如常年产量居贵州省第一位的沿河乌桕，既有重要的药用价值，又有重要的工业价值，而且在沿河种植加工的历史可追溯至明朝万历年间甚至更早。这一优秀的地方农业文化遗产项目的潜在资源，如果经过专业的团队发掘和论证，使其全面符合重要农业文化遗产项目的相关要求，是完全有机会申报中国甚至全球重要农业文化遗产的。

（五）研究滞后

与乌江流域其他方面文化事项的研究相比，乌江流域民族地区的农业文化遗产研究还不够深入。自21世纪初期开始，以长江师范学院、遵义师范学院、贵州民族大学等高校为代表的研究机构，开始关注乌江流域多样的民族文化和地域文化，先后以乌江流域民族教育、民族历史、土司文化、地域文化等为专题进行了较为深入细致的学术研究，出版了大量的研究著作，发表了大量的学术论文，然而，对于乌江流域民族地区的农业文化遗产的研究和后续的农业文化遗产地保护、开发与利用问题，在学术界还较少发出相关声音。

正是出于上述五点存在的问题及其他方面的困境，我们将乌江流域民族地区在农业文化遗产发掘、保护与利用方面的状况形象地比喻为"捧着金饭碗的乞丐"。需要注意的是，我们并无意谴责任何地方政府或者当地人民，毕竟农业文化遗产概念的提出并在中国铺展开来至今也不到20年的时间，而且问题的产生很大程度上与该地区落后的经济和封闭的环境有关，也正是由于这一原因，我们认为在乌江流域这一世界上地理、民族和文化多样性展现得最为充分的地区，丰富多彩、价值多元、关乎未来的潜力农业文化遗产项目长年沉睡不醒的状况迫切需要改变，需要在党的十九大提出的新时代建设有中国特色社会主义思想引领和烛照下，"唤醒那沉睡的高山，让那河流改变了模样"。

三、他山之石："重要农业文化遗产"价值的实现与乡村振兴战略

在认识到农业文化遗产在各方面价值的基础上，需要在学术团队或智库的指导下，科学、合理、有序地发掘和利用农业文化遗产。目前，全世界的农业文化遗产是在联合国粮农组织（FAO）领导下进行申报、认定和后续的建设。

回溯农业文化遗产保护的历史，2002 年，FAO 提出了全球重要农业文化遗产 Conservation and Adaptive Management of Globally Important Agricultural Heritage Systems（GIAHS）的概念与保护理念；❶ 2005 年，FAO 认定了第一批 6 个 GI-AHS 试点项目，包括中国的"浙江青田稻鱼共生系统"成功入选；2009 年，FAO 和全球环境基金（GEF）项目"GIAHS 动态保护与适应性管理"正式启动；2012 年，我国的重要农业文化遗产（China‒NIAHS）项目发掘工作启动，并于 2013 年认定第一批 19 项；2014 年，GIAHS 正式纳入 FAO 业务工作范围，❷ 截至 2017 年 12 月，全球共有 35 个 GIAHS 项目地，涉及 15 个国家，中国共认定四批共 91 项 China‒NIAHS（包括我国的 13 项 GIAHS）项目，是世界上 GIAHS 项目最多的国家，也是农业文化遗产的发掘和保护工作开展最好的国家之一。

对于乌江流域民族地区大多数没有农业文化遗产项目申报和后续工作经验的地区而言，借鉴其他地区类似类型的农业文化遗产项目的先进经验，并与本地的实际情况相结合，因地制宜地制定农业文化遗产的发掘和保护方式，才能真正实现以申报促进保护、以保护推动申报的良性循环，明确农业文化遗产的申报和保护在传播农耕文化、传承农业文明、传习乡村智慧方面的真正目的。下文列举的重要农业文化遗产项目，分别代表不同的先进经验，可为乌江流域民族地区农业文化遗产的发掘保护工作提供参考。

（一）"青田经验"：先行先试的示范性优势

浙江青田稻鱼共生系统是中国第一个也是世界首批 GIAHS 项目保护试点，于 2005 年 6 月授牌。该 GIAHS 项目的核心地区位于青田县方山乡龙现村。龙现村保持了极具特色的传统稻鱼共生系统，村内"家家池塘，户户田鱼"，1999 年被农业部评为"中国田鱼村"，由费孝通题字。2005 年被联合国粮农组织评为首批"全球重要农业文化遗产"示范区。❸ 稻鱼共生系统，即稻田养鱼，是一种典型的生态农业生产方式。系统内水稻和鱼类共生，通过内部自然生态协调机制，实现系统功能的完善。系统既可使水稻丰产，又能充分利用田中的水、有害生物、虫类来养殖鱼类，综合利用水田中水稻的一切废弃能源，

---

❶ Mary Janedela Cruz, Parviz Koohafkan. Globally Important Agricultural Heritage Systems: A shared vision of agricultural, ecologicaland traditional societal sustainability [J]. Resources Science, 2009, 31 (6).

❷ 闵庆文. 农业文化遗产及其动态保护前沿话题 [M]. 北京：中国环境科学出版社，2010.

❸ 孙业红. 农业文化遗产保护性开发模式研究——以青田 GIAHS 旅游资源开发为例 [D]. 山东师范大学，2007.

来发展生产，提高生产效益，在不用或少用高效低毒农药的前提下，以生物防治虫害为基础，养殖出优质鱼类。[1]

2005年，浙江青田稻鱼共生系统被列为GIAHS项目保护试点，2013年又被列为首批China-NIAHS项目，该项目对中国乃至全球农业文化遗产保护工作的启动具有重要的标志性和强大的推动力。[2] 在十多年来的保护农业文化遗产的实践中，该项目探索出一套行之有效的经验和做法。具体包括以下五点。

1. 积极挖掘遗产项目的内涵

青田稻鱼共生系统作为全球和中国的首批农业文化遗产项目，具有显著的标杆作用和引领效应。对阐释农业文化遗产的核心理念与深邃内涵具有直接的实证意义。对于GIAHS而言，其核心理念在于彰显传统农业对于保护农业生物多样性和人类基本生存环境的重要意义，以传统农业智慧和农业生产方式实现未来农业的绿色、协调、可持续发展。青田稻鱼共生系统是将人与生态圈的和谐共存展现得最为充分的农业生产方式，也是推动中国的农业文化遗产保护与利用工作向纵深发展的重要环节。实际上，在青田稻鱼共生系统内涵发掘的引领下，中国的重要农业文化遗产项目从0项到91项，只用了短短5年的时间，GIAHS项目从0项到13项，也只用了12年的时间，是世界上各级农业文化遗产立项最多、保护最好、申报积极性最高的国家。

2. 努力实现国际合作与支持

农业是关乎全人类前途和命运的基础，因此国际上对农业文化遗产的关注度非常高，除了GIHAS立项管理和提供资金支持的联合国粮农组织、联合国发展计划署和全球环境基金之外，联合国大学、荷兰瓦格宁根国际等国际组织和NGO也对农业文化遗产表现出巨大的关注。在中国，以农业部为主要领导机构，中国科学院地理科学与资源研究所为主要的执行机构，带领中国科学院农业政策研究中心、北京林业大学等学术机构和高等院校，在农业文化遗产项目的保护规划设计制定、保护和管理办法的拟定与实施等方面，作出了巨大的贡献，摸索出一套"地方—科研机构—国际组织"相结合的保护机制体制，为实现国际合作平台上的农业文化遗产保护提供了可资借鉴的参考。[3]

---

[1] 叶重光，等. 无公害稻田养鱼综合技术图说 [M]. 北京：中国农业出版社，2003.

[2] 闵庆文，等. 中国GIAHS保护试点：价值、问题与对策 [J]. 中国生态农业学报，2012 (6).

[3] 苑利.《名录》时代中国农业文化遗产保护与利用的跨产业参与问题 [J]. 中国农业大学学报（社会科学版），2014 (3).

3. 引起国内外各界广泛关注

相对于或雄壮或秀丽或精巧或崇高的自然文化遗产和物质文化遗产而言，农业文化遗产由于植根于乡村承袭千年的传统农业生产方式，因此很难被主观本位认识到其价值和意义，需要经过外部的立项、宣传和实际经济效益的提升，来逐步唤起遗产地人民的保护意识，重塑其关于农业生产的价值观。在青田县的稻鱼共生系统获得 GIAHS 立项之前，这一传统的农业生产方式已经几度面临濒危，在侨乡青田，本来从事农业生产的人数就不多，使用传统的稻鱼共生方式进行水稻生产主要集中在相对偏远的龙现村。2005 年 6 月 9 日—6 月 11 日，随着农业部、中国科学院、浙江省农业厅、青田县人民政府和联合国大学等项目合作单位分别在杭州和青田召开了"全球重要农业文化遗产保护项目'稻鱼共生系统'启动研讨会"，农业文化遗产这一全新的遗产保护类型与方式，得到了包括中央电视台、人民日报社、新华社、China Daily、BBC 等国内外媒体的广泛关注，在宣传农业文化遗产保护方式的同时，也让中国和世界都了解了遗产项目所在的浙江省青田县，当龙现村的名字出现在《自然》《科学》等国际一流学术期刊上时，农业文化遗产的宣传带动作用也得到了极大的彰显。

4. 设立专门的遗产管辖机构

农业文化遗产作为一种需要投入大量时间、金钱和人力物力的珍贵遗产，既涉及有形的农业场所、农耕工具、农业产品，也涉及无形的农耕方式、农业技术和农耕文化，所以既不能完全按照其他遗产保护的方式设置管理机构，更不能由管理一般文化事项的文化部门或者管理一般农业生产的农业部门来兼任管理机构。在中国，农业文化遗产的保护在中央由农业部负责，主要机构为农业部休闲农业司，在地方上由地方农业部门（农业厅、农业局）负责。为了弥补农业部门在遗产保护方面的经验不足，成立了以农业部为依托的重要农业文化遗产项目领导小组和重要农业文化遗产评审专家委员会，广泛吸收来自农学、地理学、环境学、文化学、遗产学、民俗学、社会学、人类学等各个学科和方向的专家学者，对重要农业文化遗产的项目申报、组织、管理和后续保护工作的开展进行全方位的指导。在青田稻鱼共生系统这一示范项目中，成立了以浙江省农业厅为依托的农业文化遗产保护委员会，以青田县政府为依托的项目管理委员会，在县政府中设立专职机构、专业人员、专家工作室进行长期的动态管理，为其他农业文化遗产项目制定了组织机构方面的标准。

5. 探索保护规划的编制方式

作为中国和世界的首批重要农业文化遗产项目，青田稻鱼共生系统在各个方面都需要探索出前人没有尝试过的道路和方法。在保护规划编制方面，根据GIAHS对遗产项目的要求，在申报项目的同时需要提交项目的保护规划。为了有效保护青田县的重要农业文化遗产，也为后续各项农业文化遗产项目作出示范，浙江青田的稻鱼共生系统的农业文化遗产的保护规划主要由中国科学院自然与文化遗产研究中心编制，该规划对农业文化遗产的保护和开发步骤、开发程度、发展方向等进行了严格的规定和说明，目标为实现农业文化遗产的有效保护、有序开发和有利发展，在保护农业文化遗产的同时促进地方经济发展，改善遗产地人民的生活状况。❶

（二）"石柱经验"：多方努力实现后发先至

"重庆石柱黄连生产系统"是2017年6月正式被农业部公布认定的第四批中国重要农业文化遗产，遗产核心保护区位于重庆市石柱土家族自治县东北武陵山余脉齐岳山区的黄水镇、枫木乡、冷水镇、沙子镇、中益乡、金竹乡等乡镇全境，洗新乡大部、石家乡、悦崃镇、三益乡、桥头镇、三河乡、六塘乡等乡镇东部，以及县西南部三星乡、龙潭乡部分区域。

石柱县黄连种植素以栽培历史悠久、种植规模大、产量佳而闻名全球，其人工栽培历史至今已有700余年。作为新入选的中国重要农业文化遗产项目，石柱黄连生产系统在挖掘、组织和申报及后续保护方面形成了一些最"新鲜"的经验，可为有志于重要农业文化遗产申报的政府开启当地的农业文化遗产申报和保护工作提供参考。

1. 绿色发展与全境康养的发展理念

农业文化遗产的发掘保护与开发利用，本质上是对机会趋势的分析和行动方向的引领。石柱土家族自治县黄连农业文化遗产的发掘保护与开发利用研究，是以当地文化资源、经济条件、生态品种、自然旅游资源和区位条件为出发点，充分利用重要农业文化遗产项目申报和实施的整合作用，并在遵循文化产业、社会发展和旅游发展的基本规律的前提下，推行政府主导、学界参与、商业开发和媒体宣传的综合型发展模式，遵循"人本、整体、活态、民办、原真、独特、有序"的传承、开发、保护原则，具体采取以"整合·连通·

---

❶ 闵庆文，孙业红. 全球重要农业文化遗产保护需要建立多方参与机制——"稻鱼共生系统多方参与机制研讨会"综述［J］. 古今农业，2006（3）.

保护·品牌·开发·应用"为核心战略理念的方案。

根据上述原则和石柱县的实际情况，石柱县政府将黄连中国重要农业文化遗产的申报与全县全境康养旅游的规划结合起来，充分利用石柱黄连主产区的生态植被和高山清凉资源，打造石柱休闲避暑等康养旅游基地。重点在黄水、冷水、沙子等中心区域建设集药膳、药浴、药疗、观光、休闲避暑、养生等于一体的乡村旅游基地，推动石柱县黄连产业、旅游产业的融合发展。❶

2. 完善的管理组织和保护政策体系

石柱县政府在县特色产业办公室的基础上，整合各方资源，专门成立了申遗工作办公室和工作领导小组，负责遗产的申报和后续遗产地的建设、管理工作。黄连申遗领导小组编制了《重庆石柱黄连产业发展规划（2015—2025年）》，对今后石柱黄连产业的发展提出了六项重点任务和六种措施。其规划具体目标为，整合已有石柱黄连医药资源，组建石柱黄连医药产业联盟（协会），以《国家中药材保护和发展规划（2015—2020年）》《重庆医药产业振兴发展中长期规划》等为指引，加快推进黄连产业发展，通过调结构，延伸黄连产业链，培育黄连GAP种植基地和产业集群，切实将黄连产业从低端的传统农业转型为现代生物医药产业的发展模式，力争在十年内，初步建成石柱黄连产业体系。

在申报成功以后，石柱县政府主要领导签字盖章的《重庆石柱黄连生产系统重要农业文化遗产管理办法》和《石柱土家族自治县人民政府承诺函》同时公布，郑重承诺保护重要农业文化遗产重庆石柱黄连传统生产系统及其相关的生产方式、生物多样性、知识体系、文化多样性以及农业景观。

3. 多方金融与智力支持机制的建立

为了使石柱黄连重要农业文化遗产的各项规划能够切实落地，在金融支持和资本流动方面，石柱县也做了大量的工作，建立了生态补偿、新农村建设资金流动、地方优惠政策等多渠道的资金筹措方式，并在此基础上成立了农业文化遗产保护与发展基金，专门用于农业遗产的保护与开发。

在重视农业文化遗产保护与利用专项资金筹措的同时，石柱的农业文化遗产保护工作还特别注重通过智库与地方合作共享的协同发展机制，推进各方智力资源对农业文化遗产保护与开发工作的支持。在重庆石柱黄连生产系统的申

---

❶ 田阡，王欣. 冷水溪畔——八龙村土家族文化生态的人类学考察［M］. 北京：知识产权出版社，2015.

报和保护工作的具体实践中,以西南大学、长江师范学院、中国科学院地理科学与资源研究所相关学者及其团队所组成的智库,在重要农业文化遗产评审专家委员会的相关精神引领下,用规则指导重庆石柱黄连生产系统保护实践,在理论上和实践方面做了大量的工作,有力地支持了"重庆石柱黄连生产系统"中国重要农业文化遗产项目的申报和立项成功。❶

以上遗产所在地的经验给乌江流域不同地区、不同社会情况和不同遗产类型的农业文化遗产申报指明了道路和方向,对于捧着农业文化遗产"金饭碗"的乌江流域各地方政府而言,前途已然明晰。接下来就要一步步扎扎实实地开展工作,在相关学术机构的指导引领下,科学合理地从本地的农业文化遗产资源普查、筛选和确立申报项目入手,进行农业文化遗产的发掘和保护,并通过各级别农业文化遗产的申报,实现以农业文化遗产项目为代表的传统农业生产方式和农耕文明的传承与保护。

四、以报促保:乌江流域农业文化遗产的申报及保护利用的实现

针对乌江流域民族地区农业文化遗产保护的现状,借鉴其他各级农业文化遗产地的先进经验,可以通过加强几个方面的具体工作,实现乌江流域民族地区农业文化遗产的发掘保护与创造性转化,在申报农业文化遗产项目的基础上推进该地区的社会经济文化全面发展。

(一)摸清遗产家底,充实项目资源

乌江流域民族地区拥有丰富的农业文化遗产资源,但从农业文化遗产资源到农业文化遗产项目,还有很多工作要做。没有完全按照农业文化遗产的要求摸清乌江流域民族地区的遗产资源,是当前该地区获全球和中国两级重要农业文化遗产立项的项目较少的主要原因之一。因此,乌江流域民族地区农业文化遗产申报及保护利用实现的第一步,是将该地区符合全球重要农业文化遗产项目要求资源的分布情况,农产品种植(养殖、培育、改良)的历史,农作物品种的生物多样性特点,农业生产方式的独特性、地域性、民族性、示范性,农产品对其所在地农民生产生活方式的影响等,进行全面的普查,并形成相当规模的乌江流域民族地区农业文化遗产项目资源库,今后两级农业文化遗产的

---

❶ 重庆市石柱土家族自治县人民政府.重庆石柱黄连传统生产系统——保护与发展规划[Z].内部资料,2017.

申报，主要就按照进入该资源库的时间和重要程度排序，实现该地区农业文化遗产项目的逐级高效发掘。另外，在本方面的工作中，还要注意将乌江流域民族地区农业文化遗产项目的发掘，与该地区其他与农业相关项目的农业文化方向转化结合起来，如非物质文化遗产中的农业非物质文化遗产项目，农特产品中具有文化内涵的项目，地标产品中与农业相关的项目等，但在转化过程中应注意农业文化遗产项目与其他项目的异同，不能简单认为只是将其他项目换个名字，甚至只是换个申报书的形式和项目批准的部门就能成为农业文化遗产项目，要严格按照联合国粮农组织全球重要农业文化遗产申报的要求逐条对照，才有可能成为候选农业文化遗产项目。

（二）制定保护规划，建立保障制度

在两级重要农业文化遗产项目的申报程序中，除了《重要农业文化遗产申报书》以外，《重要农业文化遗产保护与发展规划》《重要农业文化遗产管理办法》，以及县级以上政府主要领导签名盖章的《承诺函》，也是必需的申报材料。其中，《重要农业文化遗产保护与发展规划》要求由总则、遗产特征与价值分析、保护与发展的 SWOT 分析、保护与发展的总体策略、保护规划、发展规划、能力建设规划、风险与效益分析、保障措施、附件等 11 个部分进行全面的介绍和论述；《重要农业文化遗产管理办法》和《承诺函》是需要县级以上人民政府盖章、主要领导亲笔签名的地方法规，目的就是在当前我国地方政府组织和管理方式背景下，对保护重要农业文化遗产及其相关的生产方式、生物多样性、知识体系、文化多样性以及农业景观，作出具有法律效力和可检查性的郑重承诺。同样，乌江流域民族地区各级县以上政府，在充分认识到农业文化遗产价值的基础上，一旦决定要进行农业文化遗产项目的申报及后续的保护利用工作，必须统筹协调全县（区、自治县）各部门的力量和资源，着眼未来，规划在前，制度先行，保障有力，唯有如此，才可能符合重要农业文化遗产所关注的"全球物种多样性和人类可持续发展"的要求。

（三）加快项目培育，加快申报进度

农业文化遗产资源库的建立，政府的重视和保护发展规划的制定，最终还是要回到具体农业文化遗产项目的培育和申报中，否则就是无源之水、无本之木。处于三个集中连片特困地区交界、地方政府普遍收入不高的乌江流域民族地区，更要注意有限的人、财、物资源的有效利用，集中力量办大事。虽然农业文化遗产项目的培育和申报涉及农业、文化、旅游等诸多部门，但更多的工作是调整、整合和归纳,在注意方式方法的基础上,以往的很多材料都可以再次利用,最大限度地节约资源。但是需要指出的是,在项目的培育方面,要注意农业文化遗产项目和农业产业项目、地方土特产项目的联系和区别,要认识到农业文化遗产项目当前可能并非本地经济效益最高、种植面积最大的农作物,但一定是最有历史和文化内涵、最具地方和民族代表性的农业生产方式,最终让该进入农业文化遗产资源库的项目进来,将不该进入农业文化遗产资源库的项目拒之门外;在项目的申报方面,要明晰农业文化遗产项目的申报流程、逐级申报的部门,以及全球和中国两级农业文化遗产项目申报的时间节点,并根据节点规划各项申报工作完成的最终时间,实现以项目申报倒逼项目发掘和开发利用,以农业文化遗产项目的培育和申报整合地方政府与农业相关的各部门工作的目的。

(四)引入多方力量,推动共享共治

农业文化遗产项目是最具有地方特色,与该地区人民的生产、生活,以及感情联系最紧密的农业生产系统的代表,因此得到各界人士的关注。但值得注意的是,农业文化遗产的发掘、保护和利用工作往往并非是由政府开始,也不是单凭地方政府的力量能够完成的。在以往重要农业文化遗产项目申报的前期工作中,学界、企业、社会组织,甚至个人都曾经起到重要的作用。乌江流域民族地区农业文化遗产资源极其丰富,但地方政府的时间、精力和财力都是非常有限的,全部集中到农业文化方面的工作上来既不现实也不可能,所以相较于其他地区,乌江流域民族地区的政府更有必要积极引入多方力量来关注、发掘和保护农业文化遗产。例如,利用研究乌江流域民族地区的相关高校和研究机构的研究成果,指导农业文化遗产保护的实践,建立以学者为核心、各方参与的各级农业文化遗产专家保护工作委员会,为政府的决策提供重要咨询;又如,可以尝试建立多方参与的新型地方智库,通过项目发掘、政策解读、决策咨询等多种方式,充分整合各方的智力资源,为地方社会经济文化的发展提供源源不断的支持,充分发挥智库的人才高地、智力集群和研究深入优势,开拓农业文化遗产保护多方参与的新领域、新方式和新机制。最终实现多方参与基础上的资源整合,多方受益基础上的共享共治。

在农业文化遗产项目的发掘—申报—保护—利用—发掘的循环中,资源普查基础上的发掘是基础,两级重要农业文化遗产项目的申报是主体,农业文化的保护是目的,农耕文明的新时代创造性转化、创新性发展是目标。乌江流域民族地区各级县以上政府和农业、文化、旅游等主管部门,可以根据自身农业文化遗产的实际状况"看菜吃饭",已经完成的阶段,可以按照相关的重要农业文化遗产项目标准对照参考,尚未开展的工作,可以按照我们指出的路径按部就班。根据我们之前申报和管理农业文化遗产项目积累的成功经验,在各方的密切关注和大力推动下,相信实现乌江流域民族地区农业文化遗产的"以报促保"指日可待。

五、结语:通过农业文化遗产引领新时代生态美丽中国目标实现

党的十九大是当前和今后相当长一段时间内我国经济、社会、文化各方面发展方向的指引和价值取向的引领。习近平总书记在十九大报告中指出:"中国特色社会主义进入新时代,我国社会主要矛盾已经转化为人民日益增长的美好生活需要和不平衡不充分的发展之间的矛盾。"新时代对农业发展战略提出了新的要求。十九大报告指出新时代农业发展的方向是实现乡村振兴:"农业农村农民问题是关系国计民生的根本性问题,必须始终把解决好'三农'问题作为全党工作重中之重。要坚持农业农村优先发展,按照产业兴旺、生态宜居、乡风文明、治理有效、生活富裕的总要求,建立健全城乡融合发展体制机制和政策体系,加快推进农业农村现代化……构建现代农业产业体系、生产体系、经营体系,完善农业支持保护制度,发展多种形式适度规模经营,培育新型农业经营主体,健全农业社会化服务体系,实现小农户和现代农业发展有机衔接。促进农村一二三产业融合发展,支持和鼓励农民就业创业,拓宽增收渠道。"❶

新时代农业文化遗产保护工作应当树立新的目标。在十九大精神的指引下,通过乌江流域民族地区的重要农业文化遗产项目推动农业文化遗产的发掘和保护,实现乡村振兴战略,任重道远。当前,三农问题已经由解决农民真穷、农村真苦、农业真危险的问题转向农民要致富、农村要发展、农业要现代化的新层次。通过多种方式加快补齐农业现代化短板,是实现"两个一百年"重要目标的最后一块拼图。农业文化遗产的发掘、保护与合理有效的利用,就是当前解决农产品需求面临升级、有效供给跟不上,资源环境承载能力有限、

---

❶ 习近平.决胜全面建成小康社会 夺取新时代中国特色社会主义伟大胜利——在中国共产党第十九次全国代表大会上的报告(2017年10月18日)[EB/OL]. 中国政府网, http://www.gov.cn/zhuanti/2017-10/27/content_5234876.htm, 2017-10-27.

绿色生产跟不上、国外农产品价格低廉、国内竞争跟不上、农民增收传统动能减弱、新的动力跟不上等新问题的主要抓手。

新时代应当在新的机制和模式下创造性地开展工作。今后，在实现农业现代化的进程中，只有加快构建政府、高校、智库、民间团体、企业和媒体的多方参与机制，多方合力推动，才有可能更快实现十九大提出的宏伟目标。智库和学者团队在《重要农业文化遗产保护与发展规划》《重要农业文化遗产管理办法》等纲领性文件要求的基础上，充分结合民族地区的实际情况，在项目过程管理、项目实施效果评估、项目价值发掘、项目示范推广等方面，充分发挥高校和智库的重要作用，发掘出更多的全球和中国重要农业文化遗产项目，传承中国光辉灿烂的农耕文化、传播中华民族的传统智慧和农业文明精华。

我们相信，在绿色、生态、可持续发展理念的指引下，在全球重要农业文化遗产项目的规范下，将乌江流域民族地区建设成为产业兴旺、生态宜居、乡风文明、治理有效、生活富裕的农业现代化田园综合体，从而引领西南民族地区乡村振兴战略的实施，定能实现富强、民主、文明、和谐、美丽中国的宏伟目标。

作者简介：

王剑（1981— ），土家族，湖北恩施人，副教授，民俗学博士，西南大学中国史博士后流动站博士后，长江师范学院乌江流域社会经济文化研究中心专职研究人员，主要从事农耕民俗与区域民族文化研究。重庆涪陵408100。

基金项目：

重庆市教育委员会2018年人文社会科学研究项目基地项目"农业文化遗产发掘保护与重庆民族传统村寨乡村振兴路径研究"中期成果。

中华农耕文明的乡村振兴

济宁城南运河沿岸五个村落民间传说产生的社会文化背景[1]

谭 淡

摘 要：济宁城区以南，京杭运河沿岸的赵村、石佛村、新店村、新闸村、仲浅村五个村落，流传着一些富有神奇色彩的民间传奇人物传说。通过田野调查发现，这些传说以新店村居多，也最为全面。传说中的传奇人物就生活在新店村，他们是民众的代表，具有朴实、勤劳、诙谐的个性。传说本身也描述了运河与湖泊交汇地带传统农业社会的生产生活状况。本文主要探讨运河沿岸民间传奇人物传说产生的社会、文化背景。村落民间传说具有区域文化史的价值，虽然，其为虚构和夸张的口头表述，但保留了村落历史发展过程中的一些信息，是研究村落民俗文化、方言词语音义等变迁的重要资料。将传说与具体的村落地理环境和人文环境相结合，能够更好地理解其对于村落的精神价值。

关键词：济宁；运河；村落；民间传说

元朝至元三十年（1293年）大运河全线通航，漕船可经由杭州直抵大都，自此，大运河成为交通南北经济的黄金水道。水路的畅通，不仅便利了漕粮的运输，对于传统宗法社会的政治统治和文化传播也带来了极大便利。民间文化也借助运河传播开来，并在运河流域呈现出一定的共性特征。

京杭大运河济宁[2]段古称济州河，于元朝至元二十年（1283年）建成。济州河出济宁城天井闸、任城闸，向南依次经过赵村、石佛村、新店村、新闸村、仲浅村[3]五个杂姓聚居村落。本文所探讨的传奇人物传说就流传于这五个

---

[1] 本文是在笔者硕士毕业论文《济宁城南运河沿岸民间传说探析——以村落传奇人物传说为例》所做田野调查内容的基础上重新整理而成。
[2] 济宁，旧称任城、济宁府、济宁直隶州等，即今山东省济宁市。
[3] 石佛村已经在城市扩建中消失，目前在建新的城市小区。赵村目前正在进行拆迁。赵村、石佛村、新店村现属于太白湖新区。仲浅村隶属于微山县鲁桥镇。

村落中。

这些传奇人物传说在流传的过程中形成了多个主题（或情节单元），各主题之间是不平衡的，有些主题本身可视为完整的传说，而有些主题却比较简单，细节性叙述不足。然而，这多个主题之间具有紧密的内在联系，都是围绕三个传奇人物展开，它们共同构成一个传说系列，具有传说叙事结构的系统性。

传说以其产生地新店村的口头异文最为丰富和完整，它们基于新店村历史上实际存在的人物和事件而产生，属于人物传说中的地方英雄人物传说，[1] 具有神奇性的特点。其主要人物包括：三位传奇人物，即尚宏冠、宋千斤和刘铁腿，以及娄金狗和张天使[2]。目前，尚氏后人仍居住在新店村，并尊称尚宏冠为"洪爷"。因尚宏冠小名叫"小聪"[3]，所以，春节期间，尚氏后人禁食葱；宋氏、刘氏后人早已迁出。

考察传说内容，其产生并发展于明清时期，当时，运河经济处于稳定的发展状态，沿运河兴起的村落已经初具规模，村落文化认同已经非常强烈。

随着非物质文化遗产申报活动的开展，很多地区已经对流传于民间的传说、故事作了收集整理，并作为传统城市文化的补充进行发表或出版，在一定程度上用文字的形式保留了部分民间口头文学作品，但是多数文章或著作仍然属于资料收集性质，对传说、故事的内容进行理论分析和历史考据的研究性论著相对较少，其民俗内涵和历史、文化及审美等方面的价值还没有充分展现。因此，在作文本整理的同时，需要对传奇人物传说产生的社会文化环境作一初步的整理和分析。

一、村落传奇人物传说的三个主题

该系列传奇人物传说共有七个主题，本文只选取三个主要主题进行分析。在田野调查录音和记录的处理方面，由于该地区方言土语比较多，而且存在很多有音无字的方言词，为便于对传说进行更好的解释，所录传说内容已经过适当修改，将几处不便于理解的词汇转换为普通话常用语，同时，省略了几处不宜公之于众的方言口头禅用词。对大部分方言字、词的读音采用同音字或反切

---

[1] 依据张紫晨《民间传说中人物分类》。见张紫晨. 民间文艺学原理[M]. 石家庄：花山文艺出版社，1991：104. 段宝林《民间文学教程》未提到村落英雄好汉人物的归类。

[2] 在济宁城南运河沿岸，"张天师"读若"张天使"，文中除引用论著部分用张天师，其余用该方言称谓。

[3] 此处"小聪"为记音字。

的方式于正文中注出,释义部分置于尾注。

1. 尚宏冠得天书

新店西南近处有一个叫小河滩的地方,就是一处滩地,它在老运河南岸的南坡下边。在这里有一个传说。一天,阳光明媚,幼年的尚宏冠沿着老运河堤玩耍。小河滩处有个庙,在那里,一个老嬷嬷❶在晒书,晒了一大片书。突然,天空乌云密布,狂风四起,眼看就要下大雨了。老嬷嬷一个人忙着收书,但是忙不过来。尚宏冠马上跑过来,帮着老嬷嬷拾书。收完书,老嬷嬷看看尚宏冠,觉得还挺善良的,就问他:"你认字不?"尚宏冠说:"认的不多。"老嬷嬷说:"给你本书看吧!"就这样,尚宏冠得到了天书,一开始他也不知道是天书。慢慢地,尚宏冠学会了,会念咒,使定法。❷

注:该讲述者为新闸村村民,65岁,家境比较富裕。他看书比较多,有一定的学识,曾于镇里任职,与济宁运河文化协会有过联系,所以在讲述中运用了一些书面语。

另一简单异文:

老嬷嬷见尚宏冠挺机灵,也挺善良,就问:"你认识字不?"尚宏冠说:"上过一年学,认识几个,不多。"老嬷嬷说:"送给你一本书看吧,我再教教你!"慢慢儿地,尚宏冠就学会了。

2. 张天使破风水

[张天使乘船]西起南阳,到济宁[来],[他是]活神仙。那时候,[尚宏冠、宋千斤、刘铁腿他们]都[待这合]混穷。❸[有一天,]他们都待河滩搒豆子,[看见]张天使的船[驶过来了],[张天使的船]挂着五色帆。[那时候]他(指尚宏冠)也捣蛋❹,尚宏冠念咒,[说,]快跑一百步以外,插上锄,[掌❺帽子崁到锄杠上。张天使一个]掌心雷,

---

❶ 老嬷嬷,该地区对老年妇人的统称。第一个"嬷",读若妈,阴平声,第二个读轻声。
❷ 定法,即定身法,指把人和活动的东西定住,使之不动。与"念咒"同属于道教词汇。
❸ 因过去济宁城南地区旱涝无常,农民生活非常贫困,多有四处乞讨或替人干零活谋生者,或者迁居到地势稍高的崮堆上生活。
❹ 捣蛋,指青年人爱开玩笑,爱捉弄人,在口语中略有贬义。
❺ 掌,方言词,即使用、运用之意。

["咔嚓",把锄都给劈烂了]。[张天使掐指一算,]新店出能人了,作怪了❶。[张天使掌]斩天剑❷,[待新店闸背上井的]倒搅三圈,正搅三圈。淌了三天三夜的污气。[新店的风水就让他给破了。]

3. 和王崮堆争地

  眛儿时❸,湖里回回干,王崮堆……以前新店村小,人也少。王崮堆人多势众。新店人在运河南的湖地里种的地,王崮堆的人说占就占,新店人种的麦(音每,阴平声)子,王崮堆的人去收。新店的人拿着白蜡杆子去看地,王崮堆的人拿着苘杆子,就这样[新店的人]也打不过人家。

  这一年,快收麦子了,村里的人又开始发愁了,天天去地里守着。那时候,尚宏冠、刘铁腿、宋千斤三个人都是小青年,也就二十多岁。他们三个人一合计,准备给新店人长长脸。刘铁腿弄了两块大车轱辘上的铁皮,也就是车瓦,绑在腿上,用裤子一盖,再把裤腿一扎,一点儿也看不出来。宋千斤找了一条鸡蛋粗的牛皮编的缰绳,一边拴一个碓麦(音每或磨)子子,用手往肩膀上一扛,三个人就去了。走到王崮堆,王崮堆的人都跑出来了,手里还都拿着苘杆子,一看新店就来了三个人,很是瞧不起,说:"新店没人了,就来了三个毛头小子!"三个人也没理他们。

  王崮堆那地是个老会场,地方宽敞(音草)。靠着会场边儿,有个牲口市儿,那里有一溜拴牲口的石柱子,一个个都老粗,磨得溜光。宋千斤就在场子当中,跟使流星似的,揉开了两个碓麦子子,揉得呼呼的,碰着不死就伤。刘铁腿走到那些石柱子间,抬腿伸到石柱子后,然后用劲一带,一脚一个,把那些石柱子都踢得粉碎。王崮堆的人都吓傻了,撒腿就要往家里跑。尚宏冠站在那里一直没动,他是个文的(即有点学问),会念咒。见王崮堆的人要跑,念了个咒,把他们都定住了,光能眨眼儿,不能动。把王崮堆的人定住后,他三个人就回新店了。那时正是五月的天,热乎辣(阳平声)的,从中午头,一直到太阳快落山,王崮堆的人站在那里晒了溜溜的一天,一个个喊爹喊娘。天忒热,别把人晒坏喽。王崮堆留在家里的人,赶紧找人说和。定好再也不占新店的地了,这才算完。又

---

❶ 作怪,该地区民众的传统观念认为,只有那些有法力、得道的人才能做出不同于常人的事情,而他们做的有破坏社会秩序的事情即被认为是"作怪"。
❷ 斩天剑,一说为斩仙剑。
❸ 记音词。意为以前、从前。

请新店的人吃了一个月的席。到那地只要一说是新店的就白吃席。

二、传奇人物传说的特点

借助于口语的表述,传奇人物的故事情节生动地展现出来。从讲述内容的情节和词语角度分析,该地区传奇人物传说具有两个明显的特点。

(一)情节的神奇性

传说中有大量与道教有关的术语,如天书、念咒、定法、张天师、五色帆、掌心雷等,这些术语使情节的展开和人物本身具有了神奇性,并营造出该地区民众信仰方面的神性环境。在传统自然经济条件下,民众依靠体力劳动解决衣食住行问题,受生产力发展水平制约,改造物质世界的能力有限。现实中往往会出现很多无法解决的问题,于是,占领信仰领域便成为民众聊以自慰的重要精神需求。道家思想重视人的能力和精神,这种思想逐渐融入到民众的精神品格中,即乐观积极地面对问题。所以后世道教在发展的过程中塑造出了众多具有改变现实社会能力的神灵,而民间也不断创造出各种地方性神祇,并不断想象出种种具有改变现实的神奇法术。最终,民间神祇都归拢于道教的大神仙系统中。神奇性是人们改造世界的一种阶段性精神需求。

传说中出现大量的神奇性情节和词汇,反映了该地区民众在保护自身利益方面的努力和精神诉求。同时,这种神奇性氛围的营造,对于该地区民众的村落文化认同和文化自豪感的形成具有重要作用。处在该文化环境中的讲述者在讲述的过程中,潜意识里不断增加情节主题和细节,从而将村落英雄形象提高到神化地位。

(二)讲述内容的生活场景化

在传统自然经济条件下,以农业生产为主的民众严重缺乏文化知识和娱乐活动,传说讲述者凭借简单的词汇和丰富的肢体语言将简单的故事情节生动地讲述出来。传说讲述是一种不自觉的文化传播活动。极富乡土气息的方言土语很容易使处于文化中的人构想出现实的场景,日常所见的实物和生活的区域环境被生动的情节串联起来,调动了民众的好奇心理,形成简单的文化自觉。村落文化认同的形成与村落历史记忆和传说故事的讲述有重要关系,有效的传承和讲述需要借助于各种要素来调动听者的感官,达到强化记忆的效果。而讲述者生动的口头语言和丰富的肢体语言对于听者来说是一种艺术表演,能够一定程度上满足文化贫瘠时代民众的精神需求。

三、传奇人物传说产生的社会文化背景

从传说讲述内容来看,传说反映了三个方面的社会问题,即土地、官民和信仰问题,它们构成了传奇人物传说得以传承并不断丰富的矛盾核心。

(一) 土地矛盾

济宁城区以南区域,自元朝以来,因黄河屡次泛滥,破坏了该区域水系的正常流向,故而形成湖渚,加之旱涝无常,而水患尤甚,这就成为影响该地区传统农业村落区位选择的重要因素。现在南阳湖区域被称为"崮堆"的地名,实际上是过去地势比较高的小块土地,因为大水不易侵犯,所以多有住户散居,慢慢地便形成了村落。

运河通行以后,商贾运卒往来频繁,商业机会增多,散居于各处崮堆上的住户,逐渐移居到运河闸坝附近,依循运河河堤的地理形势而居。由运河两岸之东、西石佛村,东、西赵村,新店村本身河南、河北的叫法可知村落范围的扩张依托于运河的流向。《济宁直隶州志》对村落分布有详细记载。

传说中描述的村落间的土地争夺,只有在文化认同比较强烈的村落才会出现械斗性质的土地争夺现象,而此现象的产生由济宁城南运河沿岸的自然地理状况所决定。山东省南四湖水域本身具有一定的自然地理特点,湖区在水源充足时为湖泊,水源不足时为农田,湖泊与农田频繁地交替变换。迁移与旱涝必然导致土地占有问题的紧张。在传统自然经济条件下,土地是生存的根本,在旱涝无常的湖滨地区,各村落对于湖地占有的争夺从未停息。直到20世纪80年代末90年代初,新店村和新闸村两个村落还常因湖中土地的归属而大动干戈。在土地的行政归属不明确或者法定归属模糊的情况下,武力的强大是保证土地占有与使用的极为重要的条件。因该区域特殊的自然地理环境,所以,传说中出现为争夺土地而大显武力的场景有其必然性。

(二) 官民矛盾

社会政治环境与治安状况对于民众的思维影响巨大,这种影响会通过口头文学的讲述不自觉地反映出来。"涂尔干指出,理解社会不仅要看它的物质性构成,更重要的是要看有关于这个社会的观念。"[1] "传说中的具体事件,是有其深刻的社会历史背景的。正如马塞尔·莫斯提出'社会整体事实论'的概

---

[1] 莫斯,等. 巫术的一般理论,献祭的性质与功能 [M]. 杨渝东等译. 桂林:广西师范大学出版社,2007 (1): 译序5.

济宁城南运河沿岸五个村落民间传说产生的社会文化背景

念,认为'整体要比个体更真实'。将具体传说内容这些表象的细节与具体历史社会背景的整体性相联系,探寻这些表象的决定性力量。"❶

明清以来,政府的政令对农村社会产生了重要影响,如赋役制度中,明朝施行的一条鞭法、清朝施行的摊丁入亩,这些政策的实施,使人与土地的关系趋于紧张化。此外,由于官员盘剥、盗匪盛行、漕运与农业争水等原因,济宁城南运河沿岸的农业发展比较缓慢。《漕河图志》对此有记载:

> 西岸自石佛以下,大都水占。自道光三年被灾以后,沥水递积,迄未涸出。东岸虽尚耕种,然亦多水洼,堤岸高于平田才四、五尺。平田与河内之半槽水相平,土性胶黑保泽,松柔长谷,若得念切民依,畅晓农事,不专为属吏计囊橐之君子莅其土,而河员又不掣肘,相度地势人情,虑熟而后发,要以三年,成效必著,可使同于江南之高邮、宝应,每年约地力所出,粳米不下四五百万石矣。较广平之磁州、永年,保定之文安、大城,水性土质皆远过之。❷

在政府对民间的控制方面,由于宗法制政府对民众施行严苛的统治政策,造成民不聊生,民间逐渐形成了以秘密教门形式存在的反抗组织。明清两朝各种秘密教门盛行,且影响范围不断扩大。《明实录》记载的秘密教门有35种,清代官府记载为107种。❸"官方破获'邪教'的数量,明代是243多起,但到清代,则猛增到近507起。"❹明中后期,秘密教门的发展异常迅速,"不仅教门名目增多,而且起义不断"❺。据统计,"从成化到隆庆100多年的时间里,教门武装起事达到45起,其中千人以上有12起;从万历到天启的50多年间,教门起事达到32起,千人以上的7起"❻。清代,乾隆朝以前,"多为秘密传教活动,较为分散,乾隆朝则不断发生较大规模的起事造反行动,给乾隆以极大的震撼"❼。据学者统计,仅嘉、道两朝的教门起事造反活动就有

---

❶ 莫斯,等.巫术的一般理论,献祭的性质与功能[M].杨渝东等译.桂林:广西师范大学出版社,2007(1):译序7.
❷ 谭其骧.清人文集·地理类汇编·第四册·漕河图志·卷一(第1版)[M].杭州:浙江人民出版社,1987(8):658-659.
❸ 孟超.明清秘密教门滋蔓研究[M].福州:福建人民出版社,2009(11):62.
❹ 孟超.明清秘密教门滋蔓研究[M].福州:福建人民出版社,2009(11):63.
❺ 孟超.明清秘密教门滋蔓研究[M].福州:福建人民出版社,2009(11):67-68.
❻ 孟超.明清秘密教门滋蔓研究[M].福州:福建人民出版社,2009(11):67-68.
❼ 孟超.明清秘密教门滋蔓研究[M].福州:福建人民出版社,2009(11):99-100.

"30多次,而且规模很大。其中嘉庆十八年(1813年)天理教袭击紫禁城事件尤为突出,被嘉庆皇帝称为'汉唐宋明未有之事'"[1]。由于民间秘密教门对政治统治和社会稳定都带来了极大影响,所以,政府对于秘密教门的约束与管理也越来越严厉。

同样,在山东中西部地区及运河沿线,民间教门也异常盛行,如一贯道等秘密教门沿运河不断传播发展。《孔子世家明清文书档案》中存有多卷有关严厉打击民间教门的行政文书和缴获的教门内部传抄的经文。政府不断加紧对民间不稳定因素的打压和控制,这种政治影响通过民众的口头讲述活动保留了下来。如传说中张天使以朝廷御封宗教首领的形象,有意破坏村落风水而限制村落人才的出现。张天使是政权形象化的表现,民众有意使政权与民间的对立形象化,以此来突出政治权利与人性、民生之间的对立与制约关系。

民间英雄好汉的恶作剧惊动了朝廷、政权,政治力量便以破坏、打压为手段,彻底消灭其生长环境,即传说中民间信仰的神性环境。政权的力量显然是孤立的民间英雄无法抗拒的,这也是张天使破坏村落风水时,没有出现英雄们反抗情节的原因。民众还没有主动的反抗意识,同时,也说明政权对民间社会的严密监控和压制的力量过于强大。张天使威风凛凛地出行,巡查天下,其职责是维护政权的统治和稳定。反抗大多被镇压,而秘密教门活动便愈加隐秘。

(三) 信仰环境

在传统自然经济条件下,宗教文化是影响民众思维与行动的重要因素。从田野调查来看,解放初期济宁城南各村落庙宇的数量各不相同,如下表所示:

济宁城南各村落庙宇统计

村名	村落庙宇	庙宇数量
东赵村	土地庙、火神庙、奶奶庙、龙王庙	4座
东石佛	望海堂、石佛阁(即玉皇庙)、土地庙、火神庙、龙王庙	5座
新店	土地庙、火神庙、奶奶庙、关帝庙、龙王庙等	13座
新闸	土地庙、火神庙、奶奶庙、龙王庙等	9座

注:该信息来源于老年村民的回忆,由于时代变迁,所忆庙宇数量可能偏少。

---

[1] 孟超. 明清秘密教门滋蔓研究 [M]. 福州:福建人民出版社,2009 (11):102.

从所列庙宇来看，各村落基本上都供奉有土地庙、火神庙、龙王庙、奶奶庙，因这四座庙宇的神灵管辖着生产生活的三个重要方面，即农业生产、家庭平安和儿童健康。虽然所供奉的神灵多为民间神祇，但与道教的关系却十分密切。

除道教外，石佛村的佛教历史最为久远。该村运河西岸为望海堂，佛寺，建置年代早于石佛阁。运河东岸为石佛阁，其可考的最早年代为北朝，后历经重修扩建，成为济宁的一大景色，文人墨客多有游记描述，《济宁直隶州志》对此有记载。因朝代更迭和宗教政策的变化，石佛阁最终变成玉皇庙，成为一个佛道合一的庙宇，解放前后由和尚管理。虽然佛寺历史悠久，但仍以玉皇庙的玉皇大帝信仰为主。据老年村民回忆，其大殿供奉的主神系铜铸玉皇大帝，年代不可考。"文革"期间，该神像被破坏。1997年，几位村民自发于原址建起一座小三间玉皇庙，泥塑玉皇爷神像，香火仍旧旺盛。今该处已建成商品房小区，庙宇尚存。

济宁城南运河沿岸的信仰文化环境属于道教影响下的民间信仰，与道教相关的传说故事必然伴随南北物资、文化交流而传播开来。如江苏有"真人与天师斗法"[1]，与"张天使破风水"的情节结构极为相似，具有明显的口头文本传播痕迹。再向北，河北昌黎有"昌黎的风水"[2]，这三个传说中都存在"风水"被破坏的细节，明显受到道教风水观念的影响。

道教影响和水路文化传播伴随物质经济的交流和人口的流动而产生。人们在流动的过程中，将一地的故事传播到另一地，而接受地又将本地域的文化融入其中，从而形成有本地区特点的传说、故事，这是民间文化传播的一个重要表现。

道教作为中国的本土宗教，其理念已经融入民众的潜意识中，成为中国文化的一种特殊品格。元朝时期，全真道盛极一时，其宫观遍及北方。山东地区所受宗教文化的影响，除了佛教外，鲁东地区主要是以崂山为代表的全真道教，而鲁西运河沿线，由于运河水运通畅，南北经济、文化交流频繁，使得正一道符箓派的影响逐渐深入济宁至临清各农村。《任城区志》记载，解放初期"境内道士多为全真派……少数为正一派"。在济宁境内，全真教的影响比正一道的影响深远。道教文化的广泛传播，使处于传统自然经济条件下的广大民

---

[1] 黄华编.民间故事（一）[M].上海：上海正气书局，1947.12.
[2] 白庚胜总主编.中国民间故事全书·河北·昌黎卷[M].北京：知识产权出版社，2007.9：254.

众普遍接受了道教的观念与思维。至今，各农村地区的民间符箓师、术士仍大量存在，只是其所画符图已兼及佛教图案，所用材料和工具亦与时俱进，新式印刷品和宣传手段也为其所熟用。对于道术等神秘力量，该区域民众仍习惯称"某某会某某法"，称道术中的咒语为念咒，其神秘性仍旧很强烈。

四、结语

济宁城南运河沿岸流传的民间传奇人物传说，具有特定的事件发生地指向，传说中的人物，有其特定的生存环境。在地理、文化、经济、社会各种因素的影响下，具体的村落历史事件逐渐被附会、夸张，从而形成具有神奇色彩的人物传说。其中所表现的朴实民风，成为对现实村落民俗氛围的一种引导。

传说是代际文化传承的内容，能够让后人找到祖先的活动痕迹，同时也是村落文化共同体确立自信、在内部与外部形成自豪感的重要精神依托。对于运河区域的杂姓村落来说，文化认同的形成、传统民俗观念的传承，以及完整民族性格的保留，都需要借助于民间传说、故事等传统民俗文化的有效展示和传承，而传说讲述活动也是村落文化中重要的非物质文化表现形式。

要更好地理解一种民俗文化，应将其置于特定的文化生态环境中去思考和分析，通过民众的讲述、展示与传承，从主位的角度去理解其方言和思维方式。传说虽然是虚构的，但是，可将其视为村落的一种文化史，因为其中保存了很多传统自然经济条件下的生产生活信息，将这些具体信息重新连接起来，可用于分析传统社会的民俗文化状态和民众的精神面貌。重视传说的区域文化史价值，将传说等口头文学的研究深入到分析社会和民众的原初状态。

虽然传奇人物传说本身是优美的，然而，时代的快速发展、流行文化的肆意泛滥、冲击着传统民俗文化的生存空间。传统民俗文化所能带给人们的精神力量已经无法满足人们对艺术美和优质生活的追求，而流行文化、各种媒体和科技产品所能提供的休闲娱乐方式，已经充溢了人们快节奏的生活。人与传统民俗环境逐渐脱离，民俗文化的活态存在逐渐衰微。

济宁城南运河沿岸的民间传奇人物传说，已经处于即无讲述者也无倾听者的境地。这种惨淡状况是历史发展的必然。民俗文化本身是民众生产生活方式的伴生品，它在形成之后具有独立性。观念性的民俗具有很强的生命力，但是物质性、口头性的民俗却具有很大的脆弱性。鬼神崇拜与节日情怀已经融入人们的血液中，成为民族文化的根本性特征，即使表现形式发生变化，但其中的民俗文化情怀是没有变化的；而需要借助于物质实体的技艺型、经验型民俗以及纯粹的民间口头文学,一旦人们的生活观念和生活方式发生变革,那么这种脆弱的伴生文化将会彻底消失。民众不断主动或者被动地改变生活方式,他们作为民俗的创造者和使用者,没有责任挽救不再适应于现实生产生活的民俗文化。民众能够做的仅仅是保留民俗文化中可贵的精神观念,而用新的形式来表达和展示。

作者简介:

谭淡,男,1983年3月生于山东济宁,南京师范大学民俗学硕士,2011年毕业。现在山东曲阜孔子博物馆从事纸质文物修复工作。

参会感想:

首先,非常感谢西南大学历史文化学院和民族学院的各位老师和同学,为我们提供了一次宝贵的学术交流机会,使我有机会聆听专家们的教诲,在学术研究的广度和深度方面使我受益匪浅。从评议中可以看出,各位专家一致强调学术的规范性、严谨性以及学术研究的问题意识。紧紧围绕问题展开论述,按照思维的逻辑顺序,有条理地表述。在确立研究主题之后,应从多个角度进行分析。农业文化遗产的历史背景、学术研究现状、出现的新问题和新情况都需要清晰地表述。在田野调查中,要仔细观察。农业文化遗产是活态的农业生产、生活文化,承继的传统与变异的表现都应纳入观察和研究的视角,分析被观察者的思想观念和思维模式。专家们的评议高屋建瓴,直指我在学术思维上的缺憾和不足。年轻的生命聚在一起能够激发学习和研究的兴趣,并有利于形成良好的学术研究氛围。在阅读和聆听了各位青年学者的会议论文之后,发现大家的思维非常活跃,从史学考据、田野报告、网络推广等角度分析农业文化遗产,使我有耳目一新的感觉,今后应加强学习,多向各位专家和学者请教,增加学术积累并运用发散思维来分析民俗学问题。再次感谢各位老师和同学们的辛苦付出,谢谢!

曲阜孔子博物馆　谭淡

文化元素丰富美丽乡村内涵

——以浙江省平湖市鱼圻塘村为例

王佳星

摘　要：随着社会主义新农村建设事业的发展和推进，各地积极探索美丽乡村的建设模式，努力让乡村美且有内涵。本文基于浙江省平湖市鱼圻塘村的实地调研，总结了鱼圻塘村将文化元素引入美丽乡村建设的具体实践和效果，并从该村建设中得出了几点启示。

关键词：美丽乡村；文化；内涵

各地积极推进社会主义新农村建设事业发展，成效越来越显著。在此基础上，中央提出了建设"美丽乡村"的战略任务，鼓励各地因地制宜探索各具特色的美丽宜居乡村建设模式。笔者近期赴浙江省平湖市鱼圻塘村，就该村"省级美丽乡村示范村"的建设模式开展了调研，对美丽乡村建设的实践有了深入了解。调研发现，鱼圻塘村作为拥有历史文化底蕴的村子，抓住了浙江省推进美丽乡村建设行动计划的机遇，不仅整治了农村环境，改善了社会服务，提升了乡村的"颜值"，还通过挖掘和培育特色乡土文化等举措，丰富了美丽乡村的文化内涵，实现了从传统农村到具有特色的美丽乡村的蜕变。

一、浙江省推行美丽乡村建设的背景

（一）乡土记忆淡忘

近些年来，浙江省的老年人口增长快，规模大，截至2015年，浙江省60岁及以上老年人口已达984.03万人，占总人口20.19%，同比增长4.29%，浙江省已进入人口老龄化阶段。农村中老年人口的增多和空心化等现状，使农村承载的乡土记忆正在被淡忘，这样的情况引起了浙江省的重视。在农村建设中，浙江省格外注重文化保护和建设，不仅对古村落加以保护利用，而且在农村全面推广建文化礼堂，截至2016年7月，浙江省的农村文化礼堂已建成

5371家。浙江省对乡土文化的重视，极大保护了乡土记忆的留存和传承，推动了农村的精神文明建设，提高了公共文化服务水平，为美丽乡村建设中的文化元素挖掘和培育打下了坚实的基础。

（二）财政大力支持

改革开放以来，浙江省从农村工业化起步，着力推进城乡经济发展，浙江省的经济连年增长，成为中国经济强省。据《浙江省政府工作报告》披露，2015年，浙江全省生产总值达到42886亿元，增长了8%；城乡居民人均可支配收入达到43714元和21125元，分别增长8.2%和9%。在这样的情况下，浙江省在乡村建设上，具有使"金山银山"和"青山绿水"相互转化的经济实力。浙江省设立了支持美丽乡村建设的专项资金，并出台《浙江省美丽乡村建设专项资金管理办法（试行）》，大力支持全省的美丽乡村建设，为有条不紊地推进美丽乡村建设提供了经济保障。

（三）体制机制成熟

美丽乡村建设是一项复杂的系统工程，涉及面广，时间跨度大，需要有成熟的体制机制做保障。浙江省坚持领导牵头、部门联动、分级负责的领导体系，形成了统筹推进美丽乡村建设的强大合力，保障了组织力度。同时，美丽乡村的建设情况成为衡量干部政绩的重要内容，列入了综合考评范围，强化了激励措施，在制度上保障了美丽乡村建设的持续有效推进。

浙江省在基层社会治理上依托平安建设信息系统，采用了"网格化管理、组团式服务"模式，经过几年的实践已在农村地区运行成熟。这种社会治理模式使政府的管理精细化，加强了地方政府与村民的联系，能够及时把相关信息和情况上传下达，增进相互理解，平稳推进了美丽乡村建设。

（四）总体规划合理

浙江省在美丽乡村建设上坚持"一张蓝图绘到底""一年接着一年干、一届接着一届干"的指导思想，有效地保证了美丽乡村的有序发展。自2003年起，浙江省实施"千村示范、万村整治"工程，着力改善农村人居环境；2010年，进一步提出推进"美丽乡村"建设的五年规划，将农村政治、经济、文化、社会、生态文明建设有机结合；2015年，浙江省建成了2500个美丽乡村特色村，构建起了具有浙江特色的美丽乡村建设格局。

二、鱼圻塘村建设美丽乡村的实践

鱼圻塘村位于浙江省平湖市北郊，由9个村合并而成，是平湖市最大的行政村，鱼圻塘村的集镇区域已有800多年历史，拥有深厚的历史文化底蕴。在浙江省相关政策的支持下，鱼圻塘村积累了一定的发展基础，于2013年成功申报"省级美丽乡村示范村"的创建计划，得到了各级财政资金支持，美丽乡村建设稳步推进。

（一）打造宜居乡村

鱼圻塘村邀请平湖市城市规划设计院对美丽乡村建设进行规划设计，在听取了市、镇主管部门和专家意见的基础上，鱼圻塘村确立了"五结合"的原则，即结合新社区建设，结合解决村民群众问题，结合本村民俗文化特色，结合生态自然环境，结合长效管理，为美丽乡村的创建提供合理规划。鱼圻塘村的宜居美丽乡村建设可以总结为"美化、洁化、绿化"这三个方面。"美化"工作围绕着住房进行。鱼圻塘村投入35万元改造红卫河、集镇农房的外立面，统一刷白；在集镇、赵家坟、小新村等自然村落农居点，投入10万元制作文化墙，融合村里的民俗文化，在墙上绘制有关农村建设、计划生育、科普宣传等内容。鱼圻塘村在集镇地区建新社区，在基础设施上投入资金250万元，征地80亩，规划总户数150户。"洁化"工作是指鱼圻塘村通过五水共治、三改一拆、生猪减量等举措，疏浚了河道，实现了生猪清零，改善了生态环境。"绿化"工作体现在鱼圻塘村投资100万元建设绿地公园，其中红卫河北侧建成了2000平方米的村落小公园，集镇北侧建设9000平方米的绿地公园，在村主要入口设置了景石，这些举措大大增加了村里的植被覆盖率，也为鱼圻塘村创建了新的风景。

（二）挖掘历史遗产

鱼圻塘村注重挖掘村里的历史遗产，保护村庄传统文化，延续乡土文化血脉。鱼圻塘村的集镇区域是南宋时期宋军为清除海盗、兴修水利所建的驻守大营故地，即鱼圻塘寨，这里有纪念南宋抗金名将刘铸大将军的刘公祠，鱼圻塘村先后投入510万元对刘公祠整体规划、扩建，建立展览馆、钟鼓楼等。刘公祠内陈列着以最粗、最重被纳入"大世界基尼斯"著称的蜡烛。每年重阳节、春节期间，总有慕名而来的香客、游客会聚到鱼圻塘村，自发举办起"鱼圻塘"庙会，这种传统延续至今，成为鱼圻塘村的一大文化特色。鱼圻塘村还有浙北最大的露天戏台"鱼香戏苑"，这是村里1996年投资50多万元修建的，可容纳万人看戏。刘公祠和鱼乡戏苑是村里民俗活动的集中地，不仅有村民在刘公祠里迎大蜡烛、逛庙会，看民俗文化表演，还吸引了大量游客来观光。

鱼圻塘村在非物质文化遗产上也注重发掘和传承。《鱼圻塘龙旗龙伞舞》是当地失传已久的非遗民间舞蹈节目，起源于南宋时期，舞蹈再现了刘铸大将军在鱼圻塘要塞剿匪安民时出征、凯旋的场景。鱼圻塘村邀请市文联的老师来重新挖掘编排这一舞蹈并参加交流演出，获北京市第29届龙潭庙会金奖和韩中国际"木槿花"奖等多项奖励，高水平的表演不仅传承了非物质文化遗产，而且打响了鱼圻塘村的知名度。

（三）扶植当代乡风

在重视村庄的历史文化传统的同时，鱼圻塘村还通过多种手段培育了当代乡风。2012年，鱼圻塘村投入30万元兴建乡风文明馆，馆里设立民俗文化、乡风文明、乡贤名人、战斗英雄、村庄发展等展区，通过实物、影像资料、文字和模型等形式宣传展示，馆内所有的农耕器械等展品都来自村民们的无偿捐赠。乡风文明馆展现了原汁原味的村落文化，再现了鱼圻塘村的发展轨迹、文明乡风、道德先进人物等，打造成了青少年教育基地。

乡风文明的塑造还需要现实中的榜样，鱼圻塘村在农村社会治理上引入了村里德高望重的退职村干部、老党员等"乡贤"，推选这些人担任村民小组长、河道保洁员、垃圾收集员、水利道路维修员、党员先锋站站长等，让他们活跃在村子里，服务村民，调解纠纷。

为了引导村民形成文明家风，鱼圻塘村开展了星级家庭评比。2014年，鱼圻塘村的星级评比扩展到"十星"，文明户可分为守法星、致富星、卫生星、孝敬星、和睦星、公益星、义务星、诚信星、文教星、绿色星等十项内容，让农户自评、互评，再由村组审议、公示，评上星级户的家庭在家门口挂牌展示，做得不好的摘星，通过村民间舆论的力量引导农户在生活中积极挣"文明分"，自我管理，自我约束。

（四）培育文化生活

鱼圻塘村采取多样的方式在村民的生活中培育文化元素。鱼圻塘村里建有文化大礼堂，基于村民的情况和需求举办学习班和讲座。在2016年暑期，针对村里青壮年打工、家里老人带孩子的普遍情况，鱼圻塘村请来了老师专门为村民做"隔代教育讲座"，与老年人就摆正心态、教育孩子等方面进行了交流。2009年，退休教师于照法被聘为鱼圻塘村"春泥计划"流动辅导站的文化辅导员，几年来，于老师利用寒暑假免费教村里孩子写作、绘画、剪纸、拉二胡、书法等，丰富了孩子们的假期生活。

鱼圻塘村每年都举办春节联欢晚会，由企业赞助，村民参与演出，激发村民观看演出的热情。除此之外，鱼圻塘村还有自己的村歌《醉美鱼圻塘》，乡风吹开记忆，走进人文明村，刘铸大将军壮举，至今依然传承……村歌里表露了鱼圻塘村的人文特色和精神气派。在调研期间，笔者赶上新埭镇泖水乡歌的交流赛，各村的代表分别表演了自己的村歌。他们以艺术的形式，塑造着村庄的集体文化认同感。

三、效果

（一）凝聚了民心

我们发现，鱼圻塘村关注并满足了村民的实际生活需求，通过综合举措把旧村打造成了美丽宜居的村落，所任用的村里德高望重的乡贤群体，也成为行政力量与村民之间的有效缓冲带。鱼圻塘村在培育当代乡风时，采用家庭评星级的方式，在邻里舆论中激发村民的荣誉感，从而主动改变生活方式。村民在村里的生活更加和谐、方便。各种文化活动加强了村庄的互动与沟通，凝聚了民心。

（二）形成了特色

鱼圻塘村挖掘了历史文化，投入大量资金修缮刘公祠，延续并发扬了庙会传统；修建鱼乡戏苑，构筑村里的历史文化空间；重新编排《鱼圻塘龙旗龙伞舞》，传承了文化遗产；建造乡风文明馆，实体化了乡村记忆。村里不仅环境美了，生活服务方便了，而且村庄的人文内涵得到了大大提升，这些使得鱼圻塘村的美丽乡村具有历史和文化价值，具备不可替代性。

（三）增加了收入

鱼圻塘村依托当地特色文化，做"名人、名节、名戏"的文章，走出了一条旅游文化兴村道路，通过土地流转，鱼圻塘村还发展了特色农业，引入了工业企业。这些举措推动了鱼圻塘村的商贸发展，提升了集体经济实力，丰富了农民的就业渠道，增加了农民收入。2015年全村总产值达到10亿元，农业产值4933万元，工业产值9.1亿元，三产服务业4799万元，农民人均纯收入达26189元，同比全国农民人均收入高一倍有余。

四、几点启示

鱼圻塘村在美丽乡村建设中形成了一个有特色、可复制的美丽乡村模版，从其建设实践中可得出几点启示。

(一) 合理规划，找准亮点

在一些地方开展美丽乡村建设过程中，存在一个明显的问题就是做表面文章，缺乏长远合理的规划，换一届领导换一个方案，导致很多烂尾工程产生。鱼圻塘村用了三年的时间建成"省级美丽乡村示范村"，离不开前期全省推进乡村建设的积淀，也离不开符合村内实际情况的合理规划。美丽乡村并非千篇一律，应既有乡村之美，又有地方文化特色，"谋定而后动"，明确方案中建设的方面和达成的标准，使美丽乡村的建设既能保有地方特色，又能高效稳步推进。

(二) "发明传统"，形成特色

鱼圻塘村每年重阳节在刘公祠迎请大蜡烛、举办庙会文化艺术周，是对传统的延续，也是对传统的创新。这种创新意味着一整套通常由已被公开或私下接受的规则所控制的实践活动，具有一种仪式或象征特性，暗含着与历史的连续性。鱼圻塘村的实践卓有成效，围绕刘公祠举办的活动既弘扬了爱国主义精神，也增强了文化艺术的交流，让鱼圻塘村有了地方传统文化特色。这让我们看到，传统并不是古代流传下来的固化的陈迹，而是当代人依托习俗根据新的文化需求的创造。

(三) 转换视角，激发认同

在鱼圻塘村的案例中，"第三方视角"是一个值得注意的问题，它能够通过视角转换达到增强村民文化认同感的作用。乡风文明馆通过展示村庄的历史发展和农耕文化等内容，让村民以旁观者的视角来反观自己的日常生活，如农具是从农耕活动中凝练出的物质符号，成为馆内展示的藏品，意味着在村民熟悉的生计中嵌入了文化感。鱼圻塘村的民俗文化吸引着远近的游客，游客本身属于村落中的"第三方"，当他们游览观光进到村子后，村民也能意识到村落传统文化习俗的价值，产生文化和群体认同感，形成内生的凝聚力。

作者单位：
农业部农村经济研究中心社会文化研究室。

基金项目：
本报告属农业部农村经济研究中心社会文化研究室主持的中心重大课题"农村社会治理问题研究"的阶段性成果。

农业文化遗产与民族地区精准扶贫研究
——以"重庆石柱黄连传统生产系统"为例

刘 坤

摘 要：为了实现党和政府提出的精准扶贫、精准脱贫战略，特别是在民族地区，以"重庆石柱黄连传统生产系统"为例，课题组在仔细查阅历史文献资料以及田野调查的基础上，提出了应从历史性、系统性、濒危性方面深度发掘农业文化遗产。2017年在申请国家重要农业文化遗产成功之后，又进一步提出了将农业文化遗产与当地的经济、文化、旅游、民族等工作相结合，特别是与美丽乡村建设、休闲农业建设、少数民族特色村寨建设相结合，挖掘新的经济增长点，最终实现农民增收和民族地区的可持续发展。以农业文化遗产引领民族地区的精准扶贫工作，为其他民族地区实现扶贫——脱贫——致富提供可供借鉴的范式，最终实现全面建成小康社会的目标。

关键词：精准扶贫；农业文化遗产；重庆石柱；黄连传统生产系统

李克强总理在2017年的政府工作报告中指出，贫困地区和贫困人口是全面建成小康社会最大的短板。要深入实施精准扶贫精准脱贫，今年再减少农村贫困人口1000万以上，完成易地扶贫搬迁340万人。中央财政专项扶贫资金增长30%以上。[1]不难看出，我们的党和政府提出的精准扶贫、精准脱贫战略，主要是针对"十三五"期间我国脱贫攻坚面临的新形势和新挑战制定的，特别是在大多民族地区更显迫切。在精准扶贫、精准脱贫的过程中，各民族地区虽然探寻出了多种推动地方发展的路子，但以农业文化遗产作为主要抓手的精准扶贫方式的调查与研究还比较少见，因此，本文以候选中国重要农业文化遗产项目——"重庆石柱黄连传统生产系统"作为研究对象，在查阅历史文献资料与田野调查的基础上，研究农业文化遗产与民族地区精准扶贫之间的关系，构建民族地区以农业文化遗产为核心的可持续发展模式，以期能实现从扶贫——脱贫——致富的蜕变，最终实现全面建成小康社会的目标。

一、农业文化遗产的调查方法与结果

(一)"重庆石柱黄连传统生产系统"的调查方法

课题组在前期查阅相关历史文献资料的基础上,于2016年7月1日至2017年4月1日对重庆石柱土家族自治县进行了深入的田野调查。

(二)"重庆石柱黄连传统生产系统"的调查结果

1. 石柱黄连种植区域

石柱县地处武陵山集中连片特困地区的核心地带,是典型的喀斯特溶岩地貌影响下的老、少、边、穷地区。全县共31个乡镇,总人口54.79万人,幅员面积3012.51km²,南北长98.3km,东西宽56.2km。自古以来,除玉米、红薯、马铃薯外,大多数粮食作物和经济作物在石柱县的种植和推广情况皆不尽人意。唯有县境内西部地区武陵山余脉齐岳山区的高海拔地区(15个乡镇)黄连的种植和加工,具有一定的代表性和经济价值。根据重庆石柱黄连传统生产系统界定,重庆石柱黄连传统生产系统核心区位于县东北武陵山余脉齐岳山区的黄水镇、枫木乡、冷水镇、沙子镇、中益乡、金竹乡等乡镇全境,洗新乡大部,石家乡、悦崃镇、三益乡、桥头镇、三河乡、六塘乡等乡镇东部,以及县西南部三星乡、龙潭乡部分区域,见图1。

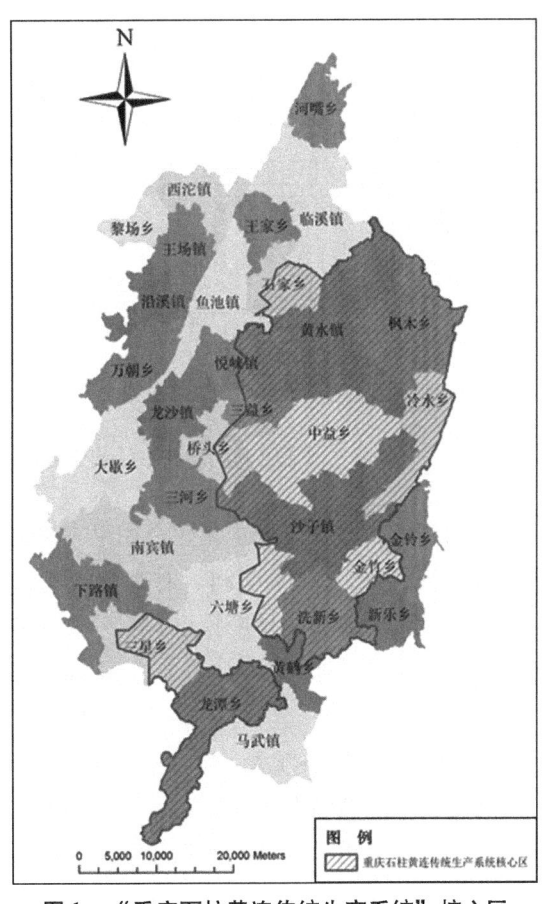

图1 "重庆石柱黄连传统生产系统"核心区

2. 石柱黄连传统生产系统

"重庆石柱黄连传统生产系统"是川东鄂西土家族人民因地制宜创造的农耕文化生态系统，是广大石柱人民生存和发展的根本。作为一种留存至今的活态遗产，石柱黄连的种植、加工和销售系统，在现代生活中依然发挥着重要的作用，黄连传统生产系统框架图见图2。

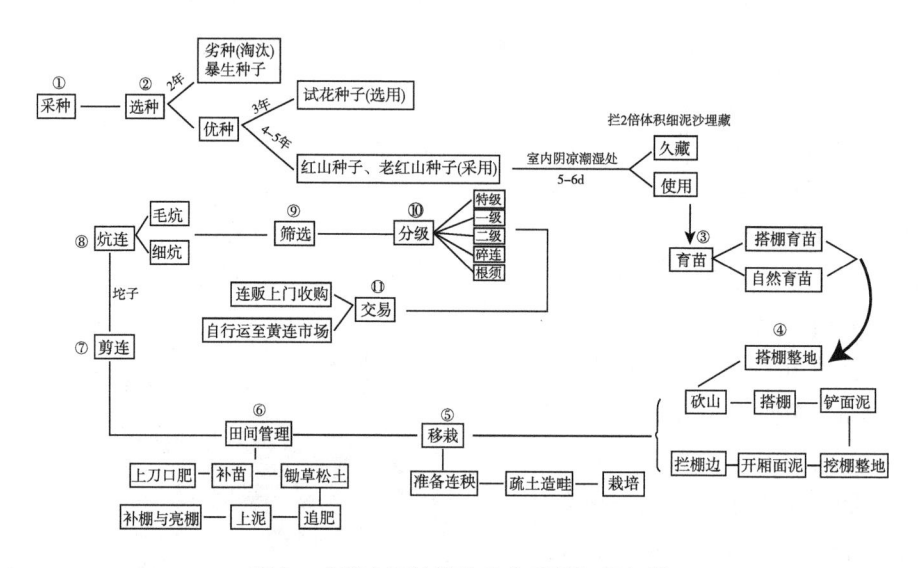

图2 "重庆石柱黄连生态系统"框架图

从图2可知，黄连为多年生药用草本植物，在土壤里生长留蓄时间长，从播种到收获需要5~7年时间，对土质、气候、阳光、肥料要求特殊，选择性强。通过世代种连人的不断摸索，从采种育苗、搭棚移栽、棚间管理、采收加工，总结出了一套黄连的栽培技术和加工技艺，保障了石柱黄连的产量和品质。

3. 石柱黄连种植效果

石柱县是毛茛科黄连属植物黄连的原始产地，也是全球黄连产量最大的地区，是闻名世界的"黄连之乡"。石柱县种植黄连核心区的15个乡镇中，2016年，连农达到3万余人，石柱县新种植黄连3839.7hm²，收连933.3hm²，产量3500t，收入达3.5亿元，见表1。

从表1可以看出，石柱黄连的种植面积在逐年增加，从事种植黄连的人数在不断上涨，黄连的产量和连农的收入也在呈逐年增加之势，且增加速度正在不断加快。

表1　石柱县黄连种植情况（2013—2017年）

年份	种植乡镇/个	种植面积/hm²	收连面积/hm²	种植黄连人数/人	黄连产量/t	连农收入/亿元
2013	14	2899.2	586.1	25302	2100	1.9
2014	14	2965.1	598.3	27420	2200	2.2
2015	15	3135.7	799.6	28766	2600	2.7
2016	15	3839.7	933.3	30000	3500	3.5
2017	15	3944.3	1400.0	32000	4000	4.0

注：2017年为预估数据。

二、农业文化遗产的深度发掘与申遗

农业文化遗产是中华文明立足传承之根基。做好农业文化遗产的发掘保护和传承利用工作，对于促进农业的可持续发展、带动遗产地农民的就业增收以及传承农耕文明均具有十分重要的作用。

（一）"重庆石柱黄连传统生产系统"的深度发掘

1. 石柱黄连的历史性发掘

"重庆石柱黄连传统生产系统"的黄连种植和加工方式有着悠久的历史和丰富的文化内涵。历史起源方面，黄连最早见于战国至东汉时期托名神农的《神农本草经》，至今已有1400多年的历史。黄连在我国分布较广，长江流域几乎各省都有。但自古以来，唯有四川凭天时、地利、人和之光而成为近代历史上最著名的黄连产区。所产黄连以品种优、质量好、产量大而闻名天下。汉末李当之本草：黄连"惟取蜀郡黄肥而坚者善"。三国时，吴普曰：黄连"或生蜀郡大山之阳"。公元6世纪陶弘景《名医别录》记："黄连，生巫阳川谷及蜀郡太山。二月、八月采。""巫阳即巫山之南也"（《中文大辞典》）。南北朝后至明清，黄连主产区除四川保持不变外，他省兴衰变迭较大，多半只能极一时之盛。而在四川，又尤以川东的石柱、巫溪、城口等县和川西的峨眉、洪雅、荥经等县经久不衰，分别成为我国味连和雅连最著名的产区。

2. 石柱黄连的系统性发掘

在物质与产品方面，石柱县位于四川盆地的东部边缘山地河谷带，属亚热带湿润季风气候，这种气候通常不适合进行精细的农业生产，但却是黄连生长的最佳自然条件。不难理解，黄连种植是当地土家族人由于自然条件的限制而进行的因地制宜选择的结果，是一种遵循自然、尊重生态的选择与创造。黄连是当地连农最重要的经济收入。所以，长期以来，当地黄连生产的规模和产量都较大。目前，石柱县年产量约3000t，约占全国黄连市场份额的60%。

黄连从药材到商品的基础是种植，然而种植的程序烦琐，每家每户种植黄连的技术又是不一样的，所以种出来的黄连有好坏之分，但大体上种植程序是一样的。种植是黄连加工的前提，经过几年的生长，连农可以采收黄连。采收季节一般为移栽后第五六年的10—11月，采收工序多且复杂，其中最核心与最难把握的黄连加工技术炕连。图3展示了黄连的核心加工环节。烘、炕黄连主要使用传统工具，现在可以用机器（黄连烘干机）了。将炕好的黄连砣子进行分批，大的拿去继续烘炕，这个过程被称为细炕，最后则用槽笼去掉黄连砣子上面的毛须，黄连砣子就正式变成商品黄连了。

（a）核心生产环节：选种　　（b）核心加工环节：炕连　　（c）核心交易环节：分级

图3　"重庆石柱黄连传统生产系统"核心环节

3. 石柱黄连的濒危性发掘

石柱黄连的发展历史悠久而曲折，黄连的种植面积和产量不仅在历史上出现过高、低峰期，而且在近年来，也有过高、低谷时期。同时，在石柱黄连生产的各个主要基地（冷水、枫木、石家、栏木、万胜等乡村），其产量及面积也不尽相同。究其原因，主要是价格的上下波动、劳动力的变迁、土质的影响、虫害的影响等。在调查中我们发现，这些原因又会导致黄连种植面积进一步缩减以及黄连产量进一步减少，如此恶性循环，最终导致黄连的发展前景出现濒危的状况。此外，随着社会的发展、现代农业科技的运用，传统的生产栽培和采收加工技艺进一步弱化，这也会导致石柱黄连传统生产系统的濒危状况。

（二）"重庆石柱黄连传统生产系统"的申遗工作

重庆石柱县的黄连种植素以栽培历史悠久、种植规模大、产量品质高而闻名全球，其人工栽培历史距今已有700余年。2011年，"重庆石柱黄连传统生产系统"顺利列入第三批重庆市非物质文化遗产代表性项目名录。2017年，在重庆市农业委员会的高度重视下，课题组在广泛调研的基础上，协助石柱县政府完成了《中国重要农业文化遗产重庆石柱黄连传统生产系统申报书》，制定了《中国重要农业文化遗产重庆石柱黄连传统生产系统保护发展规划》，摄制了相关申报专题片等，石柱土家族自治县还专门成立了申遗工作办公室和申报中国重要农业文化遗产工作领导小组，负责遗产的申报，在大量前期工作的基础上，成功将"重庆石柱黄连传统生产系统"申报为中国重要农业文化遗产项目，为农业文化遗产的保护和石柱地区的可持续发展奠定了基础。

三、农业文化遗产引领民族地区脱贫攻坚范式

在对"重庆石柱黄连传统生产系统"农业文化遗产调查研究的基础上，本文提出，应当以县政府为主要责任单位，将农业文化遗产与当地的经济、文化、旅游、民族工作等相结合。实现精准扶贫和精准脱贫，努力完成2020年全面建成小康社会的整体战略目标。

（一）农业文化遗产与美丽乡村建设

美丽乡村是在中国共产党第十六届五中全会中建设社会主义新农村的重大历史任务时提出的。农业文化遗产的发掘保护与开发利用，本质上是对机会趋势的分析和行动方向的引领。[2-5]以当地文化资源、经济条件、生态品种、自然旅游资源和区位条件为出发点，完全按照当地的特色农作物系统为发掘和保护对象，是最能够体现美丽乡村建设地域性的保护项目。同时，因地制宜制定的农产品保护与发展战略，也有利于政府和相关的研究机构对农产品的生产与农业文化遗产的保护与科学开发，提供专业、细致、针对性较强的美丽乡村建设指导意见。

（二）农业文化遗产与休闲农业建设

全球重要农业文化遗产是联合国粮农组织推动的一项旨在保护农业文化遗产系统的项目[6]。而休闲农业在保护和利用农业文化遗产有着重要的作用。它是在利用农业景观资源和农业生产条件的基础上，发展观光、休闲、旅游的一种新型农业生产经营模式。其文化休闲功能的开发，以及山水景观、民俗、歌舞、手工艺等资源的开发，共同组合成丰富的旅游资源。[7-8]其中包括有物质形态的，也包括非物质形态的。休闲农业是深度开发农业资源潜力、调整农业结构、改善农业环境、增加农民收入的新途径。如核心区的黄水，游客在这里不仅可观光、采果、体验农民生活，还可休闲、度假、玩乐等，受到了很多消

费者的青睐。

（三）农业文化遗产与少数民族特色村寨建设

少数民族特色村寨是指我国少数民族在长期的历史发展过程中建立的许多有鲜明特色的民族村寨。民族村寨是传承民族优秀传统文化的有效载体，也是少数民族和民族地区发展特色经济的重要平台。而农业文化遗产是先民创造、世代传承的传统农业生产系统，其所有者应当是依然从事农业生产的"农民"。通过农业文化遗产的保护和发掘，能够让广大农业生产户的产品形成以民族特色村寨为中心的地域品牌，增加农产品的文化附加值，有效助推发展农业生产实现精准脱贫的战略。如中国首个全球重要农业文化遗产项目"浙江青田稻鱼鸭共生系统"的产品——青田稻花鱼，在农业文化遗产发掘之前售价约为10元/公斤，而在该项目成功立项后，目前能够卖出70～80元/公斤的价格，[9]这是农业文化遗产价值的明确体现。

四、农业文化遗产助推民族地区脱贫致富展望

加强重要农业文化遗产的发掘保护，是各级政府尤其是政府中农业部门的重要职责。农业部自2012年开展中国重要农业文化遗产发掘工作以来，各地高度重视，深入挖掘遗产价值。截至2016年，农业部分3批共认定了62项中国重要农业文化遗产。重庆市作为西部唯一的直辖市和农业大市，将"重庆石柱黄连传统生产系统"确定为重庆首个申报中国重要农业文化遗产的项目，为开创重庆市农业文化遗产调查、保护和开发工作奠定了良好的基础，也为重庆市范围内的其他农业文化项目（如荣昌猪肉、涪陵榨菜、万州柑橘等）指明了未来前进的方向。

因此，"重庆石柱黄连传统生产系统"中国重要农业文化的调查、发掘、保护与研究，既对石柱县发掘出新的经济增长点，通过精准扶贫的方式实现该地区整体脱贫与全面小康，也为其他民族地区实现精准扶贫——脱贫——致富提供了可供借鉴的范式。政府、企业、学者和社会大众，还应在充分认识农业文化遗产价值的基础上，加大投入，加大宣传，加大研究力度，以农业文化遗产引领遗产保护和精准扶贫工作，最终实现全面建成小康社会的宏伟目标。

参考文献：

[1] 李克强. 政府工作报告——2017年3月5日在第十二届全国人民代表大会第五次会议上［EB/OL］.（2017-03-16）. http：//www.gov.cn/premier/2017-03/16/content_

5177940. htm.

[2] 李明, 王思明. 多维度视角下的农业文化遗产价值构成研究 [J]. 中国农史, 2015（2）: 123-130.

[3] 张磊. 中国传统农业文化的当代价值 [J]. 西北农林科技大学学报（社会科学版）, 2004（6）: 111-115.

[4] 孙白露, 朱启臻. 农业文化的价值及继承和保护探讨 [J]. 农业现代化研究, 2011（1）: 54-58.

[5] MARYJ C, PARVIZ K. Globally Important Agricultural Heritage Systems: A Shared Vision of Agricultural, Ecological and Traditional Societal Sustainability [J]. Resources Science, 2009, 31（6）: 905-913.

[6] 闵庆文. 全球重要农业文化遗产———一种新的世界遗产类型 [J]. 资源科学, 2006, 28（4）: 206-208.

[7] 白艳莹, 闵庆文, 刘某承. 全球重要农业文化遗产国外成功经验及对中国的启示 [J]. 世界农业, 2014（6）: 78-82.

[8] 崔峰. 农业文化遗产保护性旅游开发刍议 [J]. 南京农业大学学报（社科版）, 2008（4）: 103-109.

[9] 孙业红, 闵庆文, 成升魁. "稻鱼共生系统" 全球重要农业文化遗产价值研究 [J]. 中国生态农业学报, 2008, 16（4）: 991-994.

作者简介：
刘坤, 女, 西南大学历史文化学院民族学院, 2016级硕士研究生。
通讯地址：
重庆市北碚区天生路2号（西南大学）, 重庆400715。

参会感想：
西南大学求学的第五年, 学校的一切都是熟悉的味道, 唯一不同的是, 我已经成为一名硕士研究生。硕士阶段与本科阶段的学习方法与氛围有巨大的差异, 非常幸运能够参加本次研究生论坛, 确实让我受益匪浅。作为本校学生, 在本次论坛中, 我还是会务组的成员, 这也让我有更多的机会认识来自全国各地的参会师生, 拥有更多与他们交流讨论的机会, 通过会务工作, 同时也锻炼了自己各方面的能力。参会老师们的创新思维与钻研精神让我感到震惊, 尤其是他们一腔热血对学术的孜孜追求, 这种精神状态更是我们作为学生最应当具备的。朝气蓬勃、拥有向上向前的冲劲和探索未知的心态非常重要，若干年后当我们回首这段时光的时候，一定是倍感幸福的，那么这就不会辜负这段青春的时光。

西南大学　刘坤

傣味饮食城市化过程中的双向文化适应与保护

周昌华

摘 要：在梳理人类学中的文化适应与都市化理论研究的基础上，本文考察了傣味饮食在相间的傣族人家和城市里的都市化过程中的文化适应状况。在两种文化互相融合的表象下来分析讨论傣味饮食文化的传承与保护。

关键词：城市化；文化适应；传承与保护

随着改革开放的深入，经济的飞速发展，全国各地的经济正在超速发展，不一例外的，民族地区的经济文化生活也正在逐渐发生着改变。在云南等多民族聚集的城市中，在保留显著民族文化的同时，与周边的各族文化持续的互动，使得城市的族群与乡村的族群文化形成了一种富有特色的民族文化适应景观。由此，在文化变迁过程中的该民族文化的传承与保护也成了我们关注的问题。

在早期人类学发展时期，西方就有很多学者提出过文化适应。泰勒认为："所谓文化或者文明，即是知识、信仰、艺术、法律、风习以及其他作为社会成员的人们所能够获得的，包括一切能力和习惯在内的复合型整体。"维拉斯认为："在历史以及社会科学中，把所有人们的种种生活方式称作文化。"[1] 我国人类学家吴文藻先生曾提出关于文化的定义："文化是社区研究的核心，文化最简单的定义可以说是某一社区居民所形成的生活方式，所谓生活方式系指居民在其生活各方面活动的结果形式的一定结构，文化也可以说是一个民族应付环境——物质的、概念的、社会的和精神的环境——的总成绩。"[2] 这些学者的观点在解释文化的定义时，简而言之，就是将人们各种各样的生活方式当

---

[1] 徐平. 文化的适应与变迁 [M]. 上海：上海人民出版社，2006：218.
[2] 费孝通，王同惠. 花篮式社会组织——吴文藻导言 [M]. 南京：江苏人民出版社，1988：5.

成是该族群的文化之一。

可以说,要研究该族群的文化,就要从该族群的生活方式多个方面着手研究。

不仅如此,美国女文化人类学家本尼迪克特在《文化模式中》提出:"人类学家感兴趣的是体现在不同类型的文化中那包罗万象的人类习俗,其目的在于理解各种文化的变迁和分化,理解文化的各种表现形式,以及各族人民的习惯在个人生活中所起作用的方式。"❶

另外,有关城市化的概念,不同的学者有着不同的解释,人类学家认为:"都市化并非简单地指越来越多的人居住在城市和城镇,而应该是指社会中城市与非城市地区之间的来往和相互联系日益增多的这种过程。"❷

基于上述理论梳理与分析,本文对西双版纳勐海县的曼腊村开展了田野调查,研究在现代都市文化的浸润之下,傣味饮食不断地与周边民族文化融合,并实现了跨文化适应和都市化的过程。这其中包含了两个方面:一方面是乡村傣味饮食对自然环境和人文环境的适应,另一方面就是傣味民族饮食在城市化进程中的文化适应,同时,就此谈一谈对傣族饮食文化的保护与思考。

一、乡村傣味饮食的基本形态

云南省是一个多民族的省份,其东面是广西壮族自治区和贵州省,北面是四川省,西北面是西藏自治区。云南的国境线长4060公里,与3个国家接壤:西面是缅甸(主要口岸是瑞丽),南面是老挝(主要口岸是磨憨),东南方是越南(主要口岸是河口)。该省的少数民族文化十分多样,是我国拥有少数民族种类最多的省份,其中以汉族为主,占总人数的67%,还有彝族、白族、哈尼族、傣族、壮族、苗族等52个民族。

曼腊村是隶属于云南省西南部、西双版纳傣族自治州西部的勐海县勐海镇曼短村委会下的一个村民小组。勐海县东接景洪市,东北接思茅市,西北与澜沧县毗邻,西和南与缅甸接壤,属南亚热带高原气候,气候温和,年平均相对湿度78%,具有冬无严寒,夏无酷暑,年多雾日,光热充足,雨量充沛的特点,为各种野菜、香料菜等耐阴作物提供了优越的气候生态环境。曼腊村海拔平均约1176.00米,年平均气温20.00℃,年降水量1160.00毫米,适宜种植

---

❶ 本尼迪克特著. 张燕、付铿译. 文化模式[M]. 杭州:浙江人民出版社,1987:1.
❷ 周大鸣. 现代都市人类学[M]. 广州:中山大学出版社,2014:28.

水稻、茶叶、甘蔗等农作物。

该村落99%的村民都是傣族，周围村落有哈尼、拉祜、布朗族，具有核心明显、边界模糊的特点。据勐海县农委办2014年底的调研统计，曼腊村民小组共有农户100户515人。村子分为新寨和旧寨，目前有99户居民，推崇族内通婚，全村信仰南传佛教，距离该村最近的城市是景洪市，景洪是中国进入东南亚各国和对外交流的一座重要港口城市，因此旅游业极其繁盛。

一个民族族群的饮食习惯与这个民族生活的地理环境、气候条件、物质生活水平密切相关。傣族同胞常年生活在湿热的环境之中，充沛的雨量、茂密的植被，这样的环境给野菜野果提供了肥沃的土壤，故在傣族人民的饮食中，凉、酸、辣成了主要特点。天气湿热，昆虫众多，聪明智慧的傣族人民利用得天独厚地理条件，将各类野味做成餐桌佳肴，形成了独特的傣味饮食，同时，当地的傣味饮食还吸纳着临近的汉族、缅甸、景颇族等的部分饮食文化内容，多种文化的相互交融，形成了多元民族文化的傣味饮食。接下来笔者将从几个方面来进行描述。

（一）乡村傣味饮食具有适应当地人文生活环境的特征

当地村落地多人少，生计方式以种植水稻、茶叶为生，各家的土地种植了农家瓜果蔬菜，过着一种自给自足的"世外桃源"般的生活，"悠闲、自在、快乐、慢节奏"是这里的生活基调。

在这里，人们的日常生活是这样的：随着清晨的鸡鸣和鸟叫声，人们睡眼惺忪地从自家二层卧室醒来，开始了一天的生活。经营小卖部的人开始打开店门等待生意；编制竹篾的老人们开始了娴熟的工作；该干农活的家庭主妇背上竹篓上山采茶叶；在当地茶厂工作的年轻女孩们走向工作的茶厂，一直工作到午时一点左右；家庭主妇们回到家里又开始了做午饭的忙碌，他们到自家后山的土地里挖竹笋、采菌菇，在路边扯几根香料菜作为午餐的调味菜，午饭一直到下午一两点才吃完，如果家里有客人，一边吃饭一边喝酒聊天用的时间会更多，甚至到下午三四点才结束午餐，午饭过后又接着去劳作，晚上七点左右开始晚餐，晚餐后，家里人们聚在一起看电视，聊天话家常。可以这么说，当地人的生活是从晚上才开始的，随着夜幕降临村里的烧烤摊、小卖部、桌球室、棋牌室、斗鸡场开始热闹了起来。

那里的生活不像我们汉族地区有那么大的生活压力和工作压力，因此，也构成了他们的饮食习惯的缓慢、慵懒的生活基调，但是生活的缓慢，并不代表他们工作懒惰，他们极其勤快。当地一位开小卖部的汉族人说："他们很有钱，都不缺钱花的，很勤快，一天到晚都在山上干活，采茶叶，做农活，他们有地。"在田野中，访谈到一位二十出头的已婚女子，当她被问到农活多不多的时候，她笑着说："多！干不完（的农活）。"正是这样的慢节奏无压力的生活，"午时吃午饭，夜幕吃晚餐，星空下吃烧烤打牌"也就成了一种生活常态，这构成了乡村傣族文化的有生命力的一部分。

（二）乡村傣味饮食用餐工具、食物适应自然环境的特征

1. 用餐工具适应自然环境的特点

曼腊傣族人民深处亚热带地区的西双版纳，是竹子生长的沃土。因为竹子是常绿浅根性植物，对水热条件要求高且敏感，可以说，地球表面的水热分布支配着竹子的地理分布，西双版纳的竹子种类有六十种以上。利用竹制品能防霉、防潮、坚挺的特点，傣族人民制作日常生活器具就是用的竹制材料，特点显著的就是用餐的桌椅。傣族人民吃饭用的餐桌是用竹篾条编织而成，上面是扁状的竹篾条编制成的篮筐状桌面，下面是坚硬的藤条与铁丝交织成的支架，这种餐桌轻便，平常不用的时候就挂在灶房的墙上，到吃饭的时候便将桌子取下。还有一种大一些的竹篾桌，是用细藤条一圈一圈地织成的，上面还有一个半径略小的转盘，人多时候，吃饭的桌子还能将菜转起来，十分方便，桌子也非常轻巧。桌子挂在墙上或摆在庭院，吃饭前，把桌子抹干净，将筷子放在桌上。上餐桌用的小板凳也是由藤条编织而成的，竹藤做的餐桌、餐椅构成了傣族民族的特色饮食文化。

2. "就地取材，好山好水养好人"——食物适应自然环境和人文环境的特点

由于当地人干农活比较多，所以吃糯米饭更能填饱肚子，不易饿，就作为了上山的食粮。以前的傣族同胞上山劳作，就会用芭蕉叶包着糯米饭，揉成团，用手抓着吃，即手抓饭。到现在，逐渐演变成了是用碗和筷子，也有家庭逐渐改吃白米饭。傣家人将糯米饭放置锅中，高压锅蒸熟后，倒在一个木制的容器盆里，使热气散去，并且，放在特制的木制器具中能够使饭不易发馊发硬。糯米蒸出来特别香，饱满有黏性，冷却后仍然软糯香甜。曼腊临近老挝边界，边境特征更加明显，在那里的傣族人民就是用纯粹的手抓饭。有一次在一家傣族兄弟家里吃饭，笔者发现，他们几个人虽然吃菜不多，但是基本都能吃完一大碗糯米饭，他的家人们虽然汉语不太流利，但是也招呼着我多吃点："我们平时要多吃饭才有力气干活，我们平时一顿要吃两碗多的饭。"

在曼腊傣族人民的日常饮食中，除了糯米饭之外，由糯米演变而来的主食

还有玉米粑粑、火燎竹筒饭，这三种食物都是由糯米饭制成。其中，玉米粑粑小而轻便，把采摘收割后稻田里生长的苞谷剥下来，用专门的打磨机打成粉，和着糯米粉加白砂糖和水调拌，揉成块状，然后用玉米叶包起来，蒸熟即可食用，味道香甜。做好的玉米粑粑一块一块，成为傣族人家家里的日常饭后甜点食用，放在竹篾桌上，有事没事来一块，在和傣族同胞们聊天的过程中，访谈人家和客人们都是随手拿，徒手剥掉玉米叶将粑粑往嘴里塞。然而，受到现代化的文明、周边民族文明以及全球化的影响，他们的文化与曼腊傣族文化相互交融与相互影响，糯米饭对于曼腊村的傣族妇女们来说，已经逐渐退出了傣族人家的饭桌，取而代之的是易于消化的、自家种植的普通水稻米。

在汉族，腌制食物通常都是将鱼、肉或者蔬菜加盐置坛中腌制而成，但是"酸酐发酵法"是傣族人特有的一种腌制方法，即一个或两个分子的有机酸去掉一个分子水而合成的化合物，通俗地说，就是利用糯米将鱼、肉得到充分的发酵，澜沧江纵穿云南省西部，盛产罗非鱼的云南，当地的傣族人民利用得天独厚的优势，把河里的罗非鱼取出内脏洗净，充分沥干，用盐腌制1~2天左右让鱼发酵脱水变硬，再把糯米浸泡数个小时，加上辣椒，裹在鱼肉上，发酵数日即可收藏起来待日后食用。这种提前腌制好的鱼，等到想吃的时候就拿出一条来，放上一些香菜野菜，蒸熟就能待客了。做好的罗非鱼味道非常特别，酸辣爽口，肉质很酥，有一种糯米发酵的奇香。

不仅是腌制罗非鱼，傣族人家还会制作富有特色的酸菜，其酸味浓厚，由蔬菜用盐腌制而成，做法简单，和各个地方的腌菜相似。不同于其他民族的酸菜作为佐料，曼腊的傣族人家会用大把的腌菜来作主菜炒香菜末，做成一道菜来待客。这里，酸菜成为了家家户户必备的主菜，走到任何一户人家里，都会有一大碗的酸菜摆放在桌子上待食用。

南秘是傣族人家日常生活中食用的一种调味酱料，在泼水节等重大节日里却不会吃。做南秘必要的酸菜水，是在一二月份青菜花开的时候做，把青菜花拿来加糯米发酵腌制，做好后装瓶，一般都是做好储存起来，等到想吃的时候倒点出来，进而做成喃咪酱。南秘有很多种类，因此也有很多种制作方法，制作的过程中会用到的工具有土灶、舂具等。首先是将撇菜（野菜的一种，自家种的）、大蒜、香菜切根、切碎，放在一起捣碎。用一只平锅铺满灶灰，将红辣椒埋在灰里，烧至辣椒变黑，再扒出来，用木槌子舂碎，舂的时候干辣椒的香味就已经溢出。再用舂碎的辣椒和剁碎的佐料一起搅拌，用木槌子舂，舂的时候放水、酸菜水，陆续放盐、味精。搅拌后就做好了蘸酱，可以把干猪皮、野菜等就着这个蘸酱吃。

剁生是中国西南地区傣、彝、白等民族的食俗，逢过重大节日或红白喜事，傣族人家们都要上这道菜，新鲜肉类制成的剁生配上高度数的自家酿的酒，热热闹闹地聊天、喝酒，生吃鲜肉和酷爱烈酒的傣族人民，也构成了傣味饮食文化的一部分。剁生即先把辅料（葱、蒜、花椒、辣椒粉、柠檬、盐）切碎，再将新鲜猪肉或牛肉剁碎，用特制的木槌将两者捣在一起，拌匀。吃的时候可以把猪皮干放进剁肉酱里蘸汁，因此，对于剁生来说，配菜显得尤为重要。

不管是腌制好的罗非鱼，还是腌制好的酸菜，或是调制好的酸水，或是节庆吃的剁生，都是放在容器中可以长久储存的食物，或者是简单易做、少油少盐的菜肴，这也许和长久以来傣族人民的生活息息相关，他们日出而作，一整天都在山上辛苦地劳作，腌制好的菜和酸水可以帮助他们迅速地做好一顿可口的饭菜，如果是天气炎热农忙时，还可以带到山上，不易腐烂、发臭，便于携带，容易储存，可口下饭，加上深处热带雨林气候，湿气重，气候炎热，酸味可以解乏、开胃，是不可多得的"田野菜"。

但是，可能由于生吃猪肉对于汉族来说不太能够适应，因此，一些傣味的饭店、小吃店很少有做剁生的，来西双版纳旅游的游客在餐厅或夜市一般是吃不到的，这也算是一种别样的傣味食物。

傣族人家居住的地方依山傍水，山林居多，各种山间野菜应运而生，傣族人民常常会种各种各样的野菜香料菜，在吃饭的时候随时可以过去掐两手来做食材，野菜种类也十分丰富，甚至有很多野菜他们也叫不出名字来，但是他们可以通过认识它的形状大小来辨别。例如上文有提到过的制作南秘，就加入了撇菜和折耳根做蘸水，这些都是版纳山间常见的野菜。那天，玉LY在山上她家那片土地上砍了两块大竹笋，玉LY在路上的一棵树前停下，摘了几株笔者认为的"野草"，她说是"瘦草"，加到排骨炖竹笋里一整碗汤都极其香，那股香味不同于我们日常所吃的香葱。"瘦草"，可作为一种香菜，它不像其他的野菜是长在地上的，而是一种大树的叶子。作为香菜的，还有草果，很多人家里都备着干八角和干草果，挂在墙上，草果有点贵，傣族人家的很多菜都要放干草果，他们觉得这些东西可以祛腥味，通常不会自己去采，都是到县城去买现成的干草果。还有的野菜是可以直接蘸水啃着吃的，前文提到的做完南秘后，邻家兄弟从自家菜园扯来了几株野菜，洗了洗就直接放在桌上招呼大家吃。香味对于傣族人来说是不可缺少的一部分，东南亚地处热带雨林气候，非晴即雨,这样的气候适宜香料作物的生长,在傣族人家的餐桌上,经常能够看到菜里有香茅草、草果、薄荷叶、野菜等,正是这样的生态环境造就了这样的香料民族。不得不提的是,傣族人家特别擅用舂具,不管是南秘、辣椒、茄子,还是鸡脚等各类食物,都喜欢用木槌放在容器里面加各种香菜调料捣着吃。

除此之外,山上的菌类很多,所以在吃菌类上也有讲究,他们认为菌类不能和八角草果一起吃,容易中毒,只能和大蒜一起炒,如果大蒜不变颜色(白色)就可以吃,变了颜色就证明有毒不能吃。在一村民玉LY家中吃饭时,就有野生菌类这一道菜,吃过饭以后,LY还削了菠萝,本来是准备给我们吃,但是后来想起来刚吃过菌类,她担心两种食物混合起来容易中毒,就没有让我们马上吃,而是告诉我们要过半个小时以后再吃会安全一些。

版纳的树木多,天气潮热,虫类丰富,可食的虫类就有2000多种,以前版纳的少数民族吃昆虫用来果腹,现在吃虫类是用来解馋。当问到怕不怕,一位傣族大爷说:"吃都吃了还怕?"脸上的表情不屑一顾,对于吃昆虫作食物,还略带了一些骄傲。竹虫的营养其实是十分丰富的,因为与地隔绝,生活在干净的竹子内部,以雨露和竹内膜为食,故蛋白质丰富,又无污染。当地人有专门养竹虫的,据说是100块一公斤,而在昆明,一碗竹虫的价格就翻了倍。除了竹虫以外,可吃的虫类还有蜂蛹。

3. "有朋自远方来"——传承已久的傣族酒文化

傣族人民的菜肴丰盛,喜酸辣,不喜油腻,同时也是顿顿都少不了酒。可以这么说,提到傣族的饮食文化,就不得不提酒文化,酒文化是傣族不可缺少的一部分,酒又以烈酒为主。有一次在笔者进行访谈中,他们给笔者尝了一尝他们这里的苞谷酒,据说有70度的样子,这个酒一入喉咙就像烧灼了一般,从喉咙中迸发出来的热气好像要冲出喉咙、鼻子和耳朵,整个口腔都充满着火辣辣的味觉。

傣族人民的好客也是出了名的,有一次笔者在商店歇息的时候,有一个伯伯过来买下酒菜,就盛情地邀请笔者去他们家坐一坐,正好笔者的同学都在他家。进去发现了好几个同学们都在那里,低矮的桌子上面摆了好几个菜,分别是腌制萝卜条、炒野菜等。热情的伯伯在商店买了泡椒鸡爪和花生奶,桌上还有瓜子、腌制腐乳、剁辣椒,招呼给我们吃。同学们桌前都有一个小酒杯,桌上的菜基本都是一些下酒的凉菜。气氛到了,一位伯伯提议转酒,即每个人轮着向在座的每一位敬酒(用同一个杯子,倒酒,敬给桌上每一个人喝)。他们喝酒特别注重氛围，起酒的时候，一个人说"多锅（音译）——"众人用力齐喝"穗穗穗穗穗穗"！声音震耳欲聋，将气氛提上来，一饮而尽，而且，人越多，气氛越好。接着，随着越来越多的同学们和周围邻居朋友的到来，又增加了啤酒来助兴，大家一边聊天一边喝酒吃瓜子，小孩子坐在中间的俏皮行为时而也把我们逗乐。笔者也尝了几口这里的苞谷酒，酒的烈性直冲喉咙。傣族人民的热情好客、自制的酒、热闹的喝酒习俗，构成了独特的傣族酒文化，这些是在装潢华丽的城市傣味餐厅中看不到的。

二、城市中傣味饮食的演变

云南各地的傣味餐厅很多，尤其是在旅游景点、县城里面，那里的装潢通常会模仿过去的傣族人家的竹楼，全部的隔间、墙体、天花板都采用竹子编织而成，有的墙上也会悬挂一些竹篓、傣家画布，有的甚至服务员的着装都是傣族裙装，给客人营造一种傣味的氛围。

走入城市中的傣味饮食，要融合当地人的口味和习惯。来吃傣味的大多是来自各地的游客，他们前来傣味餐厅也就是想体验一下傣家的饮食，但是对傣族的文化了解并不是很多，笔者有看到那些游客大多是等待菜上齐，拍照，然后开始品尝食物，吃了以后也就一哄而散，并没有什么特别的民族文化体验。傣味餐厅在菜式以及环境上的傣味气息更加偏于商业化，价格稍贵，制作正宗的餐厅数量也较少，多数都是为了接待前来旅游的游客体验新鲜。然而，走进城市中大众视野里的民族饮食，更多地是以小摊小贩形式走进各地寻常百姓视野中的。例如，在云南的各个旅游景点，随处可见挂着"正宗傣族竹筒饭"的招牌，竹筒饭会放各式各样的佐食：花生、红薯、玉米。制作的方式也是五花八门，有的是烤，烤熟用勺子舀着吃，有的则放在一口大锅里蒸，客人需要的时候就把竹筒撬开，用一根筷子插着棍状的糯米饭，游客们一边走一边吃。餐厅里的竹筒饭往往会把一排撬开一半的竹筒饭摆放在碟上供食客享用，食客们用筷子将糯米饭挑开盛到碗里吃。光就食物而言，山野里的傣味和城市中的民族饮食还是有很大的差异的。

第一，目的不同。山野傣族人家的饮食，是以凉、酸、辣为主，吃糯米饭也是为了饱腹上山劳作；而为了迎合大众口味，餐厅里的傣味会更加融合其他菜系的口味，真正贯彻傣族人家的傣味精神的餐厅极其少。城市里傣味餐厅，制作各式糯米饭是为了吸引游客，基本都会做成三种以上的颜色，铺成一圈摆放在餐桌的中间，这一圈饭的中间还会放置雕花水果给整桌饭菜增色。餐厅里面的客人一般都是用筷子夹着吃。

第二，制作程序不同。南秘的制作过程很繁杂，饭店只会提供制作好的蘸水，餐厅提供的南秘味道和傣族人家的味道相差无几，但差别在于，傣族人家家家户户都常备一瓶酸水，想吃南秘的时候随处扯一根香料菜制作，餐厅里的南秘大多是很早就做好放在冰箱里面储存起来，等到有客人来点菜，加点香菜就直接端上大雅之堂。

第三，氛围不同。餐厅里上桌的食物，相比于傣族人家，香料的放入会欠缺一点，毕竟，住在乡间的傣族人民，与山相伴，各种各样的野菜随处可摘。再者，呼朋唤友来喝酒，即时从路边采摘的野菜蘸上刚刚做好的南秘酱，用刚刚采摘好的菌类制作菜肴，餐厅里的傣味就缺乏了一种山野傣族人民节奏缓慢而愉快的生活氛围，也缺乏了一种与自然环境共生共存的文化体验。

三、传统傣味饮食的保护与思考

农家傣味从乡村逐渐走向城市化，一方面是乡村傣味饮食对自然环境和人文环境的适应，另一方面就是傣味民族饮食在城市化进程中的文化适应。不论是以餐厅的形式，还是以小摊小贩的形式，总之民族饮食得到了大量发展。与此同时，如今乡间的傣族青年们为了工作开始走向都市，生活方式也在慢慢地变化，为了适应现代生活，过去的手抓饭、糯米制品还有腌制菜肴的传统饮食形式也在逐渐变淡，也只有在重大节日节庆时期，傣族人家齐聚一堂，人们才会制作传统的傣族风味饮食，并其乐融融地一起饮酒纵歌。造成这些变化的原因主要有三个。

首先，旅游业的兴起。在这个全球化的时代，区域联系将民族的界限所遮蔽，逐渐形成了一个和而不同的人类共同体、国家共同体。城市中一幢幢高楼拔地而起，人们的公寓也是封闭式的房间，邻里关系正在趋于疏远，每个人形成了各自的交际圈。人们为追随心灵所缺失的体验，不断从本族圈向外拓展，寻求更美、更自然的社会体验，正是这样的旅游行业大量兴起，一些有远见的商人们就趁势在旅游景点附近开起了各种服务行业。

其次，外来文化的融合。云南外临越南、缅甸、老挝的交界处，内临的省区有四川、贵州、广西、西藏，由于临界点较多，跨界交流也会比较多，容易吸收各区域的不同文化，不只是汉族文化的融合，还会受到全球化的影响，自然就会有一些人口的流动，从而带动文化的互动。边境的互动带来了其他地域的食材和饮食文化，生活在曼腊村的傣族人民与外界沟通交流密切，本地的人们会去缅甸、老挝、越南和泰国，同时也会和周围相邻的汉族相互交流与沟通，带来了那里的文化，也形成了一种文化互动。他们也许会发现，他族传来的一些饮食方式可能更加便捷，更加可口，因此会在本族的饮食文化中融入一些他族文化的元素。

最后，商业利益的影响。精明的商人们为了博人眼球，会将民族饮食中加入更多过去传统的民族特色，甚至为了保持原有的民族特色，增加一些甚至更具有表演性和观赏性的菜肴，但是为了获取更多的商业利益，民族特色餐厅在保持自身民族性的同时，还会融合餐厅当地民族的口味。似乎在民族融合中，相比起语言和宗教信仰，食物往往更加容易在融合中发展前进。假设一下，如果完全不加任何修饰的民族特色烹饪忽而跳进一个陌生的民族圈，这些本地人会接受吗？这可能涉及一个民族认同的问题。

或许，对于人民大众来说，饮食作为民族文化之一，无论是传统的农家傣味饮食，还是加入了现代化元素的傣味餐饮，对傣族人民和其他族群的人们的影响都是潜移默化的，处在文化中心的人民对于正在变迁的文化也不会有那么多的关注。但是，傣味饮食餐厅的兴起，走向各个城市的傣味小摊贩也是另一种形式的文化传承与保护，也许它将越来越像一个傣族的象征符号深入到寻常百姓家，构成一种特殊的傣族文化保护。在这个双向的文化适应过程中，这些傣族饮食文化多多少少都发生了一些变化，这一条转变的道路也在不停地调整与探索，这些变化不能笼统地评判好与不好。更加客观地说，这些变化都是人类历史进程中不可缺少的一个部分，正是这种得与失，才构成了多姿多彩的人类文化。

作者简介：

周昌华，女，西南大学历史文化学院民族学院，2016级硕士研究生。

通讯地址：

重庆市北碚区天生路2号（西南大学），重庆400715。

农事与乡情：河北涉县旱作梯田系统的驴文化

李禾尧

摘　要：王金庄村位于中国重要农业文化遗产河北涉县旱作梯田系统的核心区。其唇齿相依的生态格局、人驴共作的生产方式及情感交织产生的共命运文化心态，构成了旱作梯田系统的农业生产模式与村落生活样态。毛驴是村庄农业发展的基本生产要素，"驴—花椒—石堰"耦合结构是生产模式，驴文化则是村落社会文化体系的重要组成部分，是对旱作梯田系统全景式的反映。村落日常生活中有关毛驴的牲口买卖、驯化教育、疾病医治、文化仪式等组成驴文化的形貌，塑造和延续着旱作梯田系统的存续与发展。藉由驴文化，文章提出村落文化的发掘对于农业文化遗产保护与发展具有重要意义，其有益于生态环境保护、农耕技艺留存与乡土社会永续。

关键词：驴文化；旱作梯田系统；农业文化遗产

农业是人类繁衍存续的根基，解决农业发展问题是人类社会永恒的命题。我国是传统的农业大国，农耕文化是国家和民族长期稳定的基础。从历史上看，古人"农为本""以农立国"等思想充分体现了对于农业发展的重视。在城镇化汹涌而至的当下，我国每天约有 80 个村落面临破碎瓦解的命运，[1] 乡村表现出的崩解趋势撼动着农业文明的神经。2002 年，联合国粮农组织（FAO）发起"全球重要农业文化遗产"（Globally Important Agricultural Heritage Systems，GIAHS）项目，旨在建立全球重要农业文化遗产及其有关的景观、生物多样性、知识和文化保护体系，并在世界范围内得到认可与保护，使

---

[1] 孙兆霞，曾芸，卯丹. 梯田社会及其遗产价值——以贵州堂安侗寨为例 [J]. 中国农业大学学报（社会科学版），2015（6）：58-68.

之成为可持续管理的基础。❶"全球重要农业文化遗产"项目将粮食安全、生态环境污染与农村贫困等三大问题全部包含其中,提供了反思农业文明重要意义的新思路,并在全新的平台上探索发展农业生产的新路径。作为我国乡土社会凝缩的农业文化遗产地如何存续至今?河北涉县的旱作梯田系统借由怎样的农业生产模式与村落文化系统活态存续与协调发展?本文认为,旱作梯田系统良性运行的重要动力之一是村落社会文化系统之中的驴文化。在了解王金庄村农业生产与村落文化的基础上,本文试图探讨驴文化的表现形式,及其在旱作梯田系统的保护与发展中所具有的重要意义。

一、旱作梯田系统何在

美国人类学家雪莉·奥特娜(Sherry B. Ortner)曾在其著名论文《关键象征》(*On Key Symbols*)中开门见山地指出:"每一文化都有其特定的关键因素,作为一种不甚如意的限定方式,它对该文化中特有的结构来说,是至关重要的。"❷民俗学家刘铁梁结合对自己的民俗调查与学术写作的思考,提出了与雪莉·奥特娜相近的观点,认为这种"至关重要的因素"是"对于一个地方或群体文化的具体概括,一般是民众生活层面筛选一个实际存在的,体现这个地方文化特征或者反映文化中诸多关系的事象",并将其称为"标志性文化"❸。笔者认为这种"关键特征/标志性文化"对于河北涉县旱作梯田系统具有较强的解释力。对于遗产核心区内的王金庄村,围绕旱作梯田的生态环境特质与农业生产方式,数百年来村庄已然自主形成了一套农耕社会文化体系,世代传承至今。

2014 年,河北涉县旱作梯田农业系统被认定为中国重要农业文化遗产(China – NIAHS)。它是王金庄人不断适应环境、改造环境,使不断增长的人口、逐渐开辟的山地梯田与丰富多样的食物资源长期协同进化,在缺土少雨的北方石灰岩山区,创造的独特山地雨养农业系统和规模宏大的石堰梯田景观。

涉县旱作梯田具有无可比拟的视觉冲击力与美感。据《涉县土壤志》

---

❶ 闵庆文. 关于"全球重要农业文化遗产"的中文名称及其他 [J]. 古今农业,2007 (3):116 – 120.

❷ Sherry B. Ortner. On Key Symbols. American Anthropologist, Arlington:American Anthropological Association, 2010 (5):1338 – 1346.

❸ 刘铁梁. "标志性文化统领式"民俗志的理论与实践 [J]. 北京师范大学学报(社会科学版),2005 (6):7.

(1984年)与《涉县地名志》(1984年)的资料记载,涉县旱作梯田的总面积达268000亩,其中土坡梯田85069亩,石堰梯田182931亩[1][2]。梯田石堰土层平均厚0.5米,高2米,全部由石块人工修筑,最大落差近500米,绵延近万里,远远看去,沟岭交错,群峰对峙,一望无际。其巨大的规模造就了壮观震撼的景观,被联合国粮食计划署的专家誉为"中国第二大万里长城"。在梯田的修建过程中,王金庄人依靠智慧,充分挖掘和利用传统经验,选建址、垒石堰、挖土方、修石庵等都实现了对土石资源的高效利用。梯田石堰全部由石料砌成,每造一顷梯田,都要垒砌一两丈高、半米厚的双层石堰,填充在石缝中间的泥土起到黏合、护田的作用,整齐而精细。而梯田中的"悬空拱券镶嵌"结构则是王金庄人用来应对"三十年一小冲,六十年一大冲"的洪水的一种补救性措施。它巧妙解决了在狭小施工场地内协调使用不同建筑材料的问题,既是巧夺天工的创造,也是生存智慧的凝练。

长期的发展中,人们充分利用当地丰富的食物资源,通过"藏粮于地"的耕作技术、"存粮于仓"的储存方式和"节粮于口"的生存智慧传承八百年之久。这些传统知识和技术体系提供了保障当地村民粮食安全、生计安全和社会福祉的物质基础,促进了区域的可持续发展,使得王金庄村即使地处"十年九旱"的山区,也能保证村庄人口不减反增。规模宏大的旱作梯田,充分展现了当地人强大的抗争力与顽强的生命力,以及天人合一的农业生态智慧,具有强烈的感染力。石头、梯田、作物、毛驴、村民相得益彰,融为一个可持续发展的旱作农业生态系统,处处体现着人与自然和谐共存发展的生态智慧。梯田里农林作物丰富多样,谷子、玉米、花椒、柿子、黑枣等漫山遍野,各类瓜果点缀万顷梯田,呈现出春华秋实、冬雪夏翠的壮丽景象,是具有人与自然和谐之美的大地艺术。这其中,毛驴串联起了农业生产的耕作与收获,串联起了王金庄人的农事与乡情,是旱作梯田系统中的关键角色。

二、农业生产模式:"驴—花椒—石堰"耦合结构

(一)梯田劳力的理性选择

对于群山环抱的王金庄村,如果说修建梯田是王金庄人生存挑战的第一道关,那么下一个亟待解决的问题就是如何选择合适的牲畜作为主要劳动力。村

---

[1] 涉县土壤普查办公室涉县农业局. 涉县土壤志. 内部资料,1984.
[2] 涉县土壤普查办公室涉县农业局. 涉县土壤志. 内部资料,1984.

民不仅要面对高差较大且分散化的耕地，还要在往返田间的路途中付出更多时间和体力。其中，离自家耕地最近的农户至少需要步行半小时，最远的则需要近四个小时才能到达。在如此严苛的劳作环境下，需要村民选择最为适合的牲畜作为载具和劳力辅助劳动。

在王金庄的历史上，曾经出现过多种牲畜作为主要劳动力，如牛、马、骡子和毛驴等。经过漫长的筛选过程，最终毛驴和骡子成为王金庄村的牲畜劳力，并且以毛驴为主，躬耕万亩梯田。为了探究村民理性选择的逻辑，笔者将19位被访村民关于牲畜选择理由的口述资料归纳为以下五个测度指标：劳动能力、爬坡能力、驯化难度、寿命和耐力，并选择村落历史上出现过的牛、马、骡子和毛驴等四种牲口作为比较分析的对象。综合村民的口述信息，对四种牲畜在不同测度指标下的表现予以赋值，得到图1蛛网图。

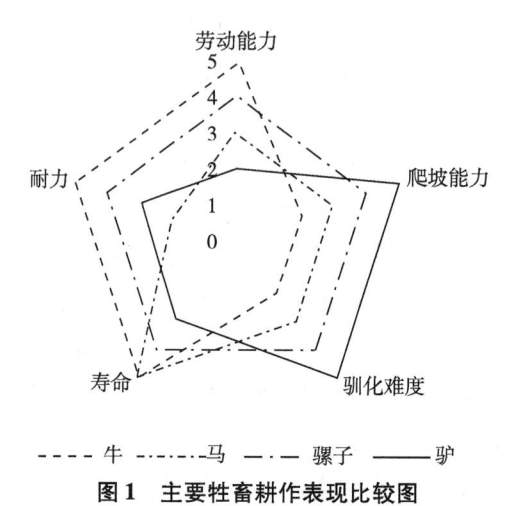

图1 主要牲畜耕作表现比较图

注：各测度指标根据田野调查中与王金庄村19位村民的访谈资料进行赋值。

从图1可以看出，牛在寿命、劳动能力和耐力上具有显著的优势，且驯化难度最小，因而是较为合适的选择。许多村民都提到，起初村庄试用过以牛作为主要牲口，看中了它寿命长、耐力好、劳动能力强等优势。但由于牛在爬坡上表现太差，而且饲养过程中需要消耗大量的草料，最终在适应自然的过程中被大家一致同意淘汰。结合王金庄村的自然环境特征便知，牲畜的爬坡能力对于王金庄人而言非常重要。各家各户的耕地几乎都散布在高度不等的多个区域，牲畜在梯田上的机动性是王金庄人衡量牲畜优劣的首要因素。而另一个被淘汰的牲畜——马在爬坡能力上的表现并不差，而且具有较长的寿命，有效劳动年数也与骡子和毛驴相差无几。村民们认为，除过爬坡能力之外，第二重要的考量因素就是牲畜的耐力。马曾经也被引入王金庄村一段时间，但因其耐力不足而被舍弃。由此可见，王金庄崎岖的地形成为村民们选择牲畜"天然的判官"，孰高孰低一目了然。正所谓"是骡子是马，拉出来溜溜"，而在王金庄，能够夺得桂冠的牲畜品种一定是山地越野的行家。

（二）作为分析单元的耦合结构

如果要分析石堰梯田内部的运作机制，则需要选取其中具有典型性的结构加以阐释。那么当地人利用延绵万里的梯田维持农业生产稳定的逻辑是什么呢？在石堰梯田系统中，除去耕作者自身以外，毛驴（主要劳力）、花椒（作物代表）和石堰（生产空间）是不可或缺的三大元素，且彼此之间存在着十分紧密的联结关系。"耦合结构"可以理解为由相互联系、功能互补的各要素构成的完整系统。"驴—花椒—石堰"耦合结构可以作为我们认知旱作梯田系统存续奥秘的切入点。

王金庄人世代兴修梯田，在地表留下了石堰景观，其由三部分组成，即位于梯田外沿的双层石堰、位于耕地下方的石层和承载农作物的土壤层，如图2所示。

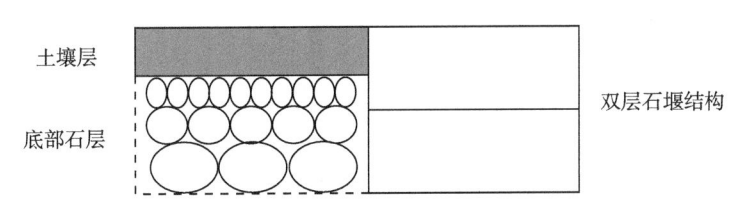

图 2　石堰梯田结构示意图

其中，双层石堰位于梯田的外沿，起到保护梯田的作用，形塑了梯田的轮廓，构成了石堰梯田景观的主要部分，而靠内侧的石层和土壤层则是农业生产活动主要依赖的空间。花椒是王金庄村具有代表性的经济作物之一，它不仅是增加农民收入的摇钱树，更是保护梯田稳固石堰的铁篱笆。当地人长久以来习惯性地将其栽种在梯田边缘，椒树的根系虬曲盘结在石堰缝隙之中。梯田上漫山遍野的花椒赋予涉县旱作梯田系统丰厚的花椒文化。毛驴是村庄主要的劳动力，由于山区的环境限制，梯田高度落差大，每户田块小而分散，机械化耕作难以应用。正因如此，王金庄村几乎家家都养驴，驴是村民的半个家当，是他们的主要劳动力和交通工具。总而言之，梯田和驴的耕作是密不可分的。

从王金庄村缺土缺水的自然特性出发，石堰结构在设计之初就有明显的问题导向。层叠的石块将水分储存在土壤夹层中,同时借由纵向的压力使石层更加紧密,在一定程度上保存土壤。然而只有石堰的保护是不够的,王金庄人创造性地将花椒树栽种在石堰边缘,作物向下延伸的根系盘结缠绕在石堰之中,不仅加固了石堰,更保护了其中的土壤。花椒的枝叶截留雨水,防止土壤溅蚀,枯枝落叶可减少地表径流,保护田面,防止水土流失,还可改善梯田小气候。因而"花椒—石堰"的次级结构可以说是王金庄人"惜土惜水"观念的集中展现。毛驴耕田的过程则可以视为天然的梯田养护过程。其排泄的粪便是梯田土壤肥力的重要来源,也是供给花椒、小米等梯田作物生长发育的原料。在作物收获的时节,花椒、谷子等都需要毛驴驮下山;农闲时节,农户也要赶着毛驴到地里翻土,为来年的栽种打基础。而对于驴而言,花椒叶是一味重要的药材。花椒叶煮水不仅可以清洁骟驴后留下的伤口,还对毛驴因寒凉导致的腹痛具有很好的治疗效果。由于要素间关联程度较高且功能互补,因而称其为"耦合结构"。从"缺土缺水",到"保土蓄水",王金庄人的"驴—花椒—石堰"耦合结构是一方人民文化适应的集中表现,是一次精彩的文化创造。"驴—花椒—石堰"耦合结构概念图如图3所示。

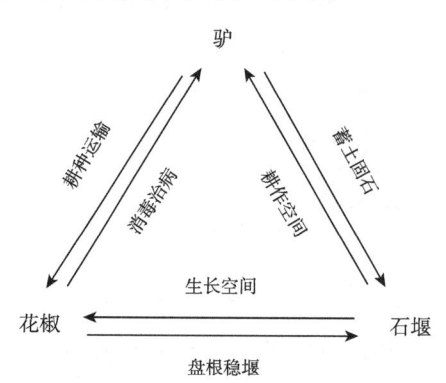

图3 "驴—花椒—石堰"耦合结构示意图

综合以上分析,可以看出"驴—花椒—石堰"耦合结构具备较强的农业生产能力和自组织循环能力,是设计精妙的复合价值体。主要表现在三个方面:(1)耦合结构具有生态价值。一方面,由于石堰水土保持与秸秆过腹还田的交互作用,梯田土壤有机质含量显著提高,蓄水育墒保墒,增强土壤肥力;另一方面,王金庄人在保证粮食自给的基础上,在梯田周围和山顶种树育林,为农业系统提供温度调节与水源保障。梯田边缘的花椒树也起到维持稳定结构和救治牲畜的重要作用,提升耦合结构的综合产出。(2)耦合结构具有经济价值。毋庸置疑,"驴—花椒—石堰"耦合结构最终是为农业生产服务的。其产出物不仅包括种植在石堰内侧的小米、玉米、绿豆等粮食作物,还包括扎根于梯田外沿的花椒、黑枣、柿子等经济作物,既保障了村庄基本的粮食供应,也为农户提供了多样化的生计来源。王金庄村所产的黄金椒、白沙椒栽培历史悠久,素以产量高、品质好著称,是当地农民的主要收入来源。同时,驴粪作为农家肥的重要原料之一,可以为农户省下购买化肥的支出,具有间接的经济价值。(3)耦合结构具有景观价值。纵横延绵的石堰,如一条条巨龙起伏蜿蜒在座座山谷间,并随着季节的变化呈现出各种姿态,展现出震撼人心的大地艺术景观,展现了人工与自然的巧妙结合。❶

(三) 人驴协作的农业生产

在我国民间语言文化中,驴是落魄文人的"身份证",是"苦闷的象征",是文人承载诗思的驮具。❷ 而在王金庄,梯田和驴的耕作是紧密结合在一起的。每天日出日落时分,一队队村民牵着或赶着毛驴,走在通向农田或回家的山道上,是当地一道独特的风景线。耕地、播种、运输,每一个生产环节都能看到毛驴的身影。当地人说,驴子是通晓人性的。假使人与驴子在狭窄的小路上相遇,它会主动避让,让人先行。更为神奇的是,驴子能够自己找到主人家的田地,可以将托运的物品自行卸下来。如果将货担子放在两块石头上,中间留出空隙,驴子会主动低下身子挤入空隙中,再挺起身子把担子托起。而能够达到如此默契的程度,一般都需要进行一年多的驯化过程,还要给毛驴进行必要的"阉割"手术——骟驴。如此一番之后,毛驴才能成为农户得心应手的劳作伙伴。

长期以来,王金庄村漫山遍野的梯田都由非常狭窄的山路串联着。走在曲折的山野小径上,脚边便是陡峭的悬崖。村民们讲,起初是农民牵着毛驴上地,后来毛驴反过来驮着农民上地。驴子是非常聪明的,能够听懂口令,落实得一点不差。如"哩哩"是左转弯,"哩哩回来"是左转弯 90 度;"哒哒"是右转弯,"哒哒回来"是右转弯 90 度。这些口号为人与毛驴之间的沟通互动搭建了桥梁,也成为王金庄山林间最动听的音律。

王金庄享誉全国的花椒和小米都离不开毛驴的辛勤耕耘。从春入夏,毛驴

---

❶ 史云,李璐佳,陆文励,胡伟荣,张琪. 基于全域旅游的农业文化遗产旅游开发研究——以涉县王金庄为例 [J]. 河北林果研究,2017 (2):174 – 178.

❷ 焦凤翔. 蹇驴何处鸣春风——驴之文化意蕴探寻 [J]. 甘肃高师学报,2009 (3):107 – 110.

驮担着犁头箩筐穿梭在田间地头，狭长窄小的地块也需要它们在其中频频折返，埋头苦耕。每年秋天收获的时候，椒香漫山野。农民在树下忙活，驴子被拴在开阔地上大快朵颐，时不时还会昂起脑袋呼朋引伴，山谷间便回荡着毛驴欢喜的叫声，构成一幅独具韵味的秋收图景。入冬之后，农活没有之前那般繁重，毛驴偶尔需要跟着主人到田地里翻耕一次，熬到冬至便能受到礼遇，过属于自己的节日。在日常的农业生产之外，毛驴也是梯田农业生态系统之中必不可少的环节。村民利用驴粪和作物秸秆进行堆肥，巧妙解决了养分转化和土壤培肥，实现了梯田内部的物质循环，有效保障了农业生产的可持续性。

总而言之，王金庄的毛驴身负四重使命，不仅是生产工具和运输工具，而且是生态链的重要一环，更是村民生活中的伴侣。当地农民与驴同住石院，相依为命。人与动物和谐相处的美景，异常突出。人们善待毛驴不仅仅是把它当成生产、生活的依靠，也是对自然万物的尊重。人与毛驴长期的亲密互动，使得一方乡土的农业生产方式也最终定格为人驴协同的独特形式。这既是艰难环境所造就的结果，更是大自然对旱作梯田系统、对王金庄人的馈赠。

三、村落生活样态："人—驴"沟通模式

经过长期的磨合，毛驴所承载的驴文化在王金庄村逐渐成为村落文化系统中重要一环，产生了一批新的村落职业，形成了一些特殊的空间建构与文化建制，构成了人与毛驴之间独特的沟通模式。

（一）"驴经纪"与"村兽医"

"驴经纪"是村中专门负责买卖牲口的一类人，是毛驴进村的"媒人"，更被村民亲切地称为驴的"经纪人"。他们掌握优选毛驴的地方性知识，经过一个较为细密的观察过程，可以遴选出价格合适、具备劳动潜质的驴子。"驴经纪"李榜锁几乎把自己的一生献给了这个行当。他几十年的职业生涯恰恰是村庄毛驴饲养历史的反映，其中王金庄村毛驴饲养数量以及驴苗价格变化可以视为王金庄村经济发展的晴雨表。近几年，手扶拖拉机的使用使得王金庄人对于毛驴的观念有所变化，也导致一部分人卖掉毛驴改用机械。这不仅是"驴经纪"这个行当需要面对的挑战，也是旱作梯田系统内部正在悄然发生的转变。

"村兽医"是另一种与毛驴密切相关的角色。兽医不同于一般意义上的大夫，因为他的医治对象无法用语言将病症表达出来。因而在熟读医书的基础上，更要求兽医们积累长期的经验，运用类似中医"望闻问切"的手法作出

诊断。曹榜名是十里八村有名的"毛驴郎中",行医数十载,始终关注着方圆几公里内毛驴的健康问题。在他眼里,毛驴不仅仅是提供劳力的牲畜,更具有几分"人格化"的色彩。比如,毛驴感到肚子痛会有"三十六卧",每一种卧姿都反映不同的致病原因,因而要根据卧姿对症下药。再如他遇到的毛驴夜间自主上门求医的故事,那只狂奔出户、敲门寻医、卧地候诊的毛驴精彩诠释了王金庄毛驴的十足灵性。因此在王金庄村,人与毛驴的"医患关系"从来都默默无言,却也深情满满。

(二)"驯教养"与"吃碗面"

王金庄毛驴的灵性不是自然天成的,幼年期的它们同样是"叛逆"的,因此需要经历驯化的过程。但王金庄人调教毛驴的过程充满了教化的色彩,悉心磨合,培养人驴之间的默契。王林定是村中驯养毛驴的能人。实行家庭联产承包责任制以后,原先集体化时期分下来的牲口因为年龄较大,劳动能力一般,王林定决定重新购置一头小驴驹。难料小毛驴生性顽皮,给他造成不小的困扰。驴驹先后接受了两次阉割手术,生性才逐渐变得温驯平和,王林定对它的态度也逐渐由阴转晴。在长期耐心的调教下,它不仅能按照口令进行劳作,还能记住往返于田间和家里的路线,到点呼唤主人回家,充满灵性。王林定抚养这头驴长达25年之久,其间结下的深厚情谊犹如亲人一般,长久地存留在一家人的心中。

毛驴是每户的家庭成员,每年的冬至日都是驴的生日。在这一天,王金庄家家户户都会为家里的牲口专门准备素杂面吃。这种用当地栽种的小麦、玉米、大豆磨成面粉制作的杂面条是对毛驴一年辛苦劳作的奖赏,因而在王金庄有"打一千,骂一万,冬至喂驴一碗面"的说法。按照传统俗制,这天还要去位于月亮湖的马王庙敬拜马王爷,感谢马王爷一年来对毛驴的管教以及对粮食丰收的保佑。在每年春天骟驴(给驴做阉割手术)一个月之后,驴主人也要去马王庙给家里的牲口过满月。家里的女主人要为满月仪式准备特别的贡品,主要有小麻糖(即小油条)和小馒头。这些取材于当地的食物充盈着王金庄人对毛驴的脉脉温情,饱含着对丰收的拳拳期望,也是一方村落饮食民俗与节庆民俗的集中表现。

(三)小毛驴的人格化

王金庄的毛驴居有其所,行有其道,食有其餐,病有其医,庆有其俗。不仅能够通过肢体动作与村民交流信息,也能通晓人的语言。春种秋收,巍巍太行山上满是毛驴辛勤耕耘的身影。它们不仅支撑起旱作梯田系统的经济，也将村庄的历史和村民们的集体记忆串联在一起。可以说，知冷知暖知人心的毛驴是具有人格的。

带着对毛驴"人格化"的认知，我们可以将驯化毛驴的过程视为一种"社会化"的过程，即毛驴通过驯化过程习得基于符号互动的沟通模式，作为劳动力融入旱作梯田系统的生产体系之中，并在长期的饲养过程中习得农业生产技能和村落社会规则，最终有机融入村落社会生态，甚至成为家庭一员。反过来，人在对毛驴的"教育过程"中也重新形塑了自身以及村落社会，类似于完成了"再社会化"的过程。主要体现在两个方面：空间的再建构和时间的再建构。王金庄人在村内的石板街上修建了独具特色的"驴道"，在空间上将人与驴的活动范围作了明确划分，不仅是出于维护正常有序的村落秩序，更重要的是它表现了王金庄人对毛驴的尊重。此外，在家门口建造石栓，在家中专门留出空间作为驴舍并修建石槽等，这些是因驴而生的空间格局变化。每年冬至日，王金庄人不仅要包饺子，也要惦记着给驴做素杂面，还要牵着毛驴去马王庙祭拜，这些则是因驴而生的时间节令变化。"社会化"与"再社会化"的过程即是人与驴之间双向互动的过程，人与驴形塑了彼此，给予了驴人格化的特征，也赋予了村落特别的时序与空间建构，它们共同构成王金庄旱作梯田社会文化系统中的重要组成部分——驴文化。

（四）驴文化的安全网

王金庄人与毛驴在农业生产与村落生活等多方面的互动贯穿于村落发展的全过程，驴文化是王金庄人在艰苦的自然条件下顽强生存的见证。驴文化将王金庄村几百年来的村落生计模式、村落礼俗仪式和村落文化精神系统性地联系起来，形成旱作梯田系统独具一格的文化生态。

驴文化是村落生计模式的支点。毛驴对于王金庄农业生产的价值体现在几个方面：首先它是重要的生产工具，良好的劳作能力和吃苦耐劳的品质使它成为最适宜当地环境的牲畜；其次它是重要的运输工具，种子、肥料、谷子，甚至王金庄人下地野炊的厨具粮菜都包揽在身；最后它是重要的生态维护者，是梯田农业生态系统中物质与能量循环的关键一环，将作物、土壤、有机质串联起来，以机械运动的方式蓄积土壤，加固梯田，以生物代谢的方式消化秸秆，肥沃土壤，滋养作物，占据了不可替代的生态位。王金庄的梯田天然就需要驴，而驴也在参与王金庄农业生产活动的过程中，得到了自身价值的最大化发挥。毛驴为王金庄人带来了源源不竭的财富，是当地精耕细作的生产方式的代表，是村落农业经济的基石，是整个村庄农业生产方式的符号化象征。

驴文化是村落礼俗仪式的表征。我国传统意义上的"六畜"之中，唯有驴在王金庄村享有过节的特权。对王金庄人而言，每年的冬至日因为毛驴的存在而变得不同，成为一年时序当中值得纪念的特殊节点。素杂面是一整年人与毛驴合作耕作的结晶，分享行为本身就具有特别的意义。这种具有浓郁乡土气息的民俗直接表达了村民们对毛驴一年来辛勤劳作的感恩，更是村落农业文明的集中展演，可以称之为"梯田上长出来的节日"。人驴长期协同进化的产物体现在村落时序和空间的方方面面，驴文化也因如是这般的建构过程而更加丰满生动，也是王金庄村具有标识性的文化符号，也是一代代王金庄人精神生活中宝贵的财富。

驴文化是村落文化精神的高扬。传统村落记忆承载着文化传统和乡愁情感，具有文化规约、社会认同、心理安慰与心灵净化等的功能。❶ 毛驴对王金庄人而言是一条记忆的线索，将这些线索编织起来，就形成一张有关驴的村落文化记忆网络。村里人看到驴，会回想起前辈人为村庄发展作出的卓越贡献；村外人看到驴，会联想到当地人克服环境局限顽强求生的宝贵品质。"立下愚公移山志，敢叫日月换新天。"毛驴是全村农户的心理支柱，是世世代代王金庄人不畏艰难的"太行精神"的活化载体。而基于毛驴建构起的驴文化则是王金庄人农耕技艺与农耕信仰的集中表现，建构了村庄人生活存续的意义，无时无刻不在影响着这片崎岖而炽热的乡土。

驴文化曾经在维护传统村落社会秩序和道德秩序上发挥过重要的作用，是维护旱作梯田系统活态存续与协调发展的重要力量。在许多传统村落失落、消亡的当下，驴文化即是王金庄人对冲现代化冲击的安全网，这张安全网时时保护着王金庄人的文化根基，也提醒着他们不要在现代化潮流的裹挟中迷失自我，数典忘祖。驴文化是王金庄过往历史的明证，是现在存续的依托，更是未来发展的保障。

四、村落文化对农业文化遗产保护的意义

费孝通先生曾在《乡土中国》中将我国传统社会结构描述为充满乡土温情的差序格局结构，❷ 而现今村落普遍呈现的失落景象则与之大为不同。由于

---

❶ 汪芳，孙瑞敏. 传统村落的集体记忆研究——对纪录片《记住乡愁》进行内容分析为例 [J]. 地理研究，2015（12）：2368-2380.

❷ 费孝通. 乡土中国 [M]. 北京：北京大学出版社，1998.

复杂的历史原因,我们国家在现代化的过程中遭遇几重波折,以至于现今需要面临双重转型的局面,即既要从农业社会变为工业社会,也要从计划经济体制变为市场经济体制。❶ 对于乡土社会而言,来自现代化的影响更为显著。改革开放以来,农民离土现象逐渐显露出普遍化的趋势,由此伴生的土地撂荒、空巢老人、留守妇女、村落文化衰败等问题格外刺目。

现代化的猛烈冲击使传统农业文化的剧烈转型加速并走向终结。❷ 乡土社会的长期稳态存续,不仅要依靠为其提供生计保障的农业生产系统,更要依靠包括地方性知识体系与集体记忆网络在内的村落文化系统。作为一种村落社会事实的公共性,村落文化产生于村落日常生活的实践,❸ 依托各种象征物存在于乡土社会的日常生活中,由村民所创造和共享。村落文化是乡民在长期生产与生活实践中逐步形成并发展起来的道德情感、社会心理、风俗习惯、是非标准、行为方式、理想追求等,表现为民俗民风、物质生活与行动章法等,❹ 是对一方人民关于土地利用与保护、生态修复与生物多样性保护、传统农耕技艺与民俗的浓缩,具有整合农业生产、村落生活、情感记忆等社会要素的重要作用。

几千年来,村落文化维护着农耕社会的稳定与存续,让村民保有与祖先和子孙的对话能力,按照与生态环境相协调的生存逻辑延续着乡村生活。❺ 因此在村落面临崩解危机的时代背景下,发掘传统农耕技艺及其衍生的村落文化,以之作为促进村落良性运转的推动力,较之于外部的干预性力量更加重要。这也是联合国粮农组织发起全球重要农业文化遗产项目的出发点之一。

农业文化遗产地作为中国乡土社会的凝缩,可以反映出中国目前乡土社会的一些突出的特质。农业文化遗产地所呈现出的粮食安全、生态环境污染与农村贫困等问题对现今的中国乡村具有代表性意义。自我国启动发掘、认证、保护与管理农业文化遗产工作以来,已经取得了一系列经验与成效,如使生态环境和生物多样性得到保护,遗产地农民经济收入增加,社会公众对农业文化遗

---

❶ 厉以宁. 中国经济双重转型之路 [J]. 北京:中国人民大学出版社,2013.

❷ 乌丙安,孙庆忠. 农业文化研究与农业文化遗产保护——乌丙安教授访谈录 [J]. 中国农业大学学报(社会科学版),2012(1):28-44.

❸ 董敬畏. 文化公共性与村落研究 [J]. 华中科技大学学报(社会科学版),2015(2):126-131.

❹ 杨同卫,苏永刚. 论城镇化过程中乡村记忆的保护与保存 [J]. 山东社会科学,2014(1):68-71.

❺ 孙庆忠. 旱作梯田的智慧与韧性之美 [J]. 乡镇论坛,2017(03):28-29.

产认知度提高等。[1] 然而，农业文化遗产是一个系统，不仅关乎"农业"，也关乎"文化"。我们应当在提升经济效益与地方知名度的同时，重视传统文化在遗产地村落中的价值。因为延续千百年的传统农业生产系统蕴含着宝贵而难以复制的深厚历史、生产技术与民族文化，这些都是祖先留给我们的农业智慧。目前，许多农业文化遗产地一方面通过产业发展促进农民增收，另一方面却普遍面临着村落组织瓦解、乡土文化流失等一系列问题。当花甲之年的老人步履蹒跚地在险峻的山谷间耕作梯田时，当美观别致的石屋逐渐被砖房小楼替代时，当厚重悠久的村史不再被乡土子孙所问津时，这何尝不是一种农业文化遗产保护的遗憾与悲哀呢？

农业生产是村落发展的根基，乡村文化是村落存续的灵魂。因此，在农业文化遗产保护与发展的过程中，要重视对传统农耕技艺与农耕文化的价值的再认识与再发掘。这不仅有利于生物多样性与文化多样性的保护与利用，有利于传统农耕技艺与农耕文化的传承与发展，更有利于重新塑造市场化、商品化冲击下行将崩解的村落人际格局，创造一种良善的村落社会生态，让村民们因共同的"社区感"而团结在一起，在村庄未来发展上形成合力。

作者简介：

李禾尧，中国科学院地理科学与资源研究所博士研究生，邮编100101。

---

[1] 童玉娥，徐明，熊哲，郭丽楠. 开展农业文化遗产保护与管理工作的思考与建议［J］. 遗产与保护研究，2017（2）：36–39.

论清代湘西农业的开发

陈 明

摘 要：清代是湘西历史时期农业开发的高峰时段。文章以地方志及相关史料为基础，并借鉴学界已有相关研究成果，比照年鉴学派长时段理论，首先抽绎清代湘西农业开发的历史背景，然后着重探究清代湘西农业开发的具体表现以及缘由。力图从农业开发的角度来把握其内在本质，以审视当代湘西农业发展的方向。

关键词：清代；湘西；农业开发；启示

清代是湘西农业经济快速发展的重要阶段。法国年鉴学派第二代宗师布罗代尔的长时段理论认为：只有在长时段中才能把握和解释一切历史现象，长时段是社会科学的时间长河中共同观察和思考的最有用管道。因此，研究清代湘西农业的开发，很有必要介绍其开发萌蘖的历史背景，才能勾勒清代三百余年湘西农业发展的潮汐变化。有清一代，以玉米、番薯为首的美洲作物在中国流布，由沿海向内地蔓延，也波及到处于内陆山区的湘西。那么，美洲作物的引种栽培对湘西农业的发展有何影响？清代伊始，政府在湘西进行政治经济改革——改土归流，这次制度改革对湘西农业的开发有何助力？以期通过恢复这些历史现场，为当下湘西的农业开发提供历史案例。以上便是笔者将要论述的思路、视角和目的。不当之处，敬请大方之家指正。

一、清代湘西农业开发的历史背景

明清易代之际，战乱直接摧毁了湘西原本基础脆弱的农业。李自成、张献忠起义失败后，其余部祸乱于湘鄂渝交界地带的山区，随后的吴三桂叛乱也波及到湘西。动乱造成湘西人口大减、社会混乱、土地荒芜。

清代立国之初在西南地区继续推行土司制度，进一步束缚了湘西农业的发展。因湘西田土山林统归土司占有，而普通百姓只掌握了少数且贫瘠的土地，又地处山区，多悬崖峭壁，山多，宜谷地少。又土司为防止外敌入侵，禁止平坝处开垦，细民只能在"峰尖岭畔"耕种，故成熟田土有限。雍正初年，保靖县清查田地，统计其时人均成熟田土仅有 0.64 亩。百姓日常生产普遍仍是"刀耕火种"的方式，耕作原始和粗放，农业生产效率不高，又缺乏先进耕种技术，有些地方甚至还不通牛犁，往往广种薄收。如永顺府"山农于二三月间薙草伐木，纵火焚之；暴雨锄土撒种，熟时摘穗而归"❶。再加上农业灾害的破坏，导致湘西农业生产力水平低下，百姓饔飧不继，生活难以维系。

及至康雍时期，国家统一，统治基础逐渐牢靠。又通过"永不加赋""改土归流"等政策改革，湘西农业才有所恢复。改土归流后，清政府在湘西实施轻徭薄赋政策，鼓励屯垦。废除了民族隔离政策，汉人由此大规模迁入，湘西因动乱减少的人口得到补充，汉族地区农业种植技术也得以推广。值得况味的是耐瘠、高产的美洲作物几乎在同时期开始由中国沿海向湘西引种、推广。湘西人口数量的增加和美洲作物的传入不期而集，相互适应，为湘西农业的开发提供了千载难逢的历史契机。由此湘西进入历史时期农业开发的高峰期。

二、清代湘西农业开发的规模与形式

（一）土地开垦面积扩大

区域土地的开垦状况揭橥这一地区农业开发的水平。湘西土司制度被废除后，替代的是与汉族地区大致相同的行政管理制度，这为土地开垦打下了基础。同时清廷为恢复、推进湘西社会经济，通过重新分配土地、鼓励垦荒和推行屯政等政策，积极维护、扩大土地开垦面积。有效促进了湘西农业经济的发展。

清廷没收湘西土司土地后，规定其田地为官府所有，除少数土地作官田外，大部分田地"置产招佃，领种纳租"，分配给百姓耕种。无主荒地只需征得官府允许，开垦之后即为开垦者所有，"无主荒土田，州县官给以印信执照，开垦耕地，永准为业"❷。原有土地及开垦成熟的田地，只要在一年内将田地数量和价值呈报，官府就会发给执照，即可确定是有产之家，"准其永远为业"❸。同时规定土地不得随意买卖，保证田土的垦殖率。改土归流后汉人

---

❶ 同治. 永顺府志 [Z]. 卷十, 物产.
❷ 清世宗实录 [M]. 卷四十三. 北京：中华书局, 1985.
❸ 光绪. 湖南通志 [Z]. 卷首. 上海：上海古籍出版社, 1988.

大量购买土、苗民土地，引起了地方骚动和不安。乾隆十二年（1747年）永顺知府骆为香为此上疏，主张限购、禁购山民田土，得到乾隆批复。奏疏如下：

> 窃照府署山多田少，当土司时不许卖与汉民，一应田土皆为土苗耕食……现在山头地角可垦之处，俱经劝令垦种，虽田土价值较前昂贵，已不啻倍蓰，然比之内地，尚属便宜……但若再任谋买田土，则土苗生齿日繁，将来势必难以资生。❶

在巩固耕地基础上，政府还鼓励民众垦荒。改土归流后，清廷下达新的土地政策，"各省凡有可垦之处，听民相度地宜，自垦自报，地方官不得勒索，胥吏不得阻挠……可以种植五谷之处，则当视之如宝，勤加垦治"❷，强调"务使逃民复业，田地垦辟渐多"①。中央垦荒政令在基层得到了积极响应。雍正《保靖县志》载："保邑虽居万山之中，尚属肥沃之地。何得本地所产，不敷本地所用。皆因抛荒者多，成熟者少。本县每事乡间，目睹大峡平川，尽有可耕之地，素置荆棘草蓬之中，视为尔民可惜，合行出示劝谕。即将该地荒地，查明改某组，其系某户自置，或系无主，或系官地，有人承认开垦者，本县给予即照，即与为业。倘有穷乏无力，该乡保邻人出具素实勤谨之人，本县供给工种，俱限一年内开垦成熟。为有开垦百亩以上者，本县重加奖赏，从开出之日起即作永业，为开垦者所有，以示鼓励。"❸ 允许"土司之官山任民垦种，其鱼塘、茶园、竹林、树林、崖蜡等项任民采用"❹，并从外地招民入山垦荒。自上而下的垦荒政策取得了良好效果。如永顺府雍正年间田亩原额782顷50亩，❺到乾隆中叶土地面积已达1017顷84亩，❻短期新增开垦土地235顷。

此外，清廷还在湘西苗区施行屯政，开辟屯田。如康熙四十三年（1704年），凤凰厅原额成熟田为183顷7亩多，到乾隆年间，额外"丈出和开垦219公顷16亩。数十年间，成熟田的面积增加了1倍以上"❼。另据伍新福先

---

❶ 民国．永顺县志 [Z]．卷十九，职官（六）．
❷ 清世宗实录 [Z]．卷五十四．北京：中华书局，1985．
❸ 雍正．保靖县志 [Z]．卷四，艺文．
❹ 民国．永顺县志 [Z]．卷三十二，艺文．
❺ 雍正．湖广通志 [Z]．卷十九，田赋．
❻ 嘉庆．大清一统志 [Z]．卷二百八十六．
❼ 乾隆．湖南通志 [Z]．卷二．

生统计,"至嘉庆十年(1805年),永绥、乾州、凤凰、古丈坪、保靖及麻阳、泸溪等七厅县均出民屯和苗屯,共计田土152000余亩"❶。土地耕种面积的扩大,说明了湘西农业开发程度的提高。

(二) 农作物种植品种增多

清代以降,湘西农作物种植种类不断增加,持续种植传统农作物的同时还引进适于山地种植的高产美洲作物。这些引种作物不仅丰富、充实湘西农作物结构体系,还逐渐竞争成为人们日常生活的主粮、农业种植的主要品种。不仅改变了人们的饮食习惯,而且在保障人们日常用度的同时还可有备荒之粮,充实湘西山区开发的深度与广度。

清代湘西所种农作物不仅有传统种植作物稻、黍、粟、高粱、麦、荞、穇子、蕨、葛、蔬菜类、豆类、瓜类等,还增加了玉米、番薯、辣椒、南瓜等新鲜品种。新、旧两类作物在山多地少的湘西山区相互角力,最终适应山地气候的美洲作物成功胜出,逐渐成为乡民生活之主粮。传统作物地位有所下降,但并未弃种,仍见于日常生计。

水稻。湘西自古被称作"九山半水分半田",水稻的种植受到限制。改土归流后,水稻种植区域有所扩大,苗区水稻种植较多。凤凰等地"水高泉旺,易于灌溉","稻田计亩收谷,赢内一倍。故当未滋事之先,永绥、凤凰、乾州等三厅米谷甚贱,他食物俱为便宜"❷。

粟。由于美洲作物的引种,粟的种植相对减少,但仍为除玉米、番薯、洋芋、水稻外重要的山地作物,在区域内有广泛种植。乾州厅"种杂粮于山坡,包谷为最,粟米、穇子、荞麦、高粱次之,麻豆、薏苡又次之,所食多粟、米、玉米"❸,粟已降为次于玉米的杂粮。

麦。麦在湘西早有种植,清代仍是湘西山农广为种植农作物之一。永顺种麦不多,"土性寒不宜麦,种者收甚薄,面皆市之沅陵、永定县"❹。湘西的麦类有大麦、小麦、荞麦、燕麦等品种,凤凰、乾州厅都有种植,但已不占重要地位。

玉米、番薯、洋芋等作物是明代中后期才由海外传入中国沿海,然后经不

---

❶ 伍新福. 试论清代"屯政"对湘西苗族社会发展的影响 [J]. 民族研究,1983 (3):32-40.
❷ 严如煜. 苗防备览 [Z]. 卷二十二.
❸ 光绪. 乾州厅志 [Z]. 卷七,苗防.
❹ 同治. 永顺府志 [Z]. 卷十,物产.

同路径逐渐向内地传播。湘西的永顺、辰州、永绥等地方在乾嘉之际已是普遍种植玉米。番薯和洋芋传入湘西时间则比玉米稍晚。

研究表明，玉米在湘西的最早传入栽培时间当在明末之前。传入之后，玉米冲击稻米等传统作物。到了乾嘉之际，玉米在湖南已成为与稻谷并列的主要粮食产品。❶ 玉米种植地不择肥瘠，播不忌晴雨。凤凰厅"今厅居民相率垦山为陇争种之玉米以代米，山家倚之以供半年之粮"❷。所产玉米不仅供本地食用，还出境售卖，获利颇丰。《楚南苗志·谷种》载："玉米……苗疆山土宜之，在多有，而永顺、龙山、桑植、永定一带，播种尤广，连仓累囤，春杵炊饭，以充日食，且可酿酒，及售于城市。"❸ 到清代后期，玉米已种植于湘西地区的沟谷山岭间，成为湘西大宗农作物产品。

番薯引种之后广为种植，产量比玉米要大。至迟到道光年间，番薯已是湘西地区百姓的重要粮食来源。永顺府"穷民赖其济食，与包谷同"❹。保靖县"薯形圆长，紫皮白肉，味甚甘美，补益脾胃，可生食、蒸食、煮食，可作粉、酿酒、养人，与米谷同。来自海外，俗名番薯，因其色红，又名红薯。邑多种之"❺。清代末年，番薯的丰歉程度甚至可以直接影响湘西的粮价水平，足见其产量之大，影响甚广。永绥厅"白薯，村寨人多种，每斤易制钱二十余文。红薯，村寨人多种，城汛人少种。岁出数千万斤不等，村寨人多做饭食。此物丰，粮价贱，此物若歉，粮价贵。每斤易制钱四文至七八文不等，视年岁歉丰"❻。

（三）经济作物广泛种植

随着民族禁锢解放，土家、苗等少数民族与汉族经济交往加强。政府又鼓励种植经济作物，规定"各省地土其不可以种植五谷之处，则不妨种他物以取利"❼，这就为湘西经济作物的种植和发展创造了条件。清代湘西种植的主要经济作物有茶、油桐、棉花、烟草、麻、罂粟、青靛等，其中茶与油桐是最为大宗的商品。兹将几类主要经济作物的种植、贸易情况作简要分析。

---

❶ 方行. 中国经济通史[M]. 北京：经济日报出版社，2000：359.
❷ 道光. 凤凰厅志[Z]. 卷十八，物产.
❸ 谢华. 楚南苗志[Z]. 卷一，谷种. 长沙：岳麓书社，2008.
❹ 光绪. 龙山县志[Z]. 卷十二，物产.
❺ 同治. 保靖县志[Z]. 卷三，食货志·物产.
❻ 宣统. 永绥厅志[Z]. 卷十五，物产.
❼ 清世宗实录[Z]. 卷五十四. 北京：中华书局，1985.

湘西种植茶的历史比较悠久，茶叶是湘西地区传统产品，茶树的栽培历代受重视。《明史·食货志》云："湖南产茶"，茶叶是土司境内重要的外销商品。清代嘉庆以前，湘西是湖南的主要产茶地，所产茶叶是著名的土特产品，亦是皇室贡品。湘西还有零星的出产名茶，保靖里耶茶久负盛名。湘西茶树的大量种植则是鸦片战争后由茶加工品的外销所推动。古丈坪厅"其始固亦一二人栽种，而后遂成风气"，茶之贵者每斤3000文，廉者也有三四百文，❶县民"全赖桐、茶、杂粮，以补不足"，"罗依溪市水田亦美，种植桐、茶为大宗，商贩聚一于溪口"❷。民国时期湘西茶油"其价昂贵，商贾趋之，民赖其利"❸，常年产量达十万余担。

湘西自古素称"金色桐油之乡"，盛产桐油。桐油是清代湘西大宗经济作物商品。政府高度重视油桐的种植与桐油的生产。为保证桐油生产的正常，鼓励民间种桐树。如雍正七年，保靖县首任县令王钦命颁布《示劝遍山树桐》。在鼓励种植桐树的同时，也颁发条文，保护桐树的正常成长，严禁砍伐桐树。因桐结果实大而圆，可取子榨油，实用多端，"乡民多藉此以为利"❹。凤凰厅"贫富恃以资生者，桐油、包谷为最"❺。由于桐子经济价值大，乡民捡拾无遗，"寒露后，收桐、茶实，持竹竿击坠之，临深涧则堵其下流，不使随水而去。岩巢林取薄，周搜索之，乃止。其邻里男妇，极贫无生业者皆踵于后，拾其遗者"❻。到民国时期，湘西桐油生产达到空前盛况，成为本省对外贸易、全国贸易乃至我国对外贸易出口的重要产品，还为中国人民夺取抗日战争的全面胜利发挥了重要作用。❼

三、清代湘西农业开发的动因分析

（一）移民开发

历史时期湘西基本处于未开发静态模式，区域内鲜有居民，要发展区域经济，需要充足的人力资源。"汉不入峒，蛮不出境"的禁令解除后，原先被汉人

---

❶ 光绪.古丈坪厅志［Z］.卷十一，物产.
❷ 光绪.古丈坪厅志［Z］.卷二，舆图.
❸ 同治.永顺府志［Z］.卷十，物产.
❹ 同治.保靖县志［Z］.卷三，食货志·物产.
❺ 道光.凤凰厅志［Z］.卷十八，物产.
❻ 光绪.龙山县志［Z］.卷十一，风俗.
❼ 李菁.近代湖南桐油贸易研究［D］.湘潭大学，2004：27-34.

视为禁区的山地，成为汉人迁移的集中地区。迁入移民为湘西地区提供了丰富的劳动力，他们为求生存，不得不开荒拓土，进而推动湘西农业经济的开发。

改土归流后，外地流民规模迁入湘西地区，导致人口激增。迁来人口不仅来自本省临近地区，更有自赣、闽、浙等省份，是区际间的移民运动。永顺府"改土后客民四至，在他省则江西为多，而湖北次之，福建、浙江又次之。在本省则沅陵为多，而芷江次之，常德、宝庆又次之"❶。关于清代湘西人口增长的态势，可用永顺府为例来考察。雍正十二年（1734年），永顺府人口为117030口，到乾隆二十五年（1760年）人口增至385165口。❷ 计算可知，永顺府在27年间净增人口268135口，平均每年约增长9930人。这就表明因改土归流引发的移民潮使永顺府人口高速增长，并且这种增长态势持续。逮至嘉庆年间，湘西人口达到高峰。人口的激增，使得湘西原本山多田少的人地关系迅速紧张，人口密度持续扩张。为现实生活需要，湘西人们选择主动去开垦荒山、赤地、滩涂、沙田、沼泽等边际土地，在有限的区域扩大耕地田亩，提高垦殖指数。呈现出种垦日广的生产劳动场景，既能满足生产、生活需要，也有利于区域农业开发。

（二）农业技术的进步

清代湘西在生产工具、耕作、生产技术方面都较之前有所改进，为农业经济的开发创造了条件。牛耕技术在宋代已传入湘西，清代得到进一步推广，有效提高了农业生产效率。古丈坪厅"高低田地皆用牛犁，间有绝壑危坳，牛犁所不至者，则以人力为之"，甚至"民间恃牛力，故牛为民之生命"❸。清政府还在湘西地区大力推广铁制农具，"域内所使农具铁器亦同于内地各处"❹。湘西传统的耕作方式是"刀耕火种""水耕火耨"。至清代垦殖日广，荒山被渐次开辟，可供抛荒和复垦地越来越少，地力消耗严重，乡民学习汉人的施肥技术，以增加土地肥力。田间施肥技术的采用，有助于提高土地肥力，保证农作物高产稳产。

湘西人们还充分利用地形地貌，开发出新的造田技术。其一，梯田。湘西地区山多，乡民巧妙利用梯田技术，变山为田。梯田又分为旱地和水田，开挖

---

❶ 民国.永顺县志[Z].卷六，地理.
❷ 同治.永顺府志[Z].卷四，户口.
❸ 嘉庆.湖南通志[Z].卷一百七十六.
❹ 光绪.古丈坪厅志[Z].卷三，舆图.

梯田方法基本一致，"就山场斜势挖开一二丈三四丈，将挖出之土填补低处作畦，层垒而上，缘脸而上，望之若带，由下而上竟至数十层"❶。梯田技术不仅利于利用山地资源，还可减少水土流失，保护湘西农业生态。其二，倒树造田。湘西山多田少，适于种植水稻地较少，在低洼地带，因排水不畅形成水沼地，百姓就对这些水沼地进行整治，砍伐林木层叠堆积于淤泥中，再覆上泥土，成功开辟大片稻田。这些造田技术的发明与推广，是湘西农人聪明智慧和生产实践的结晶。

（三）农业政策的支持

前文提到，清廷没收湘西土司土地之后，开始推行屯政并鼓励山民开荒辟土。同时，为匹配屯政，还推行轻徭薄赋的农业政策。清初湘西承担的赋税由土司办理，土司"征之私案者不营百倍，数十倍，而输之仓库者十不及一、二，百不及二、三"❷，各级官吏私征滥派，"指一派十，希图如己"❸。土司制度被废后，土司的苛派私征也被废除，施行全国统一的"按田肥瘠，分别升科"的赋税制度，规定"土民秋粮，依照原额征派，永不加耗"❹，轻徭薄赋政策的实施，使农民赋税负担减轻，生产积极性也得到提高，有利于农业发展。

农业的发展离不开灌溉水源，需要修筑配套水利设施。一般而言，农业经济较发达区域农田水利工程数量也较多，农业不发达地区农田水利工程的数量相应较少，水利工程设施是区域农业发展程度的重要判定因素。清初湘西尽管溪河众多，但区域内有水可田却不知灌，故而"于稻田水利略焉不讲，殊不知蓄水之法地"。改土归流后，移民和当地百姓"遇有溪泉之处，便开垦成田"。随着垦殖日渐广泛，兴修水利变得较为紧迫，于是在没有水源的地方修筑沟渠、堰塘、水库等水利工程。如乾隆年间泸溪县一地就修筑陂、塘、坝、圳各类设施300余处。水利的兴修不仅可促进农业的发展，同时为鱼类养殖提供有利条件。当时主要灌溉工具有水车、翻车、桔槔、娱蛤车等。

（四）商业贸易的推动

清代以前，囿于民族政策之流弊，湘西商业停滞不前。职是之故，湘西农产品几乎没有在市场流通，使湘西农业丧失了发展的有效路径。明清鼎革，清

---

❶ 严如熤. 三省山内风土杂识 [Z]. 卷八.
❷ 鄂尔泰. 雍正朱批谕旨 [Z]. 第二十五册.
❸ 乾隆. 永顺县志 [Z]. 卷首.
❹ 光绪. 湖南通志 [Z]. 卷首. 上海：上海古籍出版社，1988.

廷为促进湘西农业经济的发展，为商业贸易铺陈条件，推动了农产品的流通、外销。首先是疏通河道，开通道路，开辟与外界交流的途径。其次是设立墟场，沟通苗汉交易、土汉交易。"择大村寨适中之地，立集场数处"❶。

由于设立了不少墟场，又允许各族人民与汉人进行正常交易，农产品流通和交换逐渐发展。商人开始扮演湘西农产品推销员的角色。如保靖县出现坐商，有上下往返贩运内地产品和湘西土特产的行商。"城乡市铺贸易往来，有自下路装运来者，如棉花、布匹、丝、扣等类，曰杂货铺，如香纸、烟、茶、糖等类，曰烟铺，亦有专伺本地货物涨跌以为贸易者。如上下装运盐、米、油、布之类，则曰水客。至于本地生产，如桐油、五倍子、碱水、药材各项，则视下路之时价为低昂。"❷ 本土商人也逐渐增多，据《石文魁公益事业记》载："文魁弃农经商，一人往永绥各场，收买黄豆、玉米（包谷）、米粮等项，运赴乾、泸、辰、常销售。"❸ 由上述可知，商业贸易扩大了湘西农产品的辐射畛域，不仅可以满足自身需要，还可外销获取利益，在一定程度上推动了湘西农业经济的发展。

四、余论

清代以前，被称为蛮荒之地的湘西并未受到中原文明的熏陶，中央王朝也不重视周边民族地区的经营。下逮清代，通过原住民和外来移民的辛勤劳作，才掀起湘西农业开发的高潮，使湘西社会经济取得长足进步。但我们需辩证地看待这个问题，从整体来看，清代湘西农业开发仍然是低水平、不可持续的开发，尤其是生态环境的破坏。湘西地处群山之中，生态环境较为脆弱，不适合农地开发，比较适宜发展多种经营的农业。人口的增加无法消解人地关系矛盾。人们为求生存而盲目进行农业开发，常常忽视自然客观规律。荒山和林地大量被辟为农地，植被覆盖率严重下降，部分地区森林被砍伐殆尽，青山变童山。山地植被遭破坏后，经雨水冲刷出现了水土流失，甚至还造成山体崩塌、滑坡和泥石流现象。

综上，历史时期湘西的农业开发只有短时段的裂变、颠覆，并没有长时段的沉积，纵然摆脱不了不可逾越的地理制约，终究也无法割断历史的连续性。从长远来看，它甚至造成生态破坏和结构性贫困。今天湘西仍然是中国最为贫困的地区之一就是有力的印证。布罗代尔有言："相对于缓慢的、层积的历史

---

❶ 同治．永绥直隶厅志［Z］．卷四，食货门．
❷ 雍正．保靖县志［Z］．卷四，艺文．
❸ 石启贵．湘西苗族实地调查报告［M］．长沙：湖南人民出版社，1986：82．

而言，整体的历史可以重新思考，正如要从底层结构开始一样。无数的层面和无数次历史时间的剧变都能根据这些深层结构、这种半停滞的基础得到解释。所有事物都围绕这个基础转。"❶ 历史是过去与现实相互之间永恒的对话。历史时期湘西农业的开发经验对当代湘西农业的发展具有重要的借鉴和指导作用。最核心的历史经验就是要立足本地资源，充分利用本地区自然条件和资源优势，重点发展多样性特色经济、生态经济。同时在现代化条件下，注重提高农业产业化程度、农业的科技含量、农业生产效率，为经营立体生态农业创造条件，避免农业"内卷化"的出现。

通讯地址：

陈明，南京农业大学中华农业文明研究院，江苏南京210095。

参会感想：

  我国自古便是农业大国，农业文明在我国由来已久，农业文化遗产是我国的主要财富，因此保护农业文化遗产应该在我国这样一个农业国的文化遗产保护中占有重要一席。汉代的石画像砖，农业发展跃然其上，古代的变法无不触及农业。在数千年间实现了超稳定发展，同时我们的祖先也通过利用传统技术，基本上实现了对土地的永续利用。通过此次会议我了解到所谓农业文化遗产，是指人类在长期农业生产实践中以其深邃的文化和智慧创造出的人与自然和谐和可持续的生产体系。此次会议让农业文化遗产与民俗相连，两者本就不分你我，但是随着工业的兴盛，农业文化渐行渐远，有的则已经消失，十里不同风、百里不同俗的农业文化也已经悄然发生变化。今天，我们提出农业文化遗产保护，实际上就是想通过这样一种方式，将传统农业知识与经验系统地整理出来，并为今后的农业文明发展提供一份有益的参考，此次会议让我们重温农业民俗。希望我们相约下次农业文化遗产与民俗论坛。

辽宁大学 李泽鑫

---

❶ 费尔南·布罗代尔著. 刘北成，周立红译. 论历史 [M]. 北京：北京大学出版社，2008：36.

我非常庆幸自己作为一名硕士研究生能来参加西南大学与中国农业历史学会主办的"2017年度研究生农业文化遗产与民俗论坛——农业文化遗产学与民俗学视域下的乡土中国"。以前参与的学术交流大多是民俗学单科的一些讲座或是论坛，能学习到许多的与本专业相关的知识，而此次的交流更多地是学科的碰撞，在这次的交流和学习之中，我作为一个民俗学专业的学生，疯狂地吸收了农业文化遗产学相关的知识，扩充了自己的学术知识框架和范围，在与更高层次的人交流、学习中，在一定程度上提升了自己的学习能力和认知水平。在这两天的学习中，我似乎感受到了农业文化遗产学与民俗学的一些交叉性。我国是农业大国，拥有几千年的农耕文明，农民们通过生产、生活总结出来农事经验以及合乎生产需求而制作的农事工具便是这两个学科交叉研究的对象，而两学科在对其研究的角度和方式上还是各自具有各自学科的特点。

　　通过参与此次论坛的交流汇报，我收获颇多，体会到了真正的学者在对待学术上的认真与严谨，感受到了自身与优秀学者之间的差异，发现了自己的不足和在学术上能够继续成长的巨大空间。通过苑利的点评，我看到了我此次交流论文的不成熟，以及缺乏对学术"刨根问底"的态度。由于调研完成的时间与提交论文的截止期之间的时间比较紧张，我自知提交的论文更像是一篇简单的调研报告，而没有去对其进行深描，感谢主办方给时间让我有机会修改我不成熟的论文，在接下来的两个月之内，我会在导师季中扬老师的指导下认真完善论文，为我此次西南大学学术交流之行画上一个完满的句号。

　　最后，我想感谢此次论坛的主办方：中国农业历史学会和西南大学，承办方：西南大学历史文化学院、中国人类学民族学研究会和经济人类专委会，是你们为我们的学习与交流提供了平台。感谢田阡老师及其会务组的组织与服务，是你们亲切的关心和无微的照顾让我消除对此次陌生环境的恐惧，你们辛苦了。感谢此次论坛到场的老师与同学，是你们对学术的态度让我看到了自己的不足与进步的空间。每一次的尝试都是进步，我会继续努力，希望我们都会成为更好的自己。

南京农业大学　赵天羽

新闻报道

农业文化遗产：乡土社会中的农耕智慧

——第六届原生态民族文化高峰论坛在西南大学召开

12月9日至10日，由西南大学主办，凯里学院协办，西南大学城乡统筹发展与规划研究中心承办的"第六届原生态民族文化高峰论坛：乡土社会中的农耕智慧"在西南大学召开。联合国粮农组织全球重要农业文化遗产项目指导委员会委员闵庆文研究员、中国重要农业文化遗产专家委员会副主任曹幸穗研究员、中国农业博物馆徐旺生研究员、云南民族大学党委副书记刘荣教授、凯里学院副院长张雪梅教授、南京农业大学中华农业文明研究院院长王思明教授、华东师范大学社会发展学院副院长田兆元教授、重庆市石柱县政协陈以平副主席、西南大学校长助理苏桂发教授、西南大学校地合作处程龙处长、西南大学历史文化学院院长黄贤全教授、西南大学城乡统筹发展与规划研究中心主任田阡教授等全国各大高等院校、科研单位专家学者、编辑出版界代表及地方代表等60余人莅临本次论坛。

主持人田阡教授介绍了西南大学民族学学科发展概况，并就原生态民族文化高峰论坛举办六届以来联结各大高校共建多元学科交流平台作了回顾与展望。西南大学校长助理苏桂发教授致辞，向参会代表表示欢迎。中国重要农业文化遗产专家委员会副主任曹幸穗研究员宣读中科院李文华院士对召开第六届原生态民族文化高峰论坛的贺信，云南民族大学党委副书记刘荣教授、凯里学院副校长张雪梅教授分别作开幕式致辞。

在主旨发言中，专家学者就如何创造有利于农业文化遗产可持续发展的文化生态环境、探索适合特定农业文化遗产活态传承的可行性路径展开专题报告讨论。中国农业博物馆研究部徐旺生研究员从传统社会高度脆弱的人地关系这一视角出发，探究农业文化遗产的传承与保护问题；南京农业大学中华农业文明研究院院长王思明教授剖析了农业文化遗产保护的类别和保护途径；华东师范大学社会发展学院副院长田兆元教授则从"农书图像"探讨了文化遗产的传承问题。曹幸穗研究员精彩点评，并指出"农耕文明的智慧是一个内涵广泛的论题，融保护利用农业资源、协调利益、维持社会和谐、生产生活和经营管理等智慧为一体。面对目前农业遗产保护中存在的品种混杂、管理失当、传统农产品加工方法失传等问题，要加强农业遗产的应用科技研究，针对活态性的特点，做到协同进化和与时俱进。"专题讨论围绕着"乡土社会中的农耕智慧"这一主题，学者们结合自身的研究各抒己见，在多元学科背景和理论的交汇中碰撞出思维的火花。闵庆文研究员分享了农业文化遗产保护的进展并提出未来几年内的规划及展望；曹幸穗研究员结合时代背景，就农业遗产科技武装问题进行了深度的报告。之后，与会代表对以上问题展开了热烈深入的探讨。

此次论坛以农业文化遗产的理论与实践为核心议题，发挥学术共同体的作用，深入探讨了农业文化遗产的传承、保护与利用问题。自2014年以来，在学校校地合作处的推动下，田阡教授的团队扎根武陵山区的石柱土家族自治县，全力推动将"重庆石柱黄连种植系统"向农业部申报为中国重要农业文化遗产，并从长远规划上促成向联合国粮农组织申报全球重要农业文化遗产，拓展拓新"石柱模式"在区域发展中的贡献。

2017年度研究生农业文化遗产与民俗论坛在我校举行

9月23日、24日，由我校与中国农业历史学会共同主办，我校历史文化学院民族学院、中国人类学民族学研究会以及经济人类学专委会联合承办的2017年度研究生农业文化遗产与民俗论坛在桂园宾馆金桂厅举行。中国民间文艺家协会副主席、中国农业历史学会副理事长、中国艺术研究院苑利研究员，中国农业历史学会副理事长、华南农业大学中国农业历史研究所所长倪根金教授，中国科学院自然科学史研究所曾雄生研究员，《世界遗产》杂志社社长刘泽林研究员，中国传媒大学影视艺术学院民间文化研究所所长刘晔原教授，温州大学社会学民俗学研究所所长黄涛教授，南京农业大学胡艳教授以及来自全国20多家单位和高校的30多名博士、硕士研究生参加了论坛。

在开幕式上，历史文化学院副院长邹芙都教授代表学院向到会的各位专家、师生表示欢迎，并介绍了我校的基本情况及历史文化学院民族学院的学科发展与学术科研的现状。他表示，此次论坛在我校召开，是对学院学科建设的大力鼓舞，是对学院坚持特色办学、实现科学发展的有力促进。开幕式由西南大学历史文化学院田阡教授主持。

在专家分享环节，苑利研究员以"中国农业文化遗产保护三题"为题从物质文化遗产传承主体、传承时限、传承形态、原生程度等层面阐述了自己的观点。倪根金教授以农业文化遗产的视角对海南黎苗族山兰稻进行了探讨；曾雄生研究员对农业与丧葬习俗之间的关系以及变迁过程进行了深入分析；刘晔原教授对民间文化进行了地域性分析，并阐明了学科跨界的重要性。

本次论坛以"农业文化遗产学与民俗学视野下的乡土中国"为主题，在近两天的时间里，中国艺术研究院、农业部农村经济研究中心、中央民族大学、西北农林科技大学、南京农业大学、西南民族大学、澳门城市大学以及西南大学等20多家单位的专家学者和30多位博士、硕士研究生从民俗学、历史学、人类学等领域的研究出发，围绕中国农业文化遗产基本理论问题、传统农耕社会风俗、中国古代农耕文明等相关议题展开深入研讨交流。

本次论坛采取专家经验分享、青年学者交流、专家点评总结、专题讨论等形式，为青年研究学者搭建了良好的交流互动平台，共同交流农业文化遗产领域的研究成果和体会。此次论坛的召开对于培养青年文化遗产保护高层次人才、加强校际交流合作、深化农业文化遗产保护与活化研究必将起到良好的推动作用。

后记：一项永续的事业

对于遗产的最初认识来源于我从小生活的家乡湖北，荆州的古城在我童年的记忆中就是最有知名度的遗产，甚而就是家乡的"长城"。而在那个还是以传统媒介为主的社会时期，对历史和遗产的想象要么就是固化于对荆州博物馆的馆藏器物和历史背景叙事，要么就是任凭大脑无限的驰骋和想象。没有任何物质的、非物质的和农业的、水利的分类，只有久远的历史与现实的遗存的碎片。

我的母校中山大学在21世纪之初就与教育部共建有中国非物质文化研究中心，这是我第一次真正从多学科的概念上去认识遗产的类型。在求学期间，我还参与了濒危抢救项目的一些影视拍摄工作，从学科的角度去理解作为全人类保护和发展的共同愿景。到西南大学从事教学科研工作以后，非物质文化遗产的课程在整个从本科到博士培养的教学体系中实现了全覆盖。基于非物质文化遗产研究的节庆文化丛书和更为应用的中华老字号研究形成了一定的学科积累成果。2008年，我在武陵山区石柱土家族自治县冷水乡开展了传统村落的人类学调查，开始高度关注历史遗存的文化遗产与非物质文化遗产的调查内容，在出版的流域与传统村落系列丛书中的第一本《冷水溪畔》就有这方面的详细表述。而这些基础的调研和全景式的田野资料一方面为所在的冷水八龙村申报中国少数民族特色村寨提供了立体丰富的资料支持，更为重要的是开启了团队对农业文化遗产基础田野调查与科学研究协调发展的新领域，并大胆进行了新的尝试。

2014年初，我在西南大学与石柱土家族自治县举办的校地合作交流总结会上以共商共享共建的思路，提出发掘以黄连为核心的农业文化遗产生态系统，得到了石柱县委县府的高度重视。在会上，我提出了民族文化、生态保护与传统产业相关的农业文化遗产结合的路径，以及可持续农业与功能农业在三产融合上的具体结合点，更为重要的是科学研究与社会服务有了更高显示度的结合，这也让团队的研究成果能真正地书写在武陵山民族地区的大地之上！

也许正是有了这样的缘分，我的团队迈向重要农业文化遗产研究的脚步不再停歇。2016 年以"农业文化遗产：乡土社会中的农耕智慧"为主题，在西南大学举办了第六届原生态民族文化高峰论坛。2017 年以"农业文化遗产学与民俗学视野下的乡土中国"为主题，在西南大学举办了研究生农业文化遗产与民俗论坛，同年在重庆石柱举办了第四届全国农业文化遗产学术研讨会。2018 年在重庆石柱举办农业文化遗产青年科学家论坛暨"石柱黄连－莼菜复合型生产系统"农业文化遗产交流会。

在深度挖掘农业文化遗产的过程中我深深地感受到，无论是从非物质文化角度的多学科研究还是以农业文化遗产系统研究为主的跨学科研究，均在大平台、大项目、大团队的建构中有了一个新的提升。在科学研究与社会服务以及文化传承的大学职能以及一个学者的情怀与担当中形成了一个协调的实现路径，农业文化遗产的发掘与研究正在成为我们的一项永续的事业。

如何学以致用是我经常思考的一个问题，在大学里从事教书育人的工作，更是经常地被学生问起"这个学科和专业有什么用"，而当我在遗产地开展研究和带领学生开展田野调查工作时，这个问题似乎有了明确的答案，无疑这才是教书育人的最好方式。作为一个研究者，在促进遗产地的居民以及管理者做一些充满地方性知识的深度和广度的交流时，那情景让我觉得我所开展的研究是有意义的，其高度是让人兴奋的。这样美好的研究体验，在很多时候会让人产生充满情怀的顿悟。

在现行的科研体制下，科学研究大多在于一种学科的成果发布以及就某类型问题的项目获得，而对成果的转化重视不够，特别是在人文社会科学领域，则更难实现成果和专利的科学转化。而农业遗产地系统性的发掘、研究与申报工作无疑让学术与研究能够更好地实现顶天与立地，这为全面深入地对农业文化遗产的系统工作提供了一种全新的体验，使我们每一个人对遗产系统与遗产地的认知都历经了一个渐入佳境的过程。从我个人的经历来说，初始更集中地从学科的角度关注非物质文化遗产，更多地是体验实践中的记忆、表演以及实物与空间等等，而在对待活化的知识体系与集体化的民众生活的传承，以及如何对待传统村落遗产的立体化的生活图景方面，缺乏一种整体性的想象。而进入到农业文化遗产研究的场域后，这种纵深性的思维让我在对待一些诸如"保护"的理念、"文化生态保护区"的发展思路以及理解"农旅融合"上有了更多元的路径。从多学科、跨学科的角度，更能清晰地阐释农业遗产地的社会运行规律以及与国家在场的力量对比，反思传统农业农耕文明发展的历史与未来，使我们的研究真正实现从书斋走向田野、从科学的实验室进入更为广阔的农耕文明的天地。

自 2015 年以来，我们开展了一系列的活动，包括我们团队一直想要尝试推动的两件事：第一就是让更多的青年科学家、研究者到重庆的农业文化遗产地来开展研究，让农业文化遗产这个永续的事业在更多的遗产地有不同的科学家的身影，让他们用多学科、跨学科的研究服务于遗产地的社会经济发展，建立起科学家和研究者与遗产地互动的新模式。这个理念来源于闵庆文研究员，他多年倡导保护的关键要素之一就是科学的实地研究与地方实践的指导，让专家学者与遗产地的紧密联系与参与成为保护遗产地的重要支持。这个遗产地研究共同体的构建，充分发挥了青年学者的力量。其中不仅包括中科院系统的、农科院系统的、水产研究院等的学者，还有东、西、南、北、中各高校的青年农遗人，他们大多已经在西南大学和重庆遗产地留下了关注与足迹。第二就是推动学科对话和农业文化遗产论坛，让高校和科研院所的更多青年学子在农遗前辈们的促推下，开展不同学科的聚焦与对话，凸显农业历史、科技史、民俗学、人类学、生态学等多学科的互动。本书的编纂就是以民俗学专题论坛为主的一个成果呈现。感谢苑利老师富有情怀的推动，让中国艺术研究院、北京林业大学等科研院所的民俗学学子与传统农业大学的学子们共商共议农业遗产学的理论和案例，更好地凸显中华农耕文明的历史与未来。

收录于本书的大多作者虽然都还年轻，但是他们都有着很好的学科训练和问题意识，他们对各类遗产特别是农业文化遗产是懂的、是爱的、是有着很深的民生情怀的。在他们的字里行间无不透射出阳光的力量与雨露的关怀，我想这也是我作为编纂者能体会到的中华农耕文明在遗产地需要加以保护与发展的可持续动力，也使我们有更充分的文化自信去实践这一项永续的事业。

2018 年 6 月 30 日